金牌网站设计师系列丛书

PHP+MySQL+Dreamweaver动态网站开发从入门到精通

第3版

环博文化　组编
陈益材　等编著

机械工业出版社

PHP 是当前比较普及的互联网开发语言之一。本书按新手从入门到精通的学习过程，从实际的应用出发详细介绍了 PHP 7.0 的脚本语言基础、开发运行环境及各种常用动态功能系统的开发。全书共 13 章，由浅入深地介绍了 PHP 及相关技术，通过大量实际项目案例，详尽地讲解了 PHP 的技术要点和开发过程，精选动态功能模块实例帮助读者理解 PHP+MySQL+Dreamweaver 的动态开发方法。全书包括用户管理系统、新闻发布系统、留言板管理系统、投票管理系统、BBS 论坛管理系统和网上商城等综合案例。

本书内容丰富，实用性和操作性强，适合学习 PHP+MySQL+Dreamweaver 动态网页制作的初级、中级读者，也可以作为高等院校本、专科各专业动态网页制作课程的教材，还可以作为网页设计与制作爱好者的自学参考书。

图书在版编目（CIP）数据

PHP+MySQL+Dreamweaver 动态网站开发从入门到精通/环博文化组编；陈益材等编著．—3 版．—北京：机械工业出版社，2019.4（2024.7 重印）
（金牌网站设计师系列丛书）
ISBN 978-7-111-62237-6

Ⅰ.①P… Ⅱ.①环… ②陈… Ⅲ.①PHP 语言-程序设计 ②SQL 语言-程序设计 ③网页制作工具 Ⅳ.①TP312.8 ②TP311.132.3 ③TP393.092.2

中国版本图书馆 CIP 数据核字（2019）第 048345 号

机械工业出版社（北京市百万庄大街 22 号　邮政编码 100037）
策划编辑：孙　业　　责任编辑：孙　业
责任校对：张艳霞　　责任印制：单爱军
北京虎彩文化传播有限公司印刷

2024 年 7 月第 3 版 · 第 8 次印刷
184mm×260mm · 26 印张 · 638 千字
标准书号：ISBN 978-7-111-62237-6
定价：89.00 元

凡购本书，如有缺页、倒页、脱页，由本社发行部调换

电话服务	网络服务
服务咨询热线：(010)88361066	机 工 官 网：www.cmpbook.com
读者购书热线：(010)68326294	机 工 官 博：weibo.com/cmp1952
	金 书 网：www.golden-book.com
封面无防伪标均为盗版	教育服务网：www.cmpedu.com

前　言

PHP 是当前非常流行的 Web 编程语言之一，具有开源和免费的优势。MySQL 则是一款广受欢迎的中型关系数据库管理系统，它不但免费、快速、跨平台，而且支持多线程、多用户、重负载的性能要求。使用 PHP+MySQL 进行 Web 应用系统开发是一种非常理想的选择。

与其他类似的计算机图书相比，本书具有以下几点特色。

内容简明扼要

一般的 PHP 书籍会介绍很多理论知识，但本书选取的内容简明扼要，更适合初学者学习。介绍 PHP+MySQL 的基础知识时，每一节介绍一个知识点并同步配以实例，以使读者理解应用。全书还介绍了制作网页的技巧和规范，可以让读者快速学会使用 Dreamweaver 按照网页规范进行网页制作。

从入门到高手导向清晰

书中的所有实例均出自作者多年来亲自实践的商业应用实例，如果你是初学者，那么应认真学习第 1~5 章即可掌握平台的搭建、PHP 和 MySQL 配合开发的基础知识。第 6~11 章介绍在 Dreamweaver 中开发 PHP 动态系统的功能。从第 12、13 章开始介绍手写 PHP 代码实现动态系统的开发，使读者成为真正的 PHP 网页开发高手。每章的实例均符合所讲解的知识点，实现了实践与理论相结合，对于读者在制作中的思路整理、开发创意会有所帮助。

超值赠送素材和课件 PPT

本书同时附有所用案例源代码、素材及电子课件，读者请加入本系列丛书作者服务 QQ 群号：298191658，或者单加主要作者 QQ 号：83560148，即可以下载本书的所有素材和 PPT。

本书详细介绍了 PHP 和 MySQL 开发的基础知识、技术要点，并结合 PHP 和 MySQL 阐述了动态网站的开发方法，全书共 13 章，各章的详细内容如下。

第 1 章介绍了 PHP 开发平台搭建的知识，详细说明了 PHP 7.0 的基础知识，集成开发环境 XAMPP 的下载及使用，同时介绍使用 Dreamweaver 开发网站的第一步，介绍了在 Dreamweaver 平台中进行 PHP 开发环境的搭建。

第 2 章介绍 PHP 的编程基础，PHP 程序编写的基础知识，PHP 表单变量的使用，PHP 程序中常量、变量、表达式及函数的基础。

第 3 章介绍 PHP 高级函数知识，包括 PHP 的表达式、一些基础的应用、魔术变量和函数的基础知识，最后介绍了一些常用功能的开发，文件上传等操作。

第 4 章主要介绍 MySQL 数据库基础知识、MySQL 体系结构。本书在集成套件中基本都是使用 phpMyAdmin 管理软件实现对 MySQL 的管理。

第 5 章介绍 PHP 与 MySQL 联用编程知识，读者必须掌握的一些基础知识包括连接数据库，查询、插入、更新及分页等制作网页时常用的功能。

第 6 章介绍了在 Dreamweaver 平台上实现动态功能的基础开发知识，重点介绍了用 Dreamweaver 进行 PHP 开发的流程，搭建 PHP 动态系统开发环境，检查数据库记录的常见操作和编辑记录的常见操作。

第 7 章介绍了一个典型的用户管理系统。在动态网站中，用户管理系统是非常必要的。通过对用户注册信息的统计，可以让管理员了解到网站的访问情况；通过用户权限的设置，可以限制网站页面的访问权限。一个用户管理系统，一般应该具备用户注册功能、资料修改功能、取回密码功能及用户注销身份功能等。

第 8 章着重介绍了新闻发布系统的实现方法。新闻发布系统是动态网站建设中经常用到的系统，尤其是政府单位、教育单位或企业网站。新闻发布系统的作用就是在网上传播信息，通过对新闻的不断更新，让用户及时了解行业信息、企业状况。所以新闻发布系统中涉及的主要操作就是访问者的新闻查询功能和系统管理员对新闻的新增、修改、删除功能。

第 9 章介绍了留言板管理系统的制作方法。留言板可以实现网站与访问者之间的沟通，收集用户意见和信息，也是网站建设必不可少的一个重要系统。利用留言板，可以为访问人员提供发言的机会，让他们及时准确地发表自己的观点。这些观点保存在服务器上的数据库中，而且可以被任何一个访问站点的人看到。

第 10 章介绍了投票管理系统的开发方法。一个投票管理系统大体可分为 3 个模块：选票模块、选票处理模块及结果显示模块。投票管理系统首先给出选票选题，即供投票者选择的表单对象，当投票者单击投票按钮后，选票处理模块激活，对服务器传送过来的数据做出相应的处理，先判断用户选择的是哪一项，把相应字段的值加 1，然后对数据进行更新，最后将结果显示出来。

第 11 章介绍 BBS 论坛管理系统的开发。将学习使用 PHP 实现 BBS 论坛的开发方法。BBS 论坛通常按不同的主题划分为很多个版块，按照版块或者栏目的不同，可以由管理员设立不同的版主，版主可以对自己的栏目或版块进行删除、修改或者锁定等操作。

第 12 章介绍了一个电子商务网站的前台开发方法。主要介绍使用 PHP 进行网上购物系统前台开发的方法，系统地介绍了网上购物系统的设计、数据库的规划及常用的几个功能模块前台的开发。

第 13 章介绍电子商务网站的后台功能开发方法。一个完善的网上购物系统并不只提供给用户注册、购物功能，它还要向网站管理员提供丰富的后台管理功能，例如发布新闻公告、会员注册管理、回复留言、商品维护及进行订单的管理。

本书由拥有将近 15 年的网站建设实战经验的资深设计师编写，实现了理论、实践相结合，章节安排合理，且注重实用性、可操作性。本书由环博文化组编，参加编写工作的有陈益材、于荷云、邹亮、王亚非、张勇、朱文军、叶芳、高雨、季文杰、王雪娇、任霖。由于作者水平有限，加之创作时间仓促，本书疏漏之处在所难免，欢迎各位读者与专家批评指正。

作　者

目 录

前言

第一篇 PHP 7.0+MySQL 基础语法篇

第二篇 PHP 7.0+MySQL 功能模块开发篇

第三篇 PHP 7.0+MySQL 网上商城开发篇

第一篇

PHP 7.0+MySQL 基础语法篇

Dw

第 1 章　搭建PHP网站建设平台

PHP 是应用广泛的 Web 开发语言之一，其语法混合了 C、Java、Perl 及 PHP 独有的语法。它完全开放源代码，有多种数据库的支持，并且支持跨平台的操作和面向对象的编程，而且是完全免费的。在使用 PHP 进行网站开发之前，需要在操作系统上搭建一个适合进行 PHP 开发的操作平台。使用 Windows 自带的 IIS 服务器或者单独安装一个 Apache 服务器都可以实现 PHP 的解析运行，对于新手而言，推荐使用 Apache（服务器）+Dreamweaver（网页开发软件）+MySQL（数据库）的搭配，也可以使用 XAMPP 集成环境，这样可以方便地安装并进行开发。本章重点介绍 PHP 开发环境的配置。

从入门到精通

本章的学习重点：

- **PHP 7.0 的开发环境与特性**
- **使用 PHP 7.0 的优势**
- **集成环境 XAMPP 的搭建**
- **网站建设发布流程**
- **本地站点文件规划**

Section
1.1 PHP 7.0 的开发环境与特性

PHP 是一种多用途脚本语言，尤其适合 Web 应用程序开发。使用 PHP 强大的扩展性，可以在服务端连接 Java 应用程序，还可以与 .NET 建立有效的沟通甚至更广阔的扩展，从而可以建立一个强大的开发环境，以充分整合开发资源。而开源和跨平台的特性使得 PHP 架构能够快速、高效地开发出可移植、跨平台、具有强大功能的企业级 Web 应用程序。本节就首先介绍一下最新版本 PHP 7.0 的一些基础知识和新特性。

1.1.1 PHP 网站运行模式

PHP 是一种 HTML 内嵌式的语言。它与微软的 ASP 语言相似，是一种在服务器端执行、嵌入 HTML 文档的脚本语言。其语言的风格又类似于 C 语言，现在被网络编程人员广泛应用。PHP 语言借鉴了 C 和 Java 等语言的部分语法，并有自己独特性，使 Web 开发者能够快速编写动态生成页面的脚本。对于初学者而言，PHP 的优势是可以快速入门。图 1-1 所示为 PHP 的运行模式。PHP 还具有非常强大的功能，所有的 CGI 或者 JavaScript 的功能使用 PHP 都能实现，而且支持几乎所有主流的数据库及操作系统。

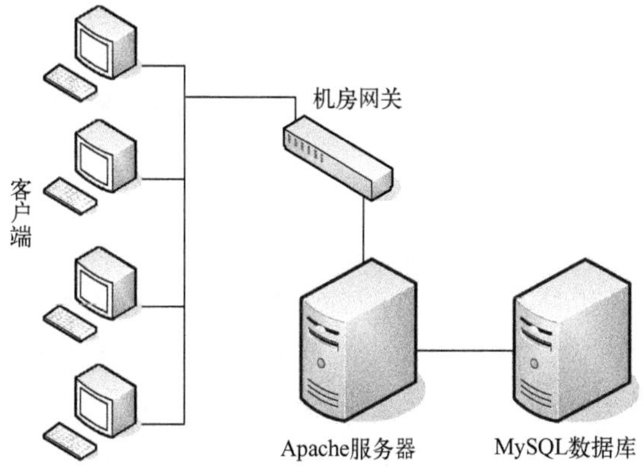

图 1-1　PHP 网站的运行模式

1.1.2 PHP 发展的 8 个阶段

PHP 最初只是简单地用 Perl 语言编写的程序，用来统计网站的访问量。后来又用 C 语言重新编写，增加了访问数据库等功能，并在 1995 年发布了 PHP 1.0。2015 年 6 月 11 日，PHP 官网发布消息，正式公开发布 PHP 7 第一版的 Alpha 版本。PHP 7.0 正式版本的发布，标志着一个全新的 PHP 时代的到来。它的核心是 Zend 引擎。PHP 的发展主要经历了如下的 8 个阶段。

第一阶段：1994 年，Rasmus Lerdorf 首次设计出了 PHP 程序设计语言。1995 年 6 月，Rasmus Lerdorf 在 Usenet 新闻组 comp. infosystems. www. authoring. cgi 上发布了 PHP 1.0 声明。

在这个早期版本中，提供了访客留言本、访客计数器等简单的功能。

第二阶段：1995 年，PHP 第二版问市，定名为 PHP/FI(Form Interpreter)。这一版本中加入了可以处理更复杂的嵌入式标签语言的解析程序，同时加入了对数据库 MySQL 的支持，自此奠定了 PHP 在动态网页开发上的地位。自从 PHP 拥有了这些强大的功能，它的使用量就开始猛增。据统计，至 1996 年底，约有 15000 个 Web 网站使用了 PHP/FI；而在 1997 年中期，这一数字超过了 50000。

第三阶段：前两个版本的成功，让 PHP 的设计者和使用者对 PHP 的未来充满了信心。1997 年，PHP 开发小组又加入了 Zeev Suraski 及 Andi Gutmans，他们自愿重新编写了底层的解析引擎，其他很多人也自愿参与了 PHP 的其他部分工作，从此 PHP 成了真正意义上的开源项目。

第四阶段：1998 年 6 月，PHP 开发小组发布了 PHP 3.0 声明。在这一版本中，PHP 可以与 Apache 服务器紧密地结合，再加上它不断地更新并加入新的功能，而且它支持几乎所有主流与非主流数据库，以及拥有非常高的执行效率，1999 年使用 PHP 的网站超过了 150000 个。

第五阶段：经过了 3 个版本的演化，PHP 已经变成一种非常强大的 Web 开发语言。这种语言非常易用，而且拥有一个强大的类库，类库的命名规则也十分规范，即使对一些函数的功能不了解，也可以通过函数名猜测出来。而且 PHP 程序可以直接使用 HTML 编辑器来处理，因此，PHP 变得非常流行，有很多大的门户网站都使用了 PHP 作为自己的 Web 开发语言，例如新浪网等。

第六阶段：2000 年 5 月推出了 PHP 4。该版本使用了一种“编译—执行”模式，核心引擎更加优秀，提供了更高的性能，而且还包含了其他一些关键功能，例如支持更多的 Web 服务器、HTTP Sessions 支持、输出缓存、更安全的处理用户输入的方法及一些新的语言结构。

第七阶段：2004 年 7 月，PHP 5.0 正式版本的发布，标志着一个全新的 PHP 时代的到来。它的核心是第二代 Zend 引擎，并引入了对全新的 PECL 模块的支持。

第八阶段：PHP 目前的版本是 PHP 7.0，在 PHP 5.0 基础上做了进一步的改进。它的功能更强大，执行效率更高。本书将以 PHP 7.0 版本为主讲解 PHP 的实用技能。

1.1.3 使用 PHP 7.0 的优势

与其他编程语言相比，PHP 制作动态网页时是将程序嵌入到 HTML 文档中去执行，执行效率比完全生成 HTML 标记的 CGI 要高得多；与同样是嵌入 HTML 文档的脚本语言 JavaScript 相比，PHP 在服务器端执行，更充分地利用了服务器的性能。PHP 执行引擎还会将用户经常访问的 PHP 程序驻留在内存中，其他用户再一次访问这个程序时就不需要重新编译程序，只要直接执行内存中的代码就可以了，这也是 PHP 高效率的体现之一。PHP 语言的优势具体可以体现在如下 7 个方面。

(1) 源代码完全开放。读者可以通过 Internet 获得需要的 PHP 源代码，快速修改利用。

(2) 完全免费，市场占有率最高。和其他技术相比，PHP 本身是免费的。读者使用 PHP 进行 Web 开发无须支付任何费用。基于此，目前 PHP 语言在所有网站开发语言市场占有率是最高的，如图 1-2 所示。

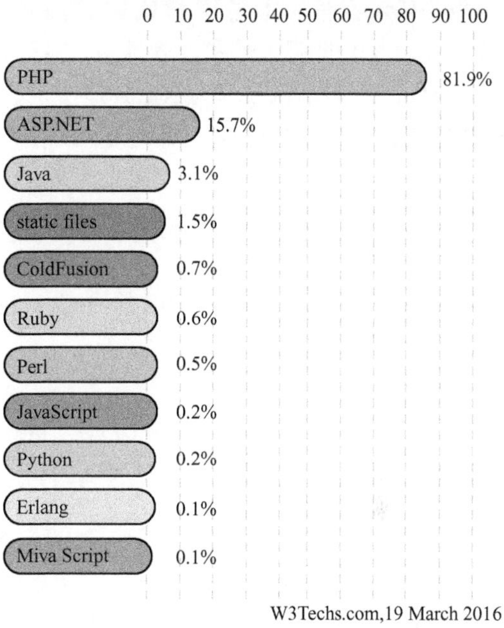

图 1-2 W3Techs. com 网站发布的统计信息

(3) 语法结构简单。PHP 结合了 C 语言和 Perl 语言的特色，编写简单，方便易懂，可以嵌入到 HTML 中。相对于其他语言，它编辑简单，实用性强，更适合初学者。

(4) 跨平台性强。由于 PHP 是运行在服务器端的脚本，所以可以运行在 UNIX、Linux、Windows 下。

(5) 执行效率高。PHP 只消耗相当少的系统资源，并且程序开发周期短，运行速度快。PHP 7.0 版本比原来的 PHP 5.0 以前的版本速度快得多。

(6) 强大的数据库支持。支持目前所有的主流和非主流数据库，使 PHP 的应用对象非常广泛。目前公认的最佳开发方案之一就是使用 PHP+MySQL 的组合开发动态网站。

(7) 面向对象。在 PHP 5.0 版本以后，PHP 在面向对象方面有了很大的改进，现在 PHP 完全可以用来开发大型商业程序。

随着 MySQL 数据库的发展，PHP 5.0 以后的版本还绑定了新的 MySQLi 扩展模块，提供了一些更加有效的方法和实用工具以用于处理数据库操作；添加了面向对象的 PDO（PHP Data Objects）模块，提供了另外一种数据库操作的方案，统一数据库操作的 API；改进了创建动态图片的功能，目前能够支持多种图片格式（如 PNG、GIF、TTIF、JPEG 等）；已经内置了对 GD2 库的支持，因此安装 GD2 库（主要指在 UNIX 系统中）也不再是件难事，这使得处理图像变得十分简单和高效。

PHP 7.0.0 Alpha 1 使用新版的 Zend Engine 引擎，带来了许多新的特性，主要如下。

(1) 全方位性能提升：PHP 7.0 比 PHP 5.6 的性能提升了两倍。

(2) 全面一致的 64 位支持。

(3) 以前的许多致命错误，现在改成抛出异常。

(4) 移除了一些旧的不再支持的 SAPI（服务器端应用编程端口）和扩展。

(5) 新增了空接合操作符。

(6) 新增了结合比较运算符。

(7) 新增了函数的返回类型声明。

(8) 新增了标量类型声明。

(9) 新增了匿名类。

Section 1.2 集成环境 XAMPP 的搭建

对于初学者而言，无须浪费太多时间在环境的配置和安装上，建议初学者下载集成环境并一次性安装到位。本书推荐使用集成环境 XAMPP。XAMPP（Apache+MySQL+PHP+PERL）是一个功能强大的集成软件包。这个软件包原来的名称是 LAMPP，但是为了避免误解，最新的几个版本就改名为 XAMPP 了。它可以在 Windows、Linux、Solaris 三种操作系统下安装使用，支持多种语言，如英文、简体中文、繁体中文、韩文、俄文、日文等。

1.2.1 下载及安装集成套件

XAMPP 是作者感觉最好用的一款 Apache+MySQL+PHP 套件。其同时支持 Zend Optimizer，支持插件安装。

下载的方法如下。

（1）打开浏览器，输入官方网址“https://www.apachefriends.org/download.html”，按下〈Enter〉键后，进入下载页面，如图 1-3 所示。

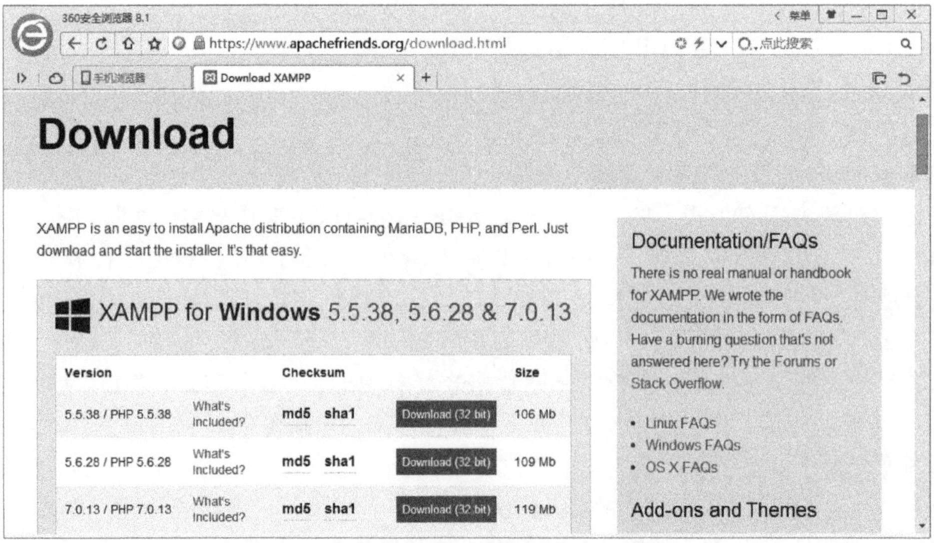

图 1-3 进入下载页面

（2）单击页面上“XAMPP for Windows（适用于 Windows 的 XAMPP）”的 7.0.13/PHP 7.0.13（使用 PHP 7 版本）的选项后面的 Download(32 bit)按钮，即开始下载。XAMPP 是完全免费的，并且遵循 GNU 通用公众许可。XAMPP 目前包含的功能模块和版本分别如下。

- Apache 2.4.23。
- MariaDB 10.1.19。
- PHP 7.0.13。
- phpMyAdmin 4.5.1。
- OpenSSL 1.0.2。
- XAMPP Control Panel 3.2.2。
- Webalizer 2.23-04。
- Mercury Mail Transport System 4.63。
- FileZilla FTP Server 0.9.41。

- Tomcat 7.0.56（with mod_proxy_ajp as connector）。
- Strawberry Perl 7.0.56 Portable。

下载的 XAMPP 安装包有 122.7 MB 大小，如图 1-4 所示。

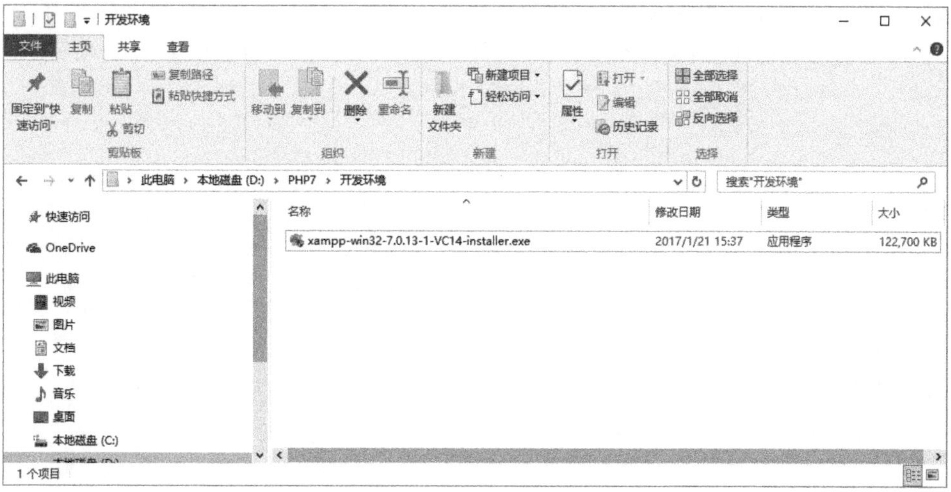

图 1-4　下载的安装包

在 Windows 10 操作系统中安装 XAMPP 的步骤如下。

（1）安装时最好放置在 D：盘，不建议放在系统盘，尤其是早期的 XAMPP 版本默认安装在 Program files 下，在 Windows 10 中需要修改写入权限。下载后先安装下载的安装包，完成安装之后切换回 XAMPP 的安装步骤，提示将开始安装 XAMPP 组件。安装起始页面如图 1-5 所示。

（2）单击“Next”（下一步）按钮，打开“Select Components（选择安装组件）”对话框，这里保持默认值即选择所有的组件进行安装，如图 1-6 所示。

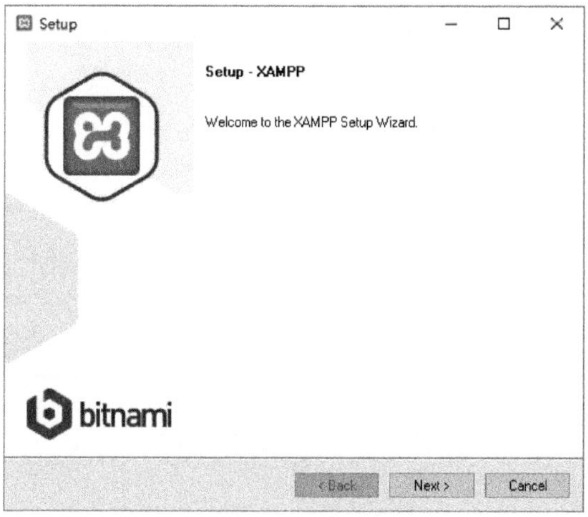

图 1-5　开始安装界面

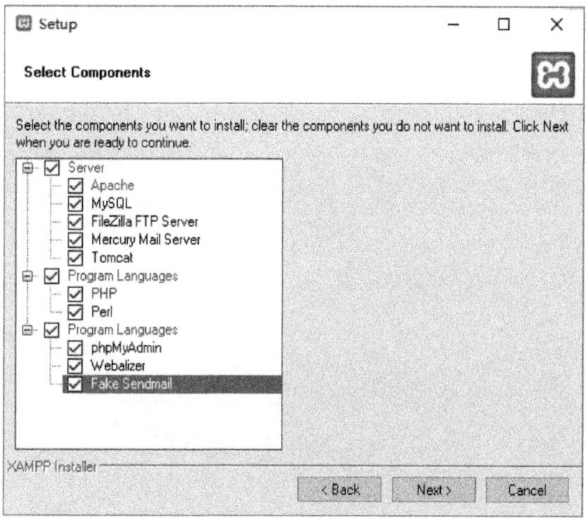

图 1-6　选择安装的组件

（3）单击 Next（下一步）按钮，打开“Installation Folder（安装文件）”对话框，这里选择在 D：盘下安装，设置如图 1-7 所示。

Windows Vista 以上操作系统的用户请注意：由于对 Vista 默认安装的 C:\program files 文件夹没有足够的写权限，推荐为 XAMPP 创建新的路径，如 D:\XAMPP 或 D:\myfolder\XAMPP。

（4）单击 Next（下一步）按钮，打开“Bitnami for XAMPP（开源项目中的 XAMPP）”对话框，这里可以通过单击网站链接了解详细的 XAMPP 内容，对话框如图 1-8 所示。

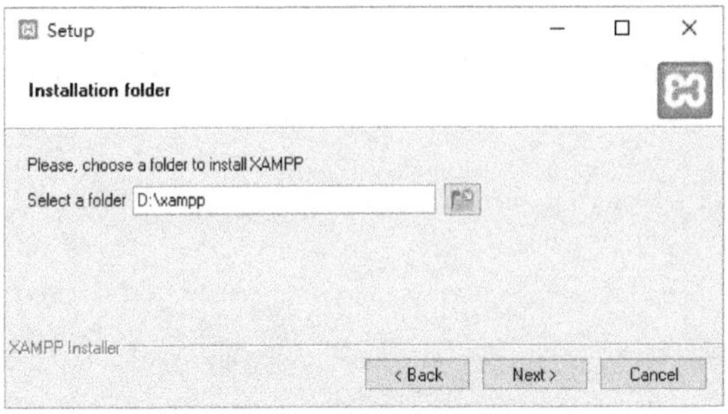

图 1-7 选择安装路径

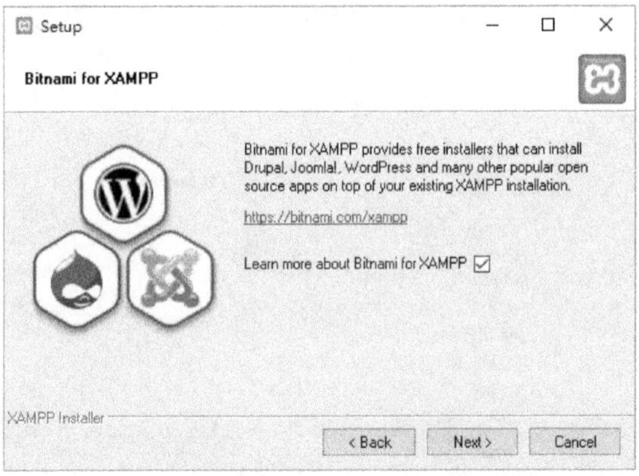

图 1-8 XAMPP 在开源平台上的描述链接对话框

（5）单击 Next（下一步）按钮，打开“Ready to Install（准备安装）”对话框，如图 1-9 所示。该对话框提示 XAMPP 软件已经准备好，可以安装到计算机上。

（6）单击 Next（下一步）按钮，组件即开始安装到计算机上，安装的组件比较多，近 700 MB，需要耐心等上几分钟，安装的过程提示如图 1-10 所示。

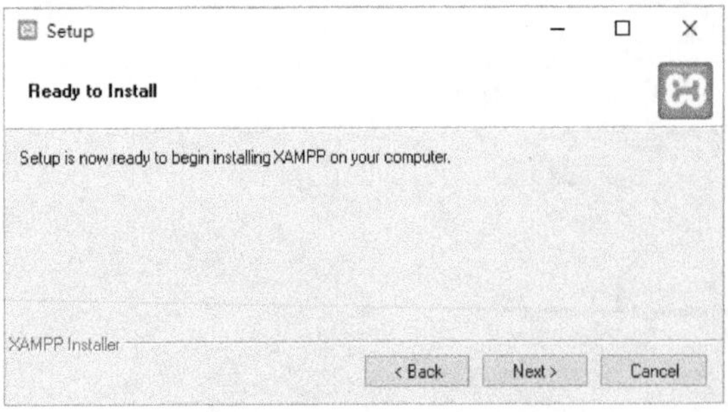

图 1-9 准备安装对话框

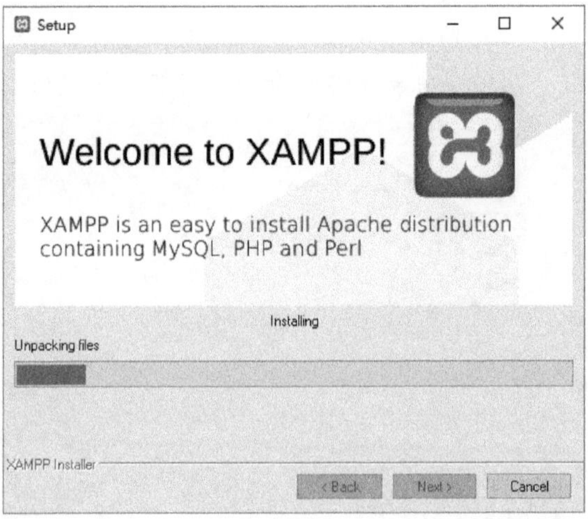

图 1-10 安装过程提示

（7）安装完成后，会弹出“Completing the XAMPP Setup Wizard（完成 XAMPP 的解压安装）”对话框，如图 1-11 所示。这里不需要进行任何操作（以前的版本就需要根据提示进行一些设置）。选择“Do you want to start the Control Panel now?（你是否要开始启动控制面板）”复选框即可。

(8) 到这里，XAMPP 就安装完成了。如果出现 XAMPP 安装失败，请先运行 XAMPP 目录下的卸载文件 uninstall_xampp. bat，执行卸载，然后重新安装。单击 Finish（完成）按钮，弹出选择语言对话框，这里选择美版（即英语版），如图 1-12 所示。

图 1-11　完成解压安装对话框

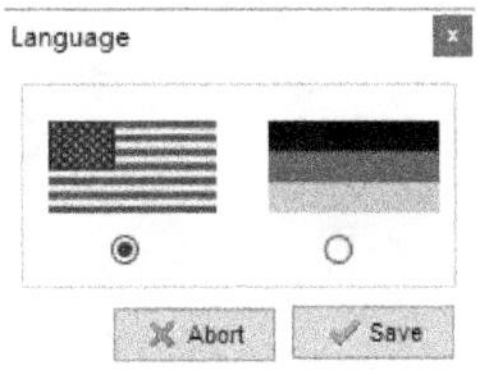

图 1-12　选择语言对话框

(9) 单击 Save（保存）按钮，启动 XAMPP Control Panel（XAMPP 控制面板），如图 1-13 所示。

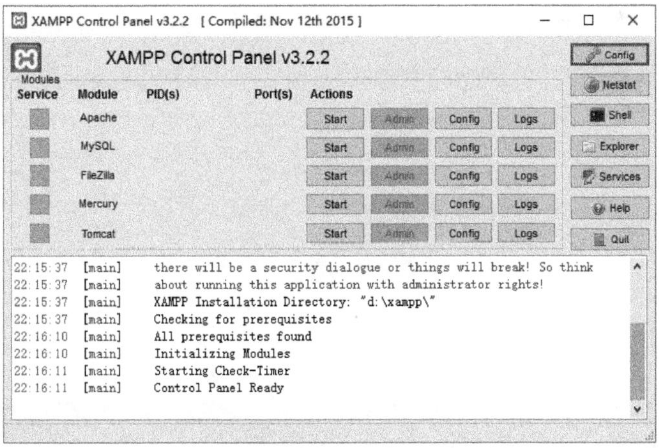

图 1-13　启动 XAMPP 控制面板

(10) 下面来看一下 XAMPP 的控制面板，单击面板上各软件组件后面的 Start 按钮，弹出“Windows 安全警报”对话框，全部单击“允许访问”按钮，如图 1-14 所示。

(11) 开启 Apache、MySQL 两个核心程序，最后设置完毕的对话框如图 1-15 所示。图中可以看到 XAMPP 的一些基本控制功能，不建议把这些功能注册为服务（开机启动），每次使用的时候当软件运行就可以了（桌面上已经有图标），这样在不使用 XAMPP 时更节省资源。

(12) 启动成功之后打开浏览器，输入服务器默认 IP 地址“127.0.0.1”，按〈Enter〉键之后默认跳转到 http://127.0.0.1/dashboard/页面，打开如图 1-16 所示的欢迎界面，说明已经安装成功并可以开始使用。

图 1-14　设置允许访问

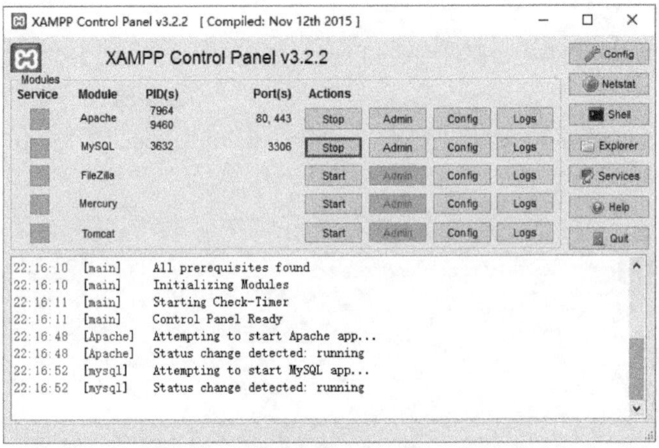

图 1-15　启动并设置组件后的对话框

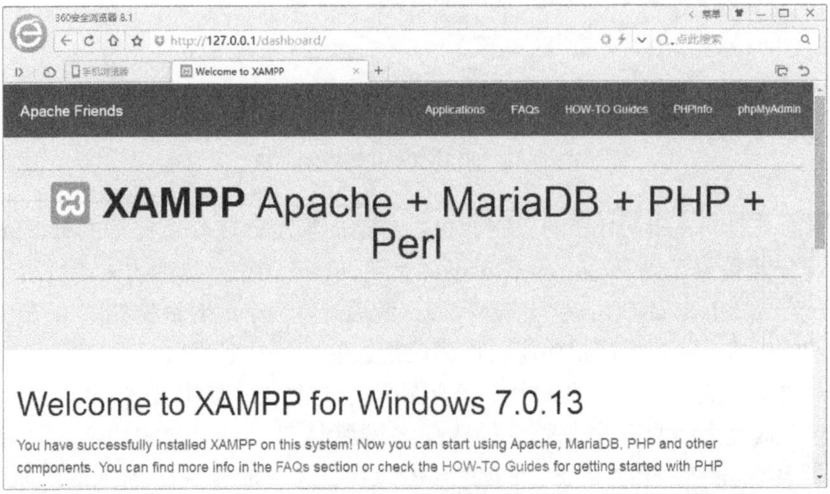

图 1-16　欢迎界面

1.2.2 XAMPP 平台的操作

对初学者而言，开发后的 PHP 网站程序不知道要放在哪里，其实很简单，只要将整个网站程序放在 htdocs 文件夹下就可以进行访问了，如图 1-17 所示。同样，要将数据库文件放在 Mysql/date 文件夹下，同时数据库的连接用户名要为 root，密码为空（XAMPP 默认安装下的用户名和密码）。

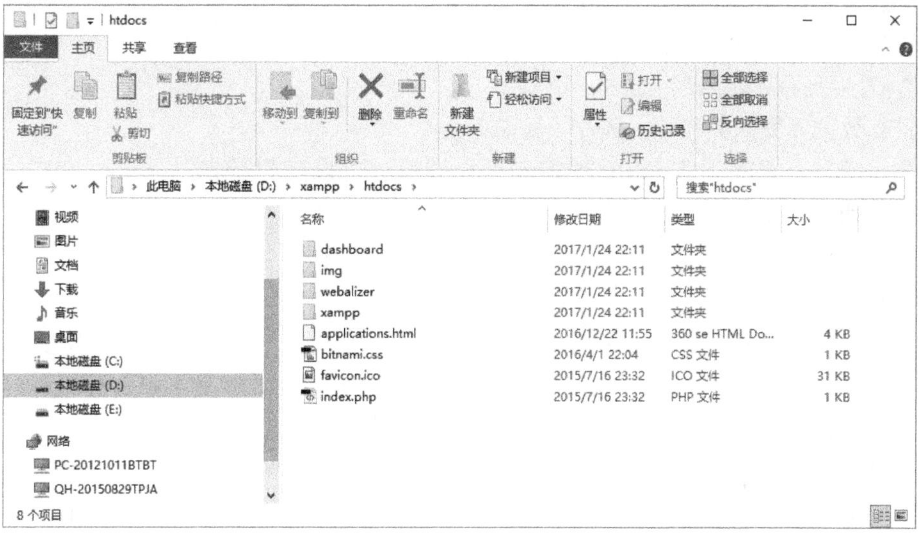

图 1-17　网站所放置的位置

XAMPP 安装完成之后的使用方法如下。

（1）XAMPP 的启动路径：xampp\xampp-control. exe。

（2）XAMPP 服务的启动和停止脚本路径。

启动 Apache 和 MySQL：xampp\xampp_start. exe。

停止 Apache 和 MySQL：xampp\xampp_stop. exe。

启动 Apache：xampp\apache_start. bat。

停止 Apache：xampp\apache_stop. bat。

启动 MySQL：xampp\mysql_start. bat。

停止 MySQL：xampp\mysql_stop. bat。

启动 Mercury 邮件服务器：xampp\mercury_start. bat。

设置 FileZilla FTP 服务器：xampp\filezilla_setup. bat。

启动 FileZilla FTP 服务器：xampp\filezilla_start. bat。

停止 FileZilla FTP 服务器：xampp\filezilla_stop. bat。

（3）XAMPP 的配置文件路径。

Apache 基本配置：xampp\apache\conf\httpd. conf。

Apache SSL：xampp\apache\conf\ssl. conf。

Apache Perl（仅限插件）：xampp\apache\conf\perl. conf。

Apache Tomcat（仅限插件）：xampp\apache\conf\java. conf。

Apache Python（仅限插件）：xampp\apache\conf\python. conf。

PHP：xampp\php\php. ini。

MySQL：xampp\mysql\bin\my. ini。

phpMyAdmin：xampp\phpMyAdmin\config. inc. php。

FileZilla FTP 服务器：xampp\FileZillaFTP\FileZilla Server. xml。

Mercury 邮件服务器基本配置：xampp\MercuryMail\MERCURY. INI。

Sendmail：xampp\sendmail\sendmail. ini。

（4）XAMPP 的其他常用路径。

网站根目录的默认路径：xampp\htdocs。

MySQL 数据库默认路径：xampp\mysql\data。

（5）日常只需要使用 XAMPP 的控制面板即可，可以随时控制 Apache、PHP、MySQL 及 FTP 的启动和终止。

（6）XAMPP 的默认密码如下。

- MySQL。

User:root;Password:(空)。

- FileZilla FTP。

User:newuser;Password:wampp。

User:anonymous;Password:some@ mail. net。

- Mercury。

Postmaster:postmaster(postmaster@ localhost)。

Administrator:Admin(admin@ localhost)。

TestUser:newuser;Password:wampp。

- WEBDAV。

User:wampp;Password:xampp。

参照上文进行 XAMPP 安装和配置完成后，就可以安装 Dreamweaver 等网页程序编辑软件，进行网页编程测试了。

如果想深入了解 PHP 运行环境各软件的配置与使用，可以从因特网分别下载不同的环境软件。PHP 的运行环境需要两个软件的支持：一个是 PHP 运行的 Web 服务器 Apache，而在具体安装 Apache 服务器之前首先要在运行的系统上安装支持 Apache 服务器的 Java 2 SDK；另一个是 PHP 运行时需要加载的主要软件包，该软件包主要是解释执行 PHP 页面的脚本程序，如解释 PHP 页面的函数。

PHP 运行环境的配置步骤如图 1-18 所示。

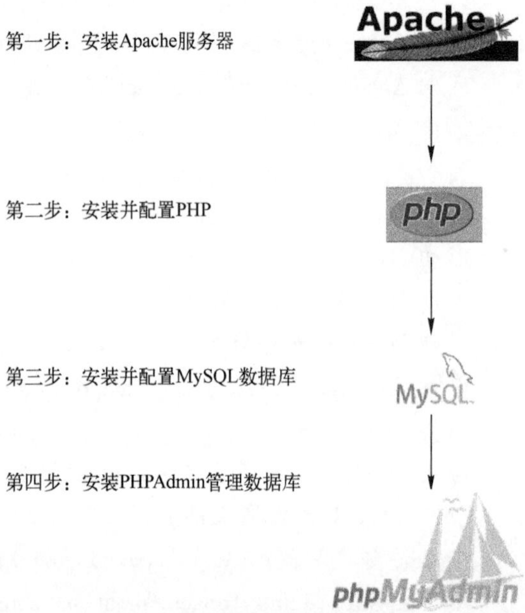
第一步：安装Apache服务器
Apache
第二步：安装并配置PHP
php
第三步：安装并配置MySQL数据库
MySQL
第四步：安装PHPAdmin管理数据库
phpMyAdmin

图 1-18　PHP 环境配置步骤

每个环节的软件下载和安装，本书不做具体的介绍，感兴趣的读者可以自行下载、安装。

1.2.3 PHP 的开发工具

PHP 是服务器端的脚本语言，需要使用第三方的语言开发工具来编写实现。目前网络上有很多免费的 PHP 开发工具，这些工具对于 PHP 程序员来说是非常好用的。这些开发工具各有千秋，都有基本的脚本编写功能，也有许多高级功能。

（1）Sublime Text 开发工具。该工具体积较小，但功能却很强大，下载地址为 http://www.sublimetext.com/，如图 1-19 所示。Sublime Text 是程序员中非常流行的编辑器之一。它是具有代码高亮、语法提示、代码自动补足且反应快速特点的编辑器软件，不仅具有华丽的界面，还支持插件扩展机制，用它来写代码，绝对是一种享受。

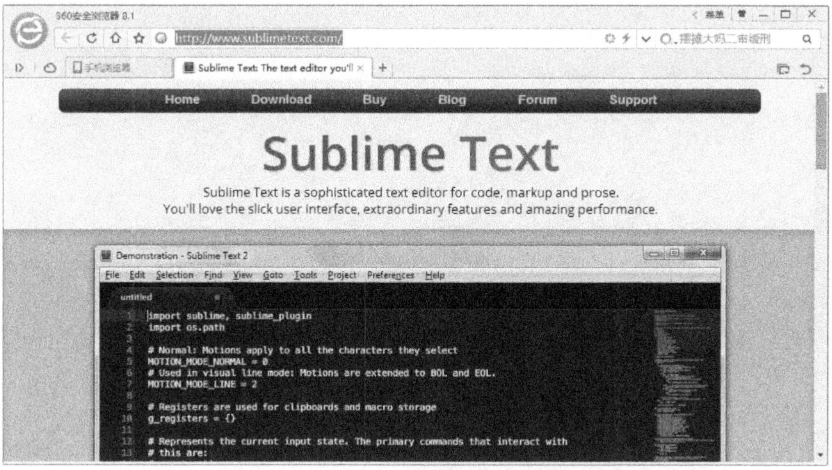

图 1-19 Sublime Text 工具

（2）EditPlus 开发工具。这是一款编写 PHP 时使用非常多的文本编辑器，方便简洁，很多 PHP 开发者都喜欢它。下载地址为 https://www.editplus.com/，界面如图 1-20 所示。EditPlus 中文版（文字编辑器）是一套功能强大，可取代记事本的文字编辑器，拥有无限制的撤销与重做、英文拼字检查、自动换行、列数标记、查找/替换、同时编辑多文件、全屏幕浏览等功能。它最好用的一个功能就是监视剪贴板，使用户能够同步剪贴板，自动将文字粘贴进 EditPlus 的编辑窗口中，省去了粘贴的步骤。另外，它也是一个非常好用的 HTML 编辑器，除了支持颜色标记、HTML 标记外，同时支持 C、C++、Perl、Java。另外，它还内建完整的 HTML 与 CSS 指令功能，对于习惯用记事本编辑网页的朋友，它可帮助节省一半以上的网页制作时间。若安装了 IE，它还会在其自身窗口中嵌入 IE 浏览器，让用户可以直接预览编辑好的网页。

（3）Notepad++开发工具。Notepad++是一款非常有特色的编辑器，也是开源软件，读者可以免费使用，下载地址是https://notepad-plus-plus.org/，如图 1-21 所示。

该工具是较著名的编辑器，功能基本和 EditPlus 差不多，有的方面甚至更强大，只是使用习惯有些不同。

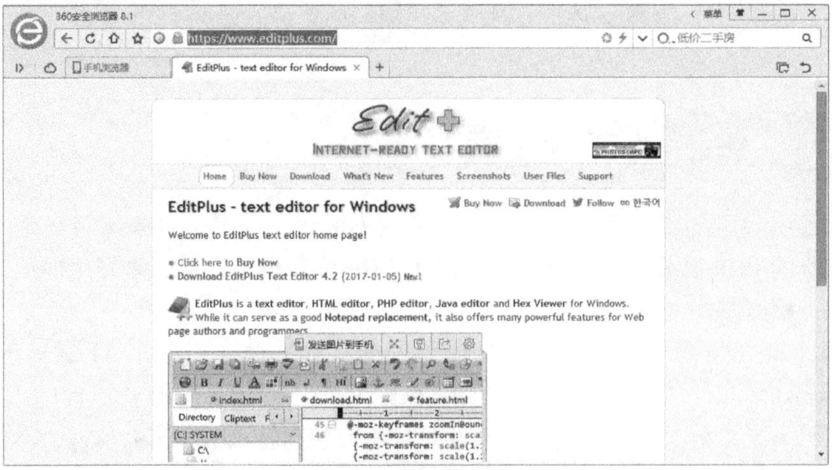

图 1-20 EditPlus 开发工具

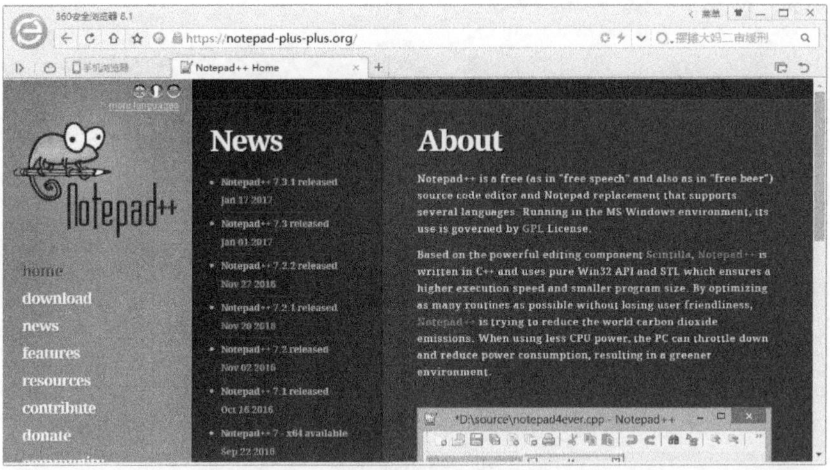

图 1-21 Notepad++开发工具

它的功能有：

- 支持多达 27 种语法高亮度显示（囊括各种常见的源代码、脚本，完美支持 . nfo 文件查看），也支持自定义语言。
- 可自动检测文件类型，根据关键字显示节点，节点可自由折叠/打开，代码显示得非常有层次感。
- 可打开双窗口，在分窗口中又可打开多个子窗口，允许快捷切换全屏显示模式〈F11〉，支持使用鼠标滚轮改变文档显示比例。
- 提供数个特色功能，如邻行互换位置、宏功能，等等。

（4）PDT（Eclipse PHP Development Tools）工具。归属于 Zend Studio 这个 IDE 集成环境，下载地址为 http://www.zend.com/en/downloads，官网如图 1-22 所示。

Eclipse 集成开发环境只要有插件就可以实现相应功能。PDT 这个项目很早就开始进行了。Zend Studio for Eclipse 就是基于这个插件的，再加上自己的调试器。用户也可以在 Eclipse 上使用这个插件，然后去选择调试器来配置自己的开发环境。因为是在 Eclipse 上安

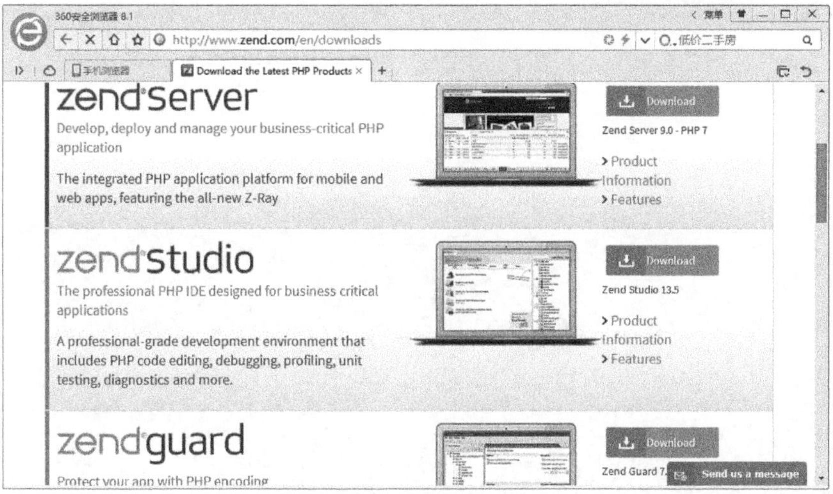

图 1-22　Zend 官网下载

装插件自定义实现，不必为 PHP 开发再安装一个大型软件，所以还是有很多人喜欢用这个工具的。

对于初学者而言，刚开始学习 PHP 程序开发的时候既要考虑网页布局的问题，又要考虑后台 PHP 程序的执行问题，而 Dreamweaver 是一款所见即所得的软件，非常适合初学者学习及应用，当前主流版本是 Dreamweaver CC 2017 版。本书建议使用本软件进行 PHP 的学习。Dreamweaver 是集网页制作和管理网站于一体的网页编辑器，它同时是针对专业网页设计人员特别设计的可视化网页开发工具，利用它可以轻而易举地制作出跨平台、跨浏览器、充满动感的网页。

Dreamweaver 软件可以方便地通过因特网直接下载、安装、使用，下载及安装的步骤如下。

（1）登录 Adobe 公司的官网并免费注册一个用户，登录的网址为 http://www.adobe.com/cn/，如图 1-23 所示。

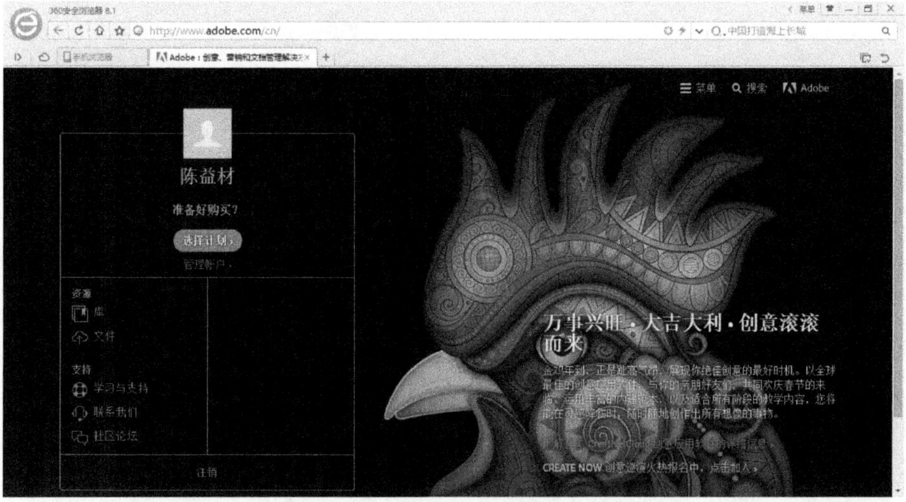

图 1-23　Adobe 官网及注册用户

（2）单击页面右上角的“菜单”链接，打开 Adobe 公司的所有产品展示页面，从中选择 Creative Cloud（云安装包），如图 1-24 所示。之所以选择整个云安装包，是方便软件一键式下载和安装。

图 1-24　选择 Creative Cloud（云安装包）

（3）下载的 Creative Cloud（云安装包）非常小，双击以后就可以直接从云端下载并安装 Creative Cloud（云安装包）的桌面，如图 1-25 所示。

（4）安装完成后，启动 Creative Cloud（云安装包），在面板中有 Adobe 公司的所有软件，这里根据需要直接在 Dreamweaver CC（2017）中单击“试用”按钮，软件即可自行安装到计算机上，一键式的下载安装非常方便，如图 1-26 所示。

图 1-25　安装 Creative Cloud（云安装包）

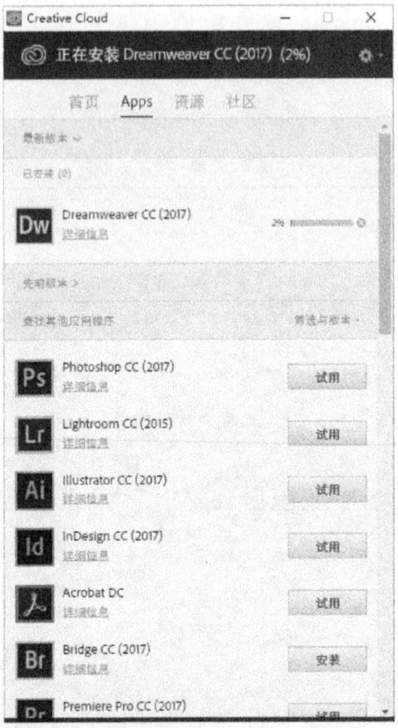

图 1-26　安装 Dreamweaver CC（2017）试用版

第一次启动 Dreamweaver CC（2017）后，系统会弹出一个界面预置对话框。利用该界面预置对话框，用户可以更加快速地查找内容，更多地、更加清晰地显示上下文及焦点，快速存取最近使用的文档和教程资源。

启动后，Dreamweaver CC（2017）的操作界面如图 1-27 所示。Dreamweaver CC（2017）的操作界面主要由以下几个部分组成：标题栏、菜单栏、工具栏、文档窗口、标签栏、属性设置面板及多个浮动面板。

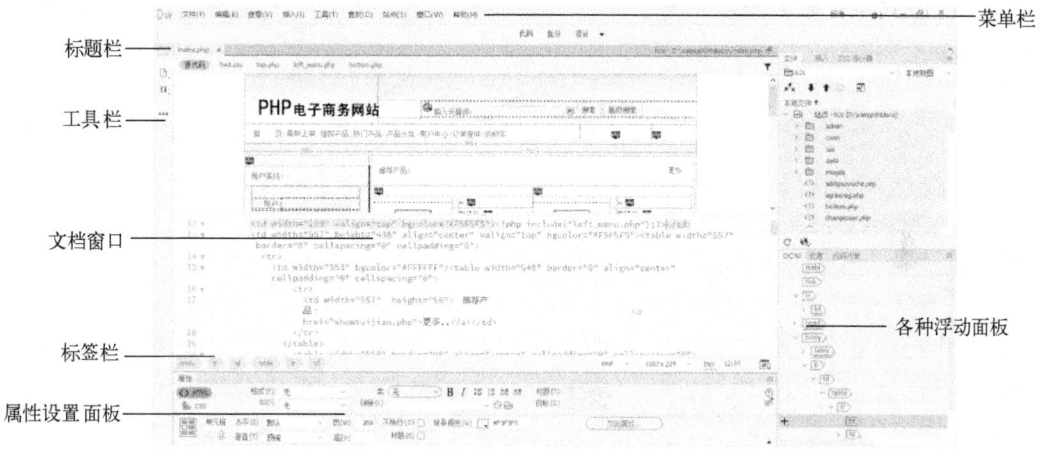

图 1-27　Dreamweaver CC（2017）的操作界面

Section 1.3 在 Dreamweaver 平台上开发 PHP 网站

Dreamweaver 软件提供了网站开发的整合性环境，它可以支持不同服务器技术，如 ASP、PHP、JSP 等，建立动态支持数据库的网络应用程序，同时也能让不懂程序代码的网站设计人员或初学者，在不编写程序代码的情况下，进行动态网页的设计。

1.3.1 网站建设发布流程

在开始制作网站之前，还要了解 Dreamweaver CC（2017）中的网页设计和发布流程。它可以分为如下 5 个主要步骤。

第一步：规划网站站点。

需要充分了解网站建设的目的，确定网站要提供的服务，针对的是什么样的访问者，进而确定网页中应该出现什么内容。

第二步：建立站点的基本结构。

Dreamweaver CC（2017）可以在本地计算机上建立整个站点的框架，并在各个文件夹中合理地安置文档。Dreamweaver CC（2017）可以在站点窗口中以两种方式显示站点结构，一种是目录结构，另一种是站点地图。可以使用站点地图方式快速构建和查看站点原型。一旦创建了本地站点并生成了相应的站点结构，创建了即将进一步编辑的各种文档，就可以在其中组织文档和数据。

第三步：实现所有页面的设计。

建立站点之后，进入 Dreamweaver CC（2017）软件，开始进行页面的版面规划设计，利用该软件强大的编辑设计功能实现各种复杂的表格，并组织页面内容。为了保持页面的统一风格，可以利用模板来快速生成文档。

第四步：充实网页内容。

在创建了基本版面页面后，就要向框架中填充内容。在文档窗口中合适的地方，可以输入文字和其他资源，例如图像、水平线、Flash 插件和其他对象等，大多可以通过插入面板或插入菜单来完成插入。

第五步：发布和维护更新。

在站点编辑完成后，需要将本地的站点同位于 Internet 服务器上的远端站点关联起来，把本地设计好的网站内容传到服务器上，在后期还需要随时更新和维护。

1.3.2 本地站点文件规划

在制作网站之前，首先是把设计好的网站内容放置在本地设计计算机的硬盘上。为了方便站点的设计及上传，设计好的网页都应存储在 Apache 服务器的安装路径下（如本书的路径为 D:\xampp\htdocs 目录下），再用合理的文件夹来管理文档。在本地站点规划的时候，应该注意如下的操作规则。

1. 设计合理的文件夹

在本地站点中应该用文件夹来合理构建文档的结构。首先为站点创建一个主要文件夹，然后在其中创建多个子文件夹，最后将文档分类存储到相应的文件夹下。

例如，可以在 images 的文件夹中放置网站页面的图片，可以在 aboutus 文件夹中放置用于介绍公司的网页，可以在 service 文件夹中放置关于公司服务方面的网页图 1-28 所示的是一个大型电子商务网站规划建立的文件夹文档。

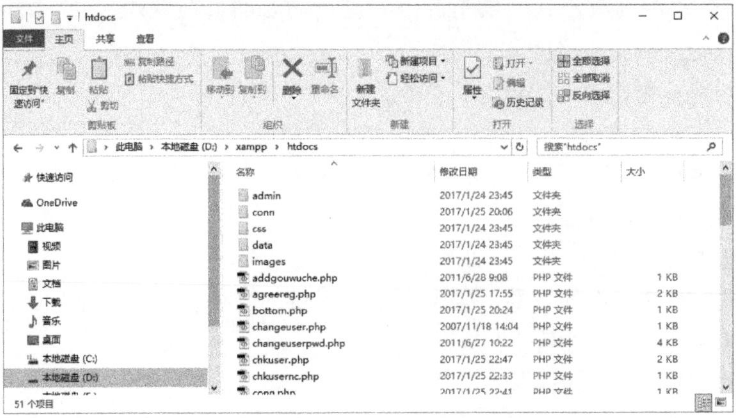

图 1-28 网站在本地硬盘上的文件夹建立

2. 设计合理的文件名称

由于网站建设要生成的文件很多，所以要用合理的文件名称。这样操作的目的一是方便在网站的规模变得很大时，可以进行修改更新；二是方便浏览者看了网页的文件名就能够知道网页所要表述的内容。

在设计合理的文件名时要注意以下几点。

（1）尽量使用短文件名来命名。

（2）应该避免使用中文文件名，因为很多服务器使用的是英文操作系统，不能对中文文件名提供很好的支持，而且浏览网站的用户也可能使用英文操作系统，中文文件名也可能导致浏览错误或访问失败。

（3）建议在构建的站点中全部使用小写的文件名称。很多服务器采用 UNIX 操作系统，而它是区分文件的大小写的。

特别注意：

在 PHP 建立站点文件夹及文件名时，一定要使用英文名称或者数字名称，不要使用中文名称来命名，否则会导致 Apache 服务器不能正常支持该站点。

3. 设计本地和远程站点为相同的文件结构

设计本地和远程站点为相同的文件结构是指在本地站点中规划设计的网站文件结构要同上传到服务器上被人浏览的网站文件结构相同。这样在本地站点上相应的文件夹和文件上的操作，都可以同远程站点上的文件夹和文件一一对应。Dreamweaver CC（2017）将整个站点上传到 Internet 服务器上，都可以保证远程站点是本地站点的完整的副本，方便浏览和修改。

1.3.3 建立流畅的浏览顺序

在网站创建的时候，首先要考虑到网站所有页面的浏览顺序，注意主次页面之间的链接是否流畅。如果采用标准统一的网页组织形式，则可以让用户轻松自如地访问每个要访问的网页。这样能提高浏览的兴趣，加大网站的访问量。建立站点的浏览顺序，要注意如下几点。

第一：每个页面建立首页的链接。

在网站所有的页面上都要放置返回主页的链接，这样就可以保证用户在不知道自己目前位置的情况下快速回到首页，重新开始浏览。

第二：建立网站导航。

应该在网站任何一个页面上建立网站导航，通过导航提供站点的简明目录结构，引导用户从一个页面快速进入其他页面。

第三：突出当前页位置。

在网站页面很多的情况下，往往需要加入当前页在网站中的位置说明，或者加入说明的主题，以帮助浏览者了解目前所处的访问位置。如果页面嵌套过多，则可以通过创建“前进”和“后退”之类的链接，来帮助浏览者浏览。

第四：增加搜索和索引功能。

对于一些带数据库的网站，还应该向浏览者提供搜索的功能，或向给浏览者提供索引检索的权利，使用户快速查找到自己需要的信息。

第五：必要的信息反馈功能。

网站建设发布后，会存在一些小问题，从用户那里及时获取对网站的意见和建议是非常重要的。为了及时从用户处了解到相关信息，应该在网页上提供用户同网页创作者或网站管理员的联系途径。常用的方法是建立留言板或是创建一个 E-mail 超级链接，帮助用户快速反馈信息。

1.3.4 定义 PHP 网页测试网站

使用 Dreamweaver 开发网站之前，一定要先定义网站，利用 Dreamweaver CC（2017）“站点”→“管理站点”命令来进行管理。使用 Dreamweaver CC（2017）进行网页布局设计时，首先需要用定义站点向导定义站点。

具体操作步骤如下。

（1）首先在 D:\xampp\htdocs 路径下建立 php 文件夹，如图 1-29 所示，第 2 章所有建立的 PHP 程序文件都将放在该文件夹下。

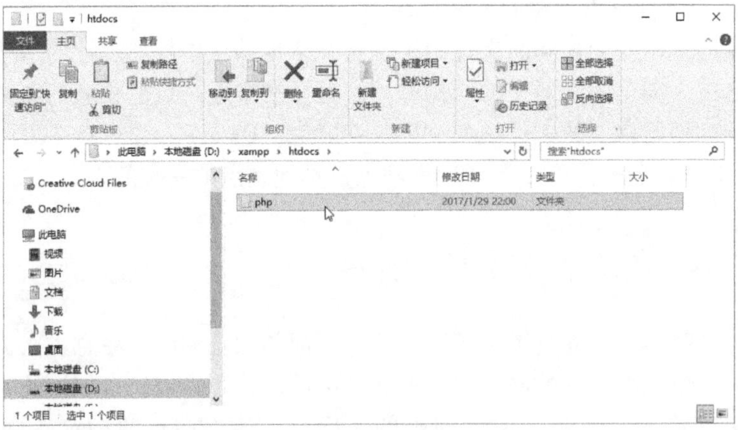

图 1-29 建立站点文件夹 php

（2）打开 Dreamweaver CC（2017），选择菜单栏中的“站点”→“管理站点”命令，打开“管理站点”对话框，如图 1-30 所示。

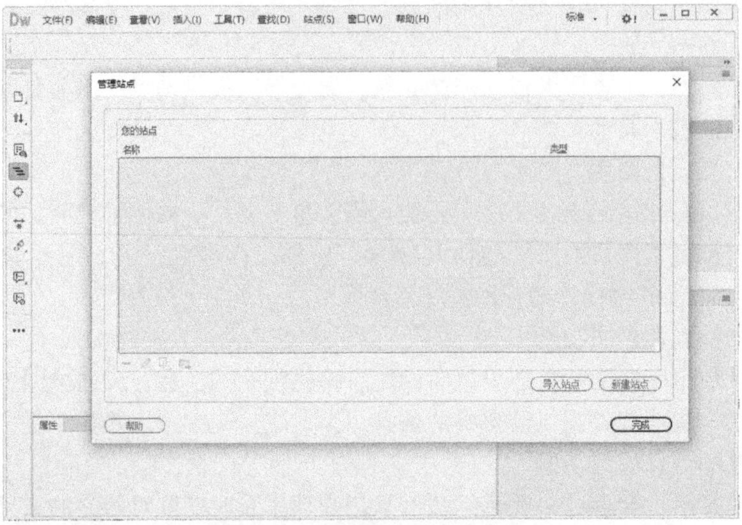

图 1-30 “管理站点”对话框

（3）对话框的上部是站点列表框，其中显示了所有已经定义的站点。单击右下角的“新建站点”按钮，打开“站点设置对象 php”对话框，进行如下参数设置。

“站点名称”：php。

“本地站点文件夹”：D:\xampp\htdocs\php。

如图 1-31 所示。

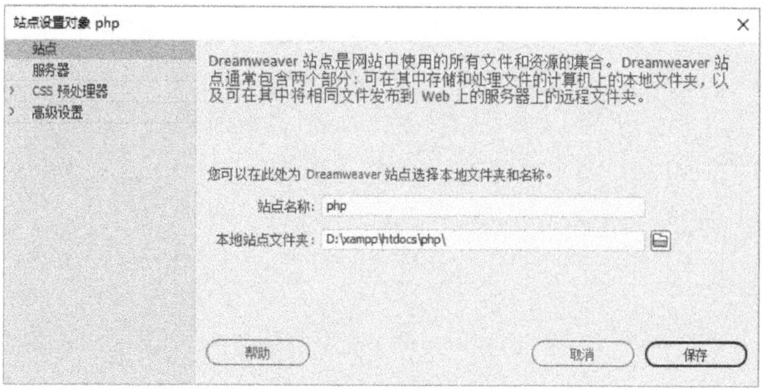

图 1-31　建立 php 站点

（4）单击列表框中的“服务器”选项，并单击“添加服务器”按钮[+]，打开“基本”选项卡，进行如图 1-32 所示的参数设置。

“服务器名称”：php。

“连接方法”：本地/网络。

“服务器文件夹”：D:\xampp\htdocs。

“Web URL”：http://127.0.0.1。

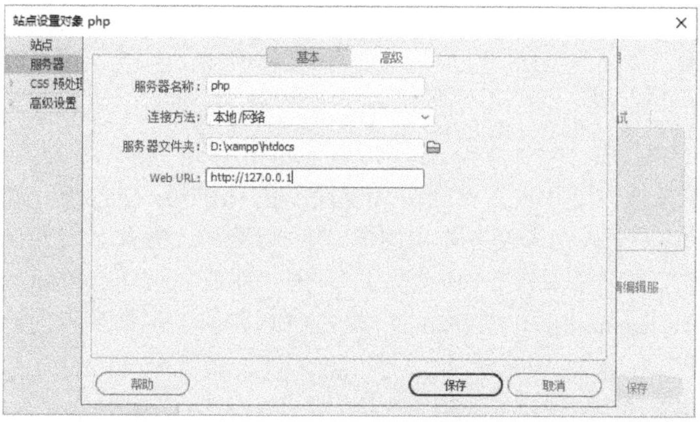

图 1-32　设置“基本”选项卡

（5）设置后再打开“高级”选项卡，选择“维护同步信息”复选框，在“服务器模型”下拉列表项中选择 PHP MySQL 来表示是使用 PHP 开发的网页，其他的保持默认值，如图 1-33 所示。

（6）单击“保存”按钮，返回“服务器”设置对话框，再选择“测试”复选框，如图 1-34 所示。

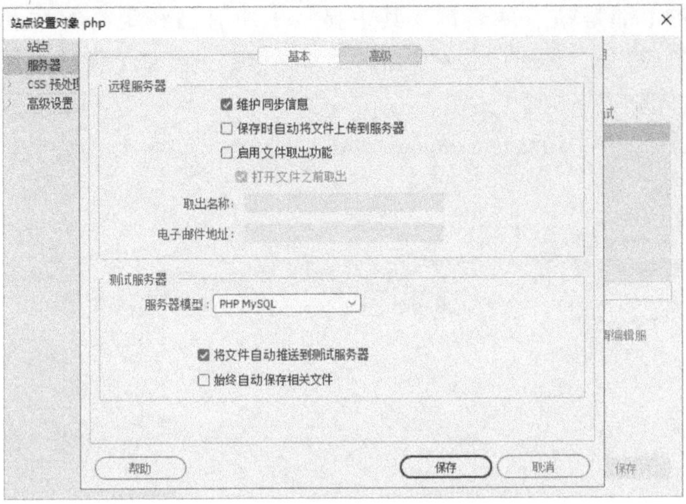

图 1-33 设置“高级”选项卡

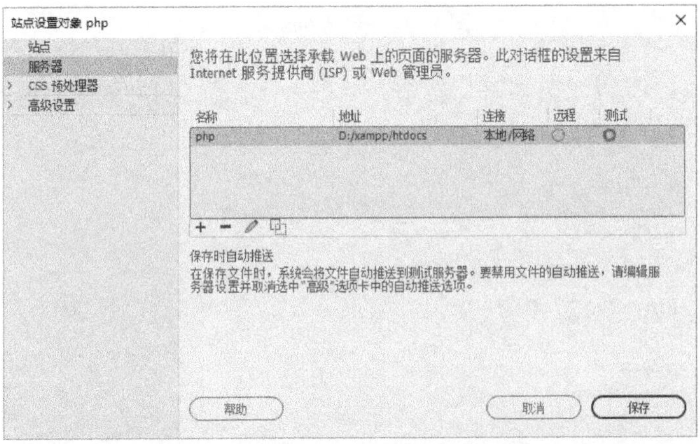

图 1-34 设置“服务器”参数

单击“保存”按钮，则完成站点的定义设置，在 Dreamweaver CC（2017）中就已经拥有了刚才所设置的站点了。由于是在本机测试 PHP 网页的，因此不需要设定“远程信息”。设定好“本地信息”与“测试服务器”之后，单击“完成”按钮，关闭“管理站点”对话框，这样就完成了 Dreamweaver CC（2017）测试 PHP 网页的网站环境设置。

1.3.5 创建 PHP 网页

使用 Dreamweaver CC（2017）软件可以快速地创建 PHP 的标准文档，创建新的 PHP 网页的步骤如下。

（1）如果 Dreamweaver CC（2017）已经启动，要创建新文档，可以选择菜单栏上的“文件”→“新建”命令，打开“新建文档”对话框，如图 1-35 所示。在该对话框的左侧单击“新建文档”标签；在“文档类型”列表框中选择一种需要的类型，这里选择“<?>PHP”选项，创建一个 PHP 标准文档；然后在“布局”列表框中选择一种布局样式，默认情况下选择

“无”，在“PHP 文档”类型中选择现在标准的 HTML 5“文档类型”，最后单击“创建”按钮即可创建一个新文档。

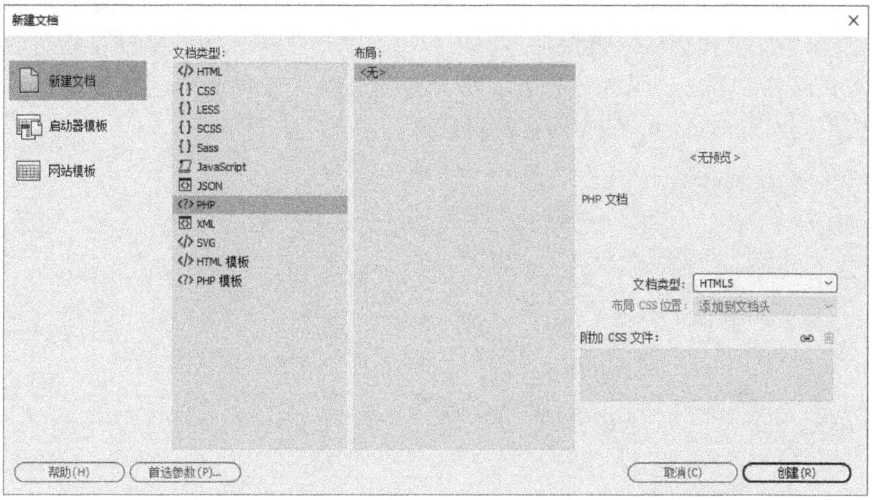

图 1-35 “新建文档”对话框

（2）创建新的文档后，单击“拆分”文字，在代码文档窗口中输入 PHP 的显示命令如下：

```
<?php
echo("hello,World!,你好世界!!")
?>
```

设置如图 1-36 所示。

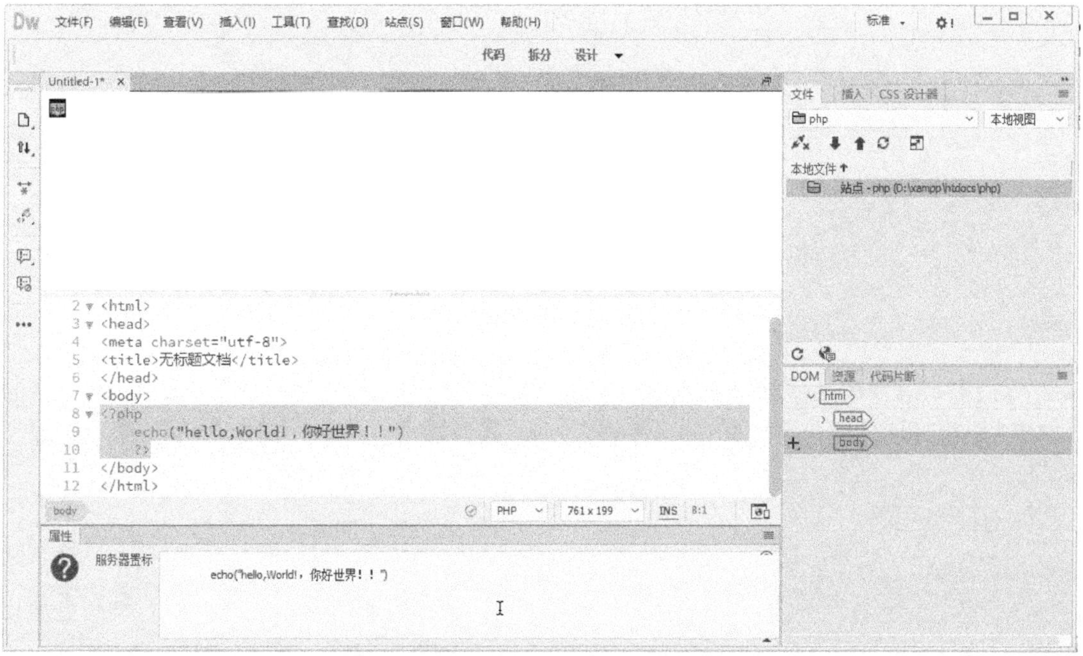

图 1-36 在代码窗口输入 PHP 代码

（3）保存网页文件的方法根据保存文件的目的不同而不同。如果同时打开了多个 Dreamweaver CC（2017）窗口，而保存的目的只是保存当前文档，则切换到要保存的文档所在的窗口，然后选择菜单栏上的“文件”→“保存”命令，会打开“另存为”对话框，如图 1-37 所示。如果此前文档从未被保存过，则会出现 Windows 标准的文件存储对话框，选择路径并输入文件名，单击“保存”按钮，即可存储文档。如果文档已经被保存，则会直接存储文档，不会出现 Windows 的文件存储对话框。

图 1-37 “另存为”对话框

（4）打开任意一款浏览器，在地址栏输入“http://127.0.0.1/php/hello.php”，按下〈Enter〉键，即可正常显示制作的第一个 PHP 网页，如图 1-38 所示。

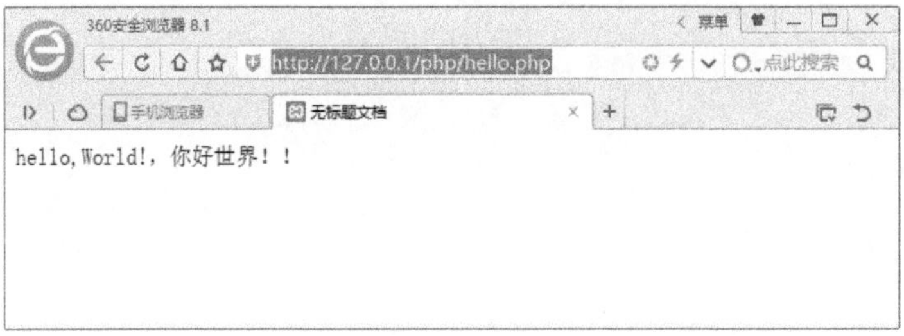

图 1-38 浏览 PHP 网页

有很多初学者第一次访问的时候并不成功，大部分原因是因为没有启动前面安装的 XAMPP 集成环境。由于支持 PHP 运行的 Apache 服务器没有启动，PHP 网页自然不能顺利访问。

第2章 PHP 7.0编程基础

PHP 是一种易于使用的服务器端脚本语言，只需要很少的编程知识就能用 PHP 建立一个真正具有交互功能的 Web 站点。但对于初学者而言，还是需要花一些功夫去掌握 PHP 的编程基础的。本章以最简单易学的方法介绍一些 PHP 的基本语法，包括变量、常量、运算符、控制语句及数组等。通过学习这些基础知识，读者能更深入地了解 PHP。

从入门到精通

本章的学习重点：

- **PHP 程序结构**
- **PHP 函数的调用**
- **PHP 中的常量和变量**
- **PHP 数据类型**
- **PHP 中的运算符**
- **表单变量的使用**

Section

2.1 PHP 程序编写基础

如果读者对 ASP 或者 JSP 有所了解，则应该知道在编写这些网页程序时可以将 HTML 标记与这些动态语言代码混合到一个文件中，然后使用特殊的标识（符号“<%%>”）将两者区别开来。PHP 也是如此，它可以与 HTML 标记共存。PHP 提供了多种方式来与 HTML 标记区别，用户可以根据自己的喜好选择一种，也可以同时使用几种。本节将介绍 PHP 的基础程序结构，包括输出和注释的方法。

2.1.1 PHP 程序结构

PHP 语句与 Perl 和 C 一样，结构比较严谨，需要在每条语句后使用分号“;”来作为结束，而且对语句中的大小写敏感。

常用的 PHP 程序结构有如下 3 种。

方法一：PHP 标准结构（推荐）。

```
<?php
Echo "hello,你好,这是我的第一个 PHP 程序!";
?>
```

方法二：PHP 的简短风格（需要设置 php.ini）。

```
<?Echo "hello,你好,这是我的第一个 PHP 程序!";?>
```

方法三：PHP 的 SCRIPT 风格（冗长的结构）。

```
<script language="php">echo"hello,你好,这是我的第一个 PHP 程序!";</script>
```

三种结构输出的结果是一样的，在 Dreamweaver 里编辑的内容如图 2-1 所示。

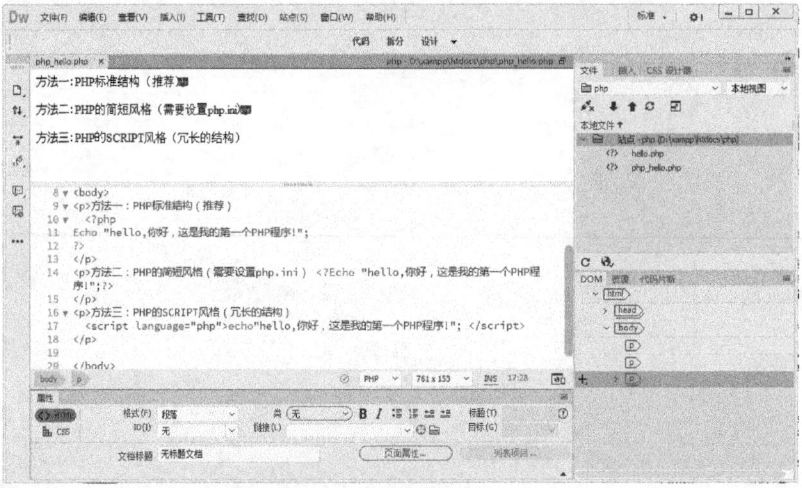

图 2-1　编辑的内容

实际开发时，第 1 种和第 2 种是常用的方法，即：使用小于号加上问号之后跟 PHP 代码，在程序代码的最后，使用问号及大于号作为结束。第 3 种方法有点类似于 JavaScript 的编写方式。标记风格和学习这门语言没有关系，建议使用标准化的方法即使用第 1 种格式来编写。

2.1.2 PHP 输出结果

PHP 输出所有参数可以用 echo 命令，echo 实际上不是一个函数，而是一个语言结构，它不能总是使用一个函数的上下文。使用该命令时，不一定要使用小括号来指明参数，用单引号或双引号也可以。另外，如果想给 echo 命令传递多个参数，那么就不能使用小括号。

提示：

也可以使用 print( )命令来实现，但 echo 比 print( )函数快一点。

下面举例用 PHP 输出语句，包括 HTML 格式化标签，如图 2-2 所示。

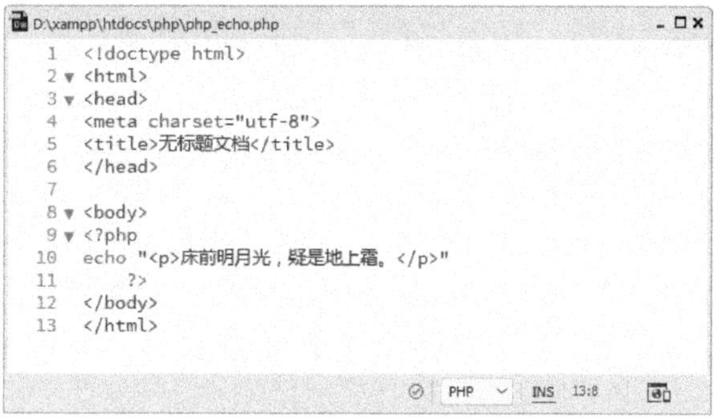

图 2-2　使用 echo 输出字符

初学者，一定要掌握单引号和双引号的区别和效率问题。很多开发者了解得不是很清楚，一直以为 PHP 中单引号和双引号是互通的，直到发现单引号和双引号出现错误的时候才去学习，所以这里单独介绍它们的区别。两者的主要区别如下。

" " 双引号里面的字段会经过编译器解释，然后再当作 HTML 代码输出。

' ' 单引号里面的字段不进行解释，直接输出。

因此，单引号比双引号执行得要快了。

例如：

```
$abc='my name is tom';
echo $abc //结果是:my name is tom
echo '$abc' //结果是:$abc
echo "$abc" //结果是:my name is tom
```

2.1.3 PHP 程序注释

PHP 中可以使用多种风格的注释方式，如下所示。

/* 第 1 种 PHP 注释　适合用于多行 */

// 第 2 种 PHP 注释　适合用于单行

第 3 种 PHP 注释　适合用于单行

第一种注释和 C 语言一样，以/＊为开始，＊/为结束，例如：

```
<?php
/*
注释:关于本段程序的说明
该段程序主要用于建立数据库的连接……
 */
?>
```

单行注释（有//和#这两种）：

```
<?php
echo "说明";//输出说明两字
echo "说明";#输出说明两字
?>
```

注意，注释符号只有在<?php ?>里面才会起到应有的效果。

Section 2.2 动态输出字符

在实际的网页设计过程中，单使用 echo( )命令并不能满足实际的应用，如需要输出随机的数字、控制字符串的大小写及一些特殊的字符处理等，就可以通过调用相应的函数命令实现。

2.2.1 PHP 函数的调用

要实现相应的字符控制就需要调用相应的函数命令，在 PHP 编程中调用相应的函数还是比较简单的，如使用 rand( )函数来产生一个随机数字（范围是 0~100）。

```
<?php
echo rand(0,100);
?>
```

刷新便可看到输出结果的变化，rand( )函数中的 0 和 100 为指定给 rand( )函数的参数，前面的 0 意味着最小可能出现的数值为零，100 则意味着最大可能出现的数值为 100，如图 2-3 所示。很多函数都有必选或可选的参数。

2.2.2 截去字符串首尾

使用 trim( )函数可以返回字符串 string 首尾的空白字符去除后的字符串。

语法：string trim(string str)；

返回值：字符串

函数种类：文本处理

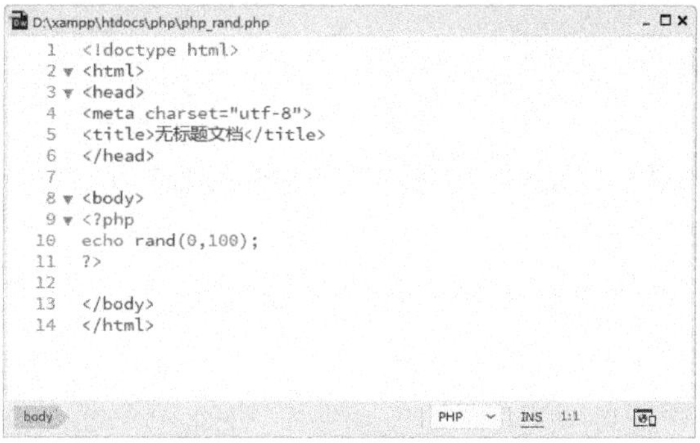

图 2-3 输出随机值

在使用来自 HTML 表单的信息之前，一般都会对这些数据做一些整理。

```
<?php
//清理字符串中开始和结束位置的多余空格
 $name="  12356789  ";
 $name=trim($name);
echo $name;
?>
```

运行的结果可以将字符串前后的空白去除。

2.2.3 格式化输出字符

nl2br()函数可以将换行字符转换成 HTML 换行的
指令。

语法：string nl2br(string string);

返回值：字符串

函数种类：文本处理

举例如下：

```
<?php
 $str="今天的天气特别好,心情也不错
,决定去学校足球场,好好地踢一场球。";
echo $str;
echo "<br />";
echo nl2br($str);
?>
```

输出的结果如图 2-4 所示。

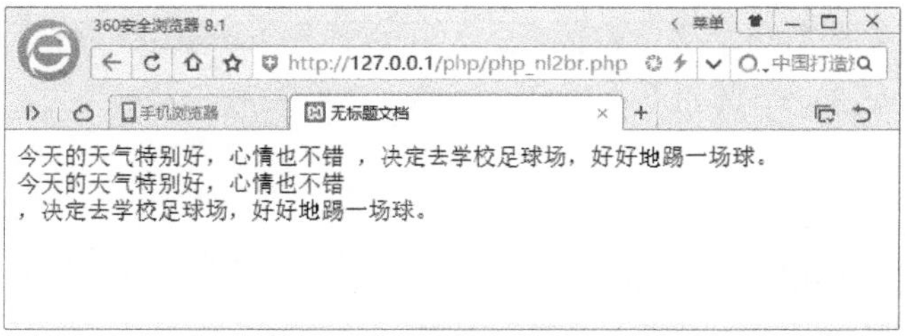

图 2-4 格式化输出字符的结果

2.2.4 打印格式化输出

PHP 支持 print()结构在实现 echo 功能的同时能返回值（True 或 False，是否成功），使用 printf()可以实现更复杂的格式。

语法：int printf(string format,mixed [args]...);

返回值：整数

函数种类：文本处理

```
<?php
 $num=12.8;
//将$num 里的数值以字符串的形式输出
printf("数值为:%s",$num);
echo "<br />";
//转换成为带有两位小数的浮点数
printf("数值为:%.2f",$num);
echo "<br />";
//解释为整数并作为二进制数输出
printf("数值为:%b",$num);
echo "<br />";
//打印%符号
printf("数值为:%%%s",$num);
?>
```

输出结果如图 2-5 所示。

图 2-5　打印格式化输出结果

2.2.5 字母大小写转换

字母的大小写转换在 PHP 网页转换中经常用到，涉及的函数命令也有常用的几个，如 strtoupper()可以将字符串转换成大写字母，将每个单词的第一个字母转换成大写可以使用 ucwords()，将字符串的第一个字母转换成大写可以使用 ucfirst()，将字符串转换成小写字母可以使用 strtolower()，举例如下。

```
<?php
 $str="I like this game!";
//将字符串转换成大写字母
echo strtoupper($str)."<br />";
//将字符串转换成小写字母
```

```
echo strtolower($str)."<br />";
//将字符串的第一个字母转换成大写
echo ucfirst($str)."<br />";
//将每个单词的第一个字母转换成大写
echo ucwords($str);
?>
```

输出的结果如图 2-6 所示。

图 2-6　字母转换大小写结果

2.2.6 处理特殊的字符

有些字符对于 MySQL 是有特殊意义的，例如引号、反斜杠和 NULL 字符。如何正确处理这些字符？可以使用 addslashes() 函数和 stripslashes() 函数。

```
<?php
$str=" \" ' \ NULL";
echo $str."<br />";
echo addslashes($str)."<br />";
echo stripslashes($str)."<br />";
?>
```

输出的结果如图 2-7 所示。

图 2-7　处理特殊的字符

Section 2.3 常量和变量

常量和变量是编程语言的最基本构成元素，代表了运算中所需要的各种值。通过变量和常量，程序才能对各种值进行访问和运算。常量和变量的功能就是用来存储数据的，但区别在于常量一旦初始化就不再发生变化，可以理解为符号化的常数。本节介绍 PHP 中的常量和变量。

2.3.1 PHP 中的常量

常量是指在程序执行过程中无法修改的值。在程序中处理不需要修改的值时，常量非常有用，例如定义圆周率 PI。常量一旦定义，在程序的任何地方都不可以修改，但是可以在程序的任何地方访问。

在 PHP 中使用 define( )函数定义常量。该函数有 3 个参数，第 1 个参数表示常量名，第 2 个参数表示常量的值。

name：必选参数，常量名称，即标识符。

value：必选参数，常量的值。

case_insensitive：可选参数，如果设置为 True，则该常量不区分大小写，不设置则默认是区分大小的。

常量在定义后，可以在运行脚本的任何地方使用。

例如，下面定义一个名为 HOST 的常量，如图 2-8 所示。

```
<?php
define("HOST","www.baidu.com");        //将值"www.baidu.com"赋予常量 HOST
echo HOST;                             //输出 HOST 常量的值
?>
```

如图 2-8 所示。

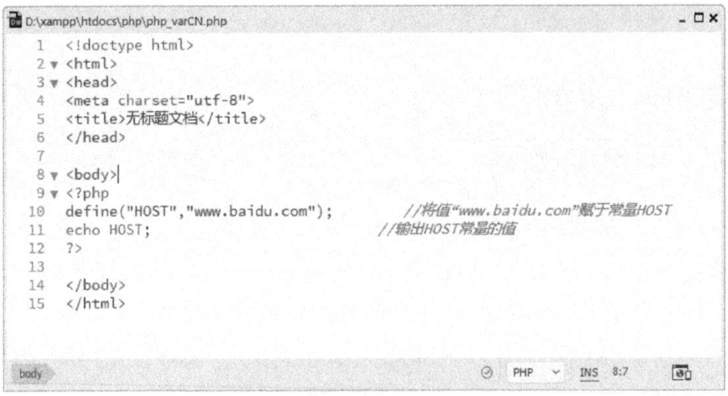

图 2-8　定义常量

常量说明如下。

常量默认区分大小写，按照惯例，常量标识符总是大写。常量名和其他任何 PHP 标记遵循相同的命名规则。合法的常量名以字母或下画线开始，后面跟任何字母、数字或下画线。

PHP 的系统常量包括 5 个魔术常量和大量的预定义常量。

魔术常量会根据它们使用的位置而改变，PHP 提供的 5 个魔术常量分别如下。

(1) _LINE_：表示文件中的当前行号。

(2) _FILE_：表示文件的完整路径和文件名。如果用在包含文件中，则返回包含文件名。自 PHP 4.0.2 起，_FILE_总是包含一个绝对路径，而在此之前的版本有时会包含一个相对路径。

(3) _FUNCTION_：表示函数名称（PHP 4.3.0 新加）。自 PHP 5 起，该常量返回该函数被定义时的名字（区分大小写）。在 PHP 4 中，该值总是小写字母的。

(4) _CLASS_：表示类的名称（PHP 4.3.0 新加）。自 PHP 5 起，该常量返回该类被定义时的名字（区分大小写）。在 PHP 4 中，该值总是小写字母的。

(5) _METHOD_：表示类的方法名（PHP 5.0.0 新加）。返回该方法被定义时的名字（区分大小写）。

预定义常量分为内核预定义常量和标准预定义常量两种，内核预定义常量在 PHP 的内核、Zend 引擎和 SAPI 模块中定义，而标准预定义常量是 PHP 默认定义的，比如常用的 E_ERROR、E_NOTICE、E_ALL 等。

2.3.2 PHP 中的变量

变量是指在程序的运行过程中随时可以发生变化的量。在代码中可以只使用一个变量，也可以使用多个变量。变量中可以存放单词、数值、日期及属性等。变量的值是临时的，当程序运行的时候，该值是存在的；如果程序结束，变量的值就会丢失。虽然在前面的示例中也使用到了变量，但是没有详细说明，本小节将详细介绍如何创建以及引用变量。

在 PHP 中，创建一个变量首先需要定义变量的名称。变量名区分大小写，总是以$符号开头，然后是变量名。如果在声明变量时忘记变量前面的$符号，那么该变量将无效。在 PHP 中设置变量的正确方法如下所示。

```
$var_name=value;
```

1. 定义变量

在 PHP 中给变量赋值有两种方式，分别为值赋值和引用赋值。

值赋值是直接把一个数值通过赋值表达式传递给变量，会把该变量原来的数值覆盖，如果在声明变量时没有赋值，则其行为就形同 NULL。在声明变量时赋值是一种常用的变量的赋值方法，使用示例如下。

```
<?php
 $name="baidu";                        //有效变量
 $Name="website";                      //有效变量
echo "$name,$Name";                    //输出为"baidu,website"
 $1website="www.baidu.com";            //无效变量,以数字开始
 $_1website="www.baidu.com";           //有效变量
?>
```

从上述代码中可以看到，在 PHP 中不需要在设置变量之前声明该变量的类型，而是根据变量设置的方式，系统自动把变量转换为正确的数据类型。

在 PHP 中，标识符的命名必须符合下面的规定。

(1) 标识符可以由一个或多个字符组成，但必须以字母或下画线开头。此外，标识符

只能由字母、数字、下画线字符和从 127 到 255 的其他 ASCII 字符组成。如 my_a、Ss、_value这些标识符名称都是合法的，而 q^a、4tt 这些变量的名称是不合法的。

（2）标识符区分大小写。因此，变量$recipe 不同于变量$Recipe、$rEciPe 不同于$recipE。

（3）标识符可以是任意长度。这很有优势，因为这样一来，程序员就能通过标识符名准确地描述标识符的用途。

（4）标识符名称不能与任何 PHP 预定义关键字相同。

在 PHP 中，变量的命名规则有如下几点。

（1）变量名必须以字母或下画线“_”开头。

（2）变量名只能包含字母、数字、字符及下画线。

（3）变量名不能包含空格。如果变量名由多个单词组成，那么应该使用下画线进行分隔（例如$my_string），或者以大写字母开头（例如$myString）。

PHP 还支持另一种赋值方式，称为变量的引用赋值，例如下面的示例。

```
<?php
 $wo='baidu';                   //为变量$wo 赋值
 $ba=& $wo;                     //变量 $ba 引用了变量$wo 的值
 $ba="Web site is $ba";         //修改变量$ba 的值
echo $wo;                       //结果为“Web site is baidu”
echo $ba;                       //变量$ba 的值也被修改,结果与$ba 相同
?>
```

从这里可以看出，对一个变量值的修改将会导致对另外一个变量值的修改。从本质上讲，变量的引用赋值导致两个变量指向同一个内存地址。因此，不论对哪一个变量进行修改，修改的都是同一个内存地址中的数据，从而出现同时被修改的结果。

PHP 提供了大量的预定义变量，这些变量在任何范围内自动生效，因此通常也被称为自动全局变量（Autoglobals）或者超全局变量（Superglobals）（PHP 中没有用户自定义超全局变量的机制）。在 PHP 4.1.0 之前，如使用超全局变量，人们要么依赖 register_globals，要么就是长长的预定义 PHP 数组（$HTTP_*_VARS）。自 PHP 5.0.0 起，长格式的 PHP 预定义变量可以通过设置 register_long_arrays 来屏蔽。

常用的超全局变量如下。

（1）$GLOBALS：包含一个引用指向每个当前脚本的全局范围内有效的变量。该数组的键名为全局变量的名称。从 PHP 3 开始存在$GLOBALS 数组。

（2）$_SERVER：变量由 Web 服务器设定或者直接与当前脚本的执行环境相关联。类似于旧数组 $HTTP_ SERVER_VARS（依然有效，但反对使用）。

（3）$_GET：通过 URL 请求提交至脚本的变量。类似于旧数组$HTTP_GET_VARS（依然有效，但反对使用）。

（4）$_POST：通过 HTTP POST 方法提交至脚本的变量。类似于旧数组$HTTP_POST_VARS（依然有效，但反对使用）。

（5）$_COOKIE：通过 HTTP Cookies 方法提交至脚本的变量。类似于旧数组$HTTP_COOKIE_VARS（依然有效，但反对使用）。

（6）$_FILES：通过 HTTP POST 文件上传而提交至脚本的变量。类似于旧数组$HTTP_

POST_FILES（依然有效，但反对使用）。

（7）$_ENV：执行环境提交至脚本的变量。类似于旧数组$HTTP_ENV_VARS（依然有效，但反对使用）。

（8）$_REQUEST：通过 GET、POST 和 COOKIE 机制提交至脚本的变量，因此该数组并不值得信任。所有包含在该数组中的变量的存在与否以及变量的顺序均按照 php.ini 中的 variables_order 配置指示来定义。此数组在 PHP 4.1.0 之前没有直接对应的版本。

（9）$_SESSION：当前注册给脚本会话的变量。类似于旧数组$HTTP_SESSION_VARS（依然有效，但反对使用）。

2. 变量作用域

声明变量的位置决定了变量的作用域，变量的作用域决定了程序的哪些部分可以访问该变量，哪些部分不可以访问该变量。在 PHP 中，变量的作用域范围可以分为 4 类：局部变量、函数参数、全局变量和静态变量，这里介绍一下变量的这几种作用域范围。

（1）局部变量。在一个函数中声明的变量是这个函数的局部变量，也就是说，该变量只能被函数内部成员访问，函数外部成员不能访问该变量，并且不可见。默认情况下，函数内部成员不能访问函数外定义的变量（平常所说的全局变量）。有时局部变量很有用，因为局部变量能够消除出现意外副作用的可能性，否则这些副作用将导致可全局访问的变量被有意或无意地修改。下面是一个使用局部变量的示例。

```
<?php
    $count=10;
    function AddCount()
    {
        $count=100;
        $count=$count + $count;
        echo $count;
        echo "<br/>";
    }
    AddCount();
    echo $count;
?>;
```

执行结果如下所示：

```
200
10
```

由输出结果可知，该段代码输出了两个不同的值，这是因为函数 AddCount() 中的变量为局部变量，修改局部变量的值不会影响函数外部的任何值，函数中的变量在程序结束时被抛弃，所以全局变量值还是 10。

（2）函数参数。在 PHP 中，函数可以接收相应的参数。虽然这些参数接收函数外部的值，但退出函数后就无法访问这些参数。在函数执行结束后，参数的值就会消失，和函数的执行有很大的关系。函数参数在函数后面的括号内声明，运用函数参数的示例如下。

```
<?php
    function EchoNum($age,$class)
    {
```

```
        echo "年龄是:". $age."<br/>";
        echo "班级是:". $class;
    }
    EchoNum(21,"计算机技术与科学系 17 级 2 班");
?>
```

执行该段代码，执行结果如下所示：

```
年龄是:21
```

班级是：计算机技术与科学系 17 级 2 班

函数参数也可以称为是局部变量，意味着这些参数只在函数内部起作用，在函数的外部不能访问这些变量。同样，当函数执行结束时，变量同样也会撤销。

（3）全局变量。全局变量可以在整个 PHP 程序中的任何地方访问，但是如果要修改一个全局变量，必须在修改该变量的函数中显式声明为全局变量。在函数中显式声明全局变量很简单，只需使用 global 关键字声明就可以。下面是一个使用全局变量的示例。

```
<?php
    function AddNum()
    {
        global $num;
        $num=$num + $num;
        echo $num;
    }
    $num=100;
    AddNum();
?>
```

执行结果如下所示：

```
200
```

如果不在$num 前加 global，则该变量会被认为是局部变量，此时页面上显示的值为 0；添加 global 后，就可以修改全局变量了。声明全局变量还有另外一种方法，那就是使用 PHP 的$GLOBALS 数组，使用该数组和使用 global 的效果一样。下面是一个使用$GLOBALS 数组的示例：

```
<?php
    function AddNum()
    {
        $GLOBALS['num']=$GLOBALS['num']+$GLOBALS['num']    ;
        echo "值是:". $GLOBALS['num'];
    }
    $num=100;
    AddNum();
?>
```

执行结果如下所示：

```
值是:200
```

在使用全局变量时一定要注意，因为使用全局变量很容易发生意外。

(4) 静态变量。静态变量在两次调用函数之间其值不变，静态变量仅在局部函数域中声明。用关键字 static 可以声明一个静态变量。静态变量在函数退出时不会丢失值，并且再次调用此函数时还能保留值。下面是一个使用静态变量的示例。

```
<?php
    function keepNum()
    {
        static $num=0;
        $num ++;
        echo "静态变量的值是:". $num;
        echo "<br/>";
    }
    $num=10;
    echo "变量 num 的值是:". $num."<br/>";
    keepNum();
    keepNum();
?>
```

执行结果如下所示：

```
变量 num 的值是:10
静态变量的值是:1
静态变量的值是:2
```

由于在函数中指明了变量为静态变量，因此在执行函数时保留了前面的值。

2.3.3 PHP 数据类型

数据是程序运行的基础，所有的程序都是在处理各种数据。例如，财务统计系统所要处理的员工工资额，论坛程序所要处理的用户名、密码、用户发帖数等，所有这些都是数据。在编程语言中，为了方便对数据的处理及节省有限的内容资源，需要对数据进行分类。PHP 支持 7 种原始类型，分别如下。

(1) boolean（布尔型 True/False）。

(2) integer（整数类型）。

(3) float（浮点型，也称为 double，可用来表示实数）。

(4) string（字符串类型）。

(5) array（数组同一变量保存同类型的多条数据）。

(6) object（对象）。

(7) 特殊类型（resource 资源和 NULL 未设定）。

下面介绍常用的数据类型。

1. 布尔型 boolean

布尔型是最简单的类型，它表达了真值，可以为 True 或 False。要指定一个布尔值，可使用关键字 True 或 False，并且 True 或 False 不区分大小写。例如：

```
$pay=true;// 给变量$pay 赋值为 True
```

某些运算通常返回布尔值，并将其传递给控制流程。例如用比较运算符（==）来比较两个运算数，如果相等，则返回 True，否则返回 False，代码如下：

```
if ($A==$B) {
echo "$A 与$B 相等";
}
```

对于如下的代码：

```
if ($pay==True) {
echo "已付";
}
```

可以使用下面的代码代替：

```
if ($pay) {
echo " 已付 ";
}
```

转换成布尔型可用 bool 或者 boolean 来强制转换。但是很多情况下不需要用强制转换，因为当运算符、函数或者流程控制需要一个布尔参数时，该值会被自动转换。

当转换为布尔型时，以下值被认为是 False。

(1) 布尔值 False。

(2) 整型值 0（零）。

(3) 浮点型值 0.0（零）。

(4) 空白字符串和字符串“0”。

(5) 没有成员变量的数组。

(6) 没有单元的对象（仅适用于 PHP 4）。

(7) 特殊类型 NULL（包括尚未设定的变量）。

所有其他值都被认为是 True（包括任何资源）。

2. 整型 integer

一个整型值是集合 Z={…,-2,-1,0,1,2,…} 中的一个数。整型值可以用十进制、十六进制或八进制表示，前面可以加上可选的符号（-或者+）。如果用八进制，则数字前必须加上 0（零）；用十六进制，数字前必须加上 0x。整型值的字长和平台有关，大约是二十亿（32 位有符号）。PHP 不支持无符号整数。如果给定的一个数超出了整型的范围，将会被解释为浮点型。同样，如果执行的运算结果超出了整型范围，也会返回浮点型。

要将一个值转换为整型，可用 int 或 integer 强制转换。不过大多数情况下都不需要强制转换，因为当运算符、函数或流程控制需要一个整型参数时，值会自动转换。还可以通过函数 intval()来将一个值转换成整型。

从布尔型转换成整型，False 将产生 0，True 将产生 1。当从浮点数转换成整型时，数字将被取整（丢弃小数位）。如果浮点数超出了整型范围，则结果不确定，因为没有足够的精度使浮点数给出一个确切的整型结果。

3. 浮点型 float

浮点数也叫双精度数或实数，可以用以下任何语法定义。

```
<?php
  $a=1.234;
  $b=1.2e3;
  $c=7E-10;
?>
```

浮点数的字长和平台相关，通常最大值是 1.8e308，并具有 14 位十进制数字的精度。

4. 字符串 string

字符串是由引号括起来的一些字符，常用来表示文件名、显示消息、输入提示符等。字符串是一系列字符，字符串的大小没有限制。字符串可以用单引号、双引号或定界符 3 种方法定义，下面分别介绍这 3 种方法。

（1）单引号。指定一个简单字符串的最简单的方法是用单引号（'）括起来。例如：

```
<?php
  echo 'Hello World ';// 输出为:Hello World
?>
```

如果字符串中有单引号，要表示这样一个单引号，和很多其他语言一样，需要用反斜线（\）转义。例如：

```
<?php
  echo 'I\'m Tom';// 输出为:I'm Tom
?>
```

如果在单引号之前或字符串结尾需要出现一个反斜线（\），则需要用两个反斜线（\\）表示。例如：

```
<?php
  echo 'Path is c:\windows\system\\';// 输出为:Path is c:\windows\system\
?>
```

对于单引号（'）括起的字符串，PHP 只懂得单引号和反斜线的转义序列。如果试图转义任何其他字符，则反斜线本身也会被显示出来。另外，还有不同于双引号和定界符的很重要的一点就是，单引号字符串中出现的变量不会被解析。

（2）双引号。如果用双引号（"）括起字符串，则 PHP 懂得更多特殊字符的转义序列（如表 2-1 所示）。

表 2-1　转义字符

序　列	含　义
\n	换行
\r	回车
\t	水平制表符
\\	反斜杠字符
\$	美元符号
\"	双引号
\0nnn	此正则表达式序列匹配一个用八进制表示的字符
\xnn	此正则表达式序列匹配一个用十六进制表示的字符

如果试图转义任何其他字符，则反斜线本身也会显示出来。双引号字符串最重要的一点是能够解析其中的变量。

（3）定界符。另一种给字符串定界的方法使用定界符语法（<<<）。应该在<<<之后提供一个标识符，接着是字符串，最后是同样的标识符结束字符串。例如：

```
<?php
  // 输出为:Hello World
  echo <<<abc
  Hello World
  abc;
?>
```

在此段代码中，标识符命名为 abc。结束标识符必须从行的第一列开始。标识符所遵循的命名规则是：只能包含字母、数字、下画线，而且必须以下画线或非数字字符开始。

定界符文本表现的就和双引号字符串一样，只是没有双引号。这意味着在定界符文本中不需要转义引号，不过仍然可以用以上列出的转义代码，变量也会被解析。

在以上的 3 种定义字符串的方法中，若使用双引号或者定界符定义字符串，则其中的变量会被解析。

5. 数组 array

PHP 中的数组实际上是一个有序图，图是一种把值（value）映射到键（key）的类型。新建一个数组可使用 array( )语言结构，它接收一定数量用逗号分隔的键-值对。

语法如下：

```
array( [ key => ] value, ... )
```

其中，键 key 可以是整型或者字符串，值 value 可以是任何类型，如果值又是一个数组，则可以形成多维数组的数据结构。例如：

```
<?php
  $edName = array(0 =>"id",1 =>"username",2 =>"password");
  echo "列名是$edName[0],$edName[1],$edName[2]";
?>
```

此段代码的输出为：

```
列名是 id、username、password
```

如果省略了键 key，则会自动产生从 0 开始的整数索引。上面的代码可以改写为：

```
<?php
  $edName = array("id","username","password");
  echo "列名是$edName[0],$edName[1],$edName[2]";
?>
```

此段代码的输出仍为：

```
列名是 id、username、password
```

如果 key 是整数，则下一个产生的 key 将是目前最大的整数索引加 1。如果指定的键已经有了值，则新值会覆盖旧值。再次改写上面的代码为：

```
<?php
  $edName = array(1 =>"id","username","password");
  echo "列名是$edName[1],$edName[2],$edName[3]";
?>
```

此段代码的输出仍为：

列名是 id、username、password

定义数组的另一种方法是使用方括号的语法，通过在方括号内指定键名来给数组赋值来实现。也可以省略键，在这种情况下需给变量名加上一对空的方括号（[ ]）。

语法如下：

```
$arrayName[key]=value;
$arrayName []=value;
```

其中，键 key 可以是整型或者字符串，值 value 可以是任何类型。例如：

```
<?php
  $edName[0]="id";
  $edName[1]="username";
  $edName[2]="password";
  echo "列名是$edName[0],$edName[1],$edName[2]";
?>
```

此段代码的输出仍为：

列名是 id、username、password

如果给出方括号但没有指定键，则取当前最大整数索引值，新的键将是该值加 1。如果当前还没有整数索引，则键将为 0。如果指定的键已经有值了，则该值将被覆盖。

对于任何类型——布尔、整型、浮点、字符串和资源，如果将一个值转换为数组，则将得到一个仅有一个元素的数组（其下标为 0），该元素即为此标量的值。如果将一个对象转换成一个数组，则所得到的数组的元素为该对象的属性（成员变量），其键为成员变量名。如果将一个 NULL 值转换成数组，则将得到一个空数组。

6. 对象 object

使用 class 定义一个类，然后使用 new 类名（构造函数参数）来初始化类的对象。该数据类型将在后面的实例中具体应用时进行解析。

7. 其他数据类型

除了以上介绍的 6 种数据类型，还有资源和 NULL 两种特殊类型。下面简单介绍一下资源和 NULL 两种特殊类型。

（1）资源。资源是通过专门函数来建立和使用的一个特殊变量，保存了外部资源的一个引用。可以保存打开文件、数据库连接、图形画布区域等的特殊句柄，无法将其他类型的值转换为资源。资源大部分可以被系统自动回收。

（2）NULL。NULL 类型只有一个值，就是大写的关键字 NULL。特殊的 NULL 值表示一个变量没有值。

例如：

```
<?php
 $php="";
if(isset($a))
echo "[1] is NULL<br>";
```

```
 $php=0;
if(isset($a))
echo "[2] is NULL<br>";
 $php=NUll;
if(isset($a))
echo "[3] is NULL<br>";
 $php=FALSE;
if(isset($a))
echo "[4] is NULL<br>";
?>
```

结果是什么?

在 3 种情况下，变量被认为是空值：

- 变量没有被赋值；
- 变量被赋值为 NULL、0、False 或者空字符串；
- 变量在非空值的情况下被 unset( ) 函数释放。

2.3.4 数据类型转换

在 PHP 中，若要进行数据类型的转换，就要在转换的变量之前加上用括号括起来的目标类型。在变量定义中不需要显式的类型定义，变量类型是根据使用该变量的上下文决定的。

例如通过类型转换，可将变量或其所附带的值转换成另外一种类型，如图 2-9 所示。

```
<?php
 $num=123;//当前是整数类型
 $float=(float)$num;//$num"临时性"地转换成了浮点型,$float 变量所携带的数据类型就为浮点型
echo gettype($num)."<br />";//使用 gettype(mixed var)函数来获取变量类型
echo gettype($float)
?>
```

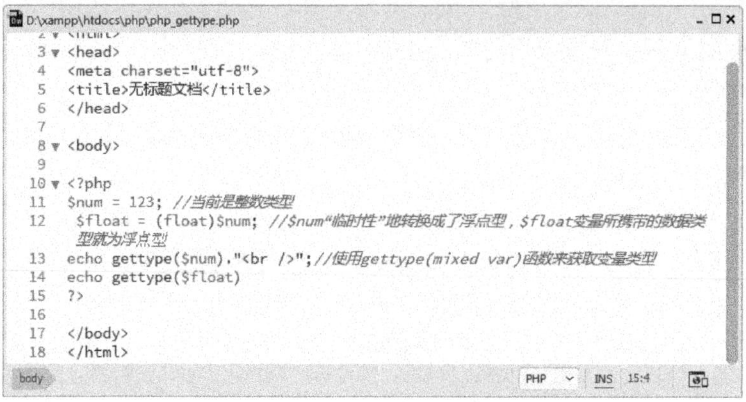

图 2-9 数据类型转换

运行的结果是：

```
Integer
double
```

提示：

如要将一变量彻底转换成另一种类型，得使用 settype(mixed var,string type)函数。

允许的强制转换有如下几种。

- int、integer：转换成整型。
- bool、boolean：转换成布尔型。
- float、double、real：转换成浮点型。
- string：转换成字符串。
- array：转换成数组。
- object：转换成对象。

Section 2.4 PHP 中的运算符

对于学过其他编程语言的读者，运算符应该不会陌生了。运算符可以用来处理数字、字符串及比较运算和逻辑运算等。在 PHP 中，运算符两侧的操作数会自动地进行类型转换，这在其他编程语言中并不多见。在 PHP 的编程中主要有 3 种类型的运算符。

(1) 一元运算符，只运算一个值，例如！(取反运算符) 或++ (加一运算符)。

(2) 二元运算符，PHP 支持的大多数运算符都是这种，例如$a+$b。

(3) 三元运算符，即?，用来根据一个表达式的结果在另两个表达式中选择一个，而不是用来在两个语句或者程序路线中选择。

PHP 中的常用运算符有算术运算符、赋值运算符、比较运算符、三元运算符、错误抑制运算符、逻辑运算符、字符串运算符、数组运算符等。本节就主要介绍常用的运算符，以及运算符的优先级。

2.4.1 算术运算符

算术运算符是用来处理四则运算的符号，是最简单也最常用的符号，尤其是数字的处理，几乎都会用到算术运算符。PHP 的算术运算符如表 2-2 所示。

表 2-2 算术运算符

符　号	示　例	名　称	意　义
-	-$a	取反	$a 的负值
+	$a + $b	加法	$a 和 $b 的和
-	$a - $b	减法	$a 和 $b 的差
*	$a * $b	乘法	$a 和 $b 的积
/	$a / $b	除法	$a 除以 $b 的商
%	$a % $b	余数	$a 除以 $b 的余数
++	$a ++	累加	$a 的累加
--	$a --	递减	$a 的递减

注意，除号（/）总是返回浮点数，即使两个运算数是整数（或由字符串转换成的整数）也是这样。

2.4.2 赋值运算符

赋值运算符（Assignment Operator）把表达式右边的值赋给左边的变量或常量。基本的赋值运算符是=，它意味着把右边表达式的值赋给左边的运算数。PHP 中的赋值运算符如表 2-3 所示。

表 2-3 赋值运算符

符　号	示　例	意义
=	$a=$b	将右边的值连到左边
+=	$a +=$b	将右边的值加到左边，即$a=$a + $b
-=	$a -=$b	将右边的值减到左边，即$a=$a - $b
*=	$a *=$b	将左边的值乘以右边，即$a=$a * $b
/=	$a /=$b	将左边的值除以右边，即$a=$a / $b
%=	$a %=$b	将左边的值除以右边取余数，即$a=$a % $b
.=	$a .=$b	将右边的字符串加到左边，即$a=$a . $b

在基本赋值运算符之外，还有适合所有二元算术和字符串运算符的“组合运算符”，这样可以在一个表达式中使用被赋值变量的值后再把表达式的结果赋给这个变量，例如：

```
<?php
 $a="baidu";
 $b=".com";
echo $a.=$b;
?>
```

运行结果：

```
baidu.com
```

2.4.3 比较运算符

比较操作符，顾名思义就是可用来比较的操作符号，根据结果返回 True 或 False。比较运算符，允许对两个值进行比较，PHP 的比较运算符如表 2-4 所示。

表 2-4 比较运算符

示　例	名　称	意　义
$a==$b	等于	True，如果 $a 等于 $b
$a===$b	全等	True，如果 $a 等于 $b，并且它们的类型也相同
$a !=$b	不恒等	True，如果 $a 不恒等于 $b
$a <> $b	不等	True，如果 $a 不等于 $b
$a !==$b	非全等	True，如果 $a 不等于 $b，或者它们的类型不同（PHP 4 引进）
$a < $b	小于	True，如果 $a 严格小于 $b

（续）

示　例	名　称	意　义
$a > $b	大于	True，如果 $a 严格大于$b
$a <=$b	小于或等于	True，如果 $a 小于或者等于 $b
$a >=$b	大于或等于	True，如果 $a 大于或者等于 $b

2.4.4 三元运算符

三元运算符是?:，三元运算符的功能和 if...else 语句很相似，语法如下：

```
(expr1)? (expr2):(expr3)
```

首先对 expr1 求值，若结果为 True，则表达式(expr1) ? (expr2):(expr3)的值为 expr2，否则其值为 expr3。例如：

```
<?php
   $action=(empty($_POST['action'])) ? 'default':$_POST['action'];
?>
```

首先判断$_POST['action']变量是否为空值，若是则给$action 赋值 default，否则将$_POST['action']变量的值赋值给$action。可以将上面的代码改写成以下的代码：

```
<?php
if (empty($_POST['action'])) {
   $action='default';
} else {
   $action=$_POST['action'];
}
?>
```

2.4.5 错误抑制运算符

错误抑制运算符（@）可在任何表达式前使用，PHP 支持错误抑制运算符@。当将其放置在一个 PHP 表达式之前，该表达式可能产生的任何错误信息都被忽略。@ 运算符只对表达式有效。

那么，何时使用此运算符呢？一个简单的规则就是，如果能从某处得到值，就能在它前面加上@ 运算符。例如，可以把它放在变量、函数和 include()调用、常量等之前。不能把它放在函数或类的定义之前，也不能用于条件结构，例如 if 和 foreach 等。

对于如下的代码：

```
<?php
  $Conn=mysqli_connect ("localhost","username","pwd");
  if ($Conn)
   echo "连接成功!";
```

```
    else
     echo "连接失败!";
?>
```

如果 mysqli_connect( )连接失败，则将显示系统的错误提示，而后继续执行下面的程序。如果不想显示系统的错误提示，并希望失败后立即结束程序，则可以改写上面的代码如下：

```
<? php
 $Conn=@ mysqli_connect ("localhost","username","pwd") or die ("连接数据库服务器出错");
?>
```

在 mysql_connect( )函数前加上@ 运算符来屏蔽系统的错误提示，同时使用 die( )函数给出自定义的错误提示，然后立即退出程序。这种用法在大型程序中很常见。

2.4.6 逻辑运算符

PHP 的逻辑运算符（Logical Operators）通常用来测试真假值。常用的逻辑运算符如表 2-5 所示。

表 2-5 逻辑运算符

名　称	示　例	意　义
and	$a and $b	如果$a 与$b 都为 True
or	$a or $b	如果$a 或$b 任一为 True
xor	$a xor $b	如果$a 或$b 任一为 True，但不同时是
not	! $a	如果$a 不为 True
and	$a && $b	如果$a 与$b 都为 True
or	$a || $b	如果$a 或$b 任一为 True

“与”和“或”有两种不同形式运算符，它们运算的优先级不同，&& 和 || 优先级高。

2.4.7 字符串运算符

字符串运算符（String Operator）有两种。第一种是连接运算符（.），它返回其左右参数连接后的字符串。第二种是连接赋值运算符（.=），它将右边参数附加到左边的参数后。

例如：

```
<? php
  $a="你好";
  $a=$a . "朋友!";          //此时 $a 是“你好朋友!”
  $b="你好 ";
  $b .="朋友!";            //此时 $b 是“你好朋友!”
?>
```

2.4.8 数组运算符

PHP 的数组运算符如表 2-6 所示。

表 2-6 数组运算符

符　号	示　例	意　义
+	$a+$b	$a 和$b 的联合，返回包含了$a 和$b 中所有元素的数组
==	$a==$b	如果$a 和$b 具有相同的元素，就返回 True
===	$a===$b	两者具有相同元素且顺序相同，返回 True
!=	$a !=$b	如果$a 和$b 不是等价的，就返回 True
<>	$a <> $b	如果$a 不等于$b，则返回 True
!==	$a !==$b	如果$a 和$b 不是恒等的，就返回 True

联合运算符（+）把右边的数组附加到左边的数组后面，但是重复的键值不会被覆盖。下面通过一个实例来看一下如何用+运算符联合两个数组：

```
<?php
 $a=array("1"=>"No1",
"2"=>"No2",
"3"=>"No3",
"4"=>"No4");

 $b=array("3"=>"No3",
"4"=>"No4",
"5"=>"No5",
"6"=>"No6");
 $c=$a+$b;
print_r($c);                    //联合两数组
echo "<br />";
if($a==$b)
echo "等价";
else
echo "不等价";
?>
```

可以看到，联合之后的数组结果如图 2-10 所示。

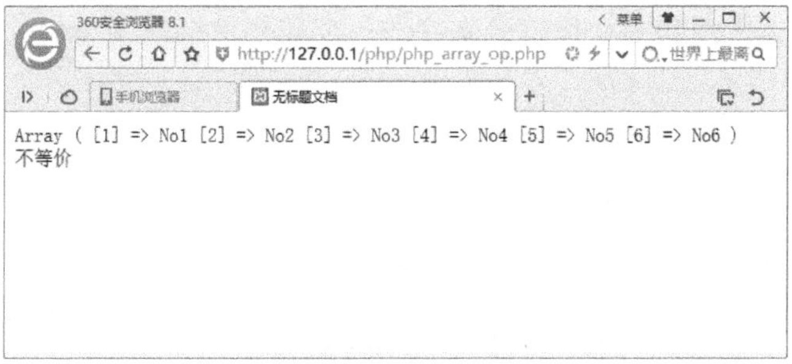

图 2-10 联合数组示例

2.4.9 运算符的优先级

运算符优先级指定了两个表达式绑定得有多“紧密”。例如，表达式 1+2 * 3 的结果是 7，而不是 9，是因为乘号（*）的优先级比加号（+）高。必要时可以用括号来强制改变优先级。例如，(1+2) * 3 的值为 9。使用括号也可以增强代码的可读性。如果运算符优先级相同，则使用从左到右的左结合顺序（左结合表示表达式从左向右求值，右结合相反）。

表 2-7 从高到低列出了 PHP 所有运算符的优先级。同一行中的运算符具有相同的优先级，此时它们的结合方向决定求值顺序。

表 2-7 运算符优先级

<table>
<tr><th>结合方向</th><th>运算符</th><th>附加信息</th></tr>
<tr><td>非结合</td><td>new</td><td>new</td></tr>
<tr><td>左</td><td>[</td><td>array()</td></tr>
<tr><td>非结合</td><td>++--</td><td>递增/递减运算符</td></tr>
<tr><td>非结合</td><td>!~-(int) (float) (string) (array) (object) @</td><td>类型</td></tr>
<tr><td>左</td><td>* / %</td><td>算数运算符</td></tr>
<tr><td>左</td><td>+- .</td><td>算数运算符和字符串运算符</td></tr>
<tr><td>左</td><td><< >></td><td>位运算符</td></tr>
<tr><td>非结合</td><td>< <=> >=</td><td>比较运算符</td></tr>
<tr><td>非结合</td><td>==!====!==</td><td>比较运算符</td></tr>
<tr><td>左</td><td>&</td><td>位运算符和引用</td></tr>
<tr><td>左</td><td>^</td><td>位运算符</td></tr>
<tr><td>左</td><td>|</td><td>位运算符</td></tr>
<tr><td>左</td><td>&&</td><td>逻辑运算符</td></tr>
<tr><td>左</td><td>||</td><td>逻辑运算符</td></tr>
<tr><td>左</td><td>?:</td><td>三元运算符</td></tr>
<tr><td>右</td><td>=+=-= * =/=. =%=&=|=^=<<= >>=</td><td>赋值运算符</td></tr>
<tr><td>左</td><td>and</td><td>逻辑运算符</td></tr>
<tr><td>左</td><td>xor</td><td>逻辑运算符</td></tr>
<tr><td>左</td><td>or</td><td>逻辑运算符</td></tr>
<tr><td>左</td><td>,</td><td>多处用到</td></tr>
</table>

下面将结合前面所用到的操作符号来完成一项需要综合使用它们的任务，输出结果如图 2-11 所示。

```
<?php
//定义几个常量,最好是使用大写
define("PEN",20);                    //钢笔为 20 元
define("RULER",10);                  //尺子为 10 元

$pen_num=10;                         //10 只钢笔
$ruler_num=20;                       //20 把尺子
```

```
$total_price=$pen_num * PEN
+$ruler_num * RULER;

$total_price=number_format($total_price);

echo "购买 10 只钢笔和 20 把尺子一共要花". $total_price. "元";
?>
```

图 2-11　综合运算符的输出结果

Section 2.5 表单变量的使用

在 HTML 中，表单拥有一个特殊功能：它们支持交互作用。除了表单之外，几乎所有的 HTML 元素都与设计及展示有关，只要愿意就可将内容传送给用户。另一方面，表单为用户提供了将信息传送回 Web 站点创建者和管理者的可能性。如果没有表单，那么 Web 就是一个静态的网页图片。对于 PHP 的动态网页开发，使用表单变量对象也是经常遇到的，通常主要有 post()和 get()两种方法，这和其他动态语言开发的命令是一样的，本节就介绍表单变量的使用方法。

2.5.1 POST 表单变量

作为处理表单数据的方式之一，POST 是系统的默认值，表示将数据表单的数据提交到“动作”属性设置的文件中进行处理。假设有一个 HTML 表单用 method="post"的方式传递给本页一个 name="test"的文字信息，可用 3 种格式的表单变量来显示这个表单变量，如图 2-12 所示。

```
<?php
Echo $test;                          //简短格式,需配置 php.ini 中的默认设置
echo $_POST["test"];                 //中等格式,推荐使用这种方式
echo $HTTP_POST_VARS["test"];  //冗长格式
?>
```

在 body 之间输入以下内容：

```
<form method="post" action="">
<input type="text" size="20" name="test"/>
<input type="submit" value="提交变量"/>
</form>
<?php
echo $_POST['test'];
?>
```

图 2-12　POST 表单测试

2.5.2　GET 表单变量

GET 可以追加表单的值到 URL 并且发送服务器请求，对于数据量比较大的长表单，最好不要用这种数据处理方式。

假设有一个 HTML 表单用 method="get" 的方式传递给本页一个 name="test" 的文字信息，可用 3 种格式的表单变量来显示这个表单变量。

```
<?php
Echo $test;                          //简短格式,需要配置 php.ini 中的默认设置
echo $_GET["test"];                  //中等格式,推荐使用此方法
echo $HTTP_GET_VARS["test"];         //冗长格式
?>
```

制作 form.html 网页并输入如下的代码：

```
<html>
<head>
<meta charset="utf-8">
<title>表单传递</title>
</head>
<body>
<form action="welcome.php" method="get">
用户:<input type="text" name="name">
年龄:<input type="text" name="age">
<input type="submit" value="登录">
</form>
```

```
</body>
</html>
```

再制作一个 welcome. php 代码页面，输入登录的代码如下：

```
<! doctype html>
<html>
<head>
<meta charset="utf-8">
<title>无标题文档</title>
</head>
<body>
欢迎 <? php echo $_GET["name"];?>登录！<br>
年龄是 <? php echo $_GET["age"];?>岁。
</body>
</html>
```

结果如图 2-13 所示，在浏览器地址栏里显示了表单变量传递的值。所以在发送密码或其他敏感信息时，不应该使用这个方法。但是，正因为变量显示在 URL 中，因此可以在收藏夹中收藏该页面。在某些情况下，这是很有用的。HTTP GET 方法不适合大型的变量值。它的值不能超过 2 000 个字符。

图 2-13　GET 表单测试

GET 和 POST 的主要区别是：

(1) 数据传递的方式及大小；

(2) GET 会将传递的数据显示在 URL 地址上，POST 则不会；

(3) GET 传递数据有限制，一般大量数据都得使用 POST 方法。

2.5.3 字符串的连接

在 PHP 程序里要让多个字符串进行连接，要用到一个“点”号（.），例如：

```
<? php
$website="baidu";
echo $website.".com";
?>
```

输出结果就是 baidu. com。

有一种情况，当 echo 后面使用的是双引号(")的话，可以达到和以上同样的效果：

```
<? php
 $website="baidu";
echo "$website.com";//双引号里的变量还是可以正常显示,并和一般的字符串自动区分开
?>
```

但如果是单引号的话，就会将里面的内容完全以字符串形式输出给浏览器：

```
<?php
 $website="baidu.com";
echo '$website.com';
?>
```

将显示$website.com。

2.5.4 表单的验证

在 PHP 表单提交的时候需要对用户输入进行验证。验证的方法是，通过客户端脚本本直接进行验证后再提交到服务器，这样操作会让浏览器验证速度更快，并且可以减轻服务器的负载。如果用户输入需要插入数据库，则应该考虑使用服务器验证。在服务器端验证表单的一种好的方式是，把表单传给页面自己，而不是跳转到不同的页面。这样用户就可以在同一个表单页面得到错误信息。用户也就更容易发现错误了。

下面看一个简单的表单验证的实现方法：

```
<!DOCTYPE HTML>
<html>
<head>
<meta charset="utf-8">
<title>表单验证</title>
<style>
.error {color:#FF0000;}
</style>
</head>
<body>
<?php
//定义变量并默认设置为空值
 $nameErr=$emailErr=$genderErr=$websiteErr="";
 $name=$email=$gender=$comment=$website="";
if ($_SERVER["REQUEST_METHOD"]== "POST")
{
    if (empty($_POST["name"]))
    {
        $nameErr="名字是必需的";
    }
    else
    {
        $name=test_input($_POST["name"]);
        //检测名字是否只包含字母和空格
```

```
        if (!preg_match("/^[a-zA-Z ]*$/",$name))
        {
            $nameErr="只允许字母和空格";
        }
    }

    if (empty($_POST["email"]))
    {
      $emailErr="邮箱是必需的";
    }
    else
    {
        $email=test_input($_POST["email"]);
        //检测邮箱是否合法
        if (!preg_match("/([\w\-]+\@[\w\-]+\.[\w\-]+)/",$email))
        {
            $emailErr="非法邮箱格式";
        }
    }

    if (empty($_POST["website"]))
    {
        $website="";
    }
    else
    {
        $website=test_input($_POST["website"]);
        //检测 URL 地址是否合法
        if (!preg_match("/\b(?:(?:https?|ftp):\/\/|www\.)[-a-z0-9+&@#\/%?=~
_|!:,.;]*[-a-z0-9+&@#\/%=~_|]/i",$website))
        {
            $websiteErr="非法的 URL 的地址";
        }
    }
    if (empty($_POST["comment"]))
    {
        $comment="";
    }
    else
    {
        $comment=test_input($_POST["comment"]);
    }

    if (empty($_POST["gender"]))
    {
        $genderErr="性别是必需的";
    }
    else
    {
        $gender=test_input($_POST["gender"]);
```

```
    }
}

function test_input( $data)
{
    $data=trim( $data) ;
    $data=stripslashes( $data) ;
    $data=htmlspecialchars( $data) ;
    return $data;
}
?>

<h2>表单验证:</h2>
<p><span class="error">* 星号红色表示必需字段。</span></p>
<form method="post" action="<? php echo htmlspecialchars( $_SERVER["PHP_SELF"]);?>">
  姓名:
     <input type="text" name="name" value="<? php echo $name;?>">
   <span class="error">* <? php echo $nameErr;?></span>
   <br><br>
  邮箱:
   <input type="text" name="email" value="<? php echo $email;?>">
   <span class="error">*  <? php echo $emailErr;?></span>
   <br><br>
  网址:<input type="text" name="website" value="<? php echo $website;?>">
   <span class="error"><? php echo $websiteErr;?></span>
   <br><br>
  说明:
   <textarea name="comment" rows="5" cols="40"><? php echo $comment;?></textarea>
   <br><br>
  性别:
   <input type="radio" name="gender" <? php if (isset($gender) && $gender=="male") echo "
checked";?>  value="male">
  男
   <input type="radio" name="gender" <? php if (isset($gender) && $gender=="female") echo "
checked";?>  value="female">女
   <span class="error">*  <? php echo $genderErr;?></span>
   <br><br>
   <input type="submit" name="submit" value="提交验证">
</form>
<? php
echo "<h2>输入内容如下:</h2>";
echo $name;
echo "<br>";
echo $email;
echo "<br>";
echo $website;
echo "<br>";
echo $comment;
echo "<br>";
echo $gender;
?>
```

```
</body>
</html>
```

运行后直接提交，会在相关的字段后面显示错误提示文字，如图 2-14 所示。

图 2-14　表单验证

这里对用户所有提交的数据都通过 PHP 的 htmlspecialchars( ) 函数进行验证。当用户提交表单时，可能输入的字符前面有空格或者换行，需要将提交的字符做以下处理。

（1） 使用 trim( ) 函数去除用户输入数据中不必要的字符（如空格、tab、换行）。

（2） 使用 stripslashes( ) 函数去除用户输入数据中的反斜杠（ \ ）。

在执行以上脚本时，会通过$_SERVER["REQUEST_METHOD"] 来检测表单是否被提交。如果 REQUEST_METHOD 是 POST，表单将被提交，数据将被验证。如果表单未提交，则将跳过验证，并显示空白。

第 3 章　PHP高级函数

在 PHP 高级编程应用里面，还需要掌握 PHP 的表达式。表达式是一个短语，能够执行一个动作，并具有返回值。PHP 包括了 1 000 多个函数，程序在完成一个功能时，可以把众多的程序写在一起，但这样容易引起混乱。另一种策略就是把总的功能分成小的功能模块，把每一个模块分别实现，在总的框架中根据需要把模块搭建在一起。实现程序模块化的策略就是使用函数，直观来说，函数就是代表一组语句的标识符，在使用函数时，外部调用者不需要关心函数的内部处理过程，只需要关心函数的输入和输出接口的应用即可。本章主要介绍 PHP 的表达式、函数的应用及一些常见的高级编程应用，通过学习这些内容，读者能精通 PHP 的常规应用。

从入门到精通

本章的学习重点：

- PHP 表达式的应用
- PHP 函数的调用
- 魔术变量和函数
- PHP 多维数组
- 常用功能与应用

Section 3.1 PHP 的表达式

在 PHP 程序中，任何一个可以返回值的语句，都可以看作表达式。也就是说，表达式是一个短语，能够执行一个动作，并具有返回值。一个表达式通常由两部分构成，一部分是操作数，另一部分是运算符。本节介绍常用的几种控制语句表达式，分别是条件语句、循环语句，以及 require 和 include 语句等其他语句。

3.1.1 条件语句

条件语句在 PHP 中非常普遍，是 PHP 程序的主要控制语句之一。通常情况下，在客户端获得一个参数，根据传入的参数值，做出不同的响应。在 PHP 中，条件语句分别为 if 语句、if…else 语句、if…elseif…else 语句和 switch 语句。

下面分别介绍这 4 种形式的条件语句。

1. if 语句

if 语句是许多高级语言中重要的控制语句，使用 if 语句可以按照条件判断来执行语句，增强了程序的可控制性。if 语句是最简单的一种条件语句，语法如下：

```
if (expr)
statement
```

首先对 expr 求值，如果 expr 的值为 True，则执行 statement；如果值为 False，将忽略statement。

图 3-1 所示为上述语法格式在执行时的逻辑结构。

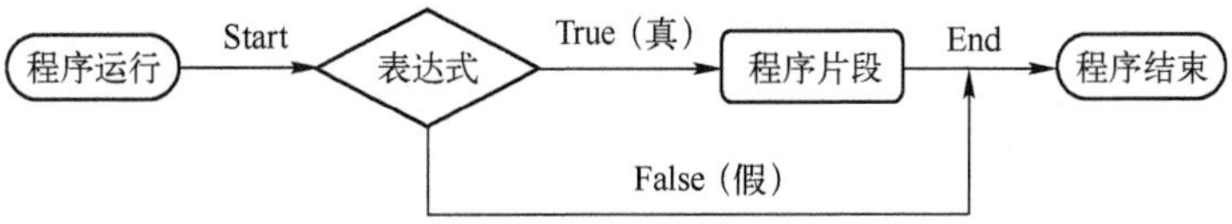

图 3-1 if 语句逻辑示意图

例如：

```
<? php
  $Num1 = 10;
  $Num2 = 9;
  if($Num1>$Num2)
  echo "$Num1 大于$Num2";
?>
```

上述实例演示了 if 语句的使用，会在变量$Num1 大于$Num2 时输出“$Num1 大于$Num2”。

2. if…else 语句

条件语句的第二种形式是 if…else，除了 if 语句之外，还加上了 else 语句，它可以在 if 语句中的表达式的值为 False 时执行，语法如下：

```
if (expr)
  statement1
else
  statement2
```

首先对 expr 求值，如果 expr 的值为 True，则执行 statement1；如果值为 False，则执行 statement2。

这种情况的执行逻辑结构如图 3-2 所示。

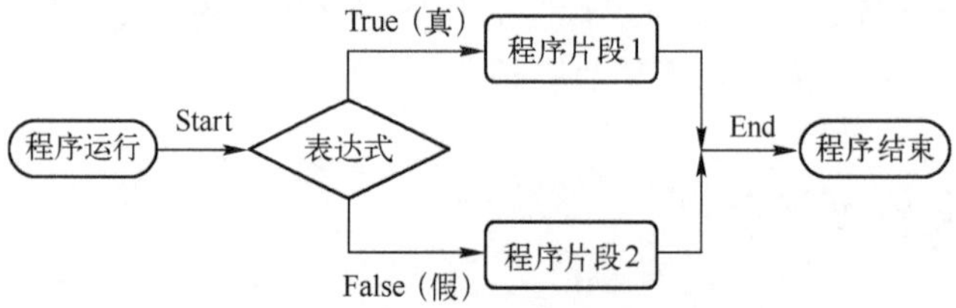

图 3-2　if…else 语句逻辑示意图

例如，以下代码在$a 大于$b 时显示 a 大于 b，反之则显示 a 不大于 b。

```
<? php
  if ($a > $b)
    echo "a 大于 b";
  else
    echo "a 不大于 b";
?>
```

注意：

else 语句仅在 if 以及 elseif（如果有的话）语句中的表达式的值为 False 时执行，它不可以单独使用。

3. if…elseif…else 语句

条件语句的第三种形式是 if…elseif…else，elseif 是 if 和 else 的组合。和 else 一样，它延伸了 if 语句，可以在原来的 if 表达式值为 False 时执行不同语句。但是和 else 不一样的是，它仅在 elseif 的条件表达式值为 True 时执行语句，语法如下：

```
if (exp1)
  statement1
elseif (exp2)
  statement2
elseif (exp3)
  …
else
  statementn
```

首先对 expr1 求值，如果 expr1 的值为 True，则执行 statement1；如果值为 False，则对 expr2 求值。如果 expr2 的值为 True，则执行 statement2；如果值为 False，则对 expr3 求值。以此类推，如果所有的表达式的值都为 False，则执行 statement*n*。

这种情况的执行逻辑结构如图 3-3 所示。

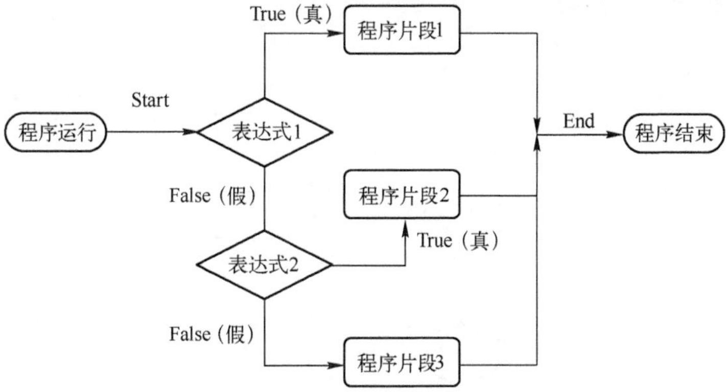

图 3-3　if…elseif…else 语句逻辑示意图

例如，以下代码将根据条件分别显示 a 大于 b，a 等于 b 和 a 小于 b：

```
<? php
  if ($a > $b) {
    echo "a 大于 b";
  } elseif ($a== $b) {
    echo "a 等于 b";
  } else {
    echo "a 小于 b";
}
?>
```

注意：

elseif 也可以写成 else if（两个单词），它和 elseif（一个单词）的行为完全一样。

4. switch 语句

使用 switch 语句可以避免大量地使用 if…else 控制语句。switch 语句首先根据变量值得到一个表达式的值，然后根据表达式的值执行语句。switch 语句计算 expression 的值，然后和 case 后的值进行比较，跳转到第一个匹配的 case 语句，开始执行后面的语句。如果没有 case 匹配，就跳转到 default 语句执行。如果没有 default 语句，则退出。在找到匹配项的时候，解析器会一直运行直到 switch 结尾或者遇到 break 语句。case 语句可以使用空语句。

PHP 提供了 switch 语句来直接处理多分支选择，语法如下：

```
switch (expr) {
  case constant-expression:
    statement
     jump-statement
  [default:
    statement
    jump-statement
  ]
}
```

其中的常量表达式（constant-expression）可以是任何值为简单数据类型的表达式，即整型或浮点数及字符串。

其逻辑结构如图 3-4 所示。

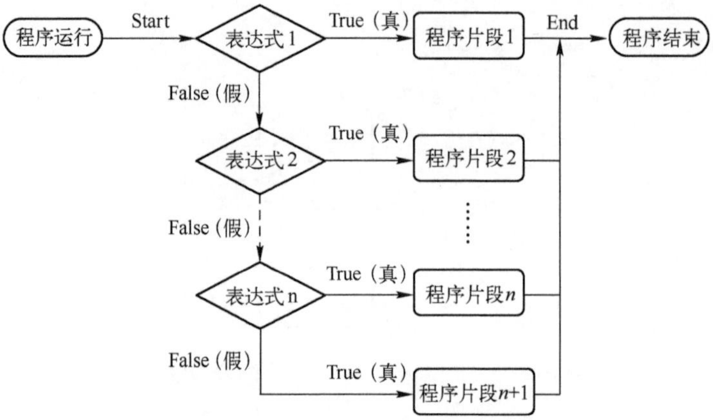

图 3-4　switch 语句逻辑结构

下面的一段代码是 switch 语句的简单应用：

```
<? php
  switch ($a) {
    case 0:
      echo "a=0";
      break;
    case 1:
      echo "a=1";
      break;
    case 2:
      echo "a=2";
      break;
  }
?>
```

switch 语句一行接一行地执行（实际上是语句接语句）。开始时没有代码被执行。仅当一个 case 语句中的值和 switch 表达式的值匹配时，PHP 才开始执行语句，直到 switch 的程序段结束或者遇到第一个 break 语句为止。如果不在 case 的语句段最后写上 break，PHP 将继续执行下一个 case 中的语句段。例如：

```
<? php
  switch ($a) {
    case 0:
      echo "a=0";
    case 1:
      echo "a=1";
    case 2:
      echo "a=2";
  }
?>
```

这里如果$a 等于 0，则 PHP 将执行所有的输出语句；如果$a 等于 1，则 PHP 将执行后面两条输出语句。只有当$a 等于 2 时才会得到结果：a=2。

3.1.2 循环语句

循环语句也称为迭代语句，让程序重复执行某个程序块，直到某个特定的条件表达式结果为假时，结束执行语句块。在 PHP 中，循环语句的形式有 while 循环、do…while 循环、for 循环和 foreach 循环。

1. while 循环语句

while 语句控制语句的循环执行，格式为：

```
while (expr)
    statement
```

只要 expr 的值为 True 就重复执行嵌套中的循环语句。每次开始循环时检查 expr 的值。有些时候，如果 while 表达式的值一开始就是 False，则循环语句一次都不会执行。一般来说，在代码片段中会改变表达式中变量的值，否则可能成为死循环。图 3-5 所示为该语句的逻辑结构。

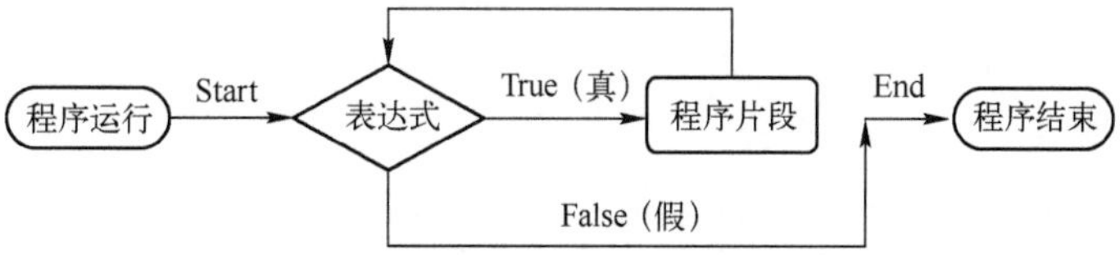

图 3-5　while 语句逻辑示意图

例如：

```
<? php
  $a=1;
  while ($a <= 5) {
    echo $a++;              //从 1~5 依次输出
  }
  ?>
```

执行该程序后会输出从 1~5 的数字。

2. do…while 循环语句

do…while 语句和 while 语句基本一样。不同之处在于，while 语句在“{}”内的语句执行之前检查条件是否满足，而 do…while 语句则先执行“{}”内的语句，然后判断条件是否满足，如果满足就继续循环，不满足就跳出循环，格式为：

```
do
  statement
while(expr)
```

图 3-6 所示为该语句的逻辑结构。

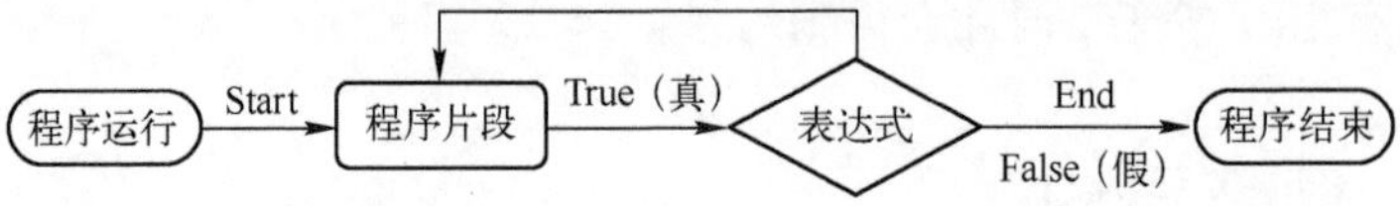

图 3-6 do...while 语句逻辑示意图

例如：

```
<?php
  $a=0;
  do {
    echo $a;
  }
while ($a > 0);
?>
```

以上循环将正好运行一次，因为经过第一次循环后，当检查表达式的值时，其值为 False（$a 不大于 0）而导致循环终止。

3. for 循环语句

for 循环是 PHP 中最复杂的循环结构。for 循环的语法是：

```
for (expr1;expr2;expr3)
  statement
```

其中，expr1 在循环开始前无条件求值一次。expr2 在每次循环开始前求值。如果值为 True，则继续循环，执行嵌套的循环语句。如果值为 False，则终止循环。expr3 在每次循环之后求值（执行）。每个表达式都可以为空。expr2 为空意味着将无限循环下去（和 C 语言一样，PHP 认为其值为 True）。因为有时候会希望用 break 语句来结束循环，而不是用 for 的表达式真值判断。

图 3-7 所示为该语句的逻辑结构，表达式 2 为 True 则执行程序片段，其值在表达式 1 中初始化，在表达式 3 中进行修改。

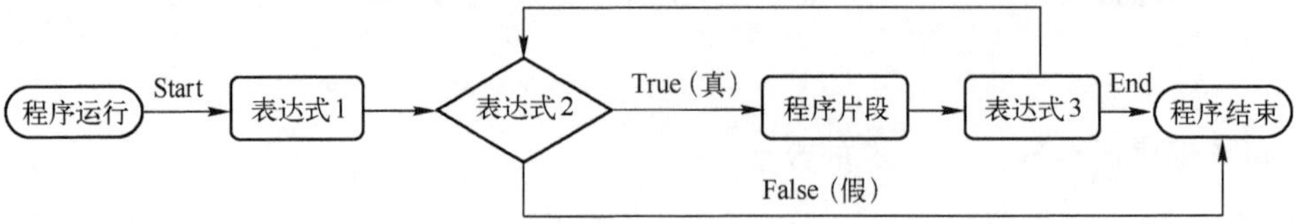

图 3-7 for 语句逻辑示意图

下面通过使用 for 循环语句输出九九乘法表：

```
<?php
  for($i=1;$i<10;$i++)
    {
      for($j=1;$j<10;$j++)
      {
        echo "$i * $j=". $i * $j;
        echo " ";
```

```
        }
        echo "<br/>";
    }
?>
```

4. foreach 循环语句

foreach 语句是一种遍历数组的简便方法。foreach 仅能用于数组，当试图将其用于其他数据类型或者一个未初始化的变量时会产生错误。有两种格式，第 2 种比较次要，但却是第 1 种的有用的扩展。

第 1 种格式：

```
foreach (array_expression as $value)
  statement
```

第 2 种格式：

```
foreach (array_expression as $key=> $value)
  statement
```

第 1 种格式遍历给定的 array_expression 数组。每次循环时，当前单元的值被赋给 $value，并且数组内部的指针向前移一步（因此，下一次循环中将会得到下一个单元）。第 2 种格式做同样的事，只是当前单元的键名也会在每次循环中被赋给$key。其执行的逻辑结构如图 3-8 所示。

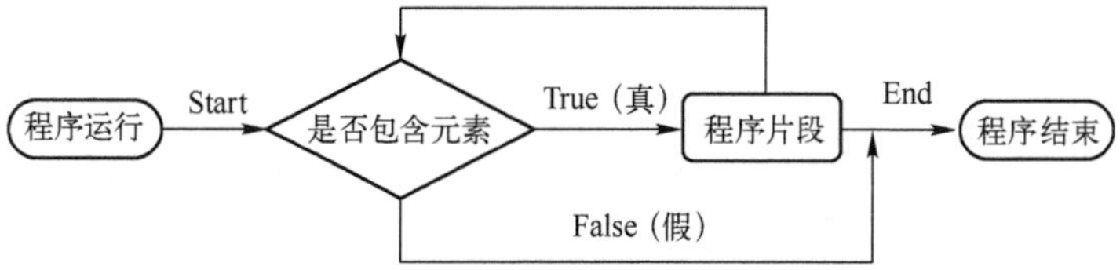

图 3-8　foreach 语句逻辑示意图

该语句的使用方法如下：

```
<?php
  $arr=array("one","two","three");
  foreach ($arr as $value) {
    echo "Value:$value<br />\n";
  }
?>
```

此段代码的输出为：

```
Value:one
Value:two
Value:three
```

在这段代码中，遍历数组使用的是 foreach 语句的第 1 种格式，也可以使用第 2 种格式。改写上面的代码如下：

```
<?php
```

```
    $arr=array("one","two","three");
    foreach ($arr as $key=>$value) {
        echo "Key:$key;Value:$value<br />\n";
} ?>
```

此段代码的输出为：

```
Key:0;Value:one
Key:1;Value:two
Key:2;Value:three
```

3.1.3 其他语句

为了帮助程序员更加精确地控制整个流程，方便程序的设计，PHP 还提供了一些其他语句，这里做一下简单的介绍。

1. break 语句

break 语句用来结束当前的 for、while 或 switch 循环结构，继续执行下面的语句。break 语句后面可以跟一个数字，在嵌套的控制结构中表示跳出控制结构的层数。

2. continue 语句

continue 语句用来跳出循环体，不继续执行循环体下面的语句，而是回到循环判断表达式，并决定是否继续执行循环体。continue 语句后面同样可以跟一个数字，作用和 break 语句相同。

3. return( ) 语句

return( )语句通常用于函数中，如果在一个函数中调用 return( )语句，将立即结束此函数的执行，并将它的参数作为函数的值返回。

4. include( )语句和 require( )语句

这两个语句包含并运行指定文件。require( )和 include( )除了处理失败之外，在其他方面都完全一样。include( )产生一个警告，而 require( )则导致一个致命错误。也就是说，如果想在丢失文件时停止处理页面，应该使用 require( )，而 include( )则会继续执行脚本，同时也要确认设置了合适的 include_path。

5. require_once( )语句和 include_once( )语句

require_once( )语句和 include_once( )语句分别对应 require( )语句和 include( )语句。require_once( )语句和 include_once( )语句主要用于需要包含多个文件的情况，可以有效地避免因多次包含同一文件而出现函数或变量重复定义的错误。

Section 3.2 PHP 的函数

函数可以简单地分为两大类：一类是系统函数，一类是用户自定义函数。对于系统函数，可以在需要时直接选择使用；而用户自定义函数，首先要定义，然后才能使用。本节的重点是如何定义并使用用户自定义函数，主要包括函数定义的一般形式、函数的参数和返回值、函数的嵌套和递归等。

3.2.1 使用函数

一个函数可由以下的语法来定义：

```
function funcName([$arg_1][,$arg_2][,…][,$arg_n]){
  statement
}
```

定义函数需要使用 function 关键字，之后是函数名。有效的函数名必须以字母或下画线开头，后面跟字母、数字或下画线。$arg_1 到$arg_n 为函数的可选参数列表，不同的参数之间用逗号分隔。在函数内部可以放置任何有效的 PHP 代码，甚至包括其他函数和类定义。

例如：

```
<?php
function maxNum($a,$b){
 $c=$a>$b? $a:$b;
return $c;
}
echo maxNum(10,100);                    // 输出:100
?>
```

上面的一段代码也可以写成：

```
<?php
echo maxNum(10,100);                    //输出:100
function maxNum($a,$b){
 $c=$a>$b? $a:$b;
return $c;
}
?>
```

3.2.2 设置函数参数

通过函数参数列表可以传递信息到函数。PHP 支持按值传递参数，通过引用传递参数及默认参数。默认情况下，函数参数通过值传递，即若在函数内部改变了参数的值，也不会影响到函数外部的值。

例如：

```
<?php
function change($string){
     $string="改变之后";
}
 $str="改变之前";
change($str);
```

```
echo $str;
?>
```

这段代码的输出为“改变之前”。尽管在函数内部改变了参数$string 的值，但是没有影响到函数外部$str 的值。如果允许函数修改它的参数值，则必须通过引用传递参数，方法是在函数定义中的该参数的前面预先加上 & 符号。

修改上面的代码如下：

```
<?php
function change(&$string){
  $string="& 改变之后";
}
$str="改变之前";
change($str);
echo $str;
?>
```

这段代码的输出为“改变之后”。在函数内部改变了参数$string 的值，也影响到了函数外部$str 的值。前后两段代码的唯一区别就是，后面一段代码的参数传递是引用传递，即在函数定义中的参数前面加上了 & 符号。

3.2.3 返回函数值

所有的函数都可以有返回值，也可以没有返回值，主要是通过使用可选的 return()语句返回值。任何类型都可以返回，其中包括列表和对象。这导致函数立即结束它的运行，并且将控制权传递回它被调用的行。

举例如下：

```
<?php
  $num1=100;
  $num2=200;
echo "最大的是 ".maxNum($num1,$num2);              //输出:最大的是 200
function maxNum($a,$b){
if($a<$b) $a=$b;
return $a;
}
?>
```

3.2.4 函数嵌套和递归

PHP 中的函数可以嵌套地定义和调用。所谓嵌套定义，就是在定义一个函数时，其函数体内又包含另一个函数的完整定义。这个内嵌的函数只能在包含它的函数被调用之后才会生效，举例如下：

```
<?php
function foo()
```

```
{
 function bar()
 {
  echo "并没有关闭直到 foo()函数被应用.";
 }
}
/* 不能嵌套应用 bar()函数,因为它并没有被关闭. */
foo();
/* 现在可以应用 bar()函数,
foo()'s 的进程允许使用. */
bar();
?>
```

这段代码的输出为“并没有关闭直到 foo()函数被应用。”

所谓嵌套调用，就是在调用一个函数的过程中又调用另一个函数，举例如下：

```
<?php
 $num1=100;
 $num2=200;
myoutput($num1,$num2);
function myoutput($a,$b){
echo "最大的是 ".maxNum($a,$b);
}
function maxNum($a,$b){
if($a<$b) $a=$b;
return $a;
}
?>
```

这段代码的输出是“最大的是 200”。在此段代码中，首先调用 myoutput()，而在调用这个函数的过程中又调用了另一个函数 maxNum()，这就是函数的嵌套调用。

PHP 中还允许函数的递归调用，即在调用一个函数的过程中又直接或间接地调用该函数本身。举例如下：

```
<?php
  recursion(5);
function recursion($a)
{
  if ($a <= 10) {
    echo "$a ";
    recursion($a +1);
  }
}
?>
```

这段代码的输出是数字 5，6，7，8，9，10。在此段代码中首先调用的是 recursion()，而在调用这个函数的过程中，如果参数的值小于或等于 10，则又调用此函数本身，这就是函数的递归调用。嵌套和递归在使用 PHP 进行一些结算系统的应用时经常使用到，需要读者举一反三，清晰地掌握逻辑关系后方可以进行应用，否则容易出现死循环。

Section

3.3 魔术变量和函数

PHP 在设计的时候已经预定义了 9 个超级全局变量、8 个魔术变量和 13 个魔术函数，这些变量和函数在程序的任何地方不用声明就可以使用。下面详细地讲解一下 PHP 中的超级全局变量、魔术变量和魔术函数的功能。

3.3.1 PHP 全局变量

常用的超级全局变量一共有 9 个，有些变量像$_POST 和$_GET 已经在第 2 章中介绍过，这里统一将这几个全局变量再介绍一下。

（1）$GLOBALS：储存全局作用域中的变量。

$GLOBALS 是 PHP 的一个超级全局变量组，在一个 PHP 脚本的全部作用域中都可以访问，包含了全部变量的全局组合数组。变量的名字就是数组的键。

实例：

```
<!DOCTYPE html>
<html>
<body>
<?php
 $x=25;
 $y=15;
function addition()
{
 $GLOBALS['z']=$GLOBALS['x'] +$GLOBALS['y'];
}
addition();
echo $z;
?>
</body>
</html>
```

运行结果是：40。

以上实例中，z 是一个$GLOBALS 数组中的超级全局变量，该变量同样可以在函数外访问。

（2）$_SERVER：获取服务器相关信息。

$_SERVER 是一个包含了诸如头信息（Header）、路径（Path）、脚本位置（Script Locations）等信息的数组。这个数组中的项目由 Web 服务器创建，不能保证每个服务器都提供全部项目。服务器可能会忽略一些，或者提供一些没有在这里列举出来的项目。

实例：

```
<!DOCTYPE html>
<html>
```

```
<body>
<?php
echo $_SERVER['PHP_SELF'];
echo "<br>";
echo $_SERVER['SERVER_NAME'];
echo "<br>";
echo $_SERVER['HTTP_HOST'];
echo "<br>";
echo $_SERVER['HTTP_REFERER'];
echo "<br>";
echo $_SERVER['HTTP_USER_AGENT'];
echo "<br>";
echo $_SERVER['SCRIPT_NAME'];
?>
</body>
</html>
```

运行后能显示网站所在服务器的一些基础信息。

（3）$_REQUEST：获取 POST 和 GET 请求的参数。

下面的实例显示了一个输入字段（Input）及提交按钮（Submit）的表单（Form）。当用户通过单击“Submit”按钮提交表单数据时，表单数据将发送至<form>标签中 action 属性中指定的脚本文件。在这个实例中，指定文件来处理表单数据。如果用户希望其他的 PHP 文件来处理该数据，则可以修改该指定的脚本文件名。可以使用超级全局变量$_REQUEST 来收集表单中的 input 字段数据。

实例：

```
<html>
<body>
<form method="post" action="<?php echo $_SERVER['PHP_SELF'];?>">
Name:<input type="text" name="fname">
<input type="submit">
</form>
<?php
 $name=$_REQUEST['fname'];
echo $name;
?>
</body>
</html>
```

（4）$_POST：获取表单的 POST 请求参数，参见第 2 章。

（5）$_GET：获取表单的 GET 请求参数，参见第 2 章。

（6）$_FILES：获取上传文件的变量，参见本章 3.4.4 小节的应用。

（7）$_ENV：获取服务器端环境变量的数组。

$_ENV 值是从 PHP 解析器的运行环境导入到 PHP 的全局命名空间。例如，php-cli 模式执行时，读取当前用户环境变量；php-fpm 模式初始化时，读取当前用户环境变量。

通过 php-fpm.conf 设置环境变量的实例如下。

```
;Pass environment variables like LD_LIBRARY_PATH. All $VARIABLEs are taken from
```

```
;the current environment.
;Default Value:clean env
;env[HOSTNAME]=$HOSTNAME
;env[PATH]=/usr/local/bin:/usr/bin:/bin
;env[TMP]=/tmp
;env[TMPDIR]=/tmp
;env[TEMP]=/tmp
env[TEST_VAR_1]=$TEST_VAR
```

该方法支持灵活的环境变量配置。例如，通常的 PHP 环境运维策略如下。

首先，编写独立的环境变量设置脚本：

```
export TEST_VAR='hello world'
```

然后，设置 php-fpm. conf：

```
env[TEST_VAR_1]=$TEST_VAR
```

最后，重启 php-fpm。

测试结果如下：

```
[root@/usr/local/nginx/html]# curl 'http://localhost/test.php'
array(25) {
  ["TEST_VAR_1"]=>
  string(11) "hello world"
```

（8） $_COOKIE：浏览器 cookie 的操作，包括的基础操作命令如下。

设置 cookie:setcookie(name,value,expire,path,domain)。

获取 cookie：$_COOKIE["user"]。

删除 cookie：setcookie("user","",time()-3600);//设置过期时间。

（9） $_SESSION：服务端 session 的操作，包括的基础操作命令如下。

启动 session：使用 session 前一定要使用 session_start()启动 session。

储存 session：$_SESSION["name"]="King";//数组操作。

销毁 session：unset($_SESSION["name"]);//销毁一个。

session_destroy()和 unset($_SESSION);//销毁所有的 session。

3.3.2 PHP 魔术变量

很多常量都是由不同的扩展库定义的，只有在加载了这些扩展库时才会出现，或者在动态加载后，或者在编译时已经包括进去了。PHP 魔术变量有 8 个，分别如下。

（1） __LINE__：表示文件中的当前行号。

__LINE__的值就由它在脚本中所处的行来决定。这些特殊的常量不区分大小写，如下：

```
<?php
echo '这是第 " ' . __LINE__ . ' " 行';
?>
```

以上实例输出结果为：

```
这是第"2"行
```

（2）__FILE__：表示文件的完整路径和文件名。如果用在被包含文件中，则返回被包含的文件名。

自 PHP 4.0.2 起，__FILE__总是包含一个绝对路径（如果是符号连接，则是解析后的绝对路径），而在此之前的版本有时会包含一个相对路径。

实例：

```
<?php
echo '该文件位于 " '  . __FILE__ . ' " ';
?>
```

以上实例输出结果为：

```
该文件位于"E:\wamp\www\test\index.php"
```

（3）__DIR__：表示文件所在的目录。如果用在被包含文件中，则返回被包含文件所在的目录。它等价于 dirname(__FILE__)。除非是根目录，否则目录名不包括末尾的斜杠（PHP 5.3.0 中新增功能）。

实例：

```
<?php
echo '该文件位于 " '  . __DIR__ . ' " ';
?>
```

以上实例输出结果为：

```
该文件位于"E:\wamp\www\test "
```

（4）__FUNCTION__：表示常量返回该函数被定义时的名字。

自 PHP 5 起，本常量返回该函数被定义时的名字（区分大小写）。在 PHP 4 中，该值总是小写字母的。

实例：

```
<?php
function test() {
    echo  '函数名为:' . __FUNCTION__ ;
}
test();
?>
```

以上实例输出结果为：

```
函数名为:test
```

（5）__CLASS__：表示常量返回该类被定义时的名字（区分大小写）。

自 PHP 5 起，本常量返回该类被定义时的名字（区分大小写）。在 PHP 4 中，该值总是小写字母的。类名包括其被声明的作用区域（例如 Foo\Bar）。注意，自 PHP 5.4 起，__CLASS__对 trait 也起作用。当用在 trait 方法中时，__CLASS__是调用 trait 方法的类的名字。

实例：

```
<? php
class test {
    function _print() {
        echo '类名为:'  . __CLASS__ . "<br>";
        echo  '函数名为:'. __FUNCTION__ ;
    }
}
 $t=new test();
 $t->_print();
?>
```

以上实例输出结果为：

```
类名为:test
```

函数名为：_print

（6）__METHOD__：表示类的方法名（PHP 5.0.0 以后版本新增功能），返回该方法被定义时的名字（区分大小写）。

实例：

```
<? php
function test() {
    echo  '函数名为:'. __METHOD__ ;
}
test();
?>
```

以上实例输出结果为：

```
函数名为:test
```

（7）__NAMESPACE__：表示当前命名空间的名称（区分大小写）。此常量是在编译时定义的（PHP 5.3.0 新增功能）。

实例：

```
<? php
namespace MyProject;
echo '命名空间为:"',__NAMESPACE__,'"';// 输出 "MyProject"
?>
```

以上实例输出结果为：

```
命名空间为:"MyProject"
```

（8）__TRAIT__：表示 trait 的名字（PHP 5.4.0 新增功能）。自 PHP 5.4.0 起，PHP 实现了代码复用，该方法称为 traits。

trait 名包括其被声明的作用区域（例如 Foo\Bar）。从基类继承的成员被插入的 SayWorld Trait 中的 MyHelloWorld 方法所覆盖。其行为与 MyHelloWorld 类中定义的方法一致。优先顺序是当前类中的方法会覆盖 trait 方法，而 trait 方法又覆盖了基类中的方法。

实例：

```
<?php
class Base {
    public function sayHello() {
        echo 'Hello ';
    }
}
trait SayWorld {
    public function sayHello() {
        parent::sayHello();
        echo 'World! ';
    }
}
class MyHelloWorld extends Base {
    use SayWorld;
}
 $o=new MyHelloWorld();
 $o->sayHello();
?>
```

以上实例输出结果为：

```
Hello World!
```

3.3.3 PHP魔术函数

PHP 常用的魔术函数一共有 13 个，这些函数的使用频率并没有前面介绍的变量和函数高，下面介绍这些函数的功能。

（1） __construct()：实例化对象时被调用，当__construct()和以类名为函数名的函数同时存在时，__construct()将被调用，另一个不被调用。

（2） __destruct()：当删除一个对象或对象操作终止时被调用。

（3） __call()：对象调用某个方法时，若方法存在，则直接调用；若不存在，则会调用__call()函数。

（4） __get()：读取一个对象的属性时，若属性存在，则直接返回属性值；若不存在，则会调用__get()函数。

（5） __set()：设置一个对象的属性时，若属性存在，则直接赋值；若不存在，则会调用__set()函数。

（6） __toString()：打印一个对象时被调用。如 echo $obj;或 print $obj;。

（7） __clone()：克隆对象时被调用。如$t=new Test();$t1=clone $t;。

（8） __sleep()：序列化之前被调用。若对象比较大，想删减一点内容再序列化，可考虑一下此函数。

（9） __wakeup()：反序列化时被调用，做些对象的初始化工作。

（10） __isset()：检测一个对象的属性是否存在时被调用。如 isset($c→name)。

（11） __unset()：重载一个对象的属性时被调用。如：unset($c→name)。

（12） __set_state()：调用 var_export 时被调用。用__set_state()的返回值作为 var_export

的返回值。

（13）__autoload()：实例化一个对象时，如果对应的类不存在，则该方法被调用。

Section 3.4 常用功能与应用

用 PHP 开发时会频繁地使用上述所介绍的这些变量和函数，这些变量和函数可以方便地解决很多问题。本节将一些经常应用到的功能函数进行详细的讲解和举例应用。

3.4.1 PHP 多维数组

一个数组的值可以是另一个数组，另一个数组的值也可以是一个数组。依照这种方式可以创建二维或者三维数组。

实例：

```
<?php
//二维数组
$student=array
(
    array("小明",100,96),
    array("小强",99,89),
    array("小红",100,100)
);
?>
```

多维数组是包含一个或多个数组的数组。在多维数组中，主数组中的每一个元素也可以是一个数组，子数组中的每一个元素也可以是一个数组。

实例：

```
<?php
$site=array
(
    "net163"=>array
    (
        "网易新闻",
        "http://www.163.com"
    ),
    "google"=>array
    (
        "Google",
        "http://www.google.com"
    ),
    "baidu"=>array
    (
        "百度",
        "http://www.baidu.com"
    )
```

```
);
print("<pre>");//格式化输出数组
print_r($site);
print("</pre>");
?>
```

上面数组的输出结果如图 3-9 所示。

图 3-9　数组输出结果

3.4.2　session 变量

session 变量可以让用户继续使用以前的页面数据，好像服务器已经记住了或者说跟踪了用户。因此，可以在 PHP 程序文件之间传递数据（数值、字符串、数组和对象）。当用户在应用程序的页间进行跳转时，session 变量不会释放（在设定的 session 存活期内，一般为 180 min，可自行在 php. ini 中设定 session. cache_expire 的值）。由此可见，session 变量存储的是个别浏览器端专用的数据。当用户浏览 Web 站点时，使用 session 变量可以为每一个用户保存指定的数据。任何存储在用户 session 变量中的数据都可以在用户调用下一个页面时取得。session 在实际应用中，如身份认证、操作监控、客户消费偏好跟踪等许多需要持续会话的场合应用广泛。

session 的工作机制是：为每个访客创建一个唯一的 id（UID），并基于这个 UID 来存储变量。UID 存储在 cookie 中，或者通过 URL 进行传送。

实例：

开始使用 session 函数之前，首先必须启动会话。这里要注意的是 session_start() 函数必须位于<html>标签之前。

```
<?php session_start();?>
<html>
<body>
</body>
</html>
```

上面的代码会向服务器注册用户的会话，以便用户开始保存用户信息，同时会为用户会话分配一个 UID。

存储和取回 session 变量的正确方法是使用$_SESSION 变量.

存储 session 变量的实例：

```
<?php
session_start();
//存储 session 数据
 $_SESSION['views']=1;
?>
<html>
<head>
<meta charset="utf-8">
<title> session 的使用</title>
</head>
<html>
<body>
<?php
//检索 session 数据
echo "浏览量:". $_SESSION['views'];
?>
</body>
</html>
```

输出结果为：

```
浏览量:1
```

在下面的实例中，创建了一个简单的 page-view 计数器。isset()函数检测是否已设置 views 变量。如果已设置 views 变量，则累加计数器。如果 views 不存在，则创建 views 变量，并把它设置为 1。

```
<?php
session_start();
if(isset($_SESSION['views']))
{
  $_SESSION['views']=$_SESSION['views']+1;
}
else
{
  $_SESSION['views']=1;
}
echo "浏览量:". $_SESSION['views'];
?>
```

如果希望删除某些 session 数据，则可以使用 unset()或 session_destroy()函数。

unset()函数用于释放指定的 session 变量，例如：

```
<?php
session_start();
if(isset($_SESSION['views']))
{
```

```
    unset($_SESSION['views']);
}
?>
```

也可以通过调用 session_destroy()函数彻底销毁 session：

```
<?php
session_destroy();
?>
```

这里要特别注意的是 session_destroy()将重置 session，用户将失去所有已存储的 session 数据。

3.4.3 cookie 变量

cookie 常用于识别用户。cookie 是一种服务器留在用户计算机上的小文件。每当同一台计算机通过浏览器请求页面时，这台计算机将会发送 cookie。通过 PHP，能够创建并取回 cookie 的值。

当用户访问某个网站时，在 PHP 中可以使用 setcookie()函数生成一个 cookie，系统经处理把这个 cookie 发送到客户端并保存在 C:\用户\用户名\Cookies 目录下。cookie 是 HTTP 地址的一部分，因此，setcookie()函数必须在任何内容送到浏览器之前调用。这种限制与 header()函数一样。当客户再次访问该网站时，浏览器会自动把 C:\用户\用户名\Cookies 目录下与该站点对应的 cookie 发送到服务器，服务器则把从客户端传来的 cookie 自动地转换成一个 PHP 变量。

在下面的例子中，将创建名为 user 的 cookie，并为它赋值 babay。规定此 cookie 在一小时后过期：

```
<?php
setcookie("user"," babay ",time()+3600);
?>
<html>
.....
```

在发送 cookie 时，cookie 的值会自动进行 URL 编码，在取回时进行自动解码（为防止 URL 编码，可使用 setrawcookie()取而代之）。

3.4.4 文件上传

在全局变量中介绍了$_FILES 函数，该函数非常有用，可以方便地将本地的文件上传到服务器上。

实例如下：

第一步：先建立供上传文件的 HTML 表单。

```
<html>
<head>
```

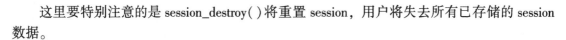

```
<meta charset="utf-8">
<title>文件上传</title>
</head>
<body>
<form action="upload_file.php" method="post" enctype="multipart/form-data">
 <label for="file">文件名:</label>
 <input type="file" name="file" id="file"><br>
 <input type="submit" name="submit" value="上传">
</form>
</body>
</html>
```

将以上代码保存到 form.html 文件中。

这里要注意，<form>标签的 enctype 属性规定了在提交表单时要使用哪种内容类型。在表单需要二进制数据时，例如文件内容，可使用 multipart/form-data。

<input>标签的 type="file"属性规定了应该把输入作为文件来处理。例如，当在浏览器中预览时，会看到输入框旁边有一个浏览按钮。

第二步：创建上传脚本。

upload_file.php 文件含有下面供上传文件的代码：

```
<?php
if ($_FILES["file"]["error"] > 0)
{
  echo "错误:" . $_FILES["file"]["error"] . "<br>";
}
else
{
  echo "上传文件名:" . $_FILES["file"]["name"] . "<br>";
  echo "文件类型:" . $_FILES["file"]["type"] . "<br>";
  echo "文件大小:" . ($_FILES["file"]["size"]/1024) . " kB<br>";
  echo "文件临时存储的位置:" . $_FILES["file"]["tmp_name"];
}
?>
```

通过使用 PHP 的全局数组$_FILES，可以从客户计算机向远程服务器上传文件。

第一个参数是表单的 input name，第二个下标可以是"name"、"type"、"size"、"tmp_name"或"error"。如下所示。

$_FILES["file"]["name"]：上传文件的名称。

$_FILES["file"]["type"]：上传文件的类型。

$_FILES["file"]["size"]：上传文件的大小，以字节计。

$_FILES["file"]["tmp_name"]：存储在服务器的文件的临时副本名称。

$_FILES["file"]["error"]：由文件上传导致的错误代码。

在这个脚本中，增加了对文件上传的限制。用户只能上传.gif、.jpeg、.jpg、.png 文件，文件大小必须小于 200 KB：

```
<?php
//允许上传的图片扩展名
```

```
 $allowedExts=array("gif","jpeg","jpg","png");
 $temp=explode(".",$_FILES["file"]["name"]);
 $extension=end($temp);                    //获取文件扩展名
if ((($_FILES["file"]["type"] == "image/gif")
|| ($_FILES["file"]["type"] == "image/jpeg")
|| ($_FILES["file"]["type"] == "image/jpg")
|| ($_FILES["file"]["type"] == "image/pjpeg")
|| ($_FILES["file"]["type"] == "image/x-png")
|| ($_FILES["file"]["type"] == "image/png"))
&& ($_FILES["file"]["size"] < 204800)     //小于 200 KB
&& in_array($extension,$allowedExts))
{
  if ($_FILES["file"]["error"] > 0)
  {
        echo "错误::" . $_FILES["file"]["error"] . "<br>";
  }
  else
  {
        echo "上传文件名:" . $_FILES["file"]["name"] . "<br>";
        echo "文件类型:" . $_FILES["file"]["type"] . "<br>";
        echo "文件大小:" . ($_FILES["file"]["size"]/1024) . " kB<br>";
        echo "文件临时存储的位置:" . $_FILES["file"]["tmp_name"];
  }
}
else
{
  echo "非法的文件格式";
}
?>
```

上面的实例在服务器的 PHP 临时文件夹中创建了一个待上传文件的临时副本。这个临时的副本文件会在脚本结束时消失。要保存上传的文件，需要把它复制到另外的位置：

```
<?php
//允许上传的图片扩展名
 $allowedExts=array("gif","jpeg","jpg","png");
 $temp=explode(".",$_FILES["file"]["name"]);
echo $_FILES["file"]["size"];
 $extension=end($temp);                        //获取文件扩展名
if ((($_FILES["file"]["type"] == "image/gif")
|| ($_FILES["file"]["type"] == "image/jpeg")
|| ($_FILES["file"]["type"] == "image/jpg")
|| ($_FILES["file"]["type"] == "image/pjpeg")
|| ($_FILES["file"]["type"] == "image/x-png")
|| ($_FILES["file"]["type"] == "image/png"))
&& ($_FILES["file"]["size"] < 204800)         //小于 200 KB
&& in_array($extension,$allowedExts))
{
  if ($_FILES["file"]["error"] > 0)
  {
```

```
            echo "错误::" . $_FILES["file"]["error"] . "<br>";
        }
        else
        {
            echo "上传文件名:" . $_FILES["file"]["name"] . "<br>";
            echo "文件类型:" . $_FILES["file"]["type"] . "<br>";
            echo "文件大小:" . ($_FILES["file"]["size"]/1024) . " kB<br>";
            echo "文件临时存储的位置:" . $_FILES["file"]["tmp_name"] . "<br>";

            // 判断当期目录下的 upload 目录是否存在该文件
            // 如果没有 upload 目录,则需要创建,upload 目录权限为 777
            if (file_exists("upload/" . $_FILES["file"]["name"]))
            {
                echo $_FILES["file"]["name"] . " 文件已经存在。";
            }
            else
            {
                // 如果 upload 目录不存在该文件,则将文件上传到 upload 目录下
                 move_uploaded_file($_FILES["file"]["tmp_name"],"upload/" . $_FILES["
file"]["name"]);
                echo "文件存储在:" . "upload/" . $_FILES["file"]["name"];
            }
        }
    }
    else
    {
        echo "非法的文件格式";
    }
    ?>
```

上面的脚本会检测文件是否已存在，如果不存在，则把文件复制到名为 upload 的目录下，如图 3-10 所示。

图 3-10　上传成功页面

第4章 MySQL基础与操作

使用PHP搭建动态网站，MySQL数据库的深入学习和应用是基础。MySQL是一个精巧的SQL数据库管理系统，它是开放源代码的产品，在某些情况下用户可以自由使用。由于它的功能强大，使用简便，管理方便，运行速度快，安全可靠性强，具有很大的灵活性、丰富的应用编程接口（API）及精巧的系统结构，受到了广大自由软件爱好者甚至是商业软件用户的青睐，特别是与Apache和PHP的结合，为建立基于数据库的动态网站提供了强大动力。在集成的套件中基本都使用phpMyAdmin这个管理软件实现对MySQL的管理，本章就介绍一下MySQL数据库的基础知识和基本操作。

从入门到精通

本章的学习重点：

- 关系数据库
- MySQL 体系结构
- MySQL 数据类型
- phpMyAdmin 管理 MySQL

Section

4.1 关系数据库

数据库中的数据是有组织的，从某种意义上说，数据库中存储的数据采用一种不变的方式被存储、格式化、存取及显示。数据库不含有无用的或冗余的数据，它可以适用于一个核心目标。本节简单介绍关系数据库系统的基础知识。通过学习，读者能够了解什么是关系数据库模型、用于实现数据库编辑的 SQL 语言及 MySQL 的系统结构，这对初学者快速掌握 MySQL 数据库的编辑有利。

4.1.1 关系数据库概述

关系数据库管理系统简称为 RDBMS。为了进一步了解一个 RDBMS 是由什么构成的，必须先了解关系模型。

下列情况出现在一个关系模型中。

(1) 数据的基础项是关系。

(2) 在这些表上的操作只产生关系（关系型闭合）。

什么是关系？这是一个描述两个集合的元素如何相互联系或如何一一对应的数学概念。因此，关系模型是建立在数学基础上的。然而，对用户来说，关系只是一个带有一些特殊属性的表，一个关系模型把数据组织到表中，而且仅在表中。客户、数据库设计者、数据库系统管理员和用户都以同样的方式（即从表中）查看数据。那么，表就是关系模型的近义词。一个关系型表有一组命名的属性（Attribute）或列，以及一组元组（Tuple）或行。有时列称为域，行称为记录，列和行的交集通常称为单元。列标示位置，有作用域或数据类型，例如字符或整数。行自己就是数据。一个关系型表必须符合某些特定条件，才能成为关系模型的一部分。

(1) 储存在单元中的数据必须是原子的。每个单元只能存储一条数据，这也叫信息原则（Information Principle）。尽管在过去的数年中按某些违反这一原则的方式建立了许多系统，但违反这一原则将不能使用良好的设计方法。当一个单元包含多于一条信息时，称为信息编码（Information Coding）。在这样的情况下，是否采用违背理论的方案是一个设计的选择问题，尽管在多数情况下，结果证明这对数据的完整性是不利的。

(2) 储存在列中的数据必须具有相同的数据类型。

(3) 每行是唯一的（没有完全相同的行）。

(4) 列没有顺序。

(5) 行没有顺序。

(6) 列有一个唯一的名称。

除了表和它们的属性外，关系模型有它自己特殊的操作。用户不需要深入研究关系代数，只需说明这些操作可能包括列的子集、行的子集、表的连接及其他数学集合操作（如联合）等就足够了。真正要知道的事情是这些操作把表当作输入，而将产生的表作为输出。

SQL 是当前 RDBMS 的 ANSI 标准语言，它包含这些关系操作。允许数据操作或数据处理的主要语句是：

（1）SELECT，表示选择对应的数据；

（2）INSERT，表示插入数据；

（3）UPDATE，表示更新数据；

（4）DELETE，表示删除数据。

因此，这些数据处理操作中的任何一个都是一个事务。允许数据定义或结构化处理的基本语句是 CREATE 、ALTER 和 DROP 。关系模型要求的最后一件事是两个基础的完整性原则。它们是实体完整性原则（Entity Integrity Rule ）和引用完整性原则（Referential Integrity Rule ）。

看看两个定义：

（1）主键（Primary Key）是能唯一标识行的一列或一组列的集合。有时，多个列或多组列可以被当作主键。

（2）由多个列构成的主键被称为连接键（Concatenated Key）、组合键（Compound Key），或者更常称为复合键（Composite Key）。

数据库设计者决定哪些列的组合能够最准确和有效地反映业务情形，这并不意味着其他数据未被存储，只是那一组列被选作主键而已。剩余有可能被选为主键的列被称为候选键（Candidate Key）或替代键（Alternate Key）。一个外键（Foreign Key）是一个表中的一列或一组列，它们在其他表中作为主键而存在。一个表中的外键被认为是对另外一个表中主键的引用。实体完整性原则表明主键不能全部或部分地空缺或为空，引用完整性原则表明一个外键必须为空或者与它所引用的主键当前存在的值一致。

4.1.2 MySQL 体系结构

MySQL 采用的是客户机/服务器体系结构，在使用 MySQL 存取数据时，必须至少使用两个或者说两类程序。

（1）一个位于存放用户的数据的主机上的程序——数据库服务器。数据库服务器监听从网络上传过来的客户机的请求，并根据这些请求访问数据库的内容，以便向客户机提供它们所要求的信息。

（2）连接到数据库服务器的程序——客户机程序，这些程序是用户和服务器交互的工具，告诉服务器需要进行什么信息的查询。

MySQL 分发包包括服务器和几个客户机程序。可根据用户要达到的目的来选择使用客户机。最常用的客户机程序为 MySQL，这是一个交互式的客户机程序，它能发布查询并看到结果。其他的客户机程序有 mysqldump 和 mysqlimport，分别导出表的内容到某个文件或将文件的内容导入某个表。mysqladmin 用来查看服务器的状态并完成管理任务，如告诉服务器关闭、重启服务器、刷新缓存等。如果现有的客户机程序不满足用户的需要，那么 MySQL 还提供了一个客户机编程库，可以编写自己的程序。客户机编程库可直接从 C 程序中调用，如果希望使用 C 语言以外的其他语言，还有几种其他的接口可用。

MySQL 的客户机/服务器体系结构具有如下优点。

（1）服务器提供并发控制，使两个用户不能同时修改相同的记录。所有客户机的请求都通过服务器处理，服务器可以辨别谁准备做什么，何时做。如果多个客户机希望同时访问相同的表，则它们不必互相裁决和协商，只要发送自己的请求给服务器并让它仔细确定完成这些请求的顺序即可。

（2）不必在数据库所在的计算机上注册。MySQL 可以非常出色地在因特网上工作，因此可以在任何位置运行一个客户机程序，只要此客户机程序可以连接到网络上的服务器。

当然不是任何人都可以通过网络访问用户的 MySQL 服务器。MySQL 含有一个灵活而又有成效的安全系统，只允许那些有权限访问数据的人访问，而且可以保证用户只能够做允许他们做的事。

Section 4.2 MySQL 数据类型

掌握 MySQL 是继续学习 PHP 动态网站开发的基础。本节中会用到大量的 SQL 语句，尤其是建表的语句。读者可能现在还不知道如何完成这些查询，只需要理解其中的含义就可以了，在下面的内容中将会做具体的介绍。MySQL 支持大量的列类型，它可以被分为 3 类：数字类型、日期和时间类型及字符串（字符）类型。本节将对 MySQL 的数据类型和列类型进行简单的描述。

4.2.1 MySQL 的数据

MySQL 主要包括了字符串值、数字值、十六进制值、日期和时间值及 NULL 值，本小节就介绍一下这些数据值的基础知识。

1. 字符串值

字符串是指用双引号或者单引号括起来的普通字符。例如“I am Tom.”和‘Tom is boy.’等这样的值。在字符串中不仅可以使用普通的字符，也可使用几个转义序列，它们用来表示特殊的字符，如表 4-1 所示。每个转义序列以一个反斜杠（“\”）开始，指出后面的字符使用转义字符来解释，而不是普通字符。其中 NUL 字节与 NULL 值不同；NUL 为一个零值字节，而 NULL 代表没有值。

表 4-1 字符串转移序列表

序列表达方式	意　义
\0	ASCII 0（NUL）字符
\n	新行符
\r	回车符（Windows 中使用\r\n 作为新行标志）
\t	定位符
\b	退格符
\'	单引号（“'”）符
\"	双引号（“"”）符
\\	反斜线（“\”）符
\%	“%”符。它用于在正文中搜索“%”的文字实例，否则这里的“%”将解释为一个通配符
_	“_”符。它用于在正文中搜索“_”的文字实例，否则这里的“_”将解释为一个通配符

现在需要注意的是，如何在串中使用引号，可以有以下多种办法。

（1）如果串是用相同的引号括起来的，那么在串中需要引号的地方重复写该引号即可，如'I can''t'。

（2）如果串是用另外的引号括起来的，则不需要重复写相应引号，直接在串中使用，该引号不被特殊对待，如'I can't'。

（3）使用反斜杠，用转义序列的方式表示；这种方法不考虑将串括起的是单引号还是双引号。

2. 数字值

MySQL 中的数字是类似于 10 或 3. 141 592 6 这样的值。MySQL 支持声明为整数（无小数部分）或浮点数（有小数部分）的值。

（1）整数由数字序列组成。浮点数由一个阿拉伯数字序列、一个小数点和另一个阿拉伯数字序列组成。两个阿拉伯数字序列可以分别为空，但不能同时为空。

（2）MySQL 支持科学计数法。科学计数法由整数或浮点数后跟“e”或“E”、一个符号（“+”或“-”，必须具有）和一个整数指数来表示。

（3）数值前可放一个负号“-”以表示负值。

例如，下面都是合法的数值。

```
整数值:1234,0,-100
浮点数:12. 34,-12. 34e+10 ,12.
```

下面的值是错误的：

```
1. 23E12
```

3. 十六进制值

MySQL 支持十六进制值。以十六进制形式表示的整数由“0x”后跟一个或多个十六进制数字（“0”~“9”及“a”~“f”）组成。例如，0x0a 为十进制的 10，而 0xffff 为十进制的 65 535。十六进制数字不区分大小写，但其前缀“0x”不能为“0X”。即 0x0a 和 0x0A 都是合法的，但 0X0a 和 0X0A 不是合法的。在数字环境中，它们表现类似于一个整数（64 位精度）。在字符串环境中，它们表现类似于一个二进制字符串，这里每一对十六进制数字被变换为一个字符。

例如在命令行输入如下代码：

```
mysql>select 0x3861745c+0,0x5061756c;
```

其结果如图 4-1 所示。

4. 日期和时间值

日期和时间值是一些类似于“2019-01-17”或“11:20:31”这样的值。MySQL 还支持日期/时间的组合，如“2019-01-17 11:20:31”。

需要特别注意的是，MySQL 是按年月日的顺序表示日期的。

5. NULL 值

NULL 值可适用于各种列类型，它通常用来表示“没有值”、“无数据”等意义，并且不同于数字类型的 0 或字符串类型的空字符串。

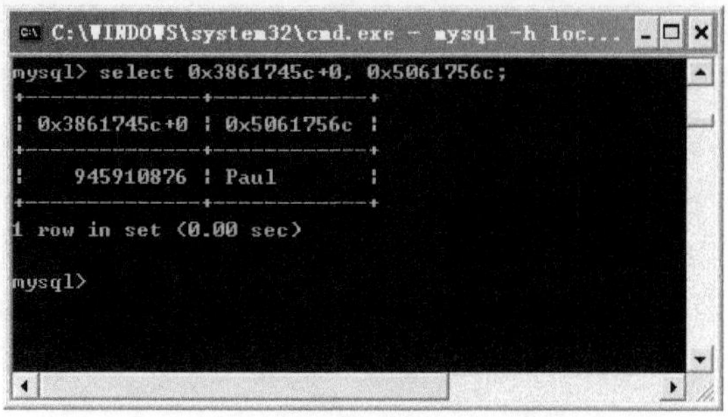

图 4-1　运行十六进制值的结果

4.2.2 列类型

数据库中的每个表都是由一个或多个列构成的。可以用 CREATE TABLE 语句创建一个表，创建表时要为每列指定一个类型。列的类型与数据类型对应，但是比数据类型更为具体，用列类型描述表列可能包含的值的种类及范围，不能包含对应的数据类型所允许的所有值，列的值必须符合规定。例如，CHAR(16)就规定了存储的字符串值必须是 16 位。当然不是用户必须存储 16 个字符，而是指列在表中要占 16 个字符的宽度。

MySQL 的列类型是一种手段，通过这种手段可以描述一个表列包含什么类型的值，这又决定了 MySQL 怎样处理这些值。例如，数据值既可用数值也可用串的列类型来存放，但是根据存放这些值的类型，MySQL 对它们的处理将会有些不同。每种列类型都有如下几个特性。

- 其中可以存放什么类型的值。
- 值要占据多少空间，以及该值是否是定长的（所有值占相同数量的空间）或可变长的（所占空间量依赖于所存储的值）。
- 该类型的值怎样比较和存储。
- 此类型是否允许 NULL 值。
- 此类型是否可以索引。

下面是创建一个表的例子：

```
CREATE TABLE user
(
id TINYINT UNSIGNED NOT NULL,
name CHAR(16) NOT NULL,
tele NUMERIC(8),
sex ENUM("F","M") DEFAULT "M"
)
```

由上面这个例子可以知道，创建列类型的语法是：

```
col_name col_type [col_attributes][general_attributes]
```

- col_name：列的名字。
- col_type：列类型，控制存储在列中的数据类型。

- col_attributes：专用属性，只能应用于指定列，例如，用户都知道的 BINARY。如果用户使用专用属性，则必须在列的类型之后，列的通用属性之前。
- general_attributes：通用属性，可以应用在除少数列的任意列，例如上面提到的 NULL、NOT NULL 和 DEFAULT。

MySQL 的数字列类型如表 4-2 所示，可以包括浮点类型和整数类型。

表 4-2 MySQL 的数字列类型

类型名	意义
TINYINT	很小的整数
SMALLINT	小整数
MEDIUMINT	中等大小整数
INT、INTEGER	正常大小整数
BIGINT	大整数
FLOAT	小（单精密）浮点数字
DOUBLE DOUBLE PRECISION REAL	正常大小（双精密）浮点数字
DECIMAL NUMERIC	未压缩（unpack）的浮点数字，“未压缩”意味着数字作为一个字符串被存储

MySQL 的字符串列类型如表 4-3 所示，串类型中不仅可以存储字符串，实际上任何二进制数据，例如图像、音频、视频等，都可以存储在串类型中。

表 4-3 MySQL 的字符串列类型

类型名	意义
CHAR	定长字符串
VARCHAR	变长字符串
TINYBLOB TINYTEXT	最大长度为 255(2^8-1)个字符的 BLOB 或 TEXT 列
BLOB TEXT	最大长度为 65535($2^{16}-1$)个字符的 BLOB 或 TEXT 列
MEDIUMBLOB MEDIUMTEXT	最大长度为 16777215($2^{24}-1$)个字符的 BLOB 或 TEXT 列
LONGBLOB LONGTEXT	最大长度为 4294967295($2^{32}-1$)个字符的 BLOB 或 TEXT 列
ENUM('value1','value2',…)	枚举：列只能赋值为某个枚举成员或 NULL
SET('value1','value2',…)	集合：列可以赋值为多个集合成员或 NULL

MySQL 的日期与时间列类型如表 4-4 所示。MySQL 允许用户存储某个“不严格的”合法的日期值，例如 2011-06-31。通常认为应用程序有责任来处理日期检查，而不是 SQL 服务器处理。为了使日期检查更“快”，MySQL 仅检查月份在 0~12 的范围，天在 0~31 的范围。

表 4-4 MySQL 的时间和日期列类型

类型名	意义
DATE	日期，以 YYYY-MM-DD 格式来显示

（续）

类 型 名	意 义
TIME	日期和时间组合，以 YYYY-MM-DD HH：MM：SS 格式来显示
DATETIME	最大长度为 255(2^8-1)个字符的 BLOB 或 TEXT 列
TIMESTAMP	一个时间戳，以 YYYYMMDDHHMMSS 格式来显示

4.2.3 数字列类型

MySQL 支持所有的 ANSI/ISO SQL92 的数字类型。这些类型包括准确数字的数据类型（NUMERIC、DECIMAL、INTEGER 和 SMALLINT），也包括近似数字的数据类型（FLOAT、REAL 和 DOUBLE PRECISION）。

MySQL 的数字列类型有以下两种。

（1）整数类型。MySQL 提供了 5 种整数类型：TINYINT、SAMLLINT、MEDIUMINT、INT 和 BIGINT。整数列可以用 UNSIGNED 禁用负数值。

（2）浮点数类型。MySQL 提供了 3 种浮点数类型：FLOAT、DOUBLE 和 DECIMAL。

下面将详细描述数字类型的定义、取值范围和存储要求。

1. 整数类型

整数类型为 INTEGER 和 SMALLINT，关键词 INT 是 INTEGER 的同义词。

```
SMALLINT[(M)] [UNSIGNED] [ZEROFILL]
```

取值范围：有符号，-32 768~32 767（-2^{15}~$2^{15}-1$）；无符号，0~65 535（0~$2^{16}-1$）。

存储要求：两个字节。

```
INT[(M)] [UNSIGNED] [ZEROFILL]、INTEGER[(M)] [UNSIGNED] [ZEROFILL]
```

取值范围：有符号，-2 147 483 648~2 147 483 647（-2^{31}~$2^{31}-1$）；无符号，0~4 294 967 295（0~$2^{32}-1$）。

存储要求：4 个字节。

作为对 ANSI/ISO SQL92 标准的扩展，MySQL 也支持整型类型 TINYINT、MEDIUMINT 和 BIGINT。

```
TINYINT[(M)] [UNSIGNED] [ZEROFILL]
```

取值范围：有符号，-128~127（-2^7~2^7-1）；无符号，0~255（0~2^8-1）。

存储要求：一个字节。

```
MEDIUMINT[(M)][UNSIGNED] [ZEROFILL]
```

取值范围：有符号，-8 388 608~8 388 607（-2^{23}~$2^{23}-1$）；无符号，0~16 777 215（0~$2^{24}-1$）。

存储要求：3 个字节。

```
BIGINT[(M)][UNSIGNED] [ZEROFILL]
```

取值范围：有符号，-9 223 372 036 854 775 808~9 223 372 036 854 775 807（-2^{63}~$2^{63}-1$）；

无符号，0~18 446 744 073 709 551 615（$0 \sim 2^{64}-1$）。

存储要求：8 个字节。

在为列选择某种数值类型时，除了要考虑数据的类型外，还应该注意所要表示的值的范围和存储需求，只需选择能覆盖要取值的范围的最小类型即可。选择较大类型会对空间造成浪费，使表不必要地增大，处理起来没有选择较小类型那样有效。对于整型值，如果数据取值范围较小，则 TINYINT 最合适。MEDIUMINT 和 INT 虽然能够表示更大的数值并且可用于更多类型的值，但存储代价更大。BIGINT 在全部整型中取值范围最大，而且需要的存储空间是表示范围次大的整型 INT 类型的两倍，因此只在确实需要时才用。

2. 浮点数类型

MySQL 支持所有浮点数类型。这些类型包括准确数字的数据类型（NUMERIC、DECIMAL），也包括近似数字的数据类型（FLOAT、REAL 和 DOUBLE PRECISION）。关键词 DEC 是 DECIMAL 的同义词。

```
FLOAT[(M,D)] [ZEROFILL]
```

取值范围：-3.402 823 466E+38~-1.175 494 351E-38、0 和 1.175 494 351E-38~3.402 823 466E+38。

存储要求：4 个字节。

```
DOUBLE[(M,D)] [ZEROFILL]、DOUBLE PRECISION[(M,D)][ZEROFILL]
```

取值范围：-1.797 693 134 862 315 7E+308~-2.225 073 858 507 201 4E-308、0 和 2.225 073 858 507 201 4E-308~1.797 693 134 862 315 7E+308。

存储要求：8 个字节。

```
DECIMAL(M[,D]) [ZEROFILL]、NUMERIC(M[,D]) [ZEROFILL]
```

取值范围：实际的范围可以通过 M 和 D 的选择被限制。

存储要求：M 字节（低于 3.23 版本）、M+2 字节（3.23 或更高版本）。

4.2.4 日期和时间类型

MySQL 提供几种时间和日期类型，包括 DATETIME、DATE、TIMESTAMP、TIME 和 YEAR。对这几种时间和日期类型概述如下。

（1）DATE。

取值范围：“1000-01-01”~“9999-12-31”。

存储需求：3 字节。

（2）TIME。

取值范围：“-838:59:59”~“838:59:59”。

存储需求：3 字节。

（3）DATETIME。

取值范围：“1000-01-01 00:00:00”~“9999-12-31 23:59:59”。

存储需求：8 字节。

（4）TIMESTAMP[（M）]。

取值范围：19700101000000 到 2037 年的某个时刻。

存储需求：4 字节。

（5）YEAR[（M）]。

取值范围：1901 到 2155。

存储需求：一字节。

1. Y2K 问题和日期类型

MySQL 本身对于 Y2K 是安全的，但是呈交给 MySQL 的输入值可能不是。一个包含两位年份值的任何输入是有二义性的，因为世纪是未知的。这样的值必须被解释成 4 位形式，因为 MySQL 内部使用 4 位存储年份。

对于 DATETIME、DATE、TIMESTAMP 和 YEAR 类型，MySQL 使用下列规则解释二义性的年份值：

? 12?（1）在范围为 00~69 的年值被变换到 2000~2069。

? 13?（2）在范围为 70~99 的年值被变换到 1970~1999。

这些规则仅仅提供对用户数据含义的合理猜测。如果 MySQL 使用的启发规则不产生正确的值，则用户应该提供无歧义的包含 4 位年值的输入。

2. DATETIME、DATE 和 TIMESTAMP 类型

DATETIME、DATE 和 TIMESTAMP 类型是相关的。这里描述它们的特征，以及它们是如何类似而又不同的。

DATETIME 类型用在用户需要同时包含日期和时间信息的值时。MySQL 检索并且以 YYYY-MM-DD HH:MM:SS 格式显示 DATETIME 值，支持的范围是 1000-01-01 00:00:00~9999-12-31 23:59:59。"支持"意味着尽管更早的值可能工作，但不能保证它们可以。

DATE 类型用在用户仅需要日期值时，没有时间部分。MySQL 检索并且以 YYYY-MM-DD 格式显示 DATE 值，支持的范围是 1000-01-01~9999-12-31。

TIMESTAMP 列类型提供一种类型，用户可以使用它自动地用当前的日期和时间标记 INSERT 或 UPDATE 的操作。如果用户有多个 TIMESTAMP 列，则只有第一个自动更新。TIMESTAMP 值可以从 1970 年的某个时刻开始一直到 2037 年，精度为 1 s，其值作为数字显示。

自动更新第一个 TIMESTAMP 列在下列任何条件下发生。

（1）列没有明确地在一个 INSERT 或 LOAD DATA INFILE 语句中指定。

（2）列没有明确地在一个 UPDATE 语句中指定（或其他列）改变值。注意一个 UPDATE 设置一个列为它已经有的值，这不会引起 TIMESTAMP 列被更新，因为如果用户设置一个列为它当前的值，MySQL 会为了效率而忽略更改。

（3）如果用户明确地设定 TIMESTAMP 列为 NULL，例如创建一个表：

```
CREATE TABLE my_test
(
  id INT,
  ts TIMESTAMP
)
```

接着，用如下语句输入数据：

```
INSERT my_test VALUES(1,20010101000000)
INSERT my_test(id) VALUES(2)
```

接着，查询表中的内容：

```
SELECT * from my_test
```

可以看到如下内容：

```
+------+----------------+
| id   | ts             |
+------+----------------+
|    1 | 20010101000000 |
|    2 | 20010113165713 |
+------+----------------+
```

3. TIME 类型

MySQL 检索并以 HH:MM:SS 格式显示 TIME 值。TIME 值的范围是-838:59:59～838:59:59。小时部分可能很大的原因是 TIME 类型不仅可以被使用于表示一天的时间（它必须是不到 24 个小时），而且用在表示两个事件之间经过的时间或时间间隔（它可以比 24 个小时大，甚至是负值）。

能用多种格式指定 TIME 值。

- 作为 HH:MM:SS 格式的一个字符串。可使用“宽松”的语法，任何标点符号可用作时间部分的分隔符，例如，10:11:12 和 10.11.12 是等价的。
- 作为没有分隔符的 HHMMSS 格式的一个字符串，如果它能作为一个时间解释。例如，101112 被理解为 10:11:12，但是 109712 是不合法的（它有无意义的分钟部分），会变成 00:00:00。
- 作为 HHMMSS 格式的一个数字，如果它能解释为一个时间。例如，101112 被理解为 10:11:12。

4. YEAR 类型

YEAR 类型可有效地利用一字节类型表示年份。MySQL 检索并且以 YYYY 格式显示 YEAR 值，其范围是 1901～2155。如果只想保存日期，那么 YEAR 比其他类型如 SAMLLINT 更为有效。

用户能用多种格式指定 YEAR 值，既可以用 4 位字符，也可以使用 4 位字符串，当然要在 1901～2155 范围之内。

YEAR 的一个优点是，用户可以指定一个在“00”到“99”范围的两位字符串，或者一个在“00”到“69”和“70”到“99”范围的值变换到在 2000～2069 范围和 1970～1999 的 YEAR 值。

4.2.5 字符串类型

MySQL 提供的字符串类型包括 CHAR、VARCHAR、BLOB、TEXT、ENUM 和 SET。对这些类型简要的叙述如下。

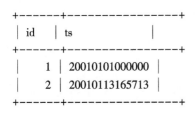

（1）CHAR(M)［BINARY］。一个定长字符串，当存储时，总是使用空格填满右边到指定的长度。在 MySQL 3.23 以前的版本，M 的范围是 1 ~ 255 个字符；在 MySQL 3.23 版中，M 值的范围是 0 ~ 255 个字符。当值被检索时，尾部空格被删除。CHAR 类型在排序和比较时不区分大小写，除非给出 BINARY 关键词。NATIONAL CHAR（短形式 NCHAR）是以 ANSI SQL 的方式来定义 CHAR 列，应该使用默认字符集。CHAR 是 CHARACTER 的缩写。在希望定义一个列，但由于尚不知道其长度，所以在不想给其分配空间的情况下，CHAR(0)列作为占位符很有用处。以后可以用 ALTER TABLE 来加宽这个列。

存储需求：M 字节。

（2）［NATIONAL］VARCHAR(M)［BINARY］。一个变长字符串。注意：当值被存储时，尾部的空格被删除（这不同于 ANSI SQL 规范）。M 的范围是 1 ~ 255 个字符。VARCHAR 类型在排序和比较时不区分大小写，除非给出 BINARY 关键词。VARCHAR 是 CHARACTER VARYING 的一个缩写。

存储需求：L+1 字节（L 是存储实际值需要的长度，1 为存储该值的实际长度）。

（3）BLOB、TEXT：一个 BLOB 或 TEXT 列，最大长度为 65 535($2^{16}-1$)个字符。

存储需求：L+2 字节。

TINYBLOB、TINYTEXT：一个 BLOB 或 TEXT 列，最大长度为 255($2^{8}-1$)个字符。

存储需求：L+1 字节。

MEDIUMBLOB、MEDIUMTEXT：一个 BLOB 或 TEXT 列，最大长度为 16 777 215($2^{24}-1$)个字符。

存储需求：L+3 字节。

LONGBLOB、LONGTEXT：一个 BLOB 或 TEXT 列，最大长度为 4 294 967 295($2^{32}-1$)个字符。

存储需求：L+4 字节。

（4）ENUM('value1','value2',...)：枚举。一个仅有一个值的字符串对象，这个值选自允许值列表'value1'、'value2'，...，或 NULL。一个 ENUM 最多能有 65 535 个不同的值。

存储需求：1 或 2 字节。

（5）SET('value1','value2',...)：一个集合。能有零个或多个值的一个字符串对象，其中每个值必须从值列表选出。一个 SET 最多能有 64 个成员。

存储需求：1、2、3、4 或 8 字节。

在某种意义上，串实际是一种非常“通用”的类型，因为可用它们来表示任意值，不仅仅是字符串。例如，可用串类型来存储二进制数据，如图像、视频或音频。

对于所有串类型，都要剪裁过长的值使其适合相应的串类型。但是串类型的取值范围很不同，有的取值范围很小，有的则很大。取值大的串类型能够存储近 4 GB 的数据。因此，应该使串足够长以免信息被切断（由于受客户机/服务器通信协议的最大块尺寸限制，列值的最大限额为 24 MB）。

另外，对于串类型，在比较时是忽略大小写的；使用 BINARY 关键字，则比较时采用 ASCII 码的方式，即不再忽略大小写。可以使用 BINARY 的串类型为 CHAR 和 VARCHAR。

1. CHAR 和 VARCHAR 类型

CHAR 和 VARCHAR 类型是类似的，但是存储和检索的方式不同。其具体的异同如下。

(1) 当给定一个 CHAR 列的值时，其长度将被修正为在用户创建表时所声明的长度。长度可以是 1~255 之间的任何值。(在 MySQL 3.23 中，CHAR 长度范围可以是 0~255。) 当 CHAR 值被存储时，用空格在右边填补到指定的长度。当 CHAR 值被检索时，拖后的空格被删去。

(2) 在 VARCHAR 列中的值是变长字符串。用户可以声明一个 VARCHAR 列是在 1~255 之间的任何长度，就像 CHAR 列。然而，与 CHAR 类型相反，VARCHAR 值只存储所需的字符，外加一个字节记录长度，值不被填补。当值被存储时，拖后的空格被删去（这个空格删除不同于 ANSI SQL 规范）。

(3) 如果用户把一个超过列最大长度的值赋给一个 CHAR 或 VARCHAR 列，则值被截断以适合串类型。

例如，表 4-5 用于说明存储一系列不同的串值到 CHAR(4) 和 VARCHAR(4) 列的结果。

表 4-5 CHAR 类型和 VARCHAR 类型的对比

值	CHAR(4)	存储需求	VARCHAR(4)	存储需求
''	''	4 字节	''	1 字节
'ab'	'ab'	4 字节	'ab'	3 字节
'abcd'	'abcd'	4 字节	'abcd'	5 字节
'abcdefgh'	'abcd'	4 字节	'abcd'	5 字节

虽然实际存储的值并不一样，但是查询时，这两种类型是一致的，因为 CHAR(4) 类型多余的空格将被忽略。

需要注意的是，除了少数情况外，在同一个表中不能混用 CHAR 和 VARCHAR 这两种类型，用户只能使用其中之一。如果用户创建表时包括这两种类型，在一般情况下，MySQL 会将列从一种类型转换为另一种类型。这样做的原因如下。

- 行定长的表比行可变长的表容易处理，效率更高。
- 只有所有的类型是定长时，行才是定长的，才能提高性能。
- 有时为了节省存储空间，使用了变长类型，在这种情况下最好也将定长列转换为可变长列。

这说明，如果表中有 VARCHAR 列，那么表中不可能同时有 CHAR 列，MySQL 会自动将它们转换为 VARCHAR 列。

转换的规则如下。

- 长度小于 4 的 VARCHAR 被改变为 CHAR。
- 如果一个表中的任何列有可变长度，则结果是整个行是变长的。因此，如果一张表包含任何变长的列（VARCHAR、TEXT 或 BLOB），则所有大于 3 个字符的 CHAR 列被改变为 VARCHAR 列。

例如，创建下面一个表：

```
CREATE TABLE ch_type
(
  ch1 char(3),
  ch2 varchar(3),
  ch3 char(4),
```

```
    ch4 varchar(4)
)
```

然后查看表的结构：

```
DESCRIBE ch_type
```

在 MySQL 3.23 上的输出结果为：

```
+-------+-----------+
| Field | Type      |
+-------+-----------+
| ch1   | char(3)   |
| ch2   | char(3)   |
| ch3   | varchar(4) |
| ch4   | varchar(4) |
+-------+-----------+
```

2. BLOB 和 TEXT 类型

一个 BLOB 是一个能保存可变数量的数据的二进制的大对象。4 个 BLOB 类型 TINYBLOB、BLOB、MEDIUMBLOB 和 LONGBLOB 仅仅在它们能保存值的最大长度方面有所不同。

4 个 TEXT 类型 TINYTEXT、TEXT、MEDIUMTEXT 和 LONGTEXT 对应 4 个 BLOB 类型，并且有同样的最大长度和存储需求。BLOB 和 TEXT 类型的唯一差别是对 BLOB 值的排序和比较以大小写敏感方式执行，而 TEXT 值是大小写不敏感的。换句话说，一个 TEXT 是一个大小写不敏感的 BLOB。

如果用户把一个超过列类型最大长度的值赋给一个 BLOB 或 TEXT 列，则值被截断以适合它。

在大多数方面，用户可以认为一个 TEXT 列是用户所希望的一个 VARCHAR 列。同样，可以认为一个 BLOB 列是一个 VARCHAR BINARY 列，差别如下。

（1）在 MySQL 3.23.2 以上版本，用户能在 BLOB 和 TEXT 列上索引。更旧的 MySQL 版本不支持这个操作。

（2）当值被存储时，对 BLOB 和 TEXT 列没有拖后空格的删除，而对 VARCHAR 列有删除。

（3）BLOB 和 TEXT 列不能有 DEFAULT 值。

由于 BLOB 和 TEXT 类型可以存储非常多的数据，因此使用 BLOB 和 TEXT 类型需要注意以下几方面。

（1）BLOB 或 TEXT 列在 MySQL 3.23 以上版本中可以进行索引，虽然在索引时必须指定一个用于索引的约束尺寸，以免生成很大的索引项从而抵消索引所带来的好处。

（2）由于 BLOB 和 TEXT 值的大小变化很大，如果进行的删除和更新很多，则存储它们的表会出现高碎片率，应该定期运行 OPTIMIZE TABLE 命令来减少碎片率，以保持良好的性能。

3. ENUM 和 SET 类型

（1）ENUM 和 SET 类型的定义。ENUM 和 SET 类型是两种特殊的字符串类型，它们有很多相似之处，使用方法都是 string 类型的，而且只能在指定的集合里取值，通常都从一个在表创建时明确列举的允许值的一张表中选择，其主要的区别是 ENUM 列必须是值集合中的一个成员，而 SET 列可以包括其中的任意成员。

例如，创建如下两个串列：

```
color ENUM("red","black","green","yellow")
property SET("car","house","stock") NOT NULL
```

那么 color 和 property 可能的值分别为：

```
color:NULL、"red"、"black"、"green"和"yellow"
```

而 property 可能的值就复杂得多：

```
""
"car"
"house"
"car,house"
"stock"
"car,stock"
"house,stock"
"car,house,stock"
```

由于空串可以表示不具备值的集合的任何一个值，所以这也是一个合法的 SET 值。

ENUM 类型可以有 65 536 个成员，而 SET 类型最多可以有 64 个成员。

（2）ENUM 和 SET 类型是如何存储的。ENUM 和 SET 类型在数据库内部并不是用字符的方式存储的，而是使用一系列的数字，因此更为高效。

ENUM 和 SET 类型的合法值列表的原则如下。

- 此列表决定了列的可能合法值。
- 可按任意的大小写字符插入 ENUM 或 SET 值，但是列定义中指定的串的大小写字符决定了以后检索它们时的大小写。
- 在 ENUM 定义中的值顺序就是排序顺序。SET 定义中的值顺序也决定了排序顺序，但是这个关系更为复杂，因为列值可能包括多个集合成员。
- SET 定义中的值顺序决定了在显示由多个集合成员组成的 SET 列值时子串出现的顺序。

对于 ENUM 列类型，成员是从 1 开始顺序编号的。0 被 MySQL 用作错误成员，如果以串的形式表示就是空串。枚举值的数目决定了 ENUM 列的存储大小。一个字节可表示 256 个值，两个字节可表示 65 536 个值。因此，枚举成员的最大数目为 65 536（包括错误成员），并且存储大小依赖于成员数目是否多于 256 个。在 ENUM 定义中，可以最多指定 65 535（而不是 65 536）个成员，因为 MySQL 保留了一个错误成员，它是每个枚举的隐含成员。在将一个非法值赋给 ENUM 列时，MySQL 自动将其换成错误成员。

对于 SET 类型，SET 列的集合成员不是顺序编号的，而是每个成员对应 SET 值中的一个二进制位。第一个集合成员对应 0 位，第二个成员对应 1 位，以此类推。数值 SET 值 0 对应空串。SET 成员以位值保存。每个字节的 8 个集合值可按此方式存放，因此 SET 列的存储大小是由集合成员的数目决定的，最多 64 个成员。对于大小为 1~8、9~16、17~24、25~32、33~64 个成员的集合，其 SET 值分别占用 1、2、3、4 或 8 个字节。

例如，还是上面的例子，从一个表中检索出 ENUM 和 SET 列的值，及其对应的数值。

对于 ENUM 类型的 color 列：

```
SELECT color,color+0 from my_table
```

其结果为：

```
+--------+---------+
| color  | color+0 |
+--------+---------+
| NULL   | NULL    |
| black  | 2       |
| green  | 3       |
| yellow | 4       |
| red    | 1       |
| red    | 1       |
| green  | 3       |
| green  | 3       |
| yellow | 4       |
+--------+---------+
```

对于 SET 类型的 property 列，同样的：

```
SELECT property,property+0 FROM my_table;
```

其结果为：

```
+----------------+------------+
| property       | property+0 |
+----------------+------------+
|                |          0 |
| house,stock    |          6 |
| car,stock      |          5 |
| stock          |          4 |
| car,house,stock|          7 |
| car,house      |          3 |
| house          |          2 |
| car,stock      |          5 |
| house,stock    |          6 |
+----------------+------------+
```

用户可以仔细了解它们之间的对应关系。

因此，在给列赋值、检索时，用户不仅可以使用值表中的字符串，也可以使用数值来表示一个值，例如，下列的语句是等价的：

```
INSERT my_table SET property='car,house,stock'
INSERT my_table SET property=7
```

对于 ENUM 列也同样如此：

```
INSERT my_table SET color='red';
INSERT my_table SET color=1
```

Section
4.3 用 phpMyAdmin 管理 MySQL

phpMyAdmin 是使用 PHP 编写的，以网页方式管理 MySQL 数据库的一个开源管理工具。使用 phpMyAdmin 可以在网页中方便地输入 SQL 语句，尤其是要处理大量数据的导入和导出时更为方便。其中一个更大的优势在于，由于 phpMyaAdmin 与其他 PHP 页面一样在网页服务器上执行，可以远程管理 MySQL 数据库，以及方便地建立、修改、删除数据库和表。

4.3.1 登录 phpMyAdmin

无论是本机测试、服务器维护，还是虚拟主机用户管理 MySQL，都经常要用到 phpMyAdmin 这个在线软件来管理 MySQL。登录 phpMyAdmin 的步骤如下。

（1）启动 XAMPP 运行环境，然后打开浏览器，打开 phpMyAdmin 所在服务器目录，输入登录地址“http://127.0.0.1/phpmyadmin/”，如果是默认安装，则可以直接登录到管理页面。如果设置了密码，则输入 MySQL 用户的用户名和密码，进入的管理页面如图 4-2 所示。

图 4-2 phpMyAdmin 管理首页

（2）在管理面板的左上角有 5 个功能按钮，前两个是经常使用的按钮，一定要记得。第 1 个是返回到主页的按钮，第 2 个是 phpMyAdmin 使用帮助按钮，第 3 个按钮可直接链接到 MySQL 的官方文档频道以进行学习并应用，第 4 个是 phpMyAdmin 的面板设置功能按钮，第 5 个是重新装载功能按钮，如图 4-3 所示。

（3）左下边是创建的数据表快速操作导航区，在这里可以通过单击“新建”按钮快速在服务器中建立一个 MySQL 数据库，通过单击⊞按钮可以展开该数据库中所有建立的数据表，如图 4-4 所示。

图 4-3 phpMyAdmin 左上角的功能按钮

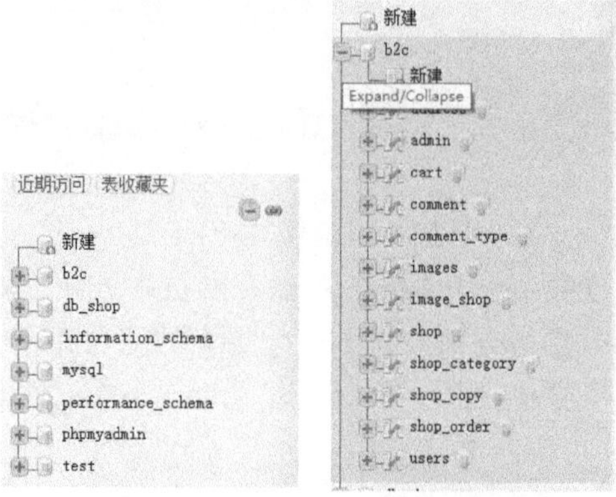

图 4-4 左边的创建数据库功能

（4）文档窗口显示区有个“常规设置”功能面板，如图 4-5 所示。MySQL 的“服务器连接排序规则”设置也是非常关键的，这与整个 PHP 网站的编码设置一定要一致。这里顺便将 PHP 网站统一编码的要求介绍一下。PHP 使用<META http-equiv="content-type" content="text/html; charset=xxx">标签设置页面编码。这个标签的作用是声明客户端的浏览器用什么字符集编码显示该页面，xxx 可以为 GB 2312、GBK、UTF-8（和 MySQL 不同，MySQL 只使用 UTF-8）等。因此，大部分页面可以采用这种方式来告诉浏览器显示这个页面的时候采用什么编码，这样才不会造成编码错误而产生乱码。

图 4-5 “常规设置”功能面板

注意：

注意 GB 2312、GBK 与 UTF-8 的区别！

GB 2312、GBK 和 UTF-8 都是字符编码，除此之外，还有好多字符编码。只是对于国内的网站来说，用这 3 种编码比较多。GB 就是国标的意思，GB 2312 和 GBK 主要用于汉字的编码，而 UTF-8 是全世界通用的。意思就是说，如果网页主要面向使用汉语的中国人的话，使用 GB 2312 和 GBK 非常好，有文字储存体积小等优点。如果开发的网页要面向世界的话，再用 GB 2312 和 GBK 作为网页编码的话，有些计算机上的浏览器没有这种编码，网页汉字内容就会变成无法识别的乱码。

如果用户使用 UTF-8 编码，则在没有汉字的计算机里仍然可以正常显示，因为 UTF-8 是通用的编码，所有计算机都有。所以，在编写网页时尽量使用 UTF-8 编码。

UTF-8 的意思是 Unicode Transformation Format-8bit，允许含 BOM（字节顺序标记，Byte Order Mark），但通常不含 BOM。是用于显示各种文字的一种多字节编码，它对英文使用 8 位（即一个字节），中文使用 24 位（3 个字节）来编码。UTF-8 包含全世界所有国家需要用到的字符，是国际编码，通用性强。UTF-8 编码的文字可以在各国支持 UTF-8 字符集的浏览器上显示。

在 MySQL 中存在着各种 UTF-8 编码格式，常用的如下。

- utf8_bin：utf8_bin 将字符串中的每一个字符用二进制数据存储，区分大小写。
- utf8_general_ci：utf8_genera_ci 不区分大小写，ci 为 case insensitive 的缩写，即大小写不敏感。

● utf8_general_cs：utf8_general_cs 区分大小写，cs 为 case sensitive 的缩写，即大小写敏感。

（5）右边部分是当前服务器、phpMyAdmin 以及 MySQL 的信息，主要显示了当前服务器的基础信息及各支持软件的版本号，如图 4-6 所示。

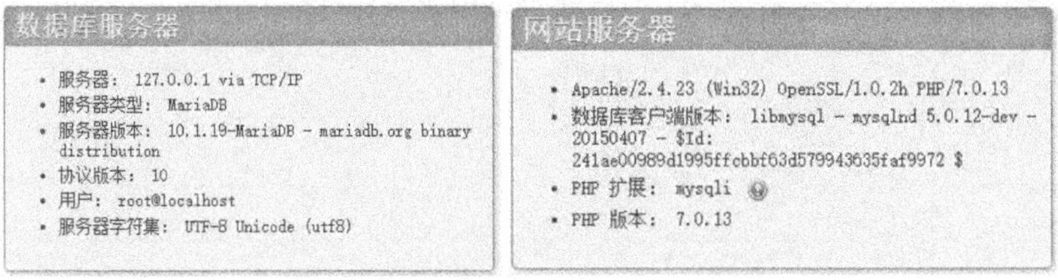

图 4-6　phpMyAdmin 的版本信息

4.3.2　创建数据库用户

下面进入第一个实际应用，创建一个新的 phpMyAdmin 管理用户，这个功能非常实用。在服务器或者虚拟主机管理上，每个网站都会创建一个唯一专属使用的数据库用户名，这是为了安全和管理的需要。

创建数据库用户的步骤如下。

（1）在管理主页面中选择菜单栏中的“用户账户”选项卡，打开“用户账户概况”页面，在这里 MySQL 所有用户的概况都一目了然，如图 4-7 所示。

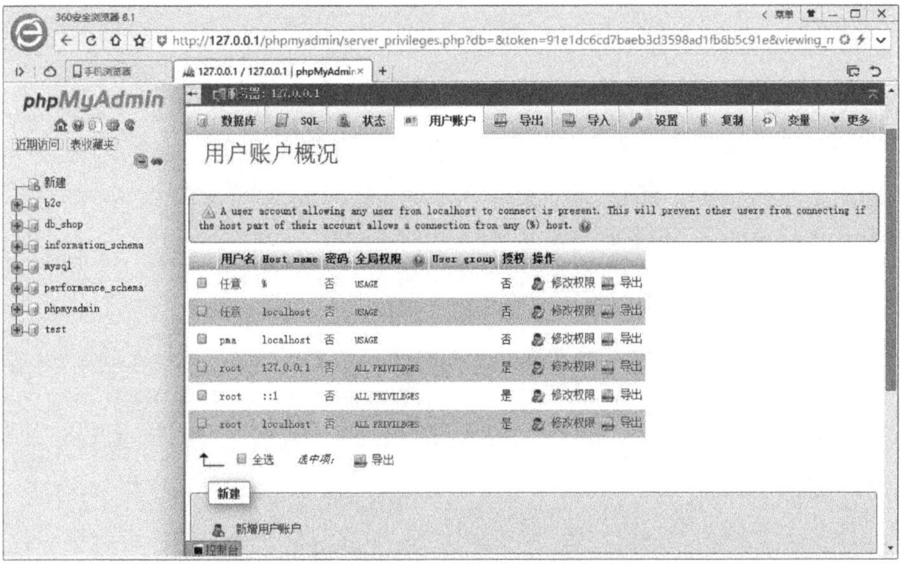

图 4-7　“用户账户概况”页面

（2）单击“新增用户账户”文字链接，打开“新增用户账户”页面，如图 4-8 所示，进入用户创建过程。用户创建过程分为 3 部分。

第一部分为用户账户密码设置部分：

● User name（用户名）文本框，选择“使用文本域”选项后输入用户名，用字母或者数字就可以了；
- Host name（主机名）文本框，选择“本地”选项后，自动填写本地主机地址为 localhost；
- 密码和重新输入，就是设置用户的密码和确认输入的密码一致性；
- 对于设置的密码增加了转码加密功能，单击“生成密码”后面的“生成”按钮，可以生成加密后的转码密码。

图 4-8 “新增用户账户”页面

第二部分为用户指定数据库名关联权限，在“用户账户数据库”中选择“创建与用户同名的数据库并授予所有权限”和“给以用户名_开头的数据库(username_%)授予所有权限”复选框，意义也是一目了然，方便该用户可以管理创建的相关数据库，如图 4-9 所示。

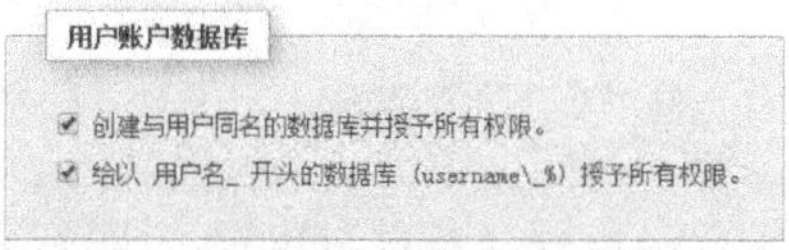

图 4-9 “用户账户数据库”设置

第三部分为用户指定权限，一般在关联数据库前不要设置权限。如果在创建数据库用户名前创建了数据库名，并且选择了上面步骤的第 1 个复选项，这里就可以设置。数据和结构都可以开启权限，但是管理不要开启，当然，用户如果要开设一个管理员账号就需要开启。图 4-10 所示为“全局权限”页面。

一般“数据”中的 5 个权限要全部选择如下。
- SELECT：是指允许读取数据；
- INSERT：是指允许插入和替换数据；
- UPDATE：是指允许更改数据；
- DELETE：是指允许删除数据；
- FILE：是指允许从数据中导入数据，以及允许将数据导出至文件。

“结构”中的下面 7 个权限要尽量选择。

- CTEATE：允许创建新的数据库和表；
- ALTER：允许修改现有表的结构；
- INDEX：允许创建和删除索引；
- DROP：允许删除数据库和表；
- CREATE TEMPORARY TABLES：允许创建暂时表；
- SHOW VIEW：允许查询视图；
- CREATE VIEW：允许创建新的视图；

以下内容建议不选择。

- CREATE ROUTINE：允许创建新的存储过程；
- ALTER ROUTINE：允许修改存储过程；
- EXECUTE：允许执行查询；
- EVENT：允许创建事件；
- TRIGGER：允许创建触发功能。

“管理” 中的各功能如下。

- GRANT：允许添加用户和权限，而不允许重新载入权限表；
- SUPER：允许在达到最大允许数目时仍进行连接；
- PROCESS：允许查看进程列表中的完整查询；
- RELOAD：允许重新载入服务器设置并刷新服务器的缓存；
- SHUTDOWN：允许关闭服务器；
- SHOW DATABASES：允许访问完整的数据库列表；
- LOCK TABLES：允许锁住当前线索的表；
- REFERENCES：在此版本的 MySQL 的参考；
- REPLICATION CLIENT：用户有权询问附属者/控制者在哪里；
- REPLICATION SLAVE：回复附属者所需；
- CREATE USER：允许创建、降权和重新命名新用户的账户。

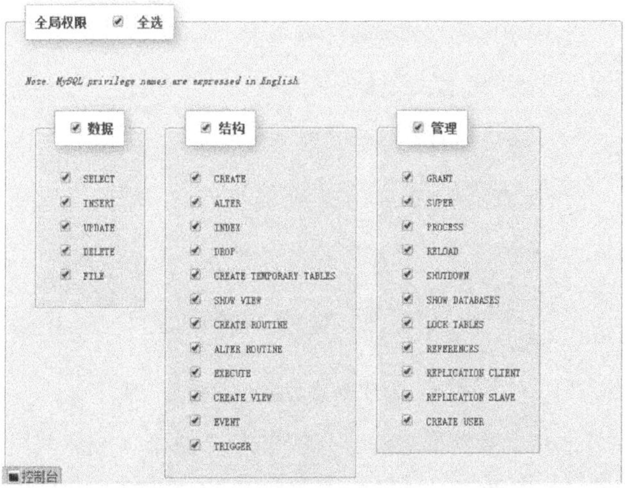

图 4-10 “全局权限” 页面

(3) 最后是设置“资源限制”页面，如图 4-11 所示。在该面板中的参数全部填写 0，不要做限制，它们的意思是数据库连接查询等的最大限制数量。

- MAX QUERIES PER HOUR：用来限制用户每小时运行的查询数量；
- MAX UPDATES PER HOUR：用来限制用户每小时运行的更新数量；
- MAX CONNECTIONS PER HOUR：用来限制用户每小时的连接次数；
- MAX USER_CONNECTIONS：设置用户最大的连接次数。

图 4-11 “资源限制”页面

4.3.3 创建数据库

用户使用 phpMyAdmin 创建数据库并创建相应的数据表都是可视化的操作，这对初学者来说都是非常容易操作的，在首页右边栏目中部或者单击数据库按钮进去后，都可以找到“新建”这个按钮。

具体的操作步骤如下。

(1) 单击“新建”按钮，在文档编辑区打开“新建数据库”页面。首先，输入需要建立的数据库的名称，一般用字母表示，如这里输入“db_test”。接着选择数据库的类型，一般选择 utf8_general_ci，表示使用国际通用的 UTF-8 编码，并且不区分大小写。如图 4-12 所示。

图 4-12 “新建数据库”页面

(2) 输入数据库名称并设置类型之后，直接单击“创建”按钮就可以创建 db_test 数据库，并在左侧的快速导航栏有显示。这里因为使用了 db_的前缀，所以统一归属到同一数据库 db 名下，创建后的编辑窗口提示“数据库中没有表”。在创建的数据库中根据网站系统开发的需要可以进行不同数据表的创建，如用于存储用户注册的数据表、留言表、论坛数据表等。这里创建一个用户注册表，在“名字”文本框中输入数据表名“db_user”，根据需要设置“字段数”为4，如图4-13所示。

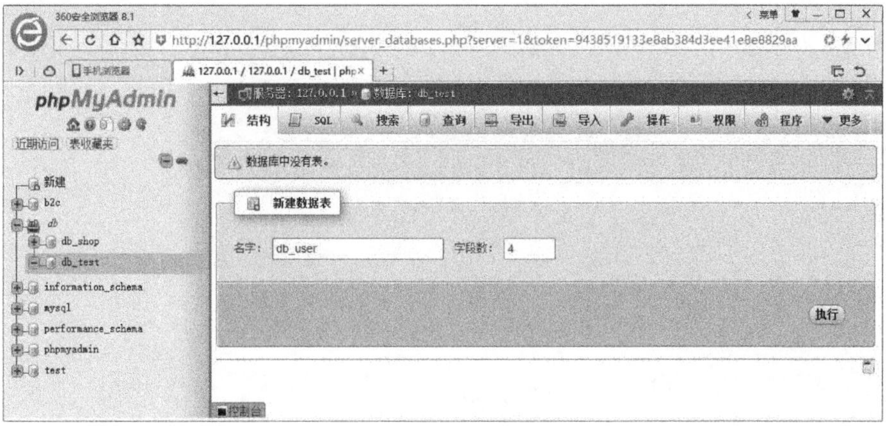

图4-13　新建数据表

（3）设置之后单击“执行”按钮，进入具体的表属性设置编辑窗口，设计表格中各字段的属性，包括“名字”“类型”“长度/值”“排序规则”等，初学者可以按图4-14所示的内容进行设置。其中，字段的“类型”在前面的小节有详细的介绍。

图4-14　数据表字段属性设置

专家指导：

这里介绍一个快速选择类型的技巧，单击“类型”下拉列表框的下拉按钮之后，先确认输入法是在英文输入状态下，这个时候，快速按“类型”的第一个字母键，就可以快速定位到需要选择的项目了，如选择CHAR，只需要按下〈C〉键即可以快速找到。

（4）这里要特别强调每个数据表一定要设置一个“索引”唯一关键字段，用来标识记录。在MySQL中可通过数据列的AUTO_INCREMENT属性来自动生成。MySQL支持多种数据表，每种数据表的自增属性都有差异，设置方法是找到“A_I注释”复选框，选择之后会弹出“添加索引”对话框，设置为 PRIMARY 格式即可，如图 4-15 所示。

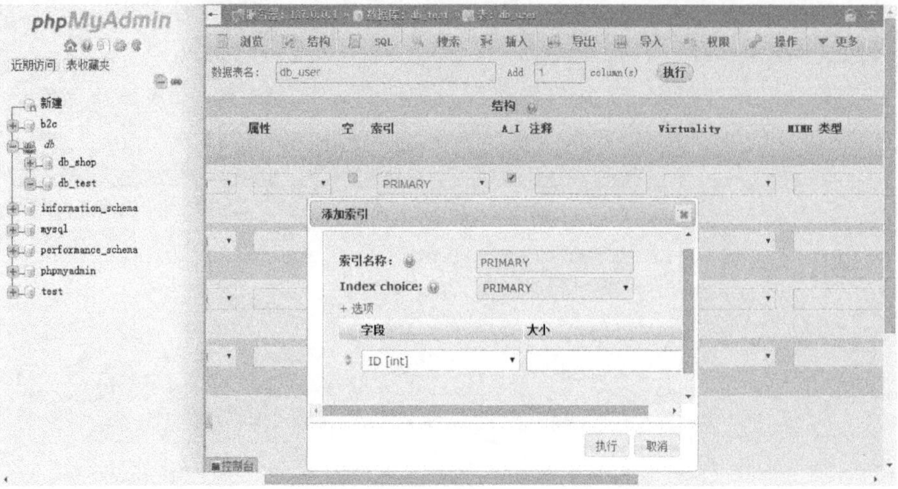

图 4-15 设置唯一主字段

（5）设置之后单击“执行”按钮，完成数据表字段的属性设置，最后还要选择“存储引擎”模式，如图 4-16 所示。虽然存储引擎好多种模式，但经常使用的只有 InnoDB 和 MyISAM 这两种。

图 4-16 “存储引擎”模式

InnoDB 和 MyISAM 的使用区别如下。

MyISAM：这个是默认类型，它是基于传统的 ISAM 类型，ISAM 是 Indexed Sequential Access Method（有索引的顺序访问方法）的缩写，它是存储记录和文件的标准方法。与其他存储引擎比较，MyISAM 具有检查和修复表格的大多数工具。MyISAM 表格可以压缩，而且它们支持全文搜索。它们不是事务安全的，而且也不支持外键。如果执行大量的 SELECT，MyISAM 是很好的选择。

MyISAM 是 IASM 表的新版本，有如下扩展：

- 二进制层次的可移植性；

- NULL 列索引；
- 对变长行比 ISAM 表有更少的碎片；
- 支持大文件；
- 更好的索引压缩；
- 更好的键码统计分布；
- 更好和更快的 auto_increment 处理。

InnoDB：这种类型是事务安全的。它与 BDB 类型具有相同的特性，还支持外键。InnoDB 表格执行速度很快，具有比 BDB 还丰富的特性，因此如果需要一个事务安全的存储引擎，建议使用它。如果数据执行大量的 INSERT 或 UPDATE 操作，出于性能方面的考虑，应该使用 InnoDB 表。

以下是 InnoDB 的一些细节特点和具体实现中与 MyISAM 的区别：

- InnoDB 不支持 FULLTEXT 类型的索引；
- InnoDB 中不保存表的具体行数，也就是说，执行 select count(*) from table 时，InnoDB 要扫描一遍整个表来计算有多少行，但是 MyISAM 只要简单地读出保存好的行数即可。注意，当 count(*)语句包含 where 条件时，两种表的操作是一样的；
- 对于 AUTO_INCREMENT 类型的字段，InnoDB 中必须包含只有该字段的索引，但是在 MyISAM 表中，可以和其他字段一起建立联合索引；
- 执行 DELETE FROM table 时，InnoDB 不会重新建立表，而是一行一行地删除；
- LOAD TABLE FROM MASTER 操作对 InnoDB 是不起作用的，解决方法是首先把 InnoDB 表改成 MyISAM 表，导入数据后再改成 InnoDB 表，但是对于使用了额外的 InnoDB 特性（例如外键）的表不适用。

综上所述，任何一种表都不是万能的，只有恰当地针对业务类型来选择合适的表类型，才能最大地发挥 MySQL 的性能优势。

（6）接着第（5）步的操作，最后单击“保存”按钮（见图 4-16），即可完成数据库和数据表的建立，结果如图 4-17 所示。

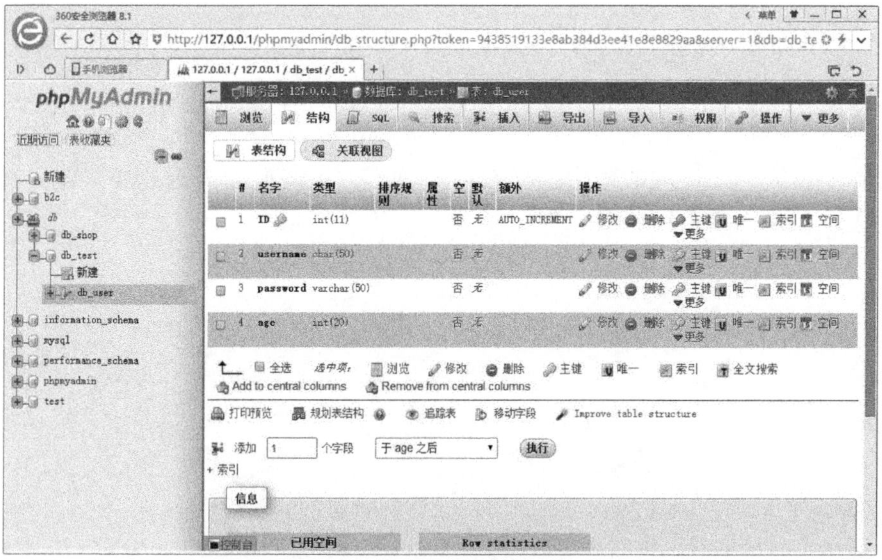

图 4-17　建立的数据表

4.3.4 备份数据库

目前市面上采用 MySQL 架构的管理程序，后台都已经有了数据库备份功能。如果数据库备份功能失效了，或者数据库中包含多个程序的数据希望一起备份，该如何操作呢？下面学习如何使用 phpMyAdmin 备份 MySQL 数据库。

备份的步骤如下。

（1）首先登录 phpMyAdmin，进入管理首页，选择菜单栏中的“导出”选项卡，则会打开“导出”页面，如图 4-18 所示。在导出编辑窗口中，第一项是 Export templates（导出模板）功能，可以将这次导出的操作设置为一个模板，正常操作时不用理会这个功能。在 Export method（导出方法）选项中选择“快速_显示最少的选项”单选按钮。对于正常的数据库备份，默认状态下的功能已经足够使用，如果需要高级定制备份，可以选择“自定义-显示所有可用的选项”单选按钮对备份的方法进行具体的设置。

图 4-18 “导出”页面

（2）在“格式”下拉列表框中选择 SQL 选项，如果需要导出为 PDF、纯文本等格式，则可以在这里选择，如图 4-19 所示。

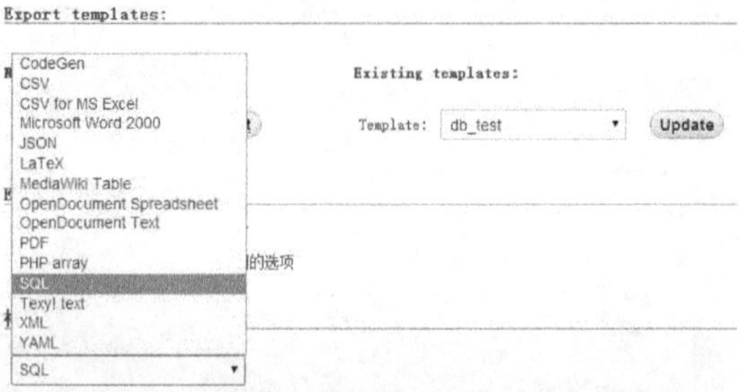

图 4-19 设置导出数据保存的文档格式

(3) 单击“执行”按钮，打开“新建下载任务”对话框。这里，“网址”显示的是要执行导出的 export. php 功能页面，导出的功能主要是通过这个页面的 PHP 函数执行实现；在“名称”文本框中输入需要保存的文件名，为了方便管理，一般和数据库名一样；在“下载到”组合框中输入需要保存到的位置，具体设置如图 4-20 所示。

图 4-20 “新建下载任务”对话框设置

(4) 单击“下载”按钮，即可将数据库备份文件保存到本地计算机上。最后，需要说明的是，虚拟主机用户能够使用程序自带的 MySQL 数据备份的，尽量使用程序自带的。如果程序自带的出错，则使用 phpMyAdmin。

4.3.5 还原数据库

数据库备份后有时需要进行还原操作，这里说的还原适用于使用 phpMyAdmin 建立的备份文件的还原。一个还原的原则就是，用什么备份的，就用什么来还原，这样可以最大程度地减少失败率。

下面来学习如何使用 phpMyAdmin 来还原 MySQL 数据库。

(1) 首先登录 phpMyAdmin，进入管理首页，选择菜单栏中的“导入”选项卡，则会打开“导入”页面，如图 4-21 所示。

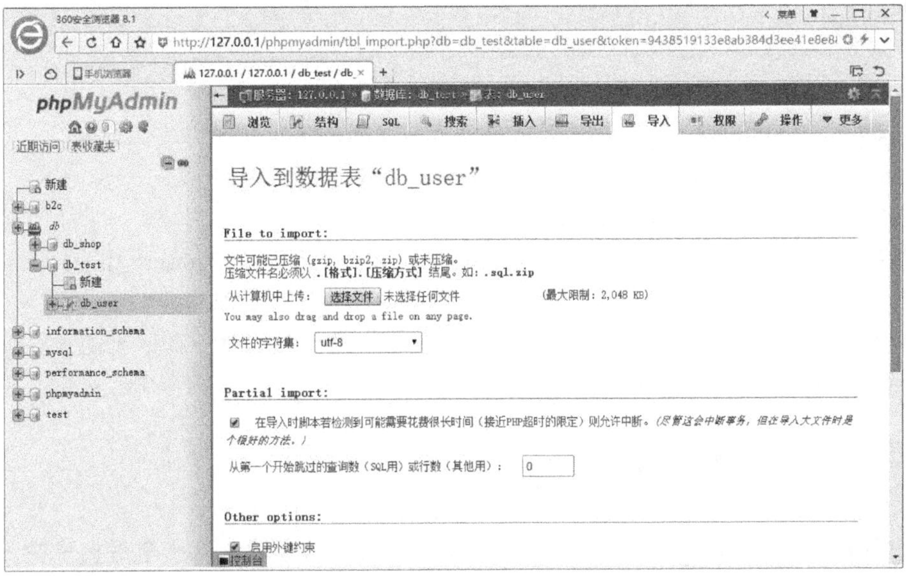

图 4-21 “导入”页面

(2) 单击“选择文件”按钮，弹出“打开”对话框，这里用鼠标单击选择刚才备份的 db_user. sql 文件，如图 4-22 所示。

注意：

在“选择文件”按钮后面有一个提示信息：“最大限制：2,048 KB”，表示这个版本的

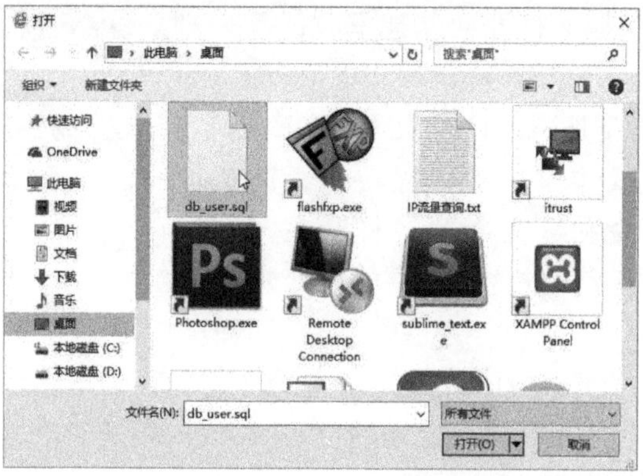

图 4-22　选择需要导入的文件

数据库支持的最大文件大小，超过这个文件大小限制的就不能成功还原了。所以，在备份的时候说使用默认的备份文件大小就是这个意思，不同的版本支持的大小是不一样的。如果超过的话，则需要修改一下配置：

用写字板打开 php. ini 文件：

- 查找 post_max_size，指通过表单 POST 给 PHP 的所能接收的最大值，包括表单里的所有值，默认为 8 MB，看需要进行改变。
- 查找 File Uploads，首先确认 file_uploads = on；表示允许通过 HTTP 上传文件。
- 查找 upload_max_filesize，即允许上传文件大小的最大值。默认为 2 MB。
- 如果要上传 大于 8 MB 的文件，那么只设置上述 4 项还不一定可以，最好对下面的参数也进行设置。

max_execution_time = 600：每个 PHP 页面运行的最大时间值（秒），默认 30 s。

max_input_time = 600：每个 PHP 页面接收数据所需的最大时间，默认 60 s。

memory_limit = 8M：每个 PHP 页面消耗的最大内存，默认 8 MB。

- 修改 phpmyadmin/import. php 文件。

用写字板打开 import. php 文件，查找$ memory_limit，默认为$ memory_limit = 2 * 1024 * 1024，自己修改。下边三四行的位置有同样的语句，自己修改。

（3）单击“打开”按钮返回导入页面，这里可以保持默认值，直接单击页面最下方的“执行”按钮即可以完成数据恢复操作。

4.3.6 使用 SQL 查询

在编写 PHP 代码与 MySQL 进行交互的时候，往往因为误输入一个字母造成整个网站程序运行错误。因此在编写代码时遇到 MySQL 数据查询、搜索等编程时，可以使用 phpMyAdmin 的 SQL 查询功能预先看一下编写的代码是否运行得通，这个是最实用也最常用的功能。

操作的步骤如下。

（1）登录 phpMyAdmin，进入管理首页，选择一个数据库名，如这里选择的 db_shop，选择菜单栏中的“SQL”选项卡，则会打开“SQL”页面，如图 4-23 所示。

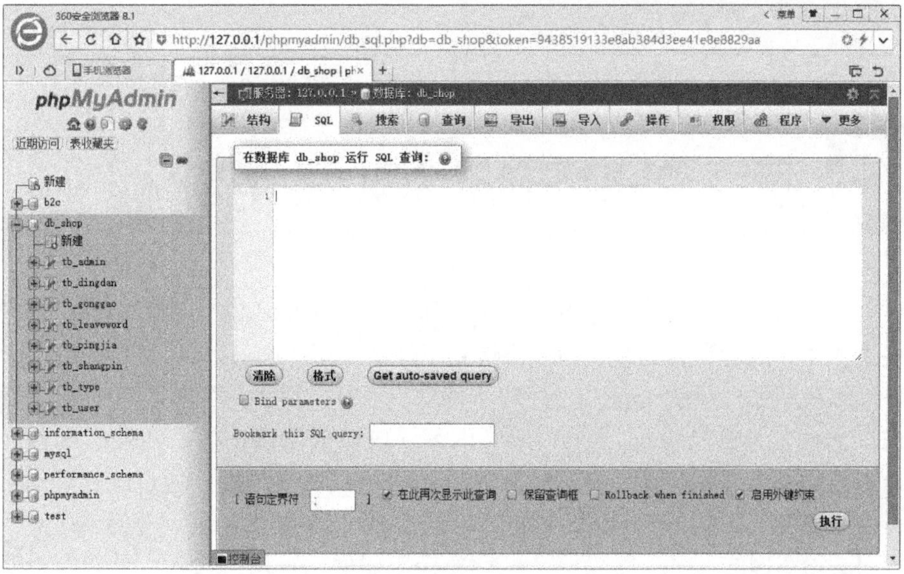

图 4-23 “SQL”页面

（2）在 SQL 查询文档编辑窗口输入编写的查询命令，如这里输入简单的查询 tb_shangpin 的命令，如图 4-24 所示。

select * from tb_shangpin where mingcheng like '%". $name. "%' order by addtime DESC

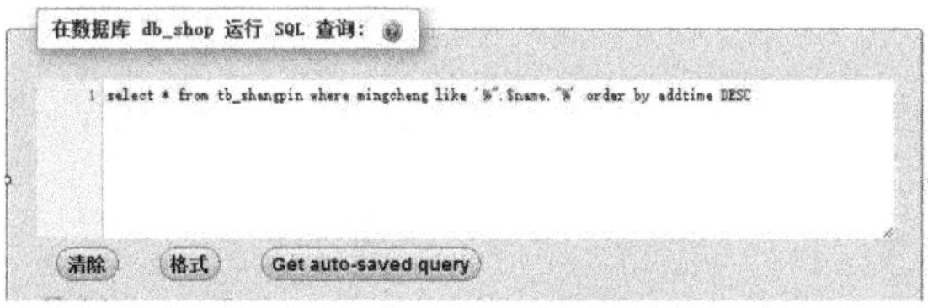

图 4-24 输入查询命令

（3）单击“执行”按钮，如果写入的查询命令没有错误，则会打开“显示查询框”结果页，显示程序运行后的正确结果，如图 4-25 所示。

如果前面的查询命令有错误，如这里将查询的数据表名称输入错误，则会打开“错误”提示页面，如图 4-26 所示。

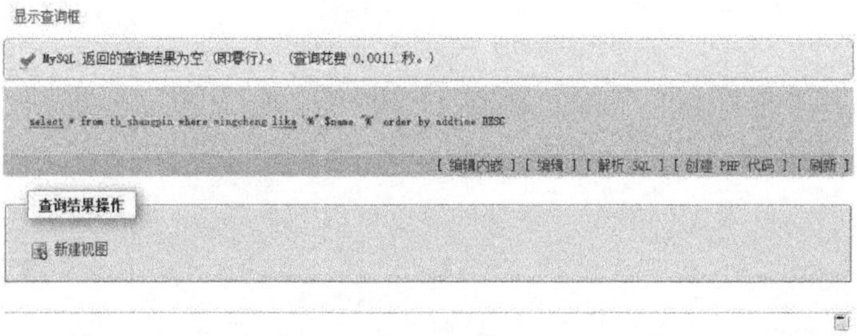

图 4-25 正确的查询结果

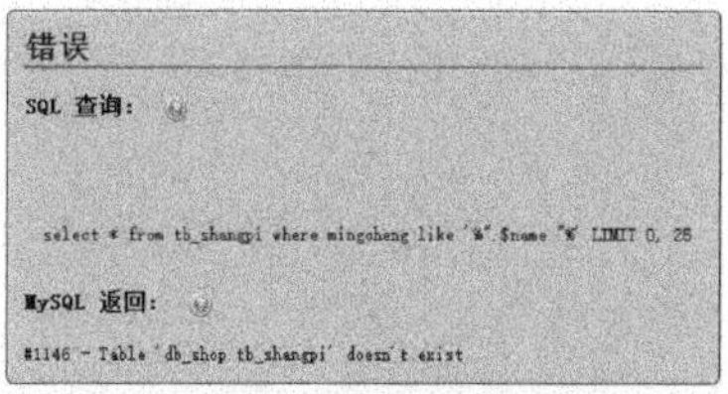

图 4-26 查询错误显示

第 5 章　PHP与MySQL联用编程

PHP 之所以那么受欢迎，就是因为只要了解一些基本的语法和语言特色，就可以开始 PHP 编码之旅了。之后在编码过程中如果遇到了什么麻烦，还可以再去翻阅相关文档。PHP 的语法类似于 C、Perl、ASP 或者 JSP。对于那些对上述之一的语言较熟悉的人来说，只需要掌握 PHP 的核心语言特点即可。PHP 可以编译成能与许多数据库连接的函数。PHP 与 MySQL 是绝佳的组合。可以自己编写外围的函数间接存取数据库。通过这样的途径，当更换使用的数据库时，可以轻松地更改编码以适应这样的变化。本章就介绍一下 PHP 与 MySQL 联用必须掌握的一些基础知识，包括连接数据库、查询、插入、更新及分页等制作网页时常用的功能。

从入门到精通

本章的学习重点：

- **MySQL 数据库操作**
- **MySQLi 函数应用**
- **PHP 中 MySQL 的分页处理**
- **错误和异常处理**
- **面向对象的开发**

Section
5.1 MySQL 数据库操作

要想快速成为 PHP 网页编程高手，掌握 MySQL 的数据库操作是非常重要的，一般 PHP 实现对 MySQL 的操作主要包括连接、创建、插入、选择、查询、排序、更新以及删除等。下面就分别介绍一下实现这些功能的函数命令。

5.1.1 连接数据库 mysqli_connect( )

在能够访问并处理数据库中的数据之前，必须创建到达数据库的连接。在 PHP 中，这个任务通过 MySQLi 和 PDO 函数完成。

MySQLi 和 PDO 的区别如下。

PDO 应用在 12 种不同数据库中，MySQLi 只针对 MySQL 数据库。所以，如果用户的项目需要在多种数据库中切换，建议使用 PDO，这样只需要修改连接字符串和部分查询语句即可。使用 MySQLi 进行连接的话，如果使用不同的数据库，需要重新编写所有代码，包括查询。两者都是面向对象的，但 MySQLi 还提供了 API 接口。两者都支持预处理语句。预处理语句可以防止 SQL 注入，对 Web 项目的安全性是非常重要的。对于专业使用 PHP+MySQL 的最佳配合开发的网站，建议还是使用更有针对性的 MySQLi 连接方法。

下面是 mysqli_connect( ) 函数的语法格式：

mysqli_connect(servername,username,password,database);

在上述语法中涉及的参数说明如下。

- server：连接的服务器地址。
- username：连接数据库的用户名，默认值是服务器进程所有者的用户名。
- password：连接数据库的密码，默认值为空。
- database：连接的数据表名称。

mysqli_connect( ) 函数如果成功执行，则返回一个 MySQL 连接标识，失败将返回 False。

在下面的例子中，在一个变量中($conn)存放了在脚本中稍后使用的连接。如果连接失败，将执行 die 部分，需要在 phpMyAdmin 中预先创建一个数据库 db_shop。

```
<?php
//创建连接
 $conn=mysqli_connect("localhost","root","","db_shop");
 //检测连接

if (mysqli_connect_errno($conn))
{
echo "连接 MySQL 失败：" . mysqli_connect_error();
}
echo "连接成功";
?>
```

脚本一结束，就会关闭连接。如需提前关闭连接，可使用 mysqli_close( ) 函数实现。在默认情况下，脚本执行完毕会自动断开与服务器的连接，但是使用 mysqli_close( ) 函数则可以在指定的位置来关闭连接以释放内存。

```
<?php
 $conn=mysqli_connect("localhost","root"," ");
if (! $conn)
   {
   die('不能连接数据库：'. mysqli_error());
   }
mysqli_close($conn);
?>
```

这里也简单介绍一下使用 PDO 的连接代码：

```
<?php
 $servername="localhost";
 $username="username";
 $password="password";
 // 创建连接
try {
     $conn=new PDO("mysql:host=$servername;dbname=myDB",$username,$password);
     echo "连接成功";
}
catch(PDOException$e)
{
     echo$e->getMessage();
}
?>
```

5.1.2 查询数据库 mysqli_query( )

CREATE DATABASE 语句用于在 MySQL 中创建数据库。

语法：CREATE DATABASE database_name

在 PHP 中，使用 mysqli_query( ) 函数向 MySQL 服务器发送各种 SQL 语句，例如 INSERT、SELECT、UPDATE 和 DELETE 等。这里也要注意，mysqli_query( ) 函数仅对 SELECT、SHOW、EXPLAIN 和 DESCRIBE 语句返回一个资源标识符，如果查询执行错误则返回 False。对于其他类型的 SQL 语句，mysqli_query( ) 在执行成功时返回 True，错误时返回 False。

在 createdatabase. php 中创建一个名为 my_db 的数据库。

```
<?php
 $conn=mysqli_connect("localhost","root"," ");
if (! $conn)
   {
   die('不能连接数据库：'. mysqli_error());
   }
```

```
if (mysqli_query($conn ,"CREATE DATABASE my_db"))
  {
  echo "Database created";
  }
else
  {
  echo "Error creating database: " . mysqli_error();
  }
mysqli_close($conn);
?>
```

创建成功的页面如图 5-1 所示。

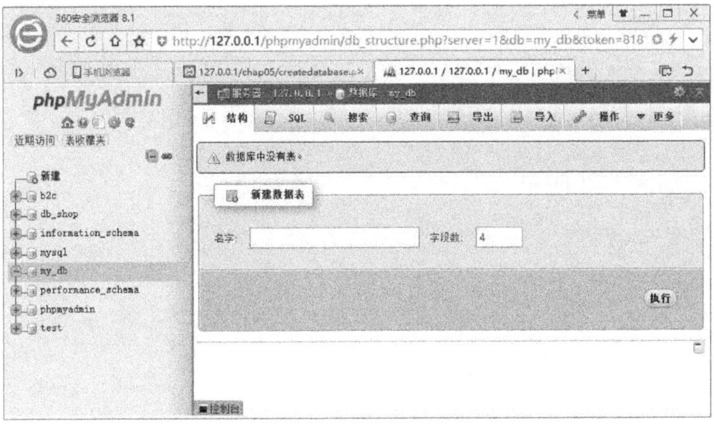

图 5-1　my_db 创建成功

CREATE TABLE 用于在 MySQL 中创建数据库表。

语法:

```
CREATE TABLE table_name
(
column_name1 data_type,
column_name2 data_type,
column_name3 data_type,
...
)
```

为了执行此命令，必须向 mysqli_query()函数添加 CREATE TABLE 语句。

例子 createtable. php 展示了如何创建一个名为 persons 的表，此表有 3 列。列名是 FirstName、LastName 及 Age。

```
<?php
$conn=mysqli_connect("localhost","root"," ");
if (! $conn)
  {
  die('不能连接数据库: '. mysqli_error());
  }
if (mysqli_query($conn,"CREATE DATABASE my_db"))
```

```
  {
  echo "Database created";
  }
else
  {
  echo "Error creating database: " . mysqli_error();
  }
mysqli_select_db($conn,"my_db");
$sql="CREATE TABLE persons
(
FirstName varchar(15),
LastName varchar(15),
Age int
)";
mysqli_query($conn, $sql);
mysqli_close($conn);
?>
```

创建成功页面如图 5-2 所示。

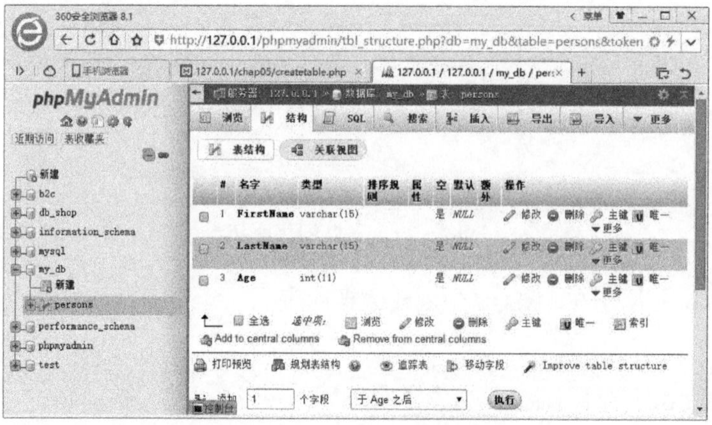

图 5-2 persons 表创建成功

在创建表之前，必须首先选择数据库。通过 mysqli_select_db() 函数选取数据库。当创建 varchar 类型的数据库字段时，必须规定该字段的最大长度，例如 varchar(15)。MySQL 各种数据的类型表如表 5-1～表 5-4 所示。

表 5-1 MySQL 数据类型表

数值类型	描述
int(size) smallint(size) tinyint(size) mediumint(size) bigint(size)	仅支持整数。在 size 参数中规定数字的最大值
decimal(size,d) double(size,d) float(size,d)	支持带有小数的数字。在 size 参数中规定数字的最大值。在 d 参数中规定小数点右侧的数字的最大值

表 5-2 文本数据类型表

文本数据类型	描　述
char(size)	支持固定长度的字符串（可包含字母、数字以及特殊符号） 在 size 参数中规定固定长度
varchar(size)	支持可变长度的字符串（可包含字母、数字以及特殊符号）。 在 size 参数中规定最大长度
tinytext	支持可变长度的字符串，最大长度是 255 个字符
text blob	支持可变长度的字符串，最大长度是 65535 个字符
mediumtext mediumblob	支持可变长度的字符串，最大长度是 16 777 215 个字符
longtext longblob	支持可变长度的字符串，最大长度是 4 294 967 295 个字符

表 5-3 日期数据类型表

日期数据类型	描　述
date(yyyy-mm-dd) datetime(yyyy-mm-dd hh:mm:ss) timestamp(yyyymmddhhmmss) time(hh:mm:ss)	支持日期或时间

表 5-4 杂项数据类型表

杂项数据类型	描　述
enum(value1,value2,ect)	ENUM 是 ENUMERATED 的缩写。可以在括号中存放最多 65 535 个值
set	SET 与 ENUM 相似。但是，SET 可拥有最多 64 个列表项目，并可存放不止一个 choice

每个表都应有一个主键字段。主键用于对表中的行进行唯一标识。每个主键值在表中必须是唯一的。此外，主键字段不能为空，这是由于数据库引擎需要一个值来对记录进行定位。主键字段永远要被编入索引，这条规则没有例外，这样数据库引擎才能快速定位给予该键值的行。

下面的例子把 personID 字段设置为主键字段。主键字段通常是 ID 号，且通常使用 AUTO_INCREMENT 设置。AUTO_INCREMENT 会在新记录被添加时逐一增加该字段的值。要确保主键字段不为空，必须向该字段添加 NOT NULL 设置。

```
$sql="CREATE TABLE Persons
(
personID int NOT NULL AUTO_INCREMENT,
PRIMARY KEY(personID),
FirstName varchar(15),
LastName varchar(15),
Age int
)";
mysqli_query($conn, $sql);
```

5.1.3 插入数据 INSERT INTO

INSERT INTO 语句用于向数据库表添加新记录。

语法：

```
INSERT INTO table_name
VALUES (value1, value2,...)
```

还可以规定希望在其中插入数据的列：

```
INSERT INTO table_name (column1, column2,...)
VALUES (value1, value2,...)
```

SQL 语句对大小写不敏感。INSERT INTO 与 insert into 相同。为了让 PHP 执行该语句，必须使用 mysqli_query()函数。该函数用于向 MySQL 连接发送查询命令。

在前面创建了一个名为 persons 的表，有 3 个列：Firstname、Lastname 及 Age。将在本例中使用同样的表。下面的例子向 persons 表添加了两个新记录：

```
<?php
$conn=mysqli_connect("localhost","root","");
if (! $conn)
  {
  die('不能连接数据库：'. mysqli_error());
  }
mysqli_select_db($conn ,"my_db");
mysqli_query($conn ,"INSERT INTO persons (FirstName, LastName, Age)
VALUES ('chen', 'yicai', '35')");
mysqli_query($conn ,"INSERT INTO persons (FirstName, LastName, Age)
VALUES ('yu', 'heyun', '28')");
mysqli_close($conn);
?>
```

插入数据成功界面如图 5-3 所示。

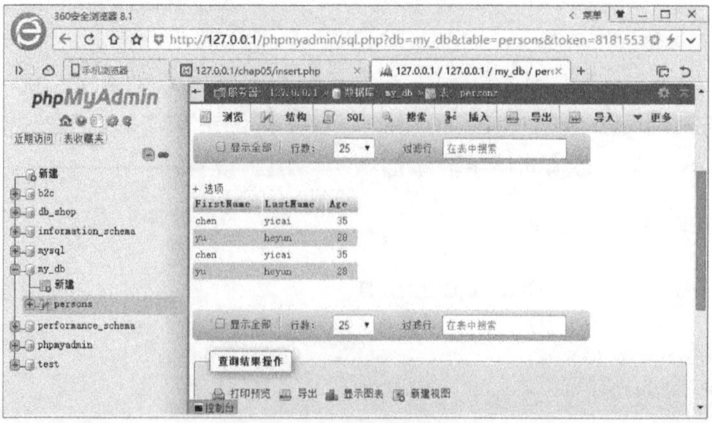

图 5-3 插入数据成功

5.1.4 选取数据 SELECT

SELECT 语句用于从数据库中选取数据。

语法：

```
SELECT column_name(s) FROM table_name
```

为了让 PHP 执行上面的语句，必须使用 mysqli_query( ) 函数。该函数用于向 MySQL 发送查询命令。

在 PHP 中，获取数据库中的一行可通过函数 mysqli_fetch_array( ) 来实现，该函数会将从结果集中获取的行放入一个数组中，并将其返回。

下面的例子选取存储在 persons 表中的所有数据（* 字符选取表中所有数据）：

```
<?php
 $conn=mysqli_connect("localhost","root","");
if (!$conn)
   {
   die('不能连接数据库：'. mysqli_error());
   }
mysqli_select_db($conn,"my_db");
 $result =mysqli_query($conn,"SELECT * FROM persons");
while($row =mysqli_fetch_array($result))
   {
   echo$row['FirstName'] . " " . $row['LastName'];
   echo "<br />";
   }
mysqli_close($conn);
?>
```

查询并显示结果界面如图 5-4 所示。

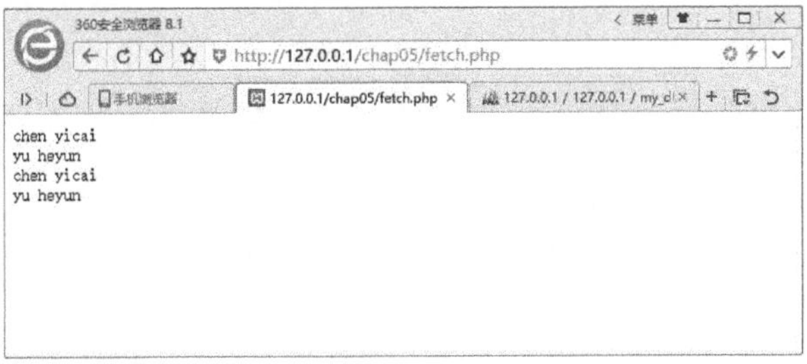

图 5-4 查询并显示结果

上面这个例子在 $result 变量中存放由 mysqli_query( ) 函数返回的数据。接下来，使用 mysqli_fetch_array( ) 函数以数组的形式从记录集返回第一行。随后对 mysqli_fetch_array( ) 函数的调用都会返回记录集中的下一行。while 语句会循环记录集中的所有记录。为了输出每行的值，使用了 PHP 的 $row 变量($row['FirstName'] 和 $row['LastName'])。

5.1.5 条件查询 WHERE

如需选取匹配指定条件的数据，可向 SELECT 语句添加 WHERE 子句。

语法：

```
SELECT column FROM table
WHERE column operator value
```

可用于查询的运算符如表 5-5 所示，可与 WHERE 子句一起使用。

表 5-5 可用于查询的运算符

运 算 符	说 明
=	等于
!=	不等于
>	大于
<	小于
>=	大于或等于
<=	小于或等于
BETWEEN	介于一个包含范围内
LIKE	搜索匹配的模式

为了让 PHP 执行上面的语句，必须使用 mysqli_query( ) 函数。该函数用于向 SQL 连接发送查询命令。

下面的例子将从 persons 表中选取所有 FirstName='chen'的行。

```
<?php
 $conn=mysqli_connect("localhost","root","");
if (!$conn)
  {
  die('不能连接数据库：'. mysqli_error());
  }
mysqli_select_db($conn ,"my_db");
 $result =mysqli_query($conn ,"SELECT * FROM Persons
WHERE FirstName='chen'");

while($row =mysqli_fetch_array($result))
  {
  echo$row['FirstName'] . " " . $row['LastName'];
  echo "<br />";
  }
?>
```

条件查询并显示结果页面如图 5-5 所示。

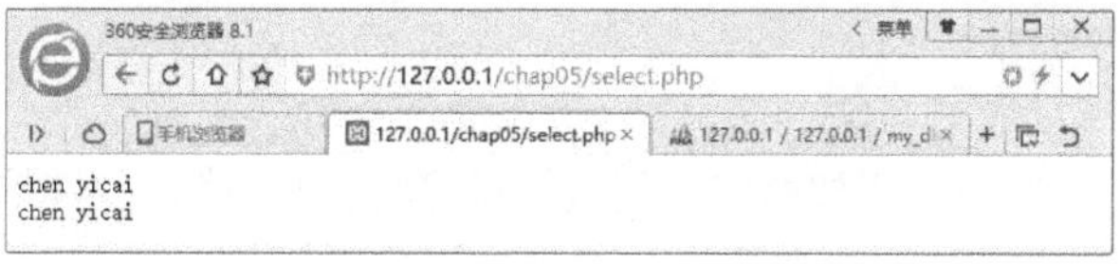

图 5-5　条件查询并显示结果

5.1.6 数据排序 ORDER BY

ORDER BY 关键词用于对记录集中的数据进行排序。

语法：

```
SELECT column_name(s)
FROM table_name
ORDER BY column_name
```

下面的例子选取 persons 表中存储的所有数据，并根据 Age 列对结果进行排序：

```
<?php
 $conn=mysqli_connect("localhost","root","");
if (! $conn)
  {
  die('不能连接数据库：'. mysqli_error());
  }
mysqli_select_db($conn,"my_db");
 $result =mysqli_query($conn,"SELECT * FROM persons ORDER BY age");
while($row =mysqli_fetch_array($result))
  {
  echo$row['FirstName'];
  echo " " . $row['LastName'];
  echo " " . $row['Age'];
  echo "<br />";
  }
mysqli_close($conn);
?>
```

排序查询并显示结果界面如图 5-6 所示。

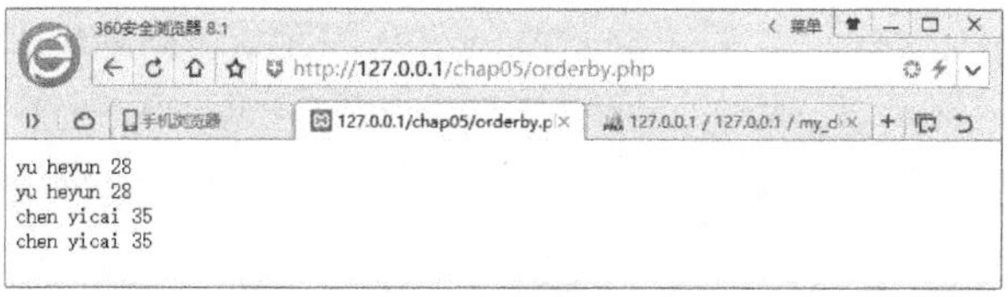

图 5-6　排序查询并显示结果

如果使用 ORDER BY 关键词，记录集的排序顺序默认是升序（1 在 9 之前，a 在 p 之前）。可使用 DESC 关键词设定降序排序（9 在 1 之前，p 在 a 之前）。

```
SELECT column_name(s)
```

```
FROM table_name
ORDER BY column_name DESC
```

可以根据多个列进行排序。当按照多个列进行排序时，只有第一列相同时才使用第二列：

```
SELECT column_name(s)
FROM table_name
ORDER BY column_name1, column_name2
```

5.1.7 更新数据 UPDATE

UPDATE 语句用于在数据库表中修改数据。

语法：

```
UPDATE table_name
SET column_name=new_value
WHERE column_name=some_value
```

为了让 PHP 执行上面的语句，必须使用 mysqli_query() 函数。该函数用于向 SQL 连接发送查询命令。

下面的例子更新 persons 表的一些数据：

```
<?php
 $conn=mysqli_connect("localhost","root","");
if (! $conn)
   {
   die('不能连接数据库：'. mysqli_error());
   }
mysqli_select_db($conn ,"my_db");
mysqli_query($conn,"UPDATE persons SET Age='38'
WHERE FirstName='chen' AND LastName='yicai'");
mysqli_close($conn);
?>
```

数据更新成功界面如图 5-7 所示。

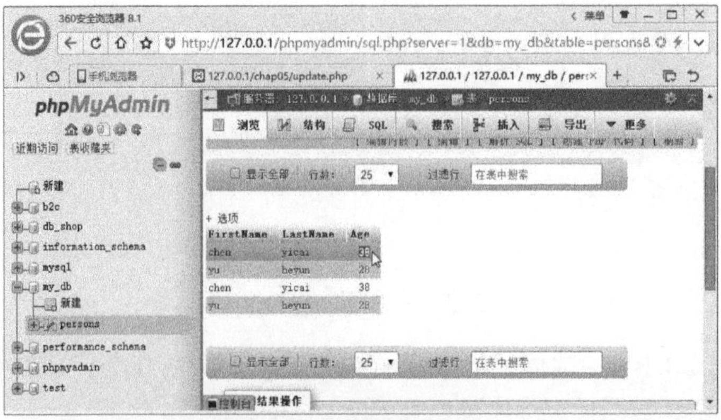

图 5-7 数据更新成功

5.1.8 删除数据 DELETE FROM

DELETE FROM 语句用于从数据库表中删除记录。

语法：

```
DELETE FROM table_name
WHERE column_name=some_value
```

为了让 PHP 执行上面的语句，必须使用 mysqli_query( ) 函数。该函数用于向 SQL 连接发送查询命令。

举例如下。

```
<?php
 $conn=mysqli_connect("localhost","root","");
if (! $conn)
   {
   die('不能连接数据库：'. mysqli_error());
   }
mysqli_select_db($conn ,"my_db");
mysqli_query($conn ,"DELETE FROM persons WHERE LastName='yicai'");
mysqli_close($conn);
?>
```

本节介绍了 PHP 实现 MySQL 数据库的一些常用操作，读者在学习的时候一定要认真编写每一行代码，遵循规范，方便以后的提高学习。

Section 5.2 MySQLi 函数应用

PHP 提供了获得 MySQL 数据库信息的一些函数，其中，MySQLi 扩展被设计用于 MySQL 4.1.13 版本或更新的版本。MySQLi 的扩展函数有近 70 个，掌握一些常用的扩展函数对于编程应用来说还是非常有用的，本节将具体介绍这些函数的常用功能。

5.2.1 MySQLi 简介

MySQL（指 PHP 中的模块）发展到现在显得比较凌乱，有必要重新做下整理。同时，需要跟上 MySQL（DBMS）的发展步伐，加入新的特性的支持，以及适应 MySQL（DBMS）以后的版本。所以诞生了 mysqli.dll，mysqli.dll 是 PHP 对 MySQL 特性的一个扩展支持。在 PHP 7 中，可以在 php.ini 中加载并应用。MySQL 后面的 i，指 improved、interface、ingenious、incompatible 或 incomplete。

MySQLi 是代表操作 MySQL 数据库的一些类的集合。其中包括的类如下。

mysqli 类：代表 PHP 和 MySQL 数据库之间的一个连接；

MySQLi_STMT 类：预处理类，代表一个 prepared 语句；

mysqli_result 类：代表从一个数据库查询中获取的结果集；

MySQLi_Driver 类：MySQLi 驱动；

MySQLi_Warning 类：代表一个 MySQL 警告；

Themysqli_sql_exception 类：MySQLi 异常处理类。

持久化连接是客户端进程和数据库之间的连接，可以通过一个客户端进程来保持重用，而不是多次地创建和销毁。这降低了每次需要创建一个新连接的开销，未使用的连接被缓存起来并且准备随时被重用。使用持久化连接的问题在于，它们可能在客户端处于不可预知的状态。比如，一个表锁可能在客户端意外终止之前被激活。一个新的客户端进程重用这个持久化连接就会“按照原样”得到这个连接。这样，一个新的客户端进程为了更好地使用持久化连接，就需要做任何可能的清理工作，这样就增加了程序员的负担。

MySQLi 有以下几个突出的优点。

（1）表现不俗的兼容性。

MySQLi 扩展可以很容易地使用 MySQL 数据库的新功能，即使 MySQL 数据库有了更新的版本，MySQLi 扩展也能很容易地支持。

（2）支持面向对象的编程。

MySQLi 扩展是一个封装好了的类，可以直接实例化该类的对象。即使对于不熟悉面向对象编程的编程人员来说，MySQLi 也能全程支持面向过程的编程。

（3）更快的速度和更好的安全性。

MySQLi 扩展执行 SQL 语句的速度比 MySQL 扩展快很多，MySQLi 扩展支持 MySQL 新版本的密码杂凑（Password Hashes）和验证程序，能更好地提供应用程序的安全性。使用基于系统的用户权限来确保只有拥有了 Web 服务器守护进程的用户才能够读取文件。如果连接远程 MySQL 服务器，则记住此信息要以明文的形式进行传送，除非采取必要的措施在传输中加密数据。还有，最好使用安全套接字层（SSL）加密。除了拥有必要解码权限的用户外，可利用脚本编码的产品对其他用户都不可读，也不影响代码的可执行性。ZendGuard 在这方面是最好的解决方案，不过也有其他一些类似的产品。

（4）支持预准备语句。

预准备语句可提高重复使用语句的性能，MySQLi 扩展提供了对预准备语句的支持。

（5）改进调试功能。

MySQLi 扩展改进了调试功能，提高了开发效率。

5.2.2 MySQLi 扩展类功能表

在前面介绍过，使用 PHP 编写程序有面向对象和面向过程两种开发模式，二者虽然在写法规范上有所不同，但不影响 MySQLi 扩展类任何函数的使用，由于涉及的函数众多，这里将经常使用的列举出来，如表 5-6 所示。

表 5-6 MySQLi 扩展类功能表

面向对象的开发	面向过程的接口	功能描述
接口属性（变量）		
$mysqli→affected_rows	mysqli_affected_rows()	获取前一个 MySQL 操作的受影响行数

（续）

面向对象的开发	面向过程的接口	功 能 描 述
接口属性（变量）		
$mysqli→client_info	mysqli_get_client_info（）	返回字符串类型的 MySQL 客户端版本信息
$mysqli→client_version	mysqli_get_client_version()	返回整型的 MySQL 客户端版本信息
$mysqli→connect_errno	mysqli_connect_errno（）	返回最后一次连接调用的错误代码
$mysqli→connect_error	mysqli_connect_error()	返回一个字符串描述的最后一次连接调用的错误代码
$mysqli→errno	mysqli_errno()	返回最近的函数调用产生的错误代码
$mysqli→error	mysqli_error()	返回字符串描述的最近一次函数调用产生的错误代码
$mysqli→field_count	mysqli_field_count()	返回最近一次查询获取到的列的数目
$mysqli→host_info	mysqli_get_host_info()	返回一个能够代表使用的连接类型的字符串
$mysqli→protocol_version	mysqli_get_proto_info()	返回使用的 MySQL 协议的版本信息
$mysqli→server_info	mysqli_get_server_info()	返回 MySQL 服务端版本的信息
$mysqli→server_version	mysqli_get_server_version()	返回整型的 MySQL 服务端版本信息
$mysqli→info	mysqli_info()	最近一次执行的查询的检索信息
$mysqli→insert_id	mysqli_insert_id()	返回最后一次查询自动生成并使用的 ID
$mysqli→sqlstate	mysqli_sqlstate()	返回前一个 MySQL 操作 SQLSTATE 错误
$mysqli→warning_count	mysqli_warning_count()	返回给定链接最后一次查询的警告数量
方法（函数）		
mysqli→autocommit()	mysqli_autocommit()	打开或关闭数据库的自动提交功能
mysqli→change_user()	mysqli_change_user()	更改指定数据库连接的用户
mysqli→character_set_name()，mysqli→client_encoding	mysqli_character_set_name()	返回数据库连接的默认字符集
mysqli→close()	mysqli_close()	关闭先前打开的数据库连接
mysqli→commit()	mysqli_commit()	提交当前事务
mysqli::__construct()	mysqli_connect()	打开一个到 MySQL 服务端的新的连接［注意：静态方法］
mysqli→debug()	mysqli_debug()	执行调试操作
mysqli→dump_debug_info()	mysqli_dump_debug_info()	将调试信息转储到日志中
mysqli→get_charset()	mysqli_get_charset()	返回对象的字符集
mysqli→get_connection_stats()	mysqli_get_connection_stats()	返回客户端连接的统计信息。仅可用于 mysqlnd
mysqli→get_client_info()	mysqli_get_client_info()	返回字符串描述的 MySQL 客户端版本
mysqli→get_client_stats()	mysqli_get_client_stats()	返回每个客户端进程的统计信息。仅可用于 mysqlnd
mysqli→get_cache_stats()	mysqli_get_cache_stats()	返回客户端的 zval 缓存统计信息。仅可用于 mysqlnd
mysqli→get_server_info()	mysqli_get_server_info()	没有文档
mysqli→get_warnings()	mysqli_get_warnings()	没有文档
mysqli::init()	mysqli_init()	初始化 MySQLi 并且返回一个由 mysqli_real_connect 使用的资源类型（不是在对象上，是它返回的 $mysqli 对象）
mysqli→kill()	mysqli_kill()	请求服务器杀死一个 MySQL 线程
mysqli→more_results()	mysqli_more_results()	检查一个多语句查询是否还有其他查询结果集

（续）

面向对象的开发	面向过程的接口	功 能 描 述
方法（函数）		
mysqli→multi_query()	mysqli_multi_query()	在数据库上执行一个多语句查询
mysqli→next_result()	mysqli_next_result()	从 multi_query 中准备下一个结果集
mysqli→options()	mysqli_options()	设置选项
mysqli→ping()	mysqli_ping()	ping 一个服务器连接，或者如果那个连接断了尝试重连
mysqli→prepare()	mysqli_prepare()	准备一个用于执行的 SQL 语句
mysqli→query()	mysqli_query()	在数据库上执行一个查询
mysqli→real_connect()	mysqli_real_connect()	打开一个到 MySQL 服务端的连接
mysqli→real_escape_string()，	mysqli_real_escape_string()	转义字符串中用于 SQL 语句中的特殊字符
mysqli→escape_string()		这个转换会考虑连接的当前字符集
mysqli→real_query()	mysqli_real_query()	执行一个 SQL 查询
mysqli→rollback()	mysqli_rollback()	回滚当前事务
mysqli→select_db()	mysqli_select_db()	为数据库查询选择默认数据库
mysqli→set_charset()	mysqli_set_charset()	设置默认的客户端字符集
mysqli→set_local_infile_default()	mysqli_set_local_infile_default()	清除用户为 loaddatalocalinfile 命令定义的处理程序
mysqli→set_local_infile_handler()	mysqli_set_local_infile_handler()	设置 loaddatalocalinfile 命令执行的回调函数
mysqli→ssl_set()	mysqli_ssl_set()	使用 SSL 建立安装连接
mysqli→stat()	mysqli_stat()	获取当前系统状态
mysqli→stmt_init()	mysqli_stmt_init()	初始化一个语句并且返回一个 mysqli_stmt_prepare 使用的对象
mysqli→store_result()	mysqli_store_result()	传输最后一个查询的结果集
mysqli→thread_id()	mysqli_thread_id()	返回当前连接的线程 ID
mysqli→thread_safe()	mysqli_thread_safe()	返回是否设定了线程安全
mysqli→use_result()	mysqli_use_result()	初始化一个结果集的取回

5.2.3 连接错误报告

在连接过程中难免会出现错误，应该及时让用户得到通知。在连接出错时，MySQLi 对象并没有创建成功，所以不能调用 MySQLi 对象中的成员获取这些错误信息，要通过 MySQLi 扩展中的过程方式获取。

可使用 mysqli_connect_errno()函数测试在建立连接的过程中是否发生错误，相关的出错消息由 mysqli_connect_error()函数负责返回，如下实例代码所示：

```
<?php$mysqli=new mysqli("localhost","root","","db_shop");
/*检查连接,如果连接出错,输出错误信息并退出程序 */
if(mysqli_connect_errno()){
echo("连接失败：%s\n",mysqli_connect_error());
```

```
exit();
} ?>
```

Section 5.3 PHP 中 MySQL 的分页处理

启用了 MySQLi 扩展，数据库和表也已经建立，掌握了数据库插入、查询等基础操作之后，就正式在 PHP 脚本中与 MySQL 接触了。数据查询并显示在页面中是一个简单的操作，但是数据量大的时候需要进行分页设置，本节就介绍如何实现这个功能。

分页显示是一种非常普遍的浏览和显示大量数据的方法，它的基本实现原理就是将从数据库中查询出来的结果集分成一段一段在页面上显示。

5.3.1 创建数据库

本小节的主要任务是解决查询并分页的功能创建，因此需要有一个设计好的数据库提供查询并能显示，这里将本书最后一章的数据库复制到本地 MySQL 服务器中，登录 phpMyAadmin，打开 db_shop 中的 tb_gonggao 数据表，这里存储了预先设计的 4 条数据，如图 5-8 所示。

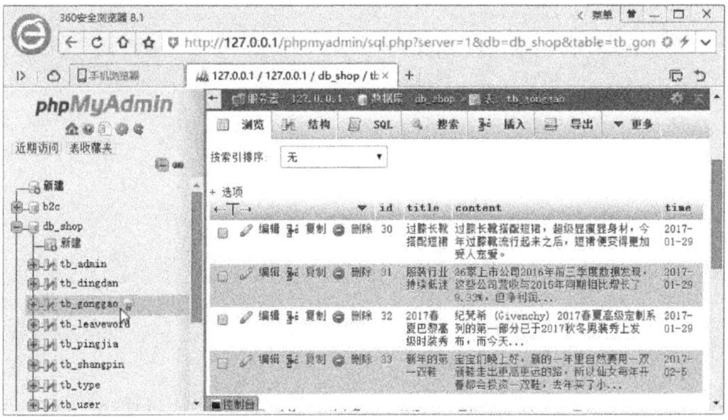

图 5-8 tb_gonggao 数据表

5.3.2 创建数据库连接

在 Dreamweaver 中创建一个 conn. php 网页，输入前面小节介绍的连接数据库的方法代码：

```
<?php
//建立连接
$conn=mysqli_connect("localhost","root","","db_shop");
//强制统一编码为 UFT-8
@ mysqli_set_charset ($conn,utf8);
```

```
@ mysqli_query($conn,utf8);
if (mysqli_connect_errno($conn))
{
    echo "连接 MySQL 失败：" . mysqli_connect_error();
}
?>
```

5.3.3 查询标题并分页

实现分页首先要确定每页显示的行数（可根据自己的实际需要确定每页显示多少条记录），将每页显示的行数设定成 20，然后根据结果集中的总行数和每页显示的行数计算出总页数，根据当前页码和每页显示的行数计算出起始记录数。在查询语句中用 limit 根据起始记录和每页显示的行数来显示一段一段的记录，这样一个简单的分页就完成了，显示的效果如图 5-9 所示。

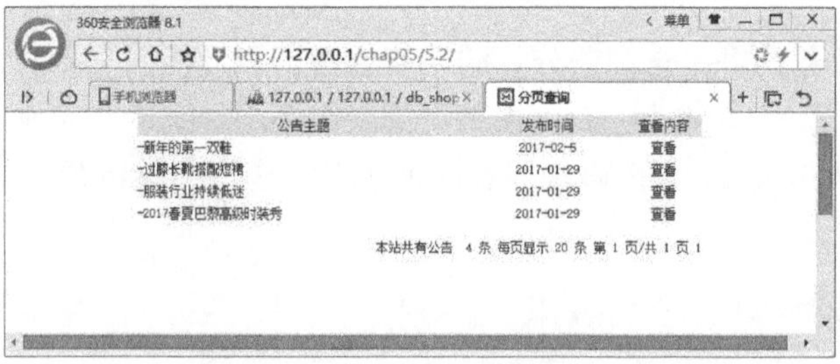

图 5-9　简单的分页效果

编码的代码如下：

```
<?php
require_once('conn.php');                    //导入数据库连接文件
?>
<html>
<head>
<meta http-equiv="Content-Type" content="text/html; charset=utf-8">
<title>分页查询</title>
<link rel="stylesheet" type="text/css" href="css/font.css">
</head>
<body>
<table width="766" height="438" border="0" align="center" cellpadding="0" cellspacing="0">
  <tr>
    <td width="766" align="center" valign="top" bgcolor="#FFFFFF">
<?php
   $sql=mysqli_query($conn,"select count( * ) as total from tb_gonggao"); //获取所有公告总数
   $info=mysqli_fetch_array($sql);
   $total=$info['total'];
   if($total==0)                              //如果统计为 0,则显示没有任何公告
   {
     echo "本站暂无公告!";
```

```
    }
    else
    {
    ?>
        <table width="530" border="0" align="center" cellpadding="0" cellspacing="0">
          <tr bgcolor="#EEEEEE">
            <td width="296" height="20"><div align="center">公告主题</div></td>
            <td width="136"><div align="center">发布时间</div></td>
            <td width="68"><div align="center">查看内容</div></td>
          </tr>
          <?php
         $pagesize=20;                          //设置每页显示的公告为 20 条
    if ( $total<= $pagesize) {
        $pagecount=1;
}
if( ( $total%$pagesize) !=0) {
    $pagecount=intval($total/$pagesize)+1;

} else{
    $pagecount= $total/$pagesize;

}
if( (@  $_GET['page'])= ="") {
      $page=1;

} else{
      $page=intval( $_GET['page']);

}

                $sql1=mysqli_query( $conn,"select * from tb_gonggao order by time desc limit ".( $
page-1) *$pagesize.", $pagesize ");          //统计所有的页数
                while( $info1=mysqli_fetch_array( $sql1))
      {
   ?>
          <tr>
            <td height="20"><div align="left">-<?php echo  $info1['  title'];?></div></td>
            <td height="20"><div align="center"><?php echo  $info1['time'];?></div></td>
            <td height="20"><div align="center"><a href="#">查看</a></div></td>
          </tr>
          <?php
      }
?>
          <tr>
            <td height="20"  colspan="3"> 
                <div align="right">本站共有公告  
                      <?php
   echo  $total;
   ?>
 条  每页显示  <?php echo  $pagesize;?> 条  第  <?php echo
 $page;?> 页/共  <?php echo  $pagecount; ?> 页
```

```
        <?php
  if($page>=2)
  {
  ?>
        <a href="gonggaolist.php?page=1" title="首页"><font face="webdings">9 </font></a><
a href="gonggaolist.php?id=<?php echo $id;?>&amp;page=<?php echo $page-1;?>" title="前一
页"><font face="webdings">7 </font></a>
        <?php
  }
   if( $pagecount<=4){
     for( $i=1; $i<= $pagecount; $i++){
  ?>
        <a href="gonggaolist.php?page=<?php echo$i;?>"><?php echo$i;?></a>
        <?php
      }
   }else{
   for($i=1; $i<=4; $i++){
  ?>
        <a href="gonggaolist.php?page=<?php echo$i;?>"><?php echo$i;?></a>
        <?php }?>
        <a href="gonggaolist.php?page=<?php echo$page-1;?>" title="后一页"><font face=
"webdings">8 </font></a><a href="gonggaolist.php?id=<?php echo$id;?>&amp;page=<?php echo
$pagecount;?>" title="尾页"><font face="webdings">: </font></a>
        <?php }?>
            </div></td>
        </tr>
      </table>
    <?php
    }
?></td>
  </tr>
</table>
```

Section 5.4 错误和异常处理

使用 PHP+MySQL 开发动态网站时，会遇到一些失误，如误输入字母、漏掉输入符号，或其他原因造成的错误。当然，用户如果不愿意或不遵循应用程序的约束，也会在使用时引起一些错误发生。PHP 程序的错误发生一般归属于下列 3 个方面。

（1）语法错误。语法错误最常见，并且最容易修复。例如，遗漏了一个分号，就会显示错误信息。这类错误会阻止脚本执行。通常发生在程序开发时，可以通过错误报告进行修复，再重新运行。

（2）运行错误。这种错误一般不会阻止 PHP 脚本的运行，但是会阻止脚本做希望它所做的任何事情。例如，在调用 header( ) 函数前如果有字符输出，PHP 通常会显示一条错误消息，虽然 PHP 脚本继续运行，但 header( ) 函数并没有执行成功。

（3）逻辑错误

这种错误实际上是最麻烦的，不但不会阻止PHP脚本的执行，也不会显示出错误消息。例如，在if语句中判断两个变量的值是否相等，如果错把比较运算符号“==”写成赋值运算符号“=”就是一种逻辑错误，很难发现。

一个异常则是在一个程序执行过程中出现的一个例外，或是一个事件，它中断了正常指令的运行，跳转到其他程序模块继续执行。所以异常处理经常被当作程序的控制流程使用。无论是错误还是异常，应用程序都必须能够以妥善的方式处理，并做出相应的反应，避免丢失数据或者导致程序崩溃。

5.4.1 错误类型

运行PHP脚本时，PHP解析器会尽其所能地报告它遇到的问题。在PHP中，错误报告的处理行为都是通过PHP的配置文件php.ini中有关的配置指令确定的。另外，PHP的错误报告有很多级别，可以根据不同的级别提供对应的调试方法。在表5-7中列出了PHP中大多数的错误报告级别。

表5-7 PHP的错误报告

级别	错误报告
E_ERROR	致命的运行时错误（它会阻止脚本的执行）
E_WARNING	运行时警告（非致命的错误）
E_PARSE	从语法中解析错误
E_NOTICE	运行时注意消息（可能是或者可能不是一个问题）
E_CORE_ERROR	类似E_ERROR，但不包括PHP核心造成的错误
E_CORE_WARNING	类似E_WARNING，但不包括PHP核心错误警告
E_COMPILE_ERROR	致命的编译时错误
E_COMPILE_WARNING	致命的编译时警告
E_USER_ERROR	用户导致的错误消息
E_USER_WARNING	用户导致的警告
E_USER_NOTICE	用户导致的注意消息
E_ALL	所有的错误、警告和注意
E_STRICT	关于PHP版本移植的兼容性和互操作性建议

如果用户希望PHP脚本在运行中遇到某个级别的错误时将错误消息报告给用户，则必须在配置文件php.ini中将display_errors指令的值设置为on，开启PHP输出错误报告的功能。也可以在PHP脚本中调用ini_set()函数，动态设置配置文件php.ini中的某个指令。如果display_errors被启用，就会显示满足已设置的错误级别的所有错误。当用户在访问时，看到显示的这些消息不仅会感到迷惑，而且还可能会过多地泄露有关服务器的信息，使服务器变得很不安全。所以在项目开发或测试期间启用此指令，可以根据不同的错误报告更好地调试程序。但出于安全性和美感的目的，让用户查看PHP的详细出错消息一般是不明智的，所以在网站投入使用时要将其禁用。

当正在开发站点时，用户将希望PHP报告特定类型的错误，可以通过调整错误报告的级别实现，可以通过以下两种方法设置错误报告级别。

方法 1：可以通过在配置文件 php. ini 中修改配置指令 error_reporting 的值，修改成功后重新启动 Web 服务器，则每个 PHP 脚本都可以按调整后的错误级别输出错误报告。下面是修改 php. ini 配置文件的示例，列出几种为 error_reporting 指令设置不同级别值的方式，可以将位运算符[&(与)、|(或)、~(非)]和错误级别常量一起使用。

如下所示：

```
;可以抛出任何非注意的错误,默认值
error_reporting=E_ALL & ~E_NOTICE
;只考虑致命的运行时错误、解析错误和核心错误
; error_reporting=E_ERROR | E_PARSE | E_CORE_ERROR
;报告除用户导致的错误之外的所有错误
;error_reporting=E_ALL & ~(E_USER_ERROR | E_USER_WARNING | E_USER_NOTICE)
```

方法 2：或者可以在 PHP 脚本中使用 error_reporting( ) 函数基于各个脚本来调整这种行为。这个函数用于确定 PHP 应该在特定的页面内报告哪些类型的错误。该函数获取一个数字或错误级别常量作为参数，如下所示。

```
error_reporting(0);
//设置为 0 会完全关闭错误报告
error_reporting (E_ALL);
//将会向 PHP 报告发生的每个错误
error_reporting (E_ALL & ~E_NOTICE);
//可以抛出任何非注意的错误报告
```

在下面的示例中，在 PHP 脚本中分别创建一个“注意”、一个“警告”和一个致命“错误”。并通过设置不同的错误级别，限制程序输出没有被允许的错误报告。创建一个名为 error. php 的脚本文件，代码如下所示：

```
测试错误报告
/*开启 php.ini 中的 display_errors 指令,只有该指令开启后,如果有错误报告才能输出*/
ini_set('display_errors',1);
/*通过 error_reporting()函数设置在本脚本中输出所有级别的错误报告*/
error_reporting(E_ALL);
/*“注意(notice)”的报告,不会阻止脚本的执行,并且不一定是一个问题 */
getType($var);        //调用函数时提供的参数变量没有在之前声明
/*“警告(warning)”的报告,指示一个问题,但是不会阻止脚本的执行 */
getType();            //调用函数时没有提供必要的参数
/*“错误(error)”的报告,它会终止程序,脚本不会再向下执行 */
get_Type();           //调用一个没有定义的函数
?>
```

在上面的脚本中，为了确保配置文件中的 display_errors 指令开启，通过 ini_set( ) 函数强制在该脚本执行中启动，并通过 error_repoting( ) 函数设置错误级别为 E_ALL，报告所有错误、警告和注意。并在脚本中分别创建注意、警告和错误，PHP 脚本只有在遇到错误时才会终止运行。

“注意”和“警告”的错误报告并不会终止程序运行。如果在上面的输出结果中不希望有

注意和警告的报告输出，则可以在脚本 error. php 中修改 error_repoting( ) 函数，修改的代码如下所示：

```
error_reporting(E_ALL&~(E_WARNING | E_NOTICE));
//报告除注意和警告之外的所有错误
```

除了使用 error_reporting 和 display_error 两个配置指令可以修改错误报告行为，还有许多配置指令可以确定 PHP 的错误报告行为。其他的一些重要指令如表 5-8 所示。

表 5-8 确定 PHP 错误报告行为的配置指令

配置指令	描述	默认值
display_startup_errors	是否显示 PHP 引擎在初始化时遇到的所有错误	Off
log_errors	确定日志语句记录的位置	Off
error_log	设置错误可以发送到 syslog 中	NULL
log_errors_max_len	每个日志项的最大长度，以字节为单位，设置 0 表示指定最大长度	1 024
ignore_repeated_errors	是否忽略同一文件、同一行发生的重复错误消息	Off
ignore_repeated_source	忽略不同文件中或同一文件中不同行上发生的重复错误	Off
track_errors	启动该指令会使 PHP 在 $php_errormsg 中存储最近发生的错误信息	Off

5.4.2 错误日志

对于 PHP 开发者来说，一旦某个产品投入使用，应该立即将 display_errors 选项关闭，以免因为这些错误所透露的路径、数据库连接、数据表等信息而遭到黑客攻击。但是，任何一个产品在投入使用后，都难免会有错误出现，那么如何记录一些对开发者有用的错误报告呢？开发者可以在单独的文本文件中将错误报告作为日志记录。错误日志的记录，可以帮助开发人员或者管理人员查看系统是否存在问题。

如果需要将程序中的错误报告写入错误日志中，只要在 PHP 的配置文件中将配置指令 log_errors 开启即可。错误报告默认就会记录到 Web 服务器的日志文件里，例如记录到 Apache 服务器的错误日志文件 error. log 中。当然也可以记录错误日志到指定的文件中或发送给系统 syslog，分别介绍如下。

1. 指定文件记录错误报告日志

如果使用自己指定的文件记录错误日志，则一定要确保将这个文件存放在文档根目录之外，以减小遭到攻击的可能。并且该文件一定要让 PHP 脚本的执行用户（Web 服务器进程所有者）具有写权限。假设在 Linux 操作系统中，将/usr/local/目录下的 error. log 文件作为错误日志文件，并设置 Web 服务器进程用户具有写的权限，然后在 PHP 的配置文件中将 error_log 指令的值设置为这个错误日志文件的绝对路径，需要将 php. ini 中的配置指令做如下修改：

```
error_reporting=E_ALL;将会向 PHP 报告发生的每个错误
display_errors=Off;不显示满足上条指令所定义规则的所有错误报告
log_errors=On;决定日志语句记录的位置
```

```
log_errors_max_len=1024;设置每个日志项的最大长度
error_log=/usr/local/error.log;指定产生的错误报告写入的日志文件位置
```

PHP 的配置文件按上面的方式设置完成以后，重新启动 Web 服务器，这样，在执行 PHP 的任何脚本文件时，所产生的所有错误报告都不会在浏览器中显示，而会记录在自己指定的错误日志/usr/local/error.log 中。此外，不仅可以记录满足 error_reporting 所定义规则的所有错误，而且还可以使用 PHP 中的 error_log() 函数，输出一个用户自定义的错误信息。该函数的原型如下所示：

```
bool error_log ( string message [ ,int message_type [ ,string destination [ ,string extra_headers] ] ] )
```

此函数会发送错误信息到 Web 服务器的错误日志文件、某个 TCP 服务器或指定文件中。该函数执行成功则返回 True，失败则返回 False。

第一个参数 message 是必选项，即为要发送的错误信息。如果仅使用这一个参数，则会向配置文件 php.ini 中所设置的位置发送消息。

第二个参数 message_type 为整数值，其中：

（1）0 表示送到操作系统的日志中；

（2）1 表示使用 PHP 的 Mail() 函数，发送信息到某 E-mail 处，第 4 个参数 extra_headers 亦会用到；

（3）2 表示将错误信息送到 TCP 服务器中，此时第 3 个参数 destination 表示目的地 IP 及 Port；

（4）3 表示将信息存到文件 destination 中。

2. 记录到操作系统的日志

错误报告也可以被记录到操作系统日志里，但不同的操作系统之间的日志管理有点区别。在 Linux 上错误语句将送往 syslog，而在 Windows 上错误将发送到事件日志里。如果用户不熟悉 syslog，起码要知道它是基于 UNIX 的日志工具，它提供了一个 API 来记录与系统和应用程序执行有关的消息。Windows 事件日志实际上与 UNIX 的 syslog 相同，这些日志通常可以通过事件查看器来查看。如果希望将错误报告写到操作系统的日志里，则可以在配置文件中将 error_log 指令的值设置为 syslog。需要在 php.ini 中修改的配置指令如下：

```
error_reporting=E_ALL;        将会向 PHP 报告发生的每个错误
display_errors=Off;           不显示满足上条指令所定义规则的所有错误报告
log_errors=On;                决定日志语句记录的位置
log_errors_max_len=1024;      设置每个日志项的最大长度
error_log=syslog;             指定产生的错误报告写入操作系统的日志里
```

除了一般的错误输出之外，PHP 还允许向系统 syslog 中发送定制的消息。虽然通过前面介绍的 error_log() 函数，也可以向 syslog 发送定制的消息，但在 PHP 中为这个特性提供了需要一起使用的 4 个专用函数，分别介绍如下。

（1）define_syslog_variables()。在使用 openlog()、syslog 及 closelog() 这 3 个函数之前必须先调用该函数。因为在调用该函数时，它会根据现在的系统环境为下面 3 个函数初始化一些必需的常量。

（2）openlog()。打开一个和当前系统中日志的连接，为向系统插入日志消息做好准备，并将提供的第一个字符串参数插入到每个日志消息中。该函数还需要指定两个将在日志上下文使用的参数，可以参考官方文档使用。

（3）syslog()。该函数向系统日志发送一个定制消息。需要两个必选参数，第一个参数通过指定一个常量定制消息的优先级。例如，LOG_WARNING 表示一般的警告，LOG_EMERG 表示严重的预示着系统崩溃的问题，一些其他的表示严重程度的常量可以参考官方文档使用。第二个参数则是向系统日志发送的定制消息，需要提供一个消息字符串，也可以是 PHP 引擎在运行时提供的错误字符串。

（4）closelog()。该函数在向系统日志发送完成定制消息以后调用，关闭由 openlog()函数打开的日志连接。

如果在配置文件中已经开启向 syslog 发送定制消息的指令，就可以使用前面介绍的 4 个函数发送一个警告消息到系统日志中，并通过系统中的 syslog 解析工具查看和分析由 PHP 程序发送的定制消息。

5.4.3 异常处理

异常（Exception）处理用于在指定的错误发生时改变脚本的正常流程，是 PHP 中的一个新的重要特性。异常处理是一种可扩展、易维护的错误处理统一机制，并提供了一种新的面向对象的错误处理方式。

1. 异常处理实现

异常处理和编写程序的流程控制相似，所以也可以通过异常处理实现一种另类的条件选择结构。异常就是在程序运行过程中出现的一些意料之外的事件，如果不对此事件进行处理，则程序在执行时遇到异常将崩溃。处理异常需要在 PHP 脚本中使用以下语句：

```
try {                  //所有需要进行异常处理的代码都必须放入这个代码块内
    ...                //在这里可以使用 throw 语句抛出一个异常对象
} catch(ex1) {         //使用该代码块捕获一个异常,并进行处理
    ...                //处理发生的异常,也可再次抛出异常
}
```

在 PHP 代码中所产生的异常可以被 throw 语句抛出，并被 catch 语句捕获。需要进行异常处理的代码都必须放入 try 代码块内，以便捕获可能存在的异常。每一个 try 至少要有一个与之对应的 catch，也不能出现单独的 catch，另外 try 和 catch 之间也不能有任何代码出现。一个异常处理的简单实例如下所示：

```
  try {
$error='Always throw this error';
throw new Exception($error);                    //创建一个异常对象,通过 throw 语句抛出
echo 'Never executed';                          //从这里开始,try 代码块内的代码将不会再被执行
      } catch (Exception$e) {
echo 'Caught exception: ', $e->getMessage(),"\n";      //输出捕获的异常消息
      }
echo 'Hello World';                             //程序没有崩溃,继续向下执行
?>
```

在上面的代码中，如果 try 代码块中出现某些错误，就可以执行一个抛出异常的操作。在某些编程语言中，例如 Java，在出现异常时将自动抛出异常。而在 PHP 中，异常必须手动抛出。throw 关键字将触发异常处理机制，它是一个语言结构，而不是一个函数，但必须给它传递一个对象作为值。在最简单的情况下，可以实例化一个内置的 Exception 类，就像以上代码所示那样。如果在 try 语句中有异常对象被抛出，则该代码块不会再向下执行，而是直接跳转到 catch 中执行，并传递给 catch 代码块一个对象，也可以理解为被 catch 代码块捕获的对象，其实就是导致异常被 throw 语句抛出的对象。在 catch 代码块中可以简单地输出一些异常的原因，也可以是 try 代码块中任务的另一个版本解决方案，此外，也可以在这个 catch 代码块中产生新的异常。最重要的是，在异常处理之后，程序不会崩溃，而会继续执行。

2. 内置的异常处理类

在 try 代码块中，需要使用 throw 语句抛出一个异常对象，才能跳转到 catch 代码块中执行，在 catch 代码块中捕获并使用这个异常类的对象。虽然在 PHP 中提供的内置异常处理类 Exception 已经具有非常不错的特性，但在某些情况下可能还要扩展这个类来得到更多的功能，所以用户可以用自定义的异常处理类来扩展 PHP 内置的异常处理类。以下的代码说明了在内置的异常处理类中哪些属性和方法在子类中是可访问和可继承的。

内置的异常处理类（Exception）：

```
    class Exception {
protected $message='Unknown exception';           //异常信息
protected $code=0;                                //用户自定义异常代码
protected $file;                                  //发生异常的文件名
protected $line;                                  //发生异常的代码行号

function __construct( $message=null, $code=0) {}  //构造方法
        final function getMessage() {}            //返回异常信息
        final function getCode() {}               //返回异常代码
        final function getFile() {}               //返回发生异常的文件名
final function getLine() {}                       //返回发生异常的代码行号
        final function getTrace() {}              //getTrace() 数组
        final function getTraceAsString() {}      //已格式化成字符串的 getTrace() 信息
/* 可重载的方法 */
function __toString() {}                          //可输出的字符串
    }
?>
```

上面这段代码只为说明内置异常处理类 Exception 的结构，它并不是一段有实际意义的可用代码。如果使用自定义的类作为异常处理类，则必须是扩展内置异常处理类 Exception 的子类，非 Exception 类的子类是不能作为异常处理类使用的。如果在扩展内置处理类 Exception 时重新定义构造函数的话，则建议同时调用 parent::construct()来检查所有的变量是否已被赋值。当对象要输出字符串的时候，可以重载__toString()并自定义输出的样式。可以在自定义的子类中，直接使用内置异常处理类 Exception 中的所有成员属性，但不能重新改写从该父类中继承过来的成员方法，因为该类的大多数公有方法都是 final 的。

创建自定义的异常处理程序非常简单，和传统类的声明方式相同，但该类必须是内置异

常处理类 Exception 的一个扩展。当 PHP 中发生异常时，可调用自定义异常类中的方法进行处理。创建一个自定义的 MyException 类，继承了内置异常处理类 Exception 中的所有属性，并向其添加了自定义的方法，代码及应用如下所示。

扩展 PHP 内置的异常处理类的应用：

```
/* 自定义的一个异常处理类,但必须是扩展内置异常处理类的子类 */
class MyException extends Exception{
//重定义构造器,使第一个参数 message 变为必须被指定的属性
public function __construct( $message, $code=0){
//可以在这里定义一些自己的代码
//建议同时调用 parent::construct()来检查所有的变量是否已被赋值
        parent::__construct( $message, $code);
    }
public function __toString() {          //重写父类方法,自定义字符串输出的样式
return __CLASS__.":[".$this->code."]:". $this->message." }
public function customFunction() {   //为这个异常自定义一个处理方法
echo "按自定义的方法处理出现的这个类型的异常";
    }
  }
  try {                              //使用自定义的异常类捕获一个异常,并处理异常
$error='允许抛出这个错误';
throw new MyException( $error);      //创建一个自定义的异常类对象,通过 throw 语句抛出
echo 'Never executed';               //从这里开始,try 代码块内的代码将不会再被执行
  } catch (MyException$e) {          //捕获自定义的异常对象
echo '捕获异常: '.$e;                //输出捕获的异常消息
$e->customFunction();                //通过自定义的异常对象中的方法处理异常
  }
echo '用户好呀';                      //程序没有崩溃,继续向下执行
?>
```

Section 5.5 面向对象的开发

使用 PHP 进行网站建设的时候，经常会遇到面向对象的开发概念，本节就介绍一下面向对象和面向过程的区别。

5.5.1 面向对象的概念

编程语言大多支持甚至要求使用面向对象的方法。面向对象（Object Oriented，OO）的开发方法试图在系统中引入对象的分类、关系和属性，从而有助于程序开发和代码重用。

1. 类和对象

面向对象软件由一系列具有属性和操作的自包含对象组成，这些对象之间能够交互，从而达到人们的要求。对象的属性是与对象相关的特性或变量。对象的操作则是对象可以执行的、用来改变其自身或对外部产生影响的方法、行为或函数（属性可以与成员变量和特性

这些词交替使用，而操作也可以与方法交替使用)。

面向对象软件的一个重要优点是支持和鼓励封装的能力——封装也叫数据隐藏。从本质上说，访问一个对象中的数据只能通过对象的操作来实现，对象的操作也就是对象的接口。

一个对象的功能取决于对象使用的数据。在不改变对象的接口的情况下，能很容易地修改对象实现的细节，从而提高性能、添加新性能或修复 bug。在整个项目中，修改接口可能会带来一些连锁反应，但是封装允许在不影响项目其他部分的情况下进行修改或修复 bug。

在软件开发的其他领域中，面向对象已经成为一种标准，而面向功能或过程的软件则被认为是过时的。不幸的是，由于种种原因，大多数 Web 脚本仍然是使用一种面向功能的特殊方法来设计和编写的。

存在这种情况的原因是多方面的：一方面，多数 Web 项目相对比较小且直观。人们可以拿起锯子就做一个木制调味品的架子，而不用仔细规划其制作方法，同样，对于 Web 项目，由于网站规模太小，设计者也可以这样不经过仔细规划而成功完成大多数 Web 项目。然而，如果不经过规划就拿起锯子来建造一栋房子，房子的质量就没有保证了。同样的道理也适用于大型的软件项目，如果要想保证其质量的话。

在面向对象的软件中，对象是一个数据和操作这些数据的操作方法的唯一、可标识的集合。

对象可以按类进行分类。类是表示彼此之间可能互不相同，但是必须具有一些共同点的对象集合。虽然类所包含的对象可能具有不同属性值，但是，这些对象都具有以相同方式实现的相同操作以及表示相同事物的相同属性。

2. 多态性

面向对象的编程语言必须支持多态性，多态性的意思是指不同的类对同一操作可以有不同的行为。例如，如果定义了一个“乌龟”类和一个“兔子”类，二者可以具有不同的移动操作。对于现实世界的对象，这并不是一个问题。人们不可能将乌龟的移动与兔子的移动混淆。然而，编程语言并不能处理现实世界的这种基本常识，因此语言必须支持多态性，从而可以知道将哪个移动操作应用于一个特定的对象。

多态性与其说是对象的特性，不如说是行为的特性。在 PHP 中，只有类的成员函数可以是多态的。这可与现实世界的自然语言的动词做比较，后者相当于成员函数。这些动词只描述了普遍行为，因为人们不知道这些行为应该作用于哪种对象（这种对对象和行为的抽象是人类智慧的一个典型特征)。一旦行为作用的对象确定下来，动词就可以和一系列特定的行为联系起来。

3. 继承性

继承允许人们使用子类在类之间创建层次关系。子类将从它的超类继承属性和操作。

通过继承，可以在已有类的基础上创建新类。根据实际需要，可以从一个简单的基类开始，派生出更复杂、更专门的类。这样，可以使代码具有更好的可重用性。这就是面向对象方法的一个重要优点。

如果操作可以在一个超类中编写一遍而不需要在每个子类中都编写，那么就可以利用继承省去大量重复的编码工作。这也使得人们可以对现实世界的各种关系建立更精确的模型。如果类之间的相互关系可以用“是”来描述的话，那么就有点类似于这里的“继承”。

5.5.2 创建类、属性和操作

当创建一个 PHP 类的时候，必须使用关键词“class”。

一个最小的、最简单的类定义如下所示：

```
class classname
{
}
```

为了使以上类具有实用性，类需要添加一些属性和操作。通过在类的定义中使用关键词 var 来声明变量，可以创建属性。通过在类定义中声明函数，可以创建类的操作。

1. 构造函数

大多数类都有一种称为构造函数的特殊操作。当创建一个对象时，它将调用构造函数，通常，这将执行一些有用的初始化任务，例如，设置属性的初始值或者创建该对象需要的其他对象。

构造函数的声明与其他操作的声明一样，只是其名称必须是__construct()。这是 PHP 5 以后版本的变化。在以前的版本中，构造函数的名称必须与类名称相同。为了向下兼容，如果一个类中没有名为__construct()的方法，那么 PHP 将搜索一个与类名称相同的方法。虽然人们可以手动地调用构造函数，但是其主要用途是在创建一个对象时自动调用的。如今，PHP 7 已经支持函数重载，这就意味着可以提供多个具有相同名称及不同数量或类型的参数的函数。

2. 析构函数

与构造函数相对的就是析构函数。析构函数也是 PHP 5 以上版本新添加的内容。它们允许在销毁一个类之前执行一些操作或完成一些功能。这些操作或功能通常在所有对该类的引用都被重置或超出作用域时自动发生。

与构造函数的名称类似，一个类的析构函数名称必须是__destruct()。析构函数不能带有任何参数。

3. 类实例化

在声明一个类后，需要创建一个对象，也就是一个特定的个体，即类的一个成员，并使用这个对象。这也叫创建一个实例或实例化一个类。可以使用关键词 new 来创建一个对象。需要指定创建的对象是哪一个类的实例，并且通过构造函数提供任何所需的参数。

4. 使用类的属性

在一个类中，可以访问一个特殊的指针——$this。如果当前类的一个属性为 $atrribute，则当在该类中通过一个操作设置或访问该变量时，可以使用 $this→atrribute 来引用。

是否可以在类的外部访问一个属性是由访问修饰符来确定的。

通常，从类的外部直接访问类的属性是糟糕的想法。面向对象方法的一个优点就是鼓励使用封装。可以通过使用__get() 和__set()函数来实现对属性的访问。如果不直接访问一个类的属性而是编写访问器函数，那么可以通过一段代码执行所有的访问。

注意，__get()函数带有一个参数，即属性的名称，并且返回该属性的值。__set()函数需要两个参数，分别是要被设置值的属性名称和要被设置的值。

用户并不会直接访问这些函数。这些函数名称前面的双下画线表明在 PHP 中这些函数具有特殊的意义，就像__construct( )函数和__destruct( )函数一样。

可以用__get( )函数和__set( )函数来检查和设置任何属性的值。

提供访问器函数的理由就是这么简单：只使用一段代码来访问特定的属性。

只有一个访问入口，就可以实现对要保存的数据进行检查，这样可以确保被保存的数据是有意义的数据。

通过单一的访问入口，可以方便地改变潜在的程序实现。如果由于某种原因需要改变属性的保存方式，那么访问器函数允许用户只要修改一处代码即可完成此工作。

5.5.3 控制访问和类操作

PHP 引入了访问修饰符。它们可以控制属性和方法的可见性。通常，它们放置在属性和方法声明之前。

1. private 和 public 关键字

PHP 支持如下 3 种访问修饰符。

（1）默认选项是 public，这意味着如果没有为一个属性或方法指定访问修饰符，那么它将是 public。公有的属性或方法可以在类的内部和外部进行访问。

（2）private 访问修饰符意味着被标记的属性或方法只能在类的内部进行访问。如果没有使用__get( )和__set( )方法，则可能会对所有的属性都使用这个关键字。也可以使得部分方法成为私有的，例如，如果某些方法只是在类内部使用的工具性函数，则私有的属性和方法将不会被继承。

（3）protected 访问修饰符意味着被标记的属性或方法只能在类内部进行访问。它也存在于任何子类。

类成员可以不添加 public 关键字，因为它是默认的访问修饰符，但是如果使用了其他修饰符，则添加 public 修饰符将便于代码理解和阅读。

2. 类操作的调用

可以像调用其他函数一样调用类操作：通过使用类名称以及将所有所需的参数放置在括号中，因为这些操作属于一个对象而不是常规的函数，所以需要指定它们所属的对象。对象名称的使用方法与对象属性一样。

5.5.4 PHP 中的继承

如果类是另一个类的子类，则可以用关键词 extends 来指明其继承关系。值得注意的是，继承是单方向的。子类可以从父类或超类继承特性，但父类却不能从子类继承特性。

1. 通过继承使用 private 和 protected 访问修饰符控制可见性

可以使用 private 和 protected 访问修饰符来控制需要继承的内容。如果一个属性或方法被指定为 private，则它将不能被继承。如果一个属性或方法被指定为 protected，则它将在类外部不可见（就像一个 private 元素），但是可以被继承。

2. 重载

在子类中，再次声明相同的属性和操作也是有效的，而且在有些情况下这将会是非常有用的。用户可能需要在子类中给某个属性赋予一个与其超类属性不同的默认值，或者给某个操作赋予一个与其超类操作不同的功能，这就叫重载。

如果不使用替代定义，一个子类将继承超类的所有属性和操作。如果子类提供了替代定义，则替代定义将有优先级，并且重载初始定义。

parent 关键字允许调用父类操作的最初版本。虽然调用了父类的操作，但是 PHP 将使用当前类的属性值。

继承可以是多重的。可以声明一个类 C，它继承了类 B，因此继承了类 B 和类 B 父类的所有特性。类 C 还可以选择重载和替换父类的那些属性和操作。

3. 使用 final 关键字禁止继承和重载

PHP 引入了 final 关键字。当在一个函数声明前面使用这个关键字时，这个函数将不能在任何子类中被重载。

也可以使用 final 关键字来禁止一个类被继承。

4. 实现接口

PHP 中引入了接口。接口可以看作是多重继承问题的解决方法，它类似于其他面向对象编程语言如 Java 所支持的接口实现。

接口的思想是指定一个实现了该接口的类必须实现的一系列函数。

5.5.5 面向对象和面向过程的区别

面向对象，是把一些常用的操作进行类封装，方便调用，需要用的地方，调用一下即可，这样，开发方便，维护也方便。修改这个封装的类，即可达到修改全站的目的。

面向过程就是分析出解决问题所需要的步骤，然后用函数把这些步骤一步一步实现，使用的时候一个一个依次调用就可以了。由于是在每一个地方都使用单独的代码进行操作，这样开发的时候重复累赘，维护的时候也很累，修改了哪里，就只在哪里起作用。本书是针对 PHP 的初学者而言的，因此所有程序的编写都是面向过程的，在读者熟悉了 PHP 基础编程后可以进一步学习面向对象的开发方法。

比如，初学 PHP，最基本的连接数据库和查询数据库都会这样写：

```
<?php
  $Con=mysqli_connect(…);
 mysqli_query('set names utf8');
 mysqli_select_db(…);
  $query=mysqli_query($sql );
 while($Rs=mysqli_fetch_aray($query )){
   echo$Rs[0];
}
```

操作 10 次数据库，就写 10 次这样的代码。

而如果封装一个类，则意义就不同了。

```
<?php
 class mysql{
   var $Con;
   var $table;
   public ConnEct( $local, $root, $pass, $base, $code) {
    $this->Con=mysqli_connect( $local, $root, $pass);
     mysqli_query('set names ' . $code);
     mysqli_select_db( $base );

   }
  public Tab( $Table) {

  $this->table= $Table;
   return $this;
  }
  public Select() {
    $rs=mysqli_query('select * from ' . $this->table)
     while( $Rs=mysqli_fetch_array( $rs ) {
       $Rule[ ] = $Rs;
     }
  return $Rule;
  }
 }
```

把上面的代码保存成一个文件，比如 mysql. php，在需要操作数据库的地方引入这个文件，那么要查询数据库的一个表就非常方便。

```
<?php
  include_once 'mysql. php';
  $Mysql=new mysql; //实例化一个类;
  $Mysql->ConnEct('localhost', 'root', 123456, 'table', 'utf8');//连接数据库
  $Resul= $Mysql->   Tab('user')->Select();//查询 user 表,并返回数组结果
  print_r( $Resul ); //打印这个数组
?>
```

第二篇

PHP 7.0+MySQL 功能模块开发篇

第 6 章 PHP动态系统

使用 Dreamweaver+MySQL+PHP 可以快速开发出各种动态 PHP 网站。初学者对动态网站的开发比较生疏，而 Dreamweaver 提供了方便的图形化界面，只需使用鼠标选择、输入一些基本设置参数就能够与 MySQL 数据库交互，实现建立数据，以及查询、新增、更新、删除记录等操作。简单地说，编程人员在掌握一定的编辑技巧后即可以实现 Dreamweaver+MySQL 动态系统的开发。本章就将介绍如何在 Dreamweaver 中编写 PHP 代码，实现与 MySQL 的动态互动功能，引导读者掌握 Dreamweaver 开发 PHP 程序逻辑方法。

从入门到精通

本章的学习重点：

- 在 Dreamweaver 中进行 PHP 开发平台的搭建
- 搭建 PHP 成绩查询系统开发平台
- 检查数据库记录的常见操作
- 编辑记录操作

Section 6.1 搭建 PHP 动态系统平台

PHP 动态网页开发其实很简单，本章就以实例的形式具体介绍 Dreamweaver 中的服务器行为的使用方法。在开始制作一个 PHP 网站之前，需要在 Dreamweaver 中定义一个新网站。在“新建站点”中可以让 Dreamweaver 知道现在的网站本地目录及测试的路径等信息，另外一项工作就是数据库的创建工作。

6.1.1 系统结构设计

“PHP 动态功能”的系统结构设计如图 6-1 所示。本系统主要的结构分成用户登录入口与找回密码入口两个部分，其中 index. php 是这个网站的首页。

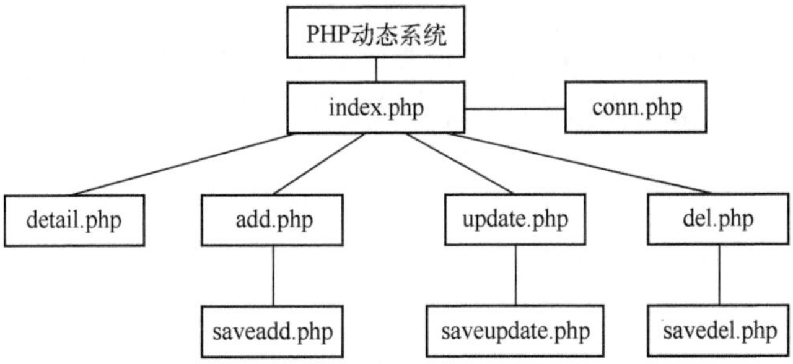

图 6-1　系统结构图

在本地的计算机中设置站点服务器，在 Dreamweaver CC（2017）的网站环境中按〈F12〉键来浏览网页，还可以在 IE 浏览器中输入“http://127. 0. 0. 1/phpweb/index. php”来打开用户系统的首页 index. php，其中 phpweb 为站点名。

本实例制作 9 个功能页面，各页面的功能如表 6-1 所示。

表 6-1　网页功能表

页　面	主要的功能
index. php	用来显示所有的成绩记录
conn. php	数据库连接代码
detail. php	显示详细成绩信息页面
add. php	增加成绩信息页面
update. php	更新成绩信息页面
del. php	删除成绩信息页面
saveupdate. php	更新调用的 PHP 代码
savedel. php	删除调用的 PHP 代码
saveadd. php	保存增加调用的 PHP 代码

下面对部分页面进行介绍。

（1）index. php 用于浏览数据库内的记录，为 detail. php 提供附带 URL 参数 ID 的超级链接，便于查看详细的记录信息，如图 6-2 所示。

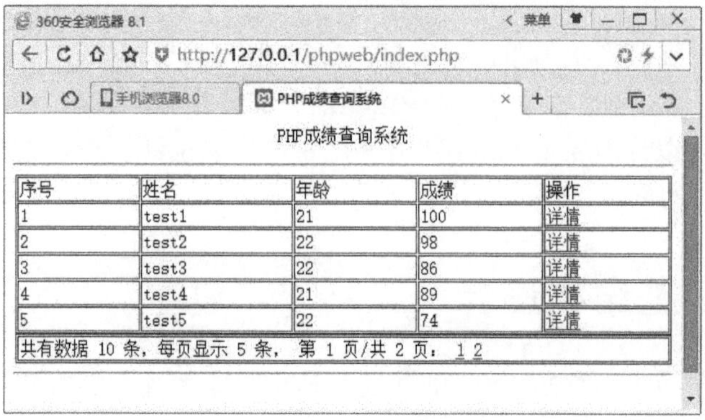

图 6-2　index. php 页面效果

（2）detail. php 用于接收由 index. php 传来的 URL 参数 ID，利用 URL 参数筛选数据库中的记录。更新与删除记录都是依据数据库中的主键字段 ID 来识别记录的，如图 6-3 所示。

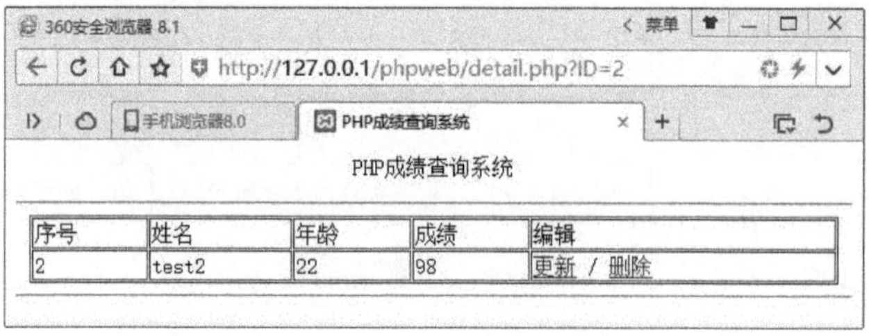

图 6-3　detail. php 页面效果

（3）update. php 用于接收由 detail. php 传来的 URL 参数 ID，利用 URL 参数筛选数据库中的记录，单击“更新”按钮调用 saveupdate. php，即可完成数据的更新并返回原网页，制作后的效果如图 6-4 所示。

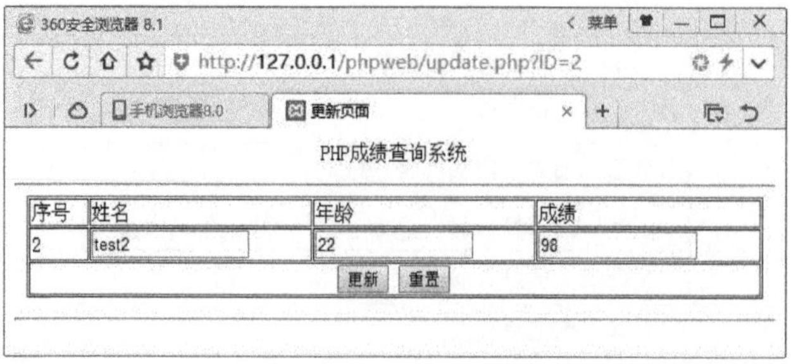

图 6-4　update. php 页面效果

（4）del. php 用于接收由 detail. php 传来的 URL 参数 ID，利用 URL 参数筛选数据库中的记录，单击“删除”按钮调用 savedel. php，即可完成数据的删除并返回首页，制作后的效果如图 6-5 所示。

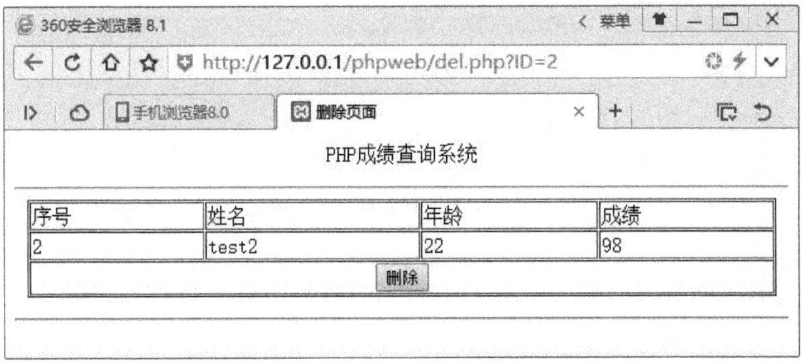

图 6-5　del. php 页面效果

当制作一个 PHP 动态网站时，提前规划网站的架构是一件很重要的事情。在设计人员的脑子里，这个网站要有一个雏形，如大概有哪些页面、页面间的关系如何等。数据库的架构规划也是一样的，如要有哪些数据表、字段，如何与网页配合等都是很重要的工作。

6.1.2 建立数据库

经过对前面功能的分析发现，数据库应该包括 ID、姓名、年龄、成绩 4 个字段。所以在数据库中必须包含一个容纳上述信息的表。将数据库命名为 phpweb。下面就要使用 phpmyAdmin 软件建立网站数据库 websql，作为任何数据查询、新增、修改与删除的后端支持。

创建的步骤如下。

(1) 在浏览器地址栏中输入，“http://127.0.0.1/phpmyadmin/”，输入 MySQL 的用户名和密码（XAMMP 默认环境下可以直接登录）。

(2) 单击“执行”按钮即可以进入软件的管理界面，选择相关数据库可看到数据库中的各表，可进行表、字段的增删改，可以导入、导出数据库信息，如图 6-6 所示。

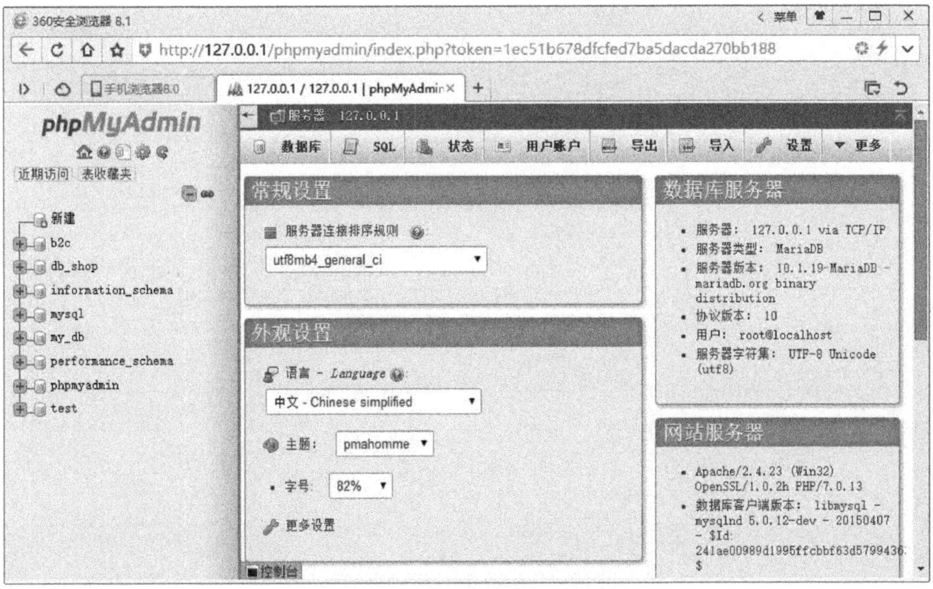

图 6-6　软件的管理界面

(3) 单击 数据库 标签，打开本地的“数据库”页面，在“新建数据库”文本框中输入数据库的名称“phpweb”，单击后面的数据库类型下拉按钮，在弹出的下拉列表中选择 utf8_general_ci 选项，如图 6-7 所示。

图 6-7 设置新建数据库的名称和类型

注意：

UTF8 是数据库的编码格式，通常在开发 PHP 动态网站的时候 Dreamweaver 默认的格式就是 UTF8 格式，在创建数据库的时候也要保证数据库储存的格式和网页调用的格式一样。这里要介绍一下 utf8_bin 和 utf8_general_ci 的区别。其中 ci 是 case insensitive，即“大小写不敏感”，a 和 A 在字符判断中会被当作一样的；bin 是二进制，a 和 A 会被区别对待。

(4) 单击“创建”按钮，返回“常规设置”页面，在数据库列表中就已经建立了 phpweb 的数据库，如图 6-8 所示。

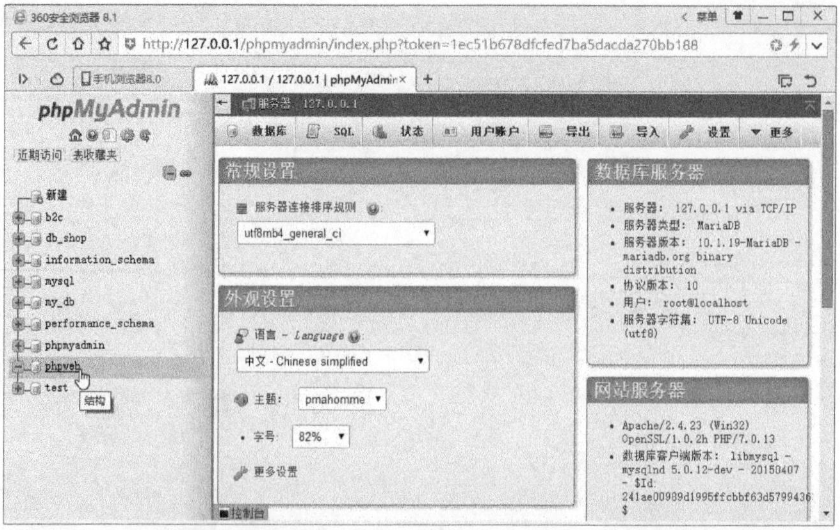

图 6-8 创建数据库后的页面

(5) 数据库建立后还要建立网页数据所需的数据表。这个网站数据库的数据表是websql。建立数据库后，接着选择左边的 phpweb 数据库将其连接上，如图 6-9 所示。

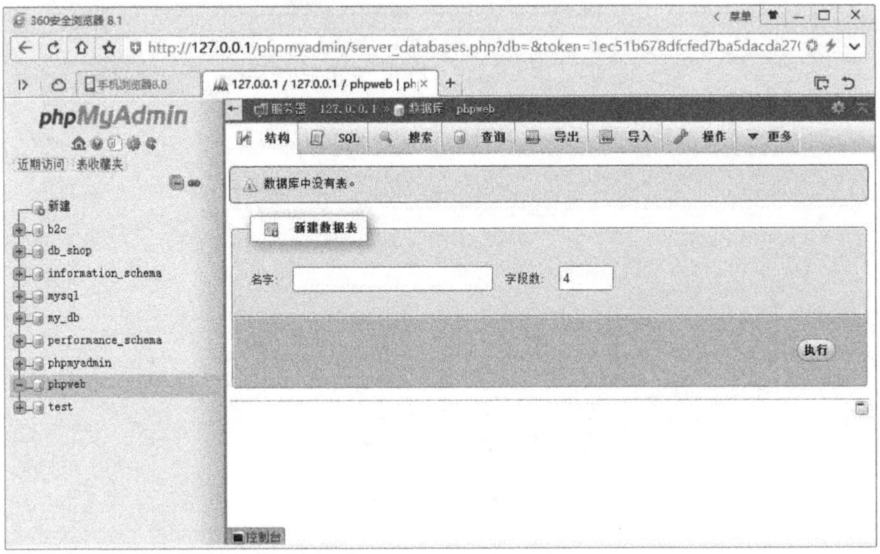

图 6-9　开始创建数据表

(6) 此时打开数据库，右方画面会出现“新建数据表”的设置区域，含有“名字”“字段数”两个文本框。在“名字”文本框中输入数据表名“websql”，在“字段数”文本框中输入本数据表的字段数为“4”，表示将创建 4 个字段来储存数据，如图 6-10 所示。

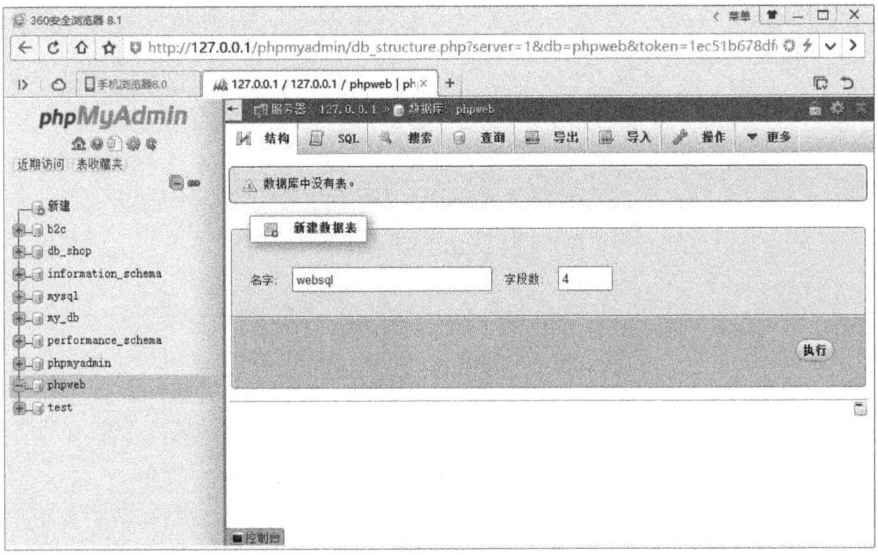

图 6-10　输入数据表名称和字段数

(7) 再单击“执行”按钮，切换到数据表的字段属性设置页面，输入数据域名，以及设置数据域位的相关数据，如图 6-11 所示。各字段的意义如表 6-2 所示。这个数据表主要是记录每个人的基本数据和成绩。

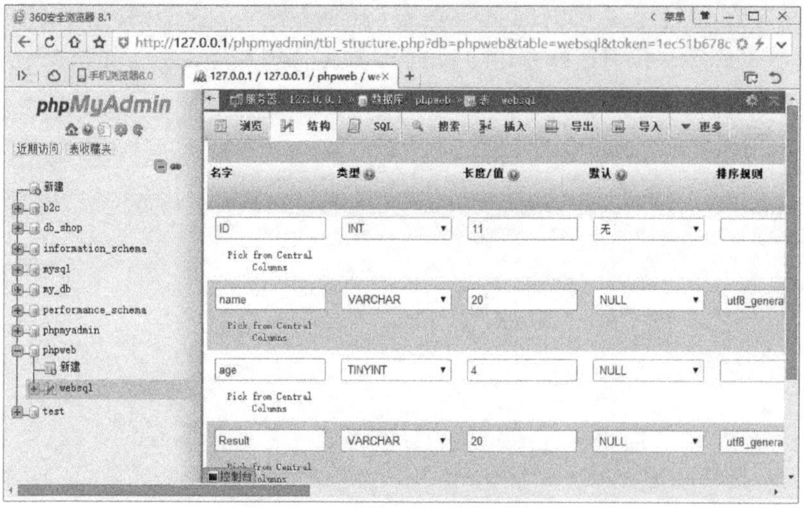

图 6-11　设置数据表字段属性

表 6-2　websql 数据表

字段名称	字段类型	字段大小	说　明
ID	INT	11	自动编号
name	VARCHAR	20	个人姓名
age	TINYINT	4	个人年龄
Result	VARCHAR	20	个人成绩

（8）最后再单击“保存”按钮，切换到“结构”页面。实例将要使用的数据表建立完毕，如图 6-12 所示。

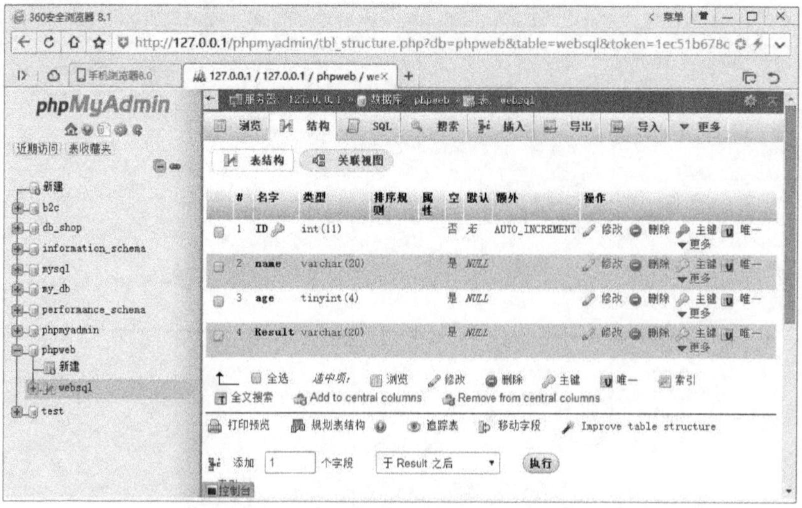

图 6-12　建立数据表完成后的页面

（9）为了页面制作的调用需要，可以先在数据表里手动加入名为 test1～test10 的 10 个测试姓名，年龄和成绩也编辑为不同的数据，如图 6-13 所示。

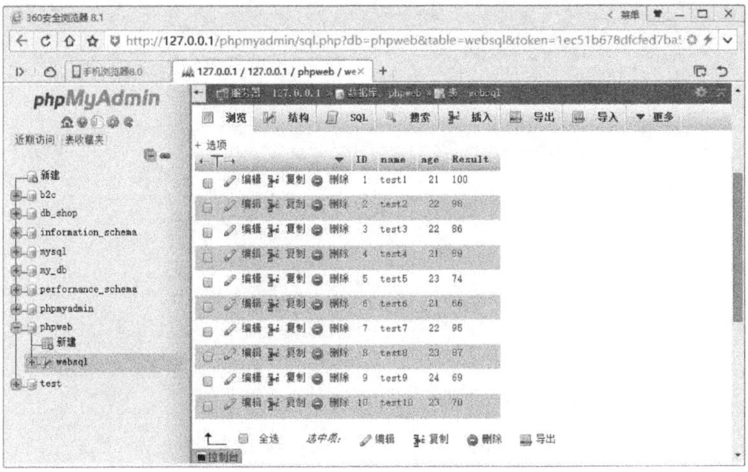

图 6-13　加入 10 组数据

6.1.3　定义网站站点

在 Dreamweaver CC（2017）中创建一个“成绩查询”网站站点 phpweb，由于这是 PHP 数据库网站，因此必须设置本机数据库和测试服务器，主要的设置如表 6-3 所示。

表 6-3　站点设置的基本参数

站 点 名 称	web
本机根目录	D:\xampp\htdocs\phpweb
测试服务器	D:\xampp\htdocs\
网站测试地址	http://127.0.0.1/phpweb/
MySQL 服务器地址	D:\xampp\mysql\data\phpweb
管理账号/密码	root/空
数据库名称	phpweb

创建 web 站点的具体操作步骤如下。

（1）在 D:\xampp\htdocs 路径下建立 phpweb 文件夹（如图 6-14 所示），本实例所有建立的网页文件都将放在该文件夹下。

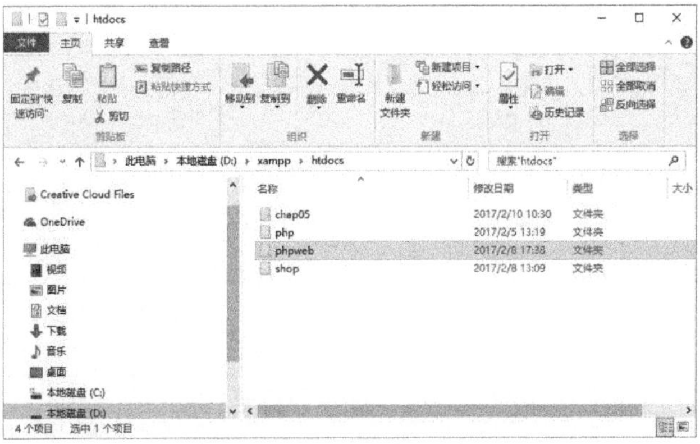

图 6-14　建立站点文件夹 phpweb

（2）启动 Dreamweaver CC（2017），执行菜单栏中的“站点”→“管理站点”命令，打开“管理站点”对话框，如图 6-15 所示。

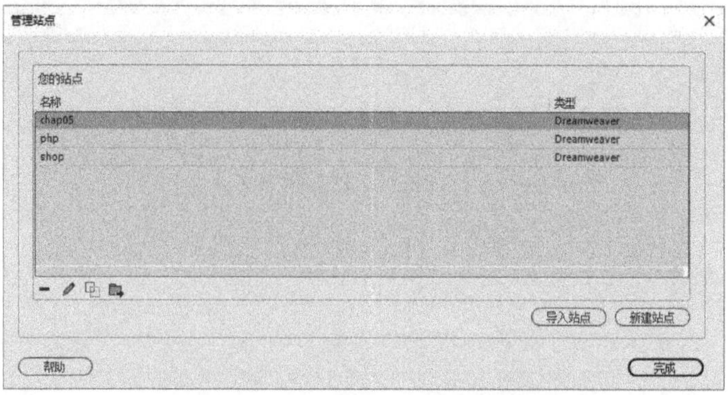

图 6-15 “管理站点”对话框

（3）单击“新建站点”按钮，打开“站点设置对象”对话框，左边是站点列表框，其中显示了可以设置的选项。进行如图 6-16 所示的参数设置，设置站点名称为 phpweb，设置本地站点文件夹地址为 D:\xampp\htdocs\phpweb。

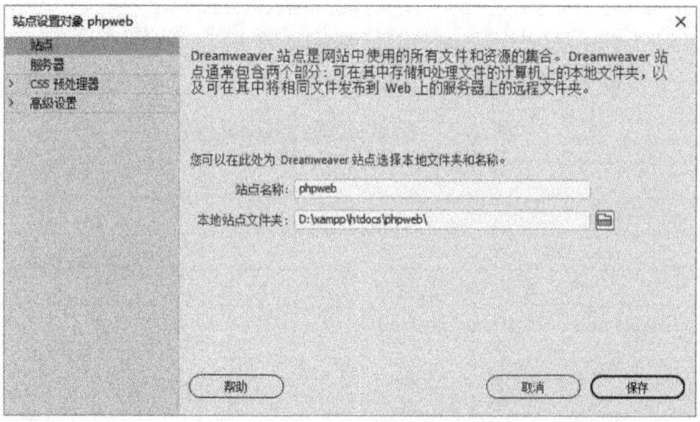

图 6-16 建立 phpweb 站点

（4）单击列表框中的“服务器”选项，并单击“添加服务器”按钮，打开“基本”选项卡，进行如图 6-17 所示的参数设置。

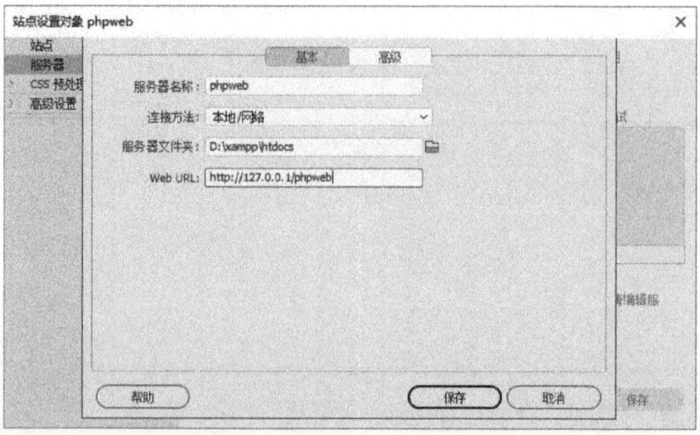

图 6-17 设置“基本”选项卡

(5) 设置后再打开“高级”选项卡，选中“维护同步信息”复选框，在“服务器模型”下拉列表框中选择 PHP MySQL 选项（表示是使用 PHP 开发的网页），其他的保持默认值，如图 6-18 所示。

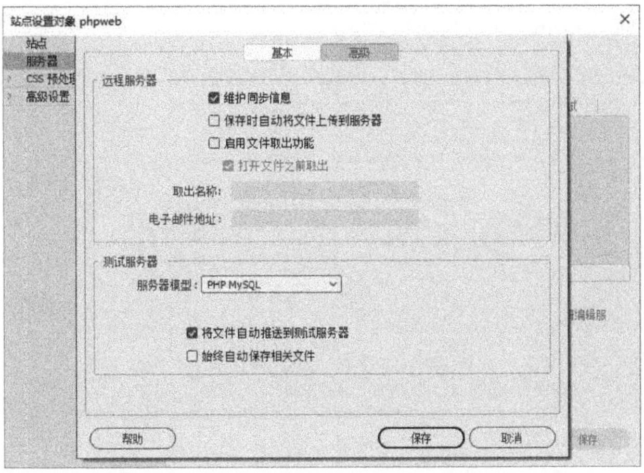

图 6-18 设置“高级”选项卡

(6) 单击“保存”按钮，返回“服务器”设置界面，选中“测试”单选按钮，如图 6-19 所示。

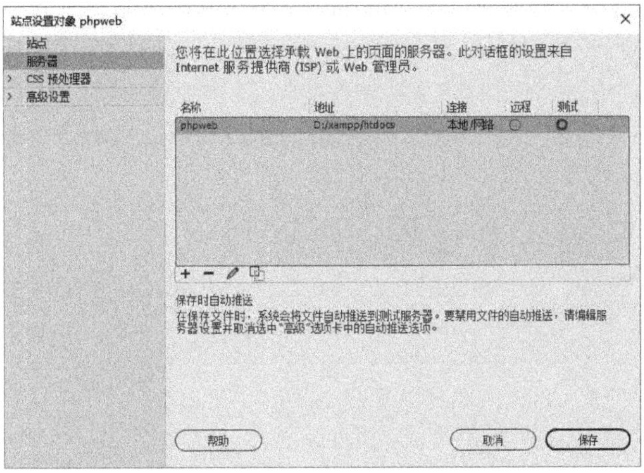

图 6-19 设置“服务器”参数

(7) 单击“保存”按钮，则完成站点的定义设置。在 Dreamweaver CC（2017）中就已经拥有了刚才所设置的站点 web。单击“完成”按钮，关闭“管理站点”对话框，这样就完成了 Dreamweaver CC（2017）测试 web 站点的网站环境设置。

这里要说明一下，之所以建立 Dreamweaver 的站点配置，是为了方便使用 Dreamweaver 在开发网站的时候打开“实时视图”窗口，从而在编辑窗口的上部分即时看到 PHP 网站运行的效果，如图 6-20 所示。这也是本书推荐初学者使用 Dreamweaver 作为 PHP 网站开发的编辑器的主要原因，所见即所得，可以随时进行编辑并即时看到制作的效果。

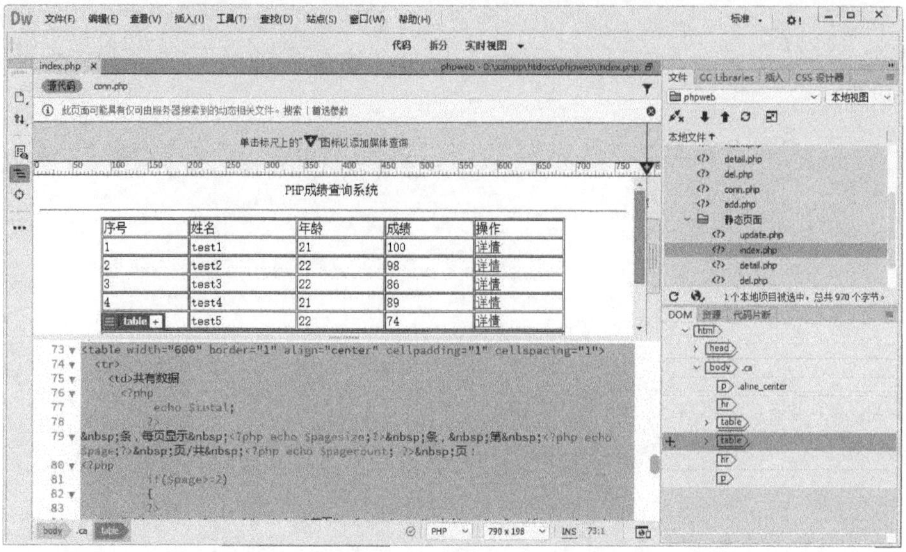

图 6-20 Dreamweaver 制作时的即时窗口显示

6.1.4 数据库连接

完成了站点的定义后，需要将网站与前面建立的 phpweb 数据库建立连接。

网站与数据库的连接步骤如下。

(1) 执行菜单栏中的“文件”→“新建”命令，在网站根目录下新建一个名为 conn. php 的网页，输入网页标题“PHP 成绩查询系统”，然后执行菜单栏中的“文件”→“保存”命令将网页保存，如图 6-21 所示。

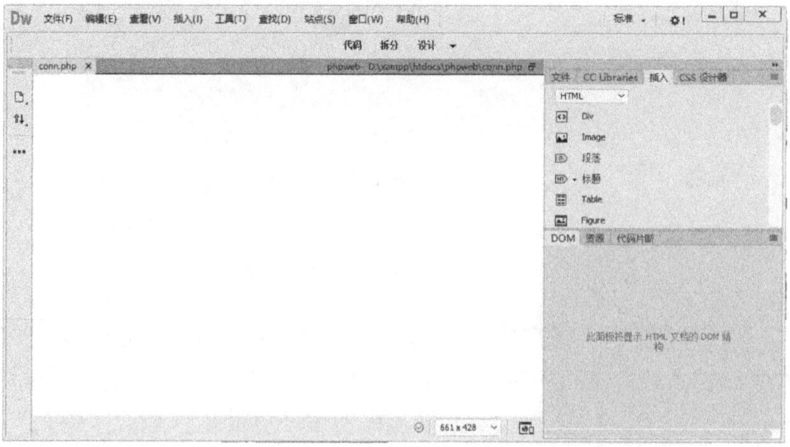

图 6-21 创建的 conn. php 空白页

(2) conn. php 是 Dreamweaver 用来存放 MySQL 连接设置信息的文件，PHP 中大多数的此类文件都是用这个文件名。打开该文件并使用“代码”视图，输入 mysql 的连接代码，如图 6-22 所示。

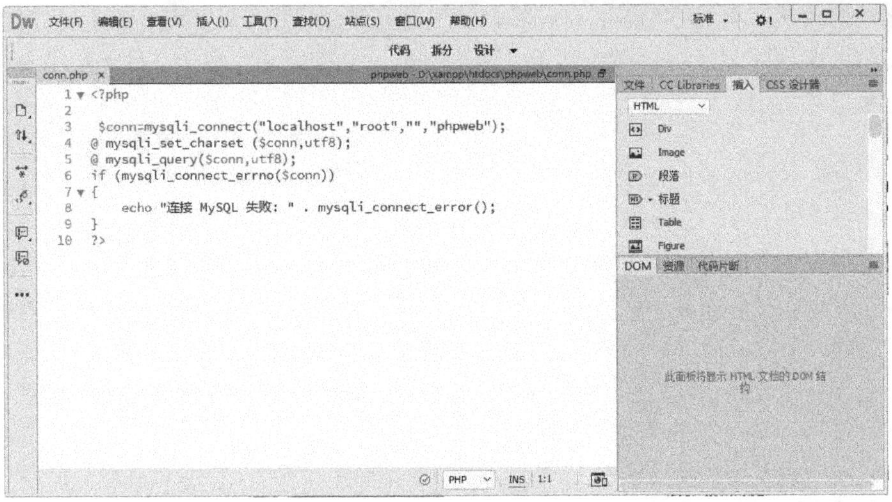

图 6-22　输入连接代码

在这个文件中定义了与 MySQL 服务器的连接（mysqil_connect( )函数），包括以下内容。

```
<?php
//建立数据库连接
  $conn=mysqli_connect("localhost","root","","phpweb");
//设置字符为 utf-8,@ 抑制字符变量的声明提醒
@ mysqli_set_charset ($conn,utf8);
@ mysqli_query($conn,utf8);
//如果连接错误,则显示错误原因
if (mysqli_connect_errno($conn))
{
    echo "连接 MySQL 失败:" . mysqli_connect_error();
}
?>
```

其中数据库连接的代码含义如下。

localhost：MySQL 服务器的地址。

phpweb：连接数据库的名称。

root：MySQL 用户名称。

“”：MySQL 用户及密码。这里使用环境默认是空白。

连接后才能对数据库进行查询、新增、修改或删除的操作。在网站制作完成后，将文件上传至网络上的主机空间时，如果发现网络上的 MySQL 服务器访问的用户名、密码等与本机设置有所不同，则可以直接修改 conn. php 文件。

Section 6.2　动态服务器操作

使用 PHP+Dreamweaver 时，可以利用 Dreamweaver 软件自带的动态服务器行为快速建立一些基本动态功能，但 PHP 7.0 以后，由于废弃了 MySQL 函数，改为了 MySQLi，就无法再

使用这些基础功能。需要在 Dreamweaver 中单独编写 PHP 代码来实现对 MySQL 数据库的操作，主要包括了创建记录集、插入记录、更新记录、重复区域、显示区域和记录集分页等常用的动态服务器行为。

6.2.1 创建记录集

在每个需要查看数据库记录的页面中皆应建立一个 MySQL 数据库的查询“记录集（查询）”，从而可以让 Dreamweaver 知道，目前这个网页中所需要的是数据库中的哪些数据。即便需要的内容一样，在不同网页中也需要单独建立。同一个数据库只需建立一次 MySQL 连接，但可为同一个 MySQL 数据库连接建立多个“记录集”，配合筛选的功能，达到某个记录集只包含数据库中符合某些条件的记录。

下面以系统的实例实现来说明，具体的步骤如下。

(1) 执行菜单栏中的“文件”→“新建”命令，在网站根目录下新建一个名为 index. php 的网页，输入网页标题“PHP 成绩查询系统”，然后执行菜单栏中的“文件”→“保存”命令将网页保存。

(2) 打开 index. php 文件后，使用“代码”视图，输入代码如下：

```
<?php
  $sql1=mysqli_query($conn,"select * from websql order by ID asc limit ");
//设置 websql 数据表按 ID 升序排序,查询出所有数据
   while($info1=mysqli_fetch_array($sql1))
//使用 mysqli_fetch_array 查询所有记录集,并定义为$info1
   {
?>
```

字段的功能说明如表 6-4 所示。

表 6-4　字段与功能说明

字　段	说　明
mysqli_query()函数	一般用$sql 作为变量定义
mysqli_fetch_array()函数	选择所建立记录集作为数组
order by ID asc 排序	是否依照某个字段值进行排序。比如，在新闻系统中需要把新的新闻放到前面位置，就可以使用排序的功能

记录集使用的就是 SELECT 语句，因为查询出来的结果可能会有很多条，所以称为记录集（合），而“筛选”部分则对应 WHERE 子句。

程序具体分析如下。

(1) 第 2 行定义了查询数据库的 SQL 语句。使用所定义的 SQL 语句对数据库执行查询操作（mysqli_query()），此时，返回结果是资源标识符，还不能被使用。

(2) 第 4 行将前面查询的结果以关系型数组的形式（mysqli_fetch_ array()）传至变量 $info1。

6.2.2 显示所有记录

要将记录集内的记录（即数据库中的数据）直接显示到网页上，实现的步骤如下。

(1) 在“文件”面板中打开 index. php，在网页中制作一个如图 6-23 所示的 2×5 表格，然后在表格的列<td>代码中输入如下代码：

```
<td><?php echo$info1['ID'];?></td><!--显示 ID 字段-->
<td><?php echo$info1['name'];?></td><!--显示 name 字段-->
<td><?php echo$info1['age'];?></td><!--显示 age 字段-->
<td><?php echo$info1['Result'];?></td><!--显示 Result 字段-->
```

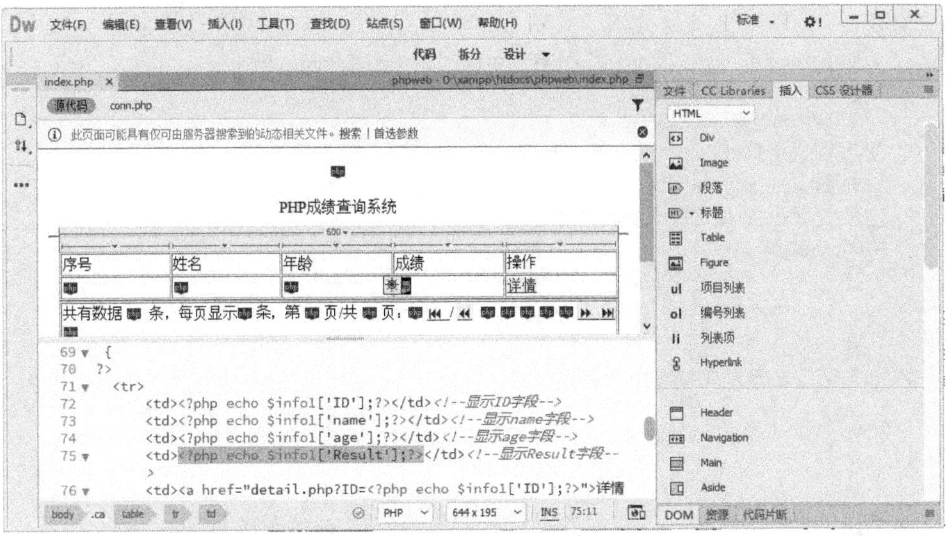

图 6-23 创建表格并输入代码

将序号、姓名、年龄、成绩 4 个字段分别输入至相应的单元格后，打开实时视图。视图所呈现的效果与使用浏览器打开的网页效果一样，效果如图 6-24 所示。

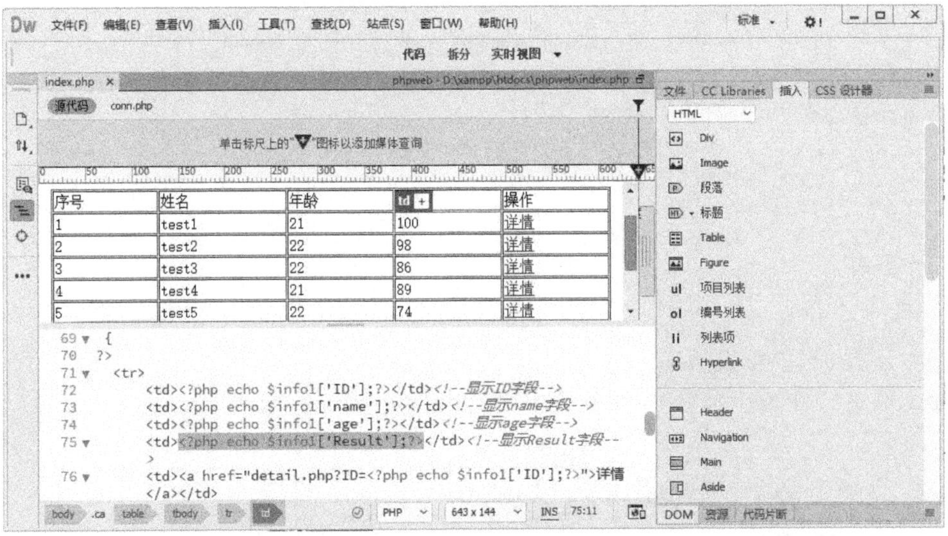

图 6-24 实时视图效果

6.2.3 记录集的分页

上一小节已经可以浏览记录集中所有的记录了，那么剩下的记录如何显示出来呢？下面就介绍记录集分页功能的实现方法。

（1）在 index. php 页面代码前面加入分页统计查询的 PHP 代码：

```
<?php
    $sql=mysqli_query($conn,"select count( * ) as total from websql");
//建立统计记录集总数查询
    $info=mysqli_fetch_array($sql);
//使用 mysqli_fetch_array 获取所有记录集
    $total=$info['total'];
//定义变量$total 值为记录集的总数
     if($total==0)
     {
       echo "本系统暂无任何查询数据!";
     }
//如果记录总数为 0,则显示无数据
     else
     {
     ?>
```

（2）对第一个显示所有记录的查询进行页码划分，实现的代码如下：

```
<?php


          $pagesize=5;
          //设置每页显示 5 条记录
          if ($total<=$pagesize){
             $pagecount=1;
                 //定义$pagecount 初始变量为 1 页
            }
            if(($total%$pagesize)!=0){
                 $pagecount=intval($total/$pagesize)+1;
            //取页面统计总数为整数
            }else{
                 $pagecount=$total/$pagesize;

            }
            if((@ $_GET['page'])==""){
                $page=1;
            //如果总数小于 5,则页码显示为 1 页
            }else{
                $page=intval($_GET['page']);
            //如果大于 5 条,则显示实际的总数
            }
     $sql1=mysqli_query($conn,"select * from websql order by ID asc limit ".($page-1)*$
pagesize.",$pagesize ");
          //设置 websql 数据表按 ID 升序排序,查询出所有数据
```

```
    while($info1=mysqli_fetch_array($sql1))
      //使用 mysqli_fetch_array 查询所有记录集,并定义为$info1
    {
?>
```

这里将分页功能定义为一个记录集，通过统计之后即可以进行调用，快速地在本范例中建立记录集导航条。

6.2.4 显示记录计数

在页面中输入“共有数据 X 条，每页显示 Y 条，第 A 页/共 B 页:”，建立起记录集导航条，以便让用户了解有多少页记录，当前正在浏览第几页。

显示记录计数的步骤如下。

(1) 在 index.php 中建立一个表格，将“共有数据 X 条，每页显示 Y 条，第 A 页/共 B 页:”中输入表明记录数的 PHP 代码：

```
<table width="600" border="1" align="center" cellpadding="1" cellspacing="1">
  <tr>
    <td>共有数据
      <?php
            echo  $total;//显示总页数
           ?>
 条,每页显示  <?php echo$pagesize;//打印每页显示的总页码
           ?> 条, 第  <?php echo$page;//显示当前页码
           ?> 页/共  <?php echo$pagecount;//打印总页码数
           ?> 页:
<?php
           if($page>=2)
                //如果页码数大于或等于 2,则执行下面程序
           {
           ?>
<a href="index.php?page=1" title="首页"><font face="webdings">9</font></a>/<a href="in-
dex.php?id=<?php echo$id;?>&amp;page=<?php echo$page-1;?>" title="前一页"><font face=
"webdings">7</font></a>
<?php
           }
            if($pagecount<=4){
                //如果页码数小于或等于 4,则执行下面程序
           for($i=1;$i<=$pagecount;$i++){
           ?>
<a href="index.php?page=<?php echo$i;?>"><?php echo$i;?></a>
<?php
                }
            }else{
            for($i=1;$i<=4;$i++){
           ?>
<a href="index.php?page=<?php echo$i;?>"><?php echo$i;?></a>
<?php }?>
```

```
<a href="index.php?page=<?php echo $page-1;?>" title="后一页"><font face="webdings">8</font></a><a href="index.php?id=<?php echo $id;?>&amp;page=<?php echo $pagecount;?>" title="尾页"><font face="webdings">:</font></a>
<?php }?></td>
  </tr>
</table>
```

对于 PHP 代码的意义在代码中都单独进行了标注。

(2) 完成后，当浏览该网页时便会出现当前共有几条数据等的提示文字，如图 6-25 所示。

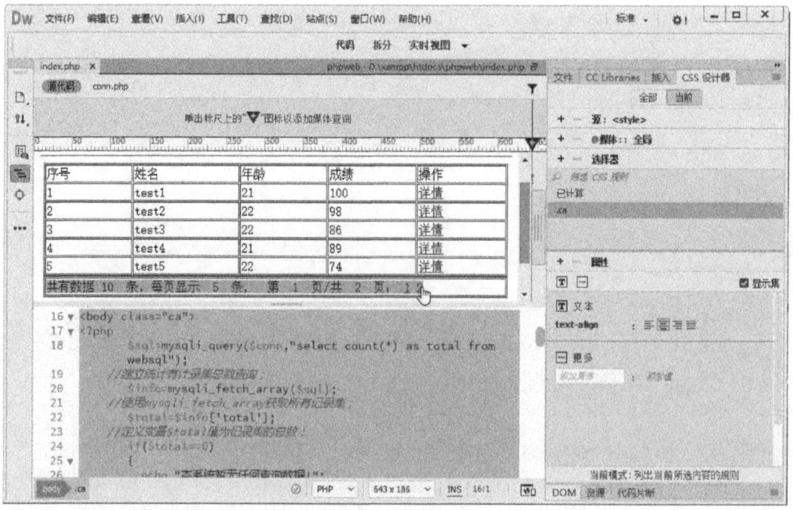

图 6-25　建立导航条效果

6.2.5　显示详细信息

通常一个动态网站的数据量是比较大的，在很多时候并不会一开始就将数据库所有字段、记录都显示出来。例如一个新闻系统，在首页只会显示新闻的日期与标题，更详细的新闻内容需要选择标题后进入另一个页面才能显示。假设显示新闻标题的页面是 index.php，而显示详细新闻内容的网页名称为 detail.php。当在 index.php 中单击标题的超链接后，此时该超链接会带着一个参数到 detail.php，网址类似于 detail.php?ID=1。多出的 ID=1 是一个变量名为 ID，值为 1 的 URL 参数。当 detail.php 收到 ID=1 的 URL 参数后，便利用这个 URL 参数在建立记录集时筛选所指定的新闻记录，并将记录详细信息显示在网页上。这样就构成了一个简单的新闻系统架构。要筛选指定的记录可以在 SQL 中使用 WHERE 子句。

详细页的制作步骤如下。

(1) 使用 Dreamweaver 创建一个空白 detail.php 页面并保存。在 index.php 中选择要用来连接到详细信息页面的部分（其实就是选择要在哪里建立超链接），在本例中选择的是“详情”文字链接，如图 6-26 所示。

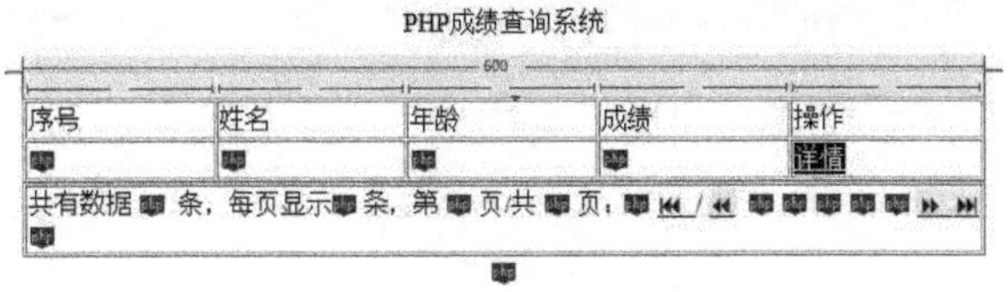

图 6-26　选择“详情”文字链接

（2）在下面的“属性”面板中找到建立链接的部分，并单击“浏览文件”图标，如图 6-27 所示。

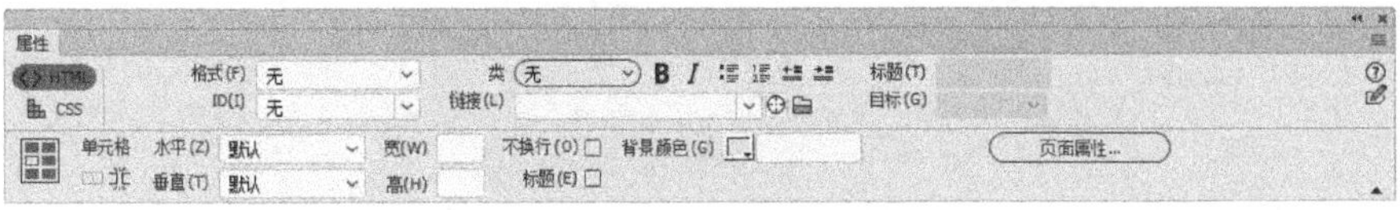

图 6-27　建立链接设置

（3）在弹出的对话框中选择用来显示详细记录信息的页面 detail. php，如图 6-28 所示。

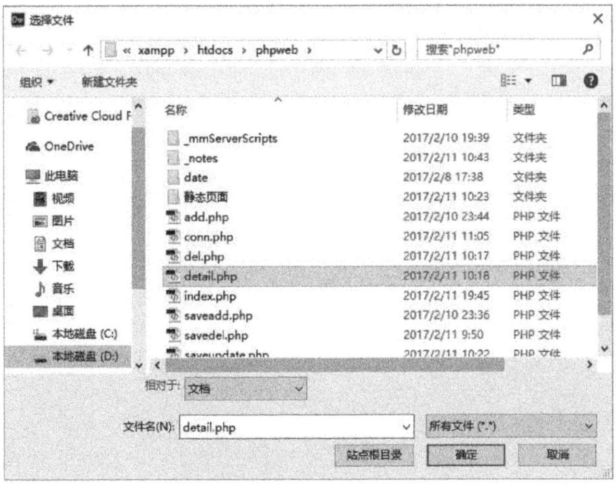

图 6-28　设置链接的文件

（4）如果只是这样，那只会是单纯的超链接而不会附带 URL 参数，因此还要设置超链接要附带的 URL 参数的名称与值。本例将参数名称命名为 ID，接收上一页面传递过来的 ID 值。

（5）此时地址变成 detail. php?ID=<?php echo$info1['ID'];?>，如图 6-29 所示。

```
<td><a href="detail. php?ID=<?php echo$info1['ID'];?>">详情</a></td>
<!--设置跳转并传递 ID 值-->
```

图 6-29　完成后的链接地址

（6）设置完成后，可以在浏览器中打开 index. php 页面。在 IE 的状态栏上可以看到每一条记录的链接都带着 URL 参数 ID，其值是每条记录的 ID，如图 6-30 所示。

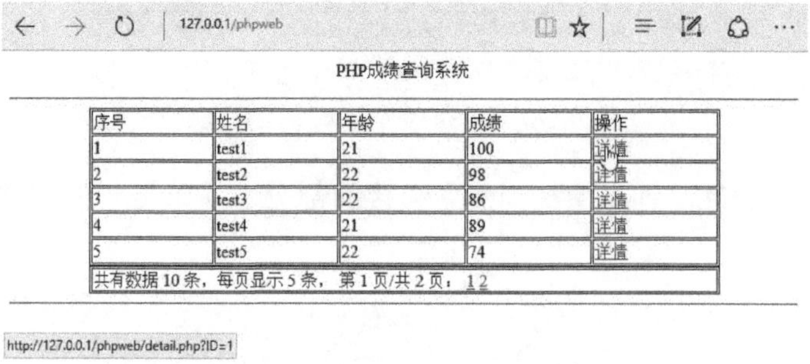

图 6-30　单击链接后的属性显示

前面已经完成 index. php 页面的制作，下面来设计接收 URL 参数的 detail. php 页面，看看如何用收到的参数来筛选指定的记录。

（1）打开 detail. php 页面后输入的 PHP 代码如下：

```
<?php require_once('conn. php');?>
//调用数据库连接文件实现连接
<html>
<head>
<meta http-equiv="Content-Type" content="text/html;charset=utf-8" />
<title>PHP 成绩查询系统</title>
<style type="text/css">
. aline_center {
  text-align:center;
}
. ca {
text-align:center;
}
</style>
</head>
<body class="ca">
<p class="aline_center">PHP 成绩查询系统</p>
<hr />
<table width="600" border="1" align="center" cellpadding="1" cellspacing="1">
  <tr>
    <td>序号</td>
    <td>姓名</td>
    <td>年龄</td>
    <td>成绩</td>
    <td>编辑</td>
  </tr>
<?php
  $ID=@ $_GET['ID'];
//设置$ID 值为前页传过来的 ID 值,使用$_GET[ ]函数实现
  $sql=mysqli_query($conn,"select * from websql where ID='". $ID. "'");
//建立数据库条件查询,查询条件为 ID='". $ID. "'
```

```
  $info=mysqli_fetch_array($sql);
?>
   <tr>
        <td><?php echo$info['ID'];?></td>
        <td><?php echo$info['name'];?></td>
        <td><?php echo$info['age'];?></td>
        <td><?php echo$info['Result'];?></td>
        <td><a href="update. php?ID=<?php echo$info['ID'];?>">更新</a>/<a href="del. php?ID
=<?php echo$info['ID'];?>">删除</a></td>
      </tr>
</table>
<hr />
<p> </p>
</body>
</html>
```

记录集建立完毕，可以把各个字段“插入”到页面上相应的单元格中，完成的页面如图 6-31 所示。

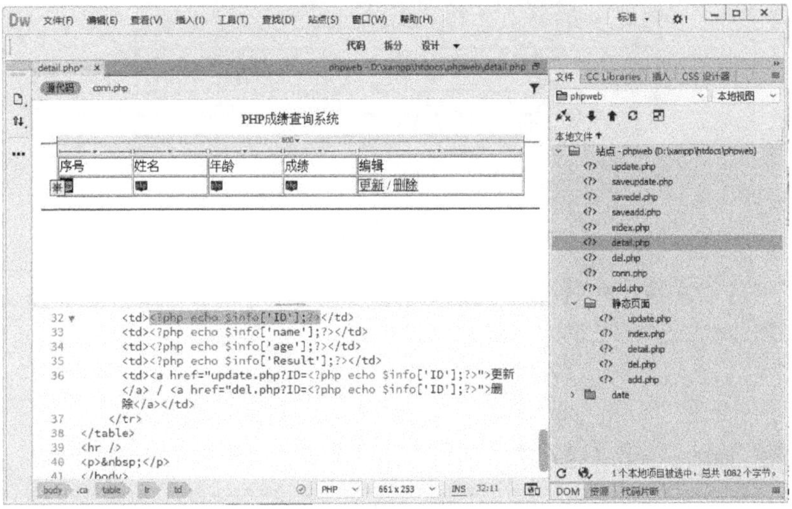

图 6-31　制作的详细页面

（2）完成后直接按〈F12〉键在浏览器中打开 detail. php，发现内容是空白的，如图 6-32 所示。这是怎么回事呢？因为在网址后面没有带着 URL 参数，当然记录集里就不会有任何东西。

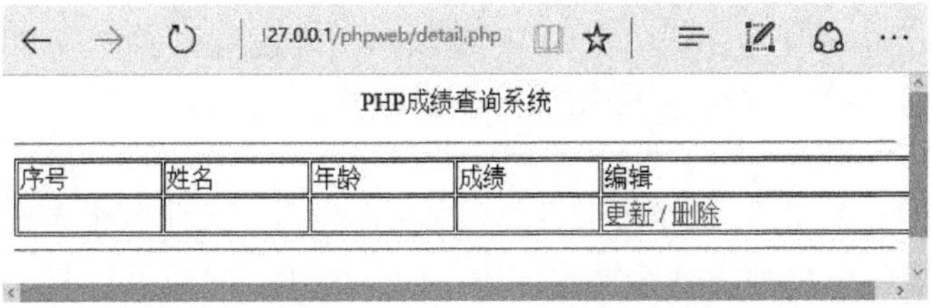

图 6-32　显示为空白

（3）直接在网址后加上 URL 变量 ID，可以选 1～10 的任何一个值，如这里输入“6”，然后按〈Enter〉键，网页显示的结果如图 6-33 所示。

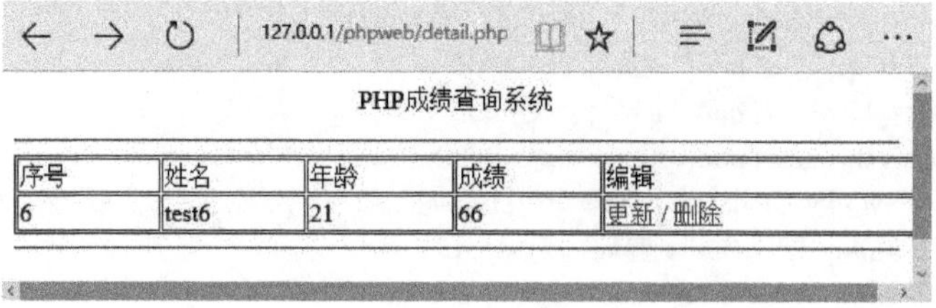

图 6-33　URL 参数 ID=6 时的详细页面

（4）在 index. php 中，每一条记录的网址都带有特定的参数链接到 detail. php，如图 6-34 所示。

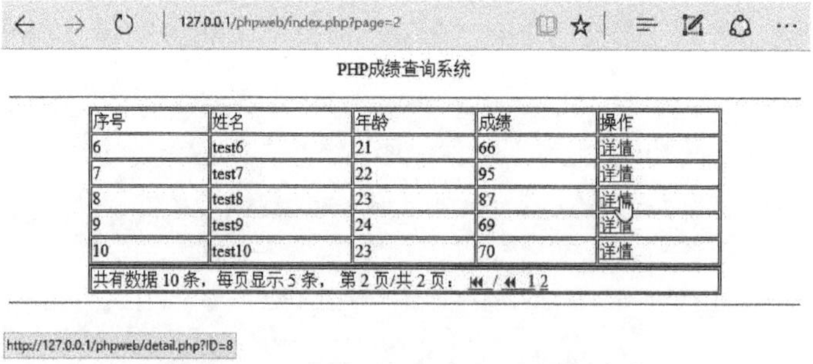

127.0.0.1/phpweb/index.php?page=2
PHP成绩查询系统
序号 姓名 年龄 成绩 操作
6 test6 21 66 详情
7 test7 22 95 详情
8 test8 23 87 详情
9 test9 24 69 详情
10 test10 23 70 详情
共有数据 10 条，每页显示 5 条，第 2 页/共 2 页：
http://127.0.0.1/phpweb/detail.php?ID=8

图 6-34　每条记录的网址都有特定参数

这里如果不将“详情”作为主链接也是可以的，像经常用到的标题，单击某个新闻标题即可以打开相应的详细页面采用的就是这种技术。

Section 6.3 编辑记录操作

数据库记录在页面上的显示、重复、分页、计数、显示详细信息的操作已经介绍完毕，本节将介绍在 Dreamweaver 中进行增加、更新及删除记录的操作。

6.3.1 增加记录功能

在数据表 websql 中有 4 个字段，其中 ID 字段为主键且附加了“自动编号”属性，因此在新增记录时不必考虑 ID 字段，只需增加 3 个值即可。

实现的步骤如下。

（1）创建一个空白的 PHP 网页，并命名为 add. php，先添加一个表单，再插入一个 4×2 表格，输入相关提示后依序放上 3 个文本字段、两个按钮，完成后如图 6-35 所示。

当需要新增、更新记录时，网页中需要有一个表单且表单元素必须置于表单内，单击按钮后，只有表单内的元素才会被以 POST 或 GET 的方式传递。

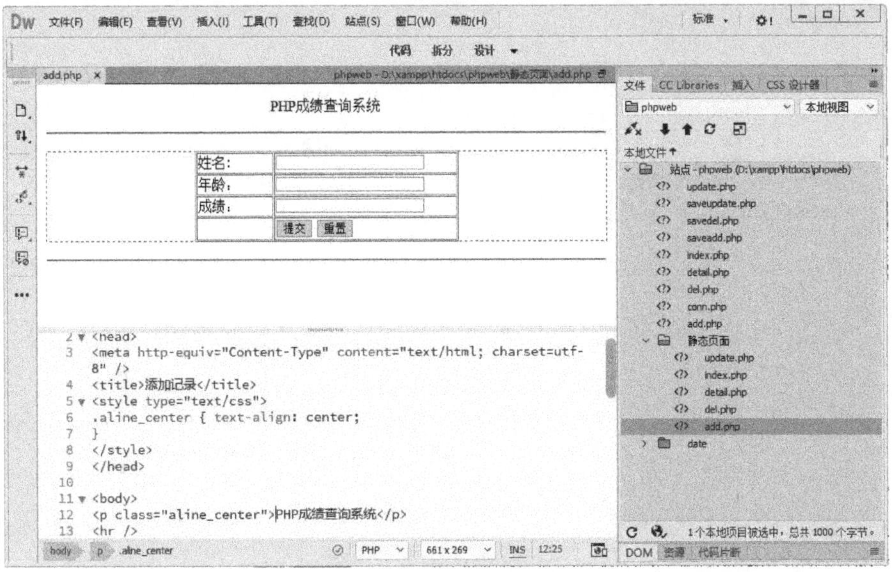

图 6-35　建立表单并设计网页

（2）插入 3 个文本字段，并分别选择各个文本字段，在“属性”面板中为其命名，分别是姓名 Name、年龄 Age、成绩 Result，注意在设计时要与记录集字段名称一一对应，如图 6-36 所示。

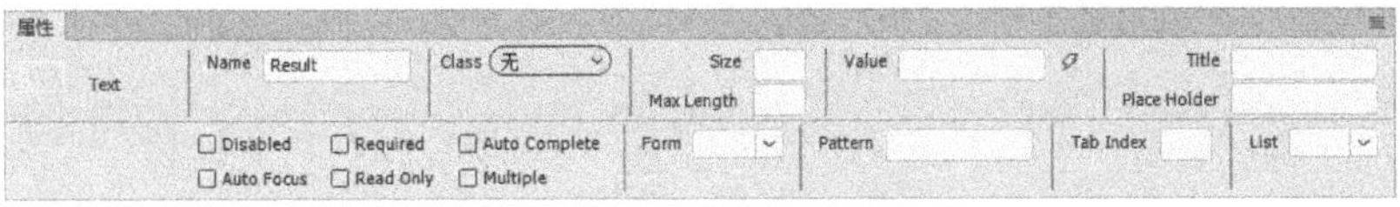

图 6-36　命名文本域

注意：

当表单元素的命名与记录集字段相符时，在做“新增记录”“更新记录”时，PHP 会自动将表单元素与记录集字段匹配，同时也方便编程人员在做修改时能快速找到相应的字段。

（3）设置完成后，在页面中加入一个跳转和判断的命令，其中 action = "saveadd. php" 是用于提交表单时提交到 saveadd. php 代码页进行处理，onSubmit = " return chkinput(this) "是在本页面的前面加入表单验证的功能，即不能提交空白数据，具体如下：

```
<html>
<head>
<meta http-equiv="Content-Type" content="text/html;charset=utf-8" />
<title>添加记录</title>
<style type="text/css">
.aline_center {text-align:center;
}
</style>
</head>
<script language="javascript">
```

```
    function chkinput(form)
     {
      if(form.name.value=="")
     {
     alert("请输入姓名!");
     form.name.select();
     return(false);
     }
      if(form.age.value=="")
     {
     alert("请输入年龄!");
     form.age.select();
     return(false);
     }
     if(form.Result.value=="")
     {
     alert("请输入年龄!");
     form.Result.select();
     return(false);
     }
    return(true);
      }
</script>
<body>
<p class="aline_center">PHP 成绩查询系统</p>
<hr />
<form name="form1" method="POST" action="saveadd.php" onSubmit="return chkinput(this)">
  <table width="300" border="1" align="center" cellpadding="1" cellspacing="1">
    <tr>
      <td width="84">姓名:</td>
      <td width="203"><input type="text" name="name" id="name" /></td>
    </tr>
    <tr>
      <td>年龄:</td>
      <td><input type="text" name="age" id="age" /></td>
    </tr>
    <tr>
      <td>成绩:</td>
      <td><input type="text" name="Result" id="Result" /></td>
    </tr>
    <tr>
      <td> </td>
      <td><input type="submit" name="button" id="button" value="提交" />
      <input type="reset" name="button2" id="button2" value="重置" /></td>
    </tr>
  </table>
</form>
<hr />
<p> </p>
</body>
</html>
```

（4）saveadd. php 网页只包含纯 PHP 代码，主要功能是将提交的表单数据插入到 MySQL 数据库中，实现的 PHP 代码如下：

```
<meta http-equiv="Content-Type" content="text/html;charset=utf-8">
<?php
   include("conn. php");
   $name=$_POST['name'];
   $age=$_POST['age'];
   $Result=$_POST['Result'];
   mysqli_query($conn,"insert into websql (name,age,Result) values ('$name','$age','$Result')");
   echo "<script>alert('添加成功!');history. back();</script>";
//用 Script 脚本语言实现插入后提醒“添加成功”,history. back();实现跳转回原页的功能
?>
```

（5）直接按〈F12〉键在浏览器中打开网页，输入值如图 6-37 所示，单击“提交”按钮尝试新增一条记录。

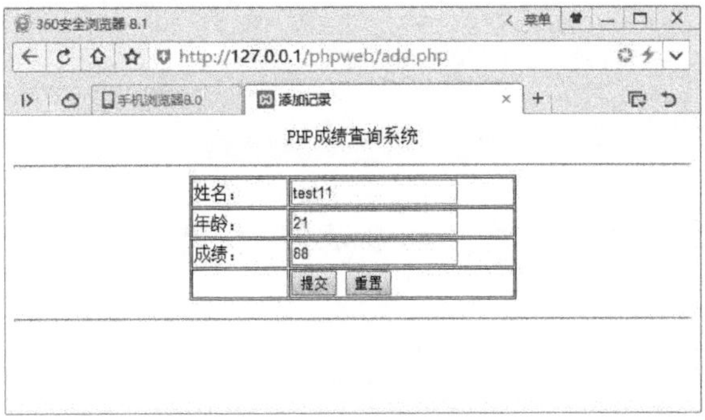

图 6-37　输入记录数据

（6）单击“提交”按钮后，网址将从 add. php 转至 index. php。单击网页下方的分页导航条中最后一页的链接，便可以看到刚才新增的记录，如图 6-38 所示。

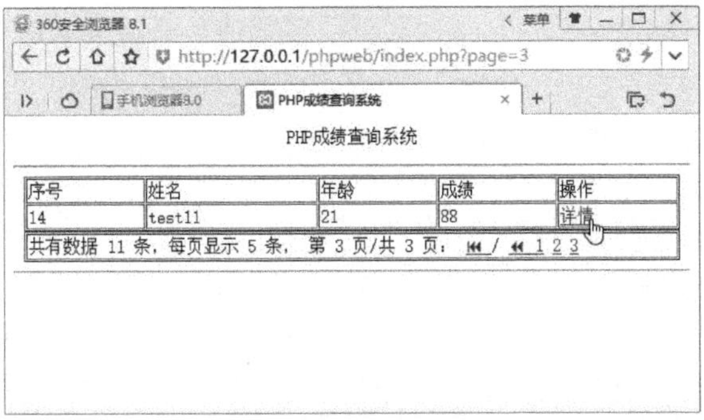

图 6-38　增加记录

6.3.2 更新记录功能

更新记录功能是指将数据库中的旧数据根据需要进行更新的操作。这里会用前面已经用到的 detail. php 文件。

更新记录功能的操作步骤如下。

（1）打开 detail. php 网页后，选择链接文字“更新”，如图 6-39 所示。

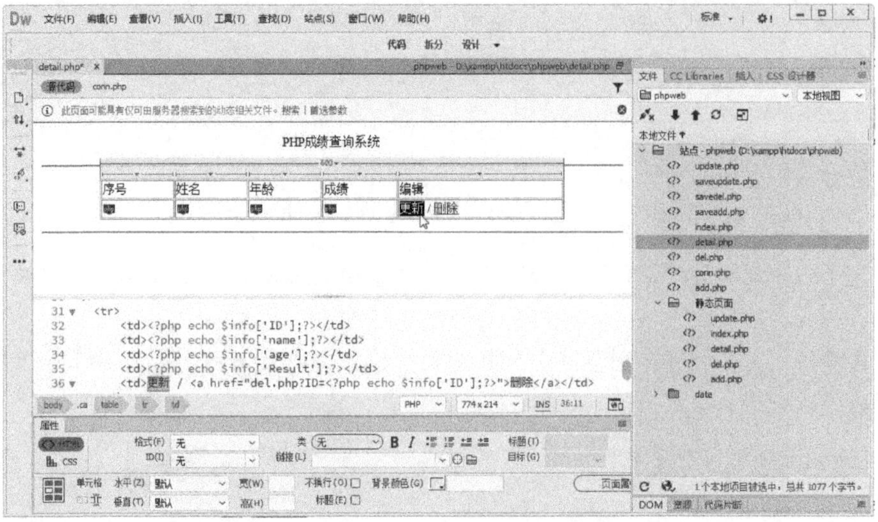

图 6-39　选择链接文字

（2）在“属性”面板中单击如图 6-40 所示的“浏览文件”图标，为其建立附带 URL 参数的超链接。

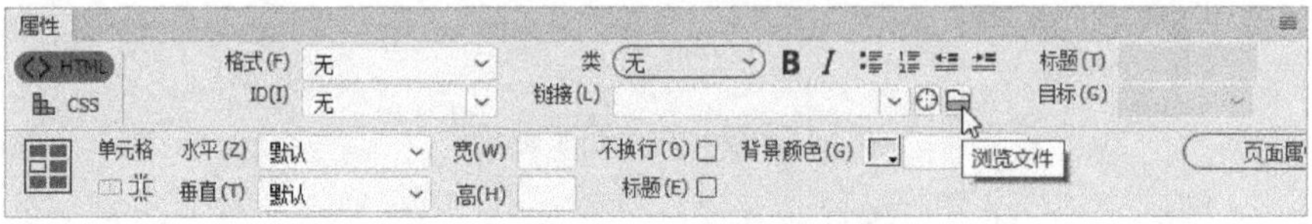

图 6-40　单击“浏览文件”图标

（3）找到用来更新记录的 update. php 页面，为其建立名称为 ID、值是记录集 ID 字段值的 URL 参数。

（4）完成后的链接地址如下：

```
update. php?ID=<?php echo$info['ID'];?>
```

以上代码传递 ID 到 update. php 页面，如图 6-41 所示

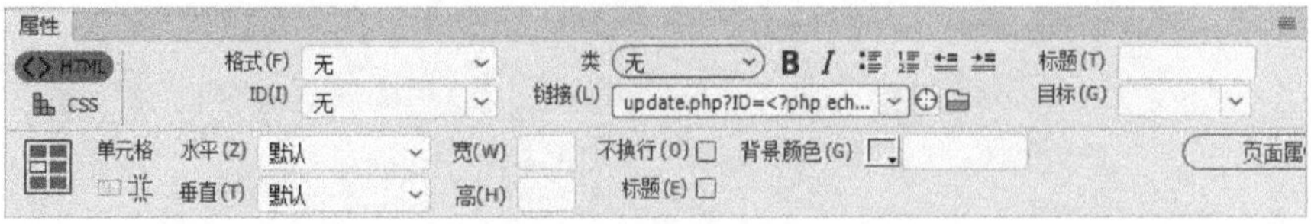

图 6-41　传递 ID 至 update. php

（5）创建 update. php 空白文档，该页面的设计与详细信息页面 detail. php 相同，都是要利用接收到的 URL 参数筛选指定记录。使用 PHP 设置查询记录集的代码如下：

```
<?php
    $ID=@ $_GET['ID'];
      $sql=mysqli_query($conn,"select * from websql where ID='".$ID."'");
      $info=mysqli_fetch_array($sql);
?>
```

(6) 将页面中应该有的表单、文本字段、按钮设置完成，将记录集内的字段拖动至页面上各对应的文本字段中，如图 6-42 所示。由于 ID 是主键，不能随便变更主键的值，因此这里的 ID 部分直接显示为文本字段，其他为输入文本。

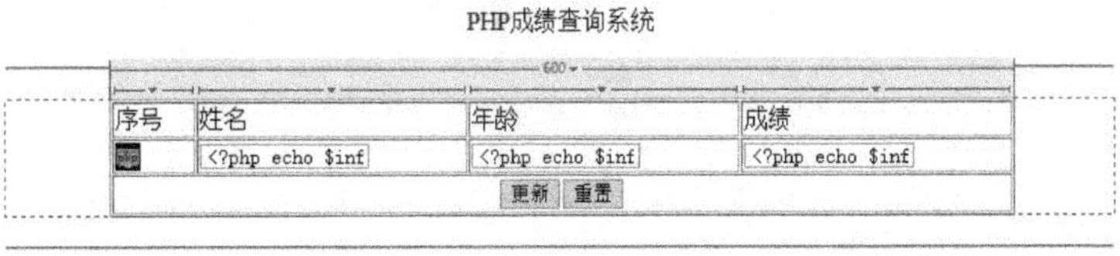

图 6-42　绑定字段

(7) 需要在单击“更新”按钮时进行一个表单判断，不能让姓名、年龄、成绩 3 个字段为空，完成整页的代码：

```
<?php require_once('conn.php');?>
<html>
<head>
<meta http-equiv="Content-Type" content="text/html;charset=utf-8" />
<title>更新页面</title>
<style type="text/css">
.aline_center {text-align:center;
}
.dc {
  text-align:center;
}
</style>
</head>

<body>
<p class="aline_center">PHP 成绩查询系统</p>
<hr />
<script language="javascript">
  function chkinput(form)
    {
      if(form.name.value=="")
    {
      alert("请输入姓名!");
      form.name.select();
      return(false);
    }
      if(form.age.value=="")
    {
      alert("请输入年龄!");
```

```
        form. age. select( );
        return( false);
      }
        if( form. Result. value = = "" )
      {
        alert( "请输入年龄!" );
        form. Result. select( );
        return( false);
      }
    return( true);
      }
</script>
  <form name = " form1" method = " post" action = " saveupdate. php" onSubmit = " return chkinput
( this) ">
  <table width = "600" border = "1" align = "center" cellpadding = "1" cellspacing = "1">
    <tr>
      <td>序号</td>
      <td>姓名</td>
      <td>年龄</td>
      <td>成绩</td>
    </tr>
    <?php
      $ID = @ $_GET['ID'];
        $sql = mysqli_query( $conn, "select * from websql where ID = '". $ID. "'");
        $info = mysqli_fetch_array( $sql);
?>
    <tr>
      <td><?php echo$info['ID'];?></td>
      <input name = "ID" type = "hidden" id = "ID" value = "<?php echo$info['ID']?>" size = "16" />
      <!--加入 ID 隐藏域,使用表单传递时能把 ID 值正确传给下一页-->
      <td><input name = "name" type = "text" id = "name" value = "<?php echo$info['name']?>"
size = "16" /></td>
      <td><input name = "age" type = "text" id = "age" value = "<?php echo$info['age']?>" size =
"16" /></td>
      <td><input name = "Result" type = "text" id = "Result" value = "<?php echo$info['Result']?>"
size = "16" /></td>
    </tr>
    <tr>
      <td colspan = "4" class = "dc"><input type = "submit" name = "button" id = "button" value = "更
新" />
<input type = "reset" name = "button2" id = "button2" value = "重置" /></td>
    </tr>
  </table>
</form>
<hr />
<p> </p>
<p> </p>
</body>
</html>
```

(8) 创建 saveupdate. php 网页，使用 update( ) 函数实现数据对表格的更新，具体的 PHP

代码如下：

```
<meta http-equiv="Content-Type" content="text/html;charset=utf-8">
<?php
  $ID=$_POST['ID'];
  $name=$_POST['name'];
  $age=$_POST['age'];
  $Result=$_POST['Result'];
   include("conn. php");
   mysqli_query($conn,"update websql set name='$name',age='$age',Result='$Result' where id='$ID
'");
   echo "<script>alert('修改成功!');history. back();</script>";
?>
```

（9）最后在浏览器中打开 index. php，选择最后一条记录的详情页面 detail. php，再在详情页面中单击“更新”链接，如图 6-43 所示。

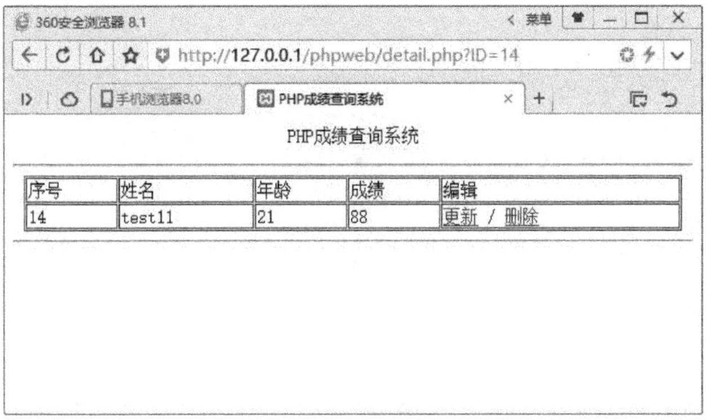

图 6-43　单击“更新”链接

（10）在 update. php 中可以修改姓名、年龄与成绩的字段值，而 ID 文本字段是不能修改的，更改完成后单击“更新”按钮，如图 6-44 所示。

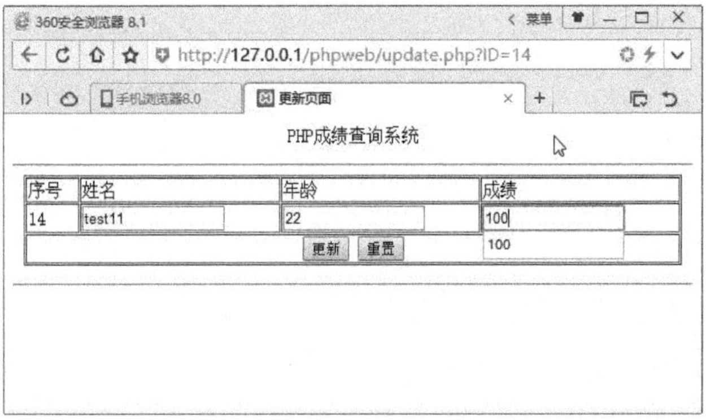

图 6-44　修改数据

（11）返回到 index. php，检查该条记录是否被正确更新，如图 6-45 所示。

图 6-45 完成更新的功能页面

这部分的程序代码与插入记录基本相同，差别只在于隐藏字段的名称不同，使用的是 UPDATE 语句。

6.3.3 删除记录功能

删除记录功能是指将数据从数据库中删除，使用 DELETE（删除记录）命令即可以实现。具体的实现步骤如下。

（1）使用超级链接带着 URL 参数转到删除页面 del. php。首先在 detail. php 中选中“删除”文字链接，在“属性”面板中建立链接，如图 6-46 所示。

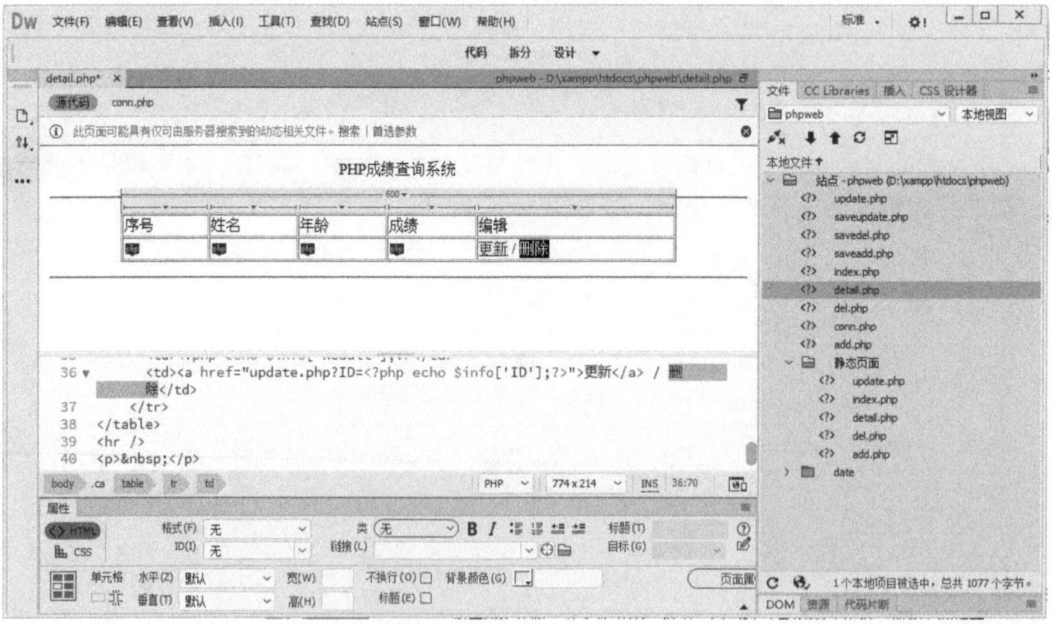

图 6-46 设置“删除”链接

（2）在“属性”面板中单击如图 6-47 所示的“浏览文件”按钮，为其建立附带 URL 参数的超级链接。

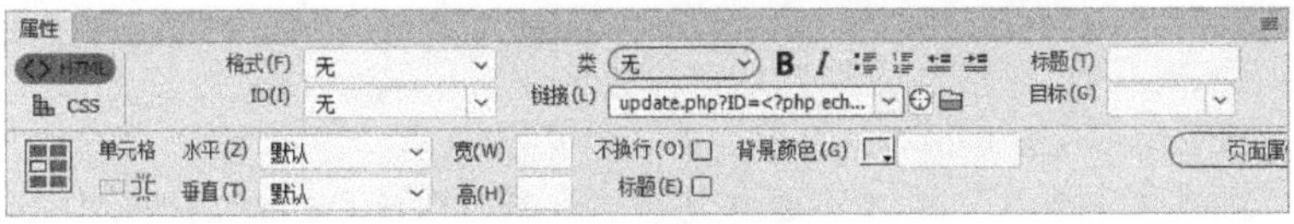

图 6-47　单击“浏览文件”按钮

(3) 选择用来删除记录的 del. php 页面，为其建立名称为 ID、值是记录集 ID 字段值的 URL 参数。

(4) 完成后的链接地址如下：

```
del. php?ID=<?php echo$info['ID'];?>
```

以上代码传递 ID 到 del. php 页面，如图 6-48 所示。

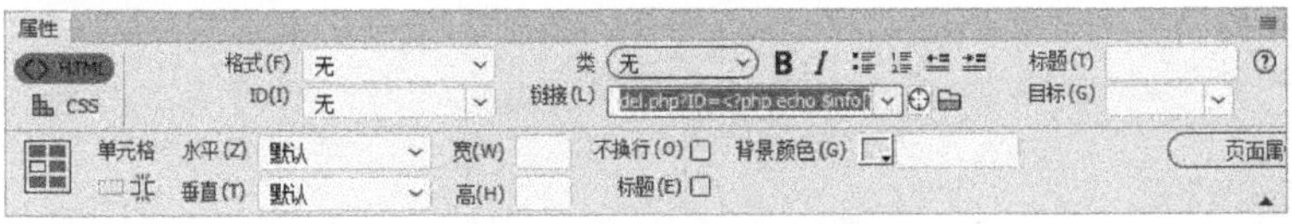

图 6-48　传递 ID 至 del. php

(5) 创建 del. php 空白文档，使用 PHP 编写查询记录集代码

```
<?php require_once('conn. php');?>
<html>
<head>
<meta http-equiv="Content-Type" content="text/html;charset=utf-8" />
<title>删除页面</title>
<style type="text/css">
. aline_center {text-align:center;
}
. dc {
text-align:center;
}
</style>
</head>
<body>
<p class="aline_center">PHP 成绩查询系统</p>
<hr/>
  <form name="form1" method="post" action="savedel. php"">
  <table width="600" border="1" align="center" cellpadding="1" cellspacing="1">
    <tr>
      <td>序号</td>
      <td>姓名</td>
      <td>年龄</td>
      <td>成绩</td>
    </tr>
    <?php
      $ID=$_GET['ID'];
        $sql=mysqli_query($conn,"select * from websql where ID='". $ID. "'");
        $info=mysqli_fetch_array($sql);
```

```
?>
    <tr>
      <td><?php echo$info['ID'];?></td>
      <input name="ID" type="hidden" id="ID" value="<?php echo$info['ID']?>" size="16" />
      <!--加入 ID 隐藏域,使用表单传递时能把 ID 值正确传给下一页-->
      <input type="hidden" name="id" value="<?php echo$info['ID'];?>">
      <td><?php echo$info['name']?></td>
      <td><?php echo$info['age']?></td>
      <td><?php echo$info['Result']?></td>
    </tr>
    <tr>
      <td colspan="4" class="dc"><input type="submit" name="button" id="button" value="删
除" /></td>
    </tr>
  </table>
</form>
<hr />
<p> </p>
<p> </p>
</body>
</html>
```

（6）最后编写 savedel. php 网页代码，使用 DELETE 命令实现数据库的删除操作。并使用 header( )函数实现删除成功后跳转到首页操作。

```
<meta http-equiv="Content-Type" content="text/html;charset=utf-8">
<?php
   include("conn.php");
   $ID=$_POST['ID'];
   mysqli_query($conn,"delete from websql where id='$ID'");
   echo "<script>alert('删除成功!');</script>";
header("location:index.php");
?>
```

第 7 章　用户管理系统开发

用户管理系统是 PHP 网站开发应用中常常使用的一种技术。一个典型的用户管理系统，一般应该有用户注册功能、资料修改功能、取回密码功能、用户注销身份功能等。本章的实例将以前介绍的知识加以灵活应用。该实例中主要用到了创建数据库和数据库表、建立数据源连接、建立记录集、创建各种动态页面、添加重复区域来显示多条记录、页面之间传递信息、创建导航条、隐藏导航条连接等技巧和方法。

从入门到精通

本章的学习重点：

- 用户管理系统的规划
- 用户登录模块的设计
- 用户注册模块的设计
- 资料修改模块的设计
- 密码查询模块的设计

Section 7.1 用户管理系统的规划

在制作网站的时候，一般都要在制作之前设计好网站各个页面之间的链接关系，绘制出系统脉络图，这样方便后面整个系统的开发与制作。本节就介绍一下用户管理系统的整体规划工作。

7.1.1 系统结构设计

“用户管理系统”的系统结构设计如图 7-1 所示。本系统主要的结构分成用户登录模块与修改资料模块两个部分，其中 index. php 是这个网站的首页。

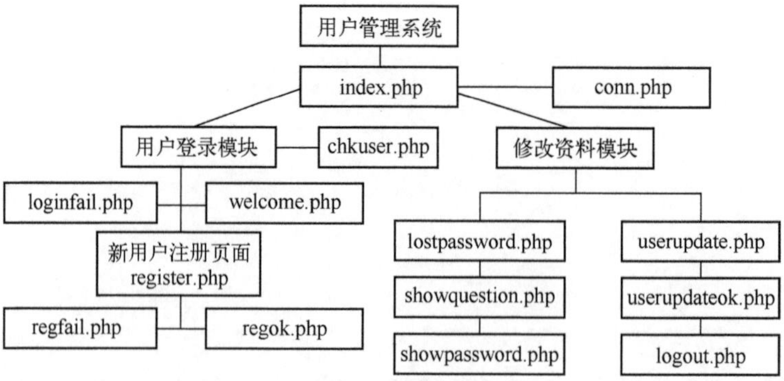

图 7-1 系统结构图

在本地的计算机设置站点服务器，在 Dreamweaver CC（2017）的网站环境中按〈F12〉键来浏览网页，或者在浏览器地址栏中输入“http://127. 0. 0. 1/member/index. php”来打开用户管理系统的首页 index. php，其中 member 为站点名。

实例共有 14 个页面，各个页面的名称和对应的功能如表 7-1 所示。

表 7-1 用户管理系统网页功能表

页　面	功　能
index. php	用户开始登录的页面
conn. php	数据库连接文件
chkuser. php	登录验证动态页面
welcome. php	用户登录成功后显示的页面
loginfail. php	用户登录失败后显示的页面
register. php	新用户用来注册个人信息的页面
regok. php	新用户注册成功后显示的页面
regfail. php	新用户注册失败后显示的页面

（续）

页　面	功　能
lostpassword. php	丢失密码后进行密码查询使用的页面
showquestion. php	查询密码时输入提示问题的页面
showpassword. php	答对查询密码问题后显示的页面
userupdate. php	修改用户资料的页面
userupdateok. php	成功更新用户资料后显示的页面
logout. php	退出用户系统的页面

7.1.2 创建用户数据库

通过对用户管理系统的功能分析发现，这个数据库应该包括注册的用户名、注册密码及一些个人信息，如性别、年龄、E-mail、电话等，所以在数据库中必须包含一个容纳上述信息的表，称为“用户信息表”，将数据库命名为member。搭建数据库和数据表的步骤如下。

（1）在phpMyAdmin中建立数据库member，单击 数据库 标签，打开本地的“数据库”页面，在“新建数据库”文本框中输入数据库的名称“member”，单击后面的数据库类型下拉按钮，在弹出的选择项中选择“utf8_general_ci”选项，如图7-2所示，单击“创建”按钮，返回“常规设置”页面，在数据库列表中就已经建立了名为member的数据库。

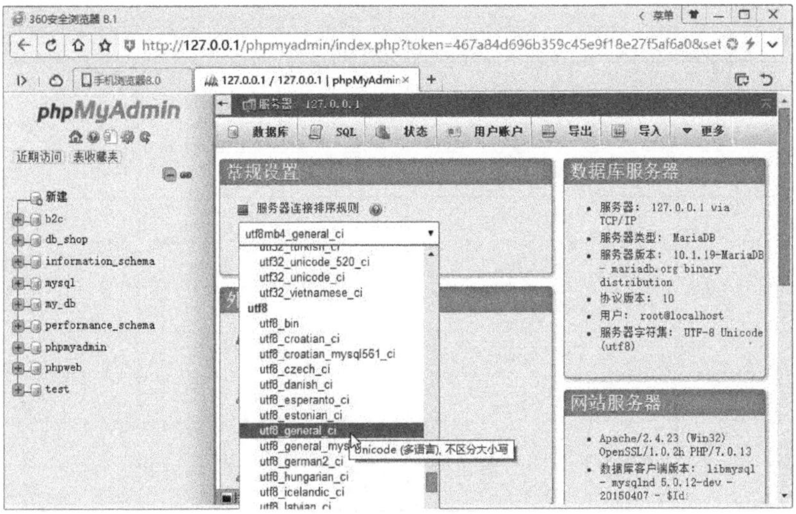

图7-2　选择服务器连接排序规则

（2）单击左边的member数据库将其连接上，打开“新建数据表”页面，输入数据表名“member”，在“字段数”文本框中输入本数据表的字段数为12，表示将创建12个字段来储存数据，再单击“执行”按钮，切换到数据表的字段属性设置页面，输入数据域名并设置数据域的相关数据，如图7-3所示。

图 7-3　建立 member 数据表

各字段的信息如表 7-2 所示，这个数据表主要是记录每个用户的基本数据、加入的时间，以及登入的账号与密码。

表 7-2　member 数据表

字 段 名 称	字 段 类 型	字 段 大 小	说　　明
ID	INT	11	用户编号
username	VARCHAR	20	用户账号
password	VARCHAR	20	用户密码
question	VARCHAR	50	找回密码提示
answer	VARCHAR	50	答案
truename	VARCHAR	50	真实姓名
sex	VARCHAR	10	性别
address	VARCHAR	50	地址
tel	VARCHAR	50	电话
QQ	VARCHAR	20	QQ 号码
email	VARCHAR	50	邮箱
authority	CHAR	1	登录区分

创建的数据表有 12 个字段，读者在开发其他用户管理系统的时候可以根据用户信息的需要加入更多的字段。

7.1.3　定义 member 站点

在 Dreamweaver CC（2017）中创建一个“用户管理系统”网站站点 member，由于这是 PHP 数据库网站，因此必须设置本机数据库和测试服务器，主要的设置如表 7-3 所示。

表 7-3 站点设置的基本参数

站点名称	member
本机根目录	D:\xampp\htdocs\member
测试服务器	D:\xampp\htdocs\
网站测试地址	http://127.0.0.1/member/
MySQL 服务器地址	D:\xampp\mysql\data\member
管理账号/密码	root/空
数据库名称	member

创建 member 站点的具体操作步骤如下。

(1) 首先在 D:\xampp\htdocs 路径下建立 member 文件夹（如图 7-4 所示），本章所有建立的网页文件都将放在该文件夹下。

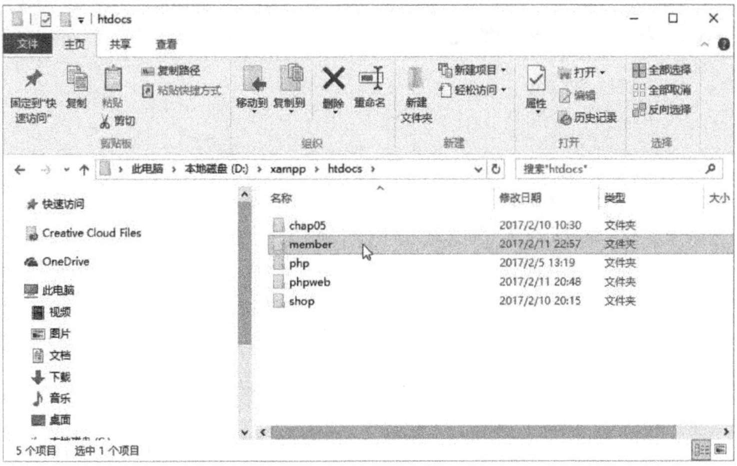

图 7-4 建立站点文件夹 member

(2) 运行 Dreamweaver CC (2017)，执行菜单栏中的"站点"→"管理站点"命令，打开"管理站点"对话框，如图 7-5 所示。

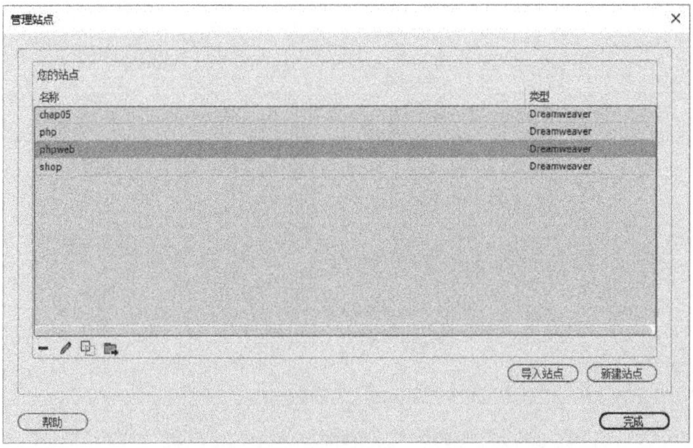

图 7-5 "管理站点"对话框

(3) 对话框的上边是站点列表框，其中显示了所有已经定义的站点。单击右下角的“新建站点”按钮，打开“站点设置对象”对话框，进行如图 7-6 所示的参数设置。

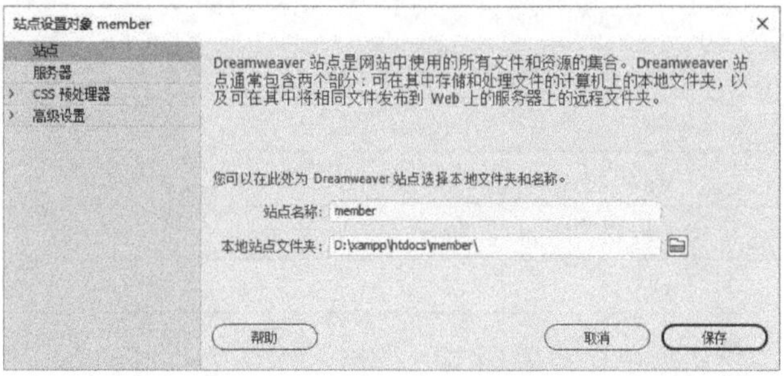

图 7-6　建立 member 站点

(4) 选择列表框中的“服务器”选项，并单击“添加服务器”按钮[+]，打开“基本”选项卡，进行如图 7-7 所示的参数设置。

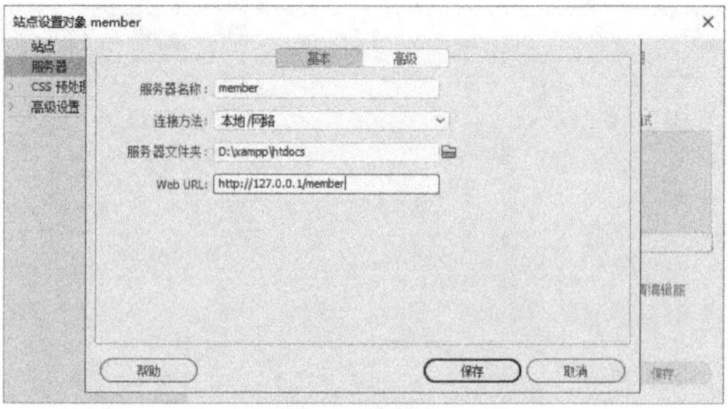

图 7-7　设置“基本”选项卡

(5) 设置后再打开“高级”选项卡，选择“维护同步信息”复选框，在“服务器模型”下拉列表项中选择 PHP MySQL，表示是使用 PHP 开发的网页，其他的保持默认值，如图 7-8 所示。

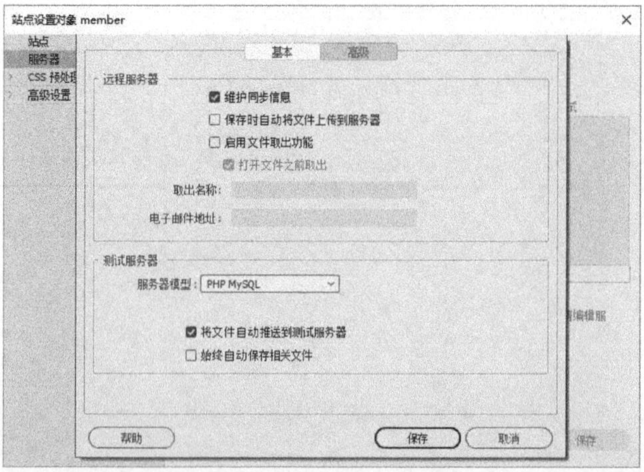

图 7-8　设置“高级”选项卡

(6) 单击“保存”按钮，返回“服务器”设置界面，选中“测试”单选按钮，如图 7-9 所示。

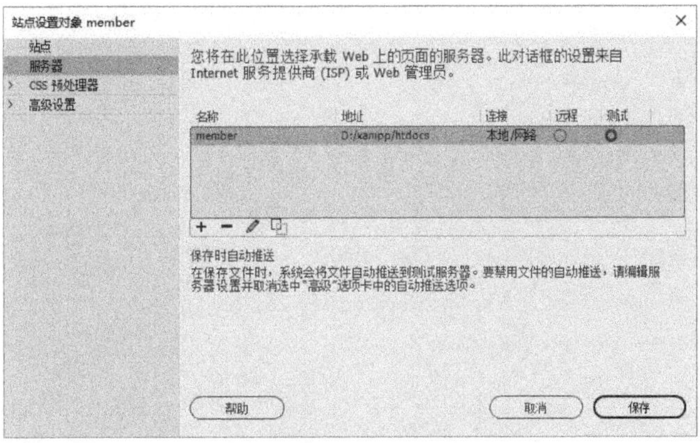

图 7-9　设置“服务器”参数

(7) 单击“保存”按钮，即可完成站点的定义设置，在 Dreamweaver CC (2017) 中就已经拥有了刚才所设置的站点 member。单击“完成”按钮，关闭“管理站点”对话框，这样就完成了 Dreamweaver CC (2017) 测试用户管理系统网页的网站环境设置。

7.1.4 建立数据库连接

完成了站点的定义后，接下来就是用户管理系统网站与数据库之间的连接，网站与数据库的连接设置如下。

(1) 将本实例的静态文件复制到站点文件夹下，打开 conn. php，如图 7-10 所示。

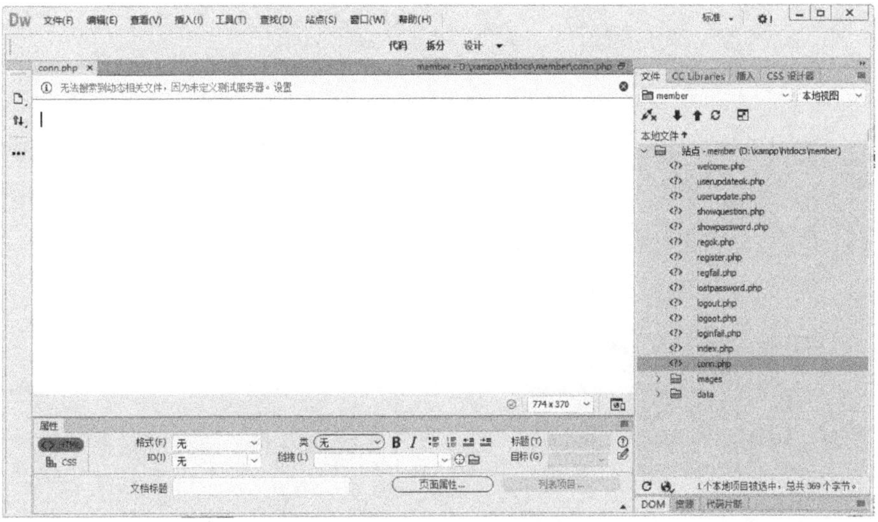

图 7-10　打开 conn. php 网页

(2) 打开该文件并使用“代码”视图，输入 MySQL 的连接代码，如图 7-11 所示。

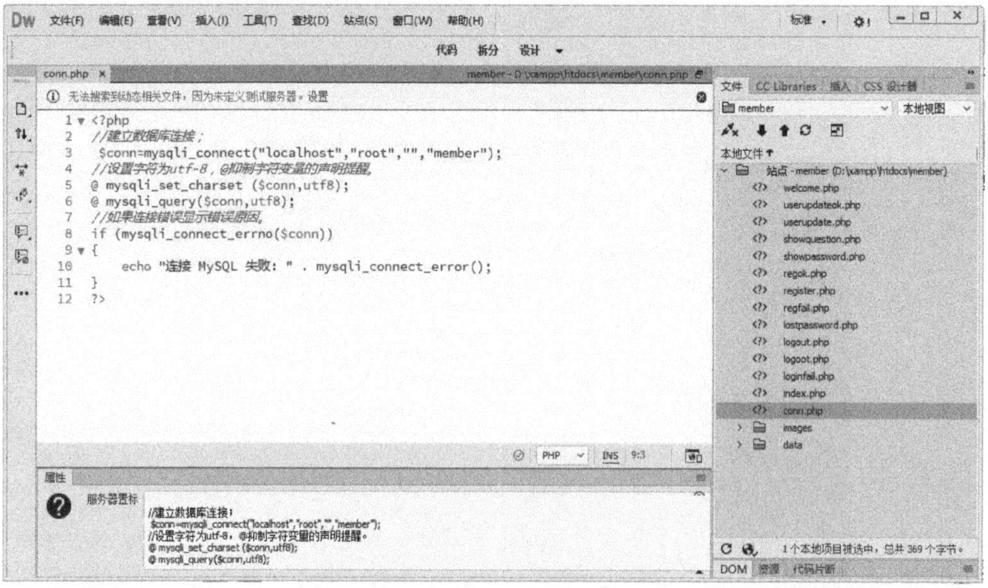

图 7-11 输入连接代码

在这个文件中定义了与 MySQL 服务器的连接（mysqil_connect( )函数），包括以下内容。

```
<?php
//建立数据库连接,连接到 member 数据库
  $conn=mysqli_connect("localhost","root","","member");
//设置字符为 utf-8,@ 抑制字符变量的声明提醒
@ mysqli_set_charset ($conn,utf8);
@ mysqli_query($conn,utf8);
//如果连接错误,则显示错误原因
if (mysqli_connect_errno($conn))
{
    echo "连接 MySQL 失败:" . mysqli_connect_error();
}
?>
```

连接后才能对数据库进行查询、新增、修改或删除的操作。在网站制作完成后，将文件上传至网络上的主机空间时，如果发现网络上的 MySQL 服务器访问的用户名、密码等方面与本机设置有所不同，则可以直接修改 conn. php 文件。

Section 7.2 用户登录模块的设计

本节主要介绍用户登录功能的制作，用户管理系统的第一个功能就是要提供一个所有会员进行登录的窗口。

7.2.1 用户登录页面

在用户访问该用户管理系统时，首先要进行身份验证，这个功能是靠登录页面来实现

的。所以登录页面中必须有供用户输入用户名和密码的文本框，以及输入完成后进行登录的“登录”按钮和输入错误后重新设置用户名和密码的“重置”按钮。

详细的制作步骤如下。

(1) 首先来看一下用户登录的首页，如图 7-12 所示。

图 7-12 用户登录系统首页

(2) index. php 页面是用户登录系统的首页，打开前面创建的 index. php 页面，输入网页标题“PHP 用户管理系统”，然后执行菜单栏中的“文件”→“保存”命令将网页标题保存。

(3) 执行菜单栏中的“文件”→“页面属性”命令，打开“页页属性”对话框，然后在“背景颜色”文本框中输入颜色值为“#CCCCCC”，在“上边距”文本框中输入“0”，单位为 px，这样设置的目的是让页面的第一个表格能置顶到上边，并形成一个灰色底纹的页面，设置如图 7-13 所示。

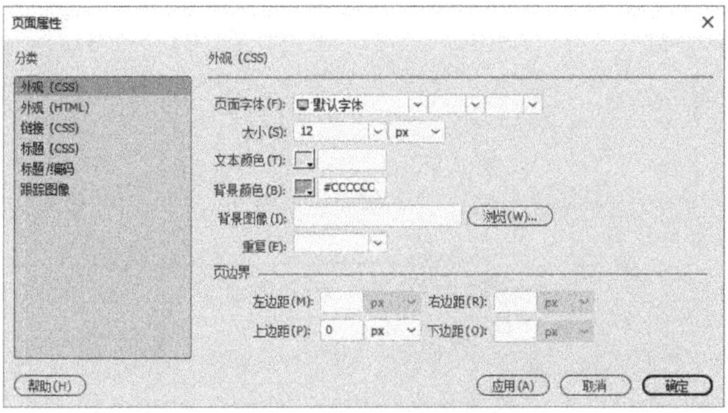

图 7-13 设置页面属性

(4) 设置完成后单击“确定”按钮，进入“文档”窗口，选择菜单栏中的“插入”→“Table（表格）”命令，打开“Table（表格）”对话框，在“行数”文本框中输入需要插入表格的行数为“3”，在“列”文本框中输入需要插入表格的列数为“3”，在“表格宽度”

文本框中输入“775”，设置单位为像素，设置“边框粗细”“单元格边距”和“单元格间距”都为0，如图7-14所示。

（5）单击“确定”按钮，这样就在“文档”窗口中插入了一个3行3列的表格。将光标放置在第1行表格中，在“属性”面板中单击“合并所选单元格，使用跨度”按钮，将第1行表格合并，再执行菜单栏中的“插入”→“图像”命令，打开“选择图像源文件”对话框，在站点images文件夹中选择图片01.gif，如图7-15所示。

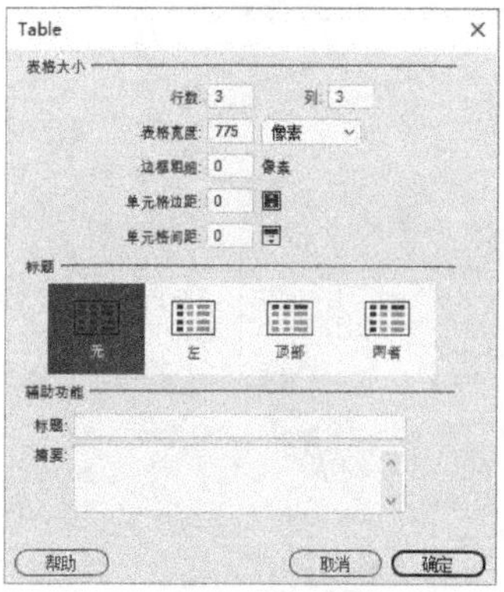

图7-14 设置表格属性

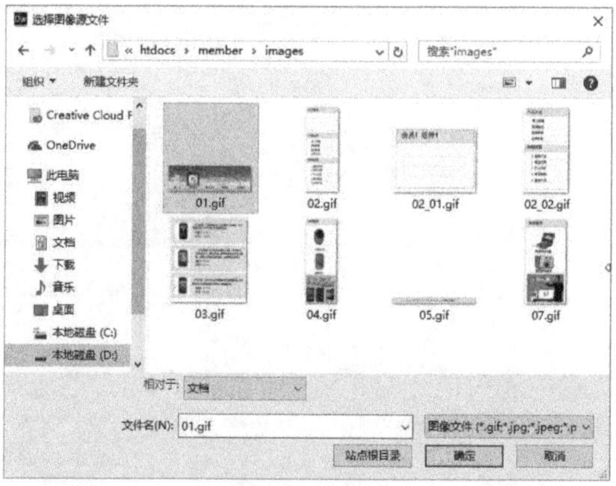

图7-15 “选择图像源文件”对话框

（6）单击“确定”按钮，即可在表格中插入此图片。将光标放置在第3行表格中，在“属性”面板中单击“合并所选单元格，使用跨度”按钮，将第3行所有单元格合并，再执行菜单栏中的“插入”→“图像”命令，打开“选择图像源文件”对话框，在站点images文件夹中选择图片05.gif，插入一个图片，效果如图7-16所示。

图7-16 插入图片效果

（7）插入图片后，选择插入的整个表格，在“属性”面板的“Align（对齐）”下拉列表框中选择“居中对齐”选项，让插入的表格居中对齐，如图7-17所示。

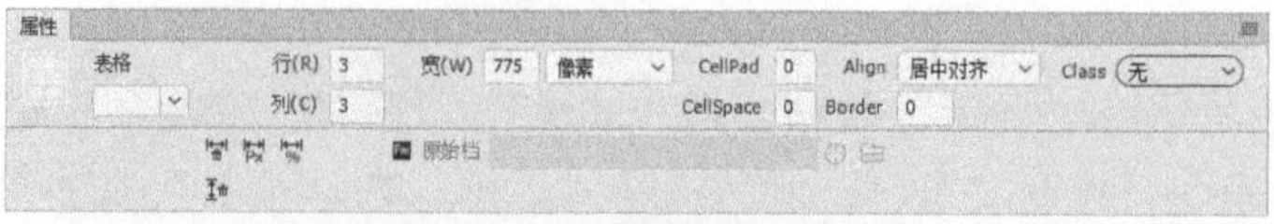

图7-17 设置表格居中对齐

（8）把光标移至所创建表格的第 2 行第 1 列中，在“属性”面板中设置高度为 456 像素、宽度为 179 像素，设置高度和宽度根据背景图像而定，从“背景”中选择该站点中 images 文件夹中的 02. gif 文件，得到的效果如图 7-18 所示。

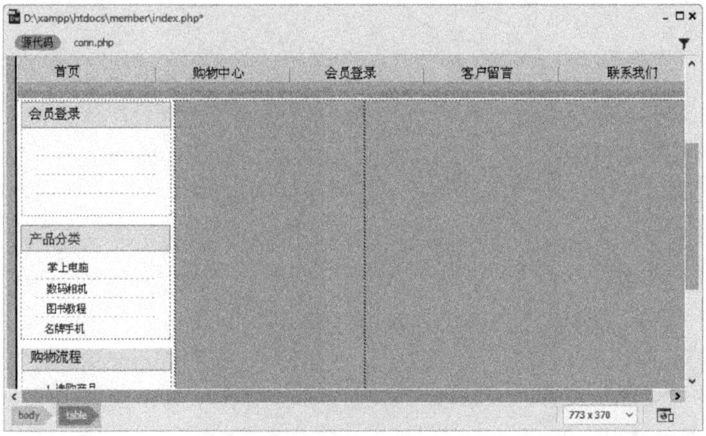

图 7-18　插入图片的效果

（9）在表格的第 2 行第 2 列和第 3 列中，分别插入站点 images 文件夹中的图片 03. gif 和 04. gif，完成网页的结构搭建，如图 7-19 所示。

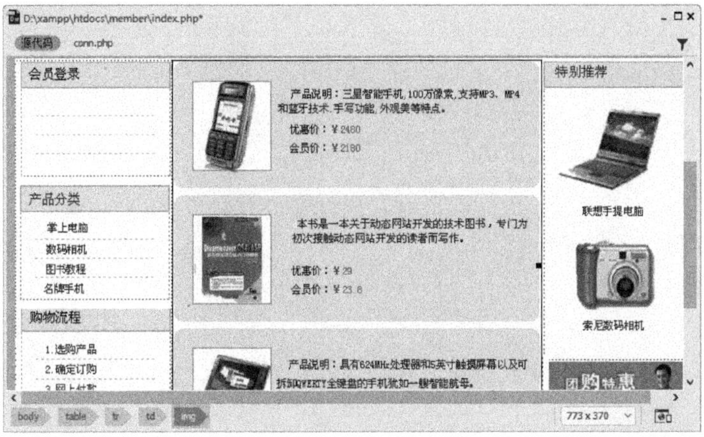

图 7-19　完成的网页背景效果

（10）单击第 2 行第 1 列单元格，然后再单击文档窗口上的 拆分 按钮，在<td>和</td>之间加入 valign="top"（表格文字和图片的相对摆放位置，可选值为 top、middle、bottom）的命令，表示让光标能够自动地移至该单元格的最顶部，设置如图 7-20 所示。

说明：

文档工具栏中包含按钮和弹出的菜单，它们提供各种文档窗口视图（如“设计”“拆分”和“代码”视图），以及各种查看选项和一些常用操作（如在浏览器中预览）。

（11）单击文档窗口上的 设计 按钮，返回文档窗口的“设计”窗口模式，在刚创建的表格的单元格中，执行菜单栏“插入”→“表单”→“表单”命令（如图 7-21 所示），插入一个表单。

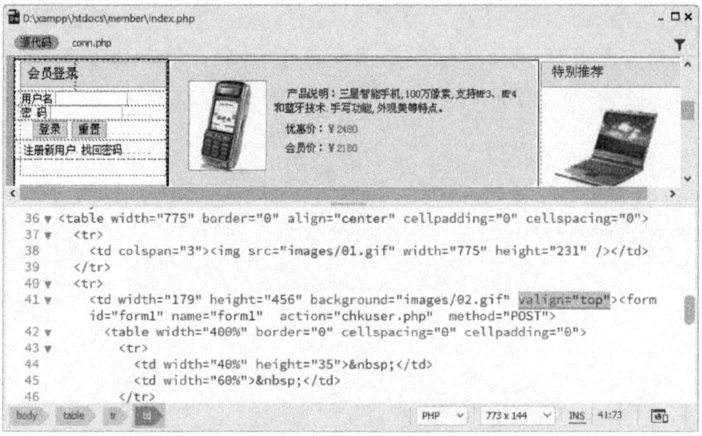

图 7-20　设置单元格中内容的对齐方式为最上

图 7-21　执行“表单”命令

（12）将鼠标指针放置在该表单中，执行菜单栏“插入”→“Table（表格）”命令，打开“Table（表格）”对话框，在“行数”文本框中输入“5”，在“列”文本框中输入“2”。在“表格宽度”文本框中输入“179”，设置单位为像素，在该表单中插入5行2列的表格。单击并拖动鼠标，分别选择第1行、第2行和第5行表格，并分别在“属性”面板中单击“合并所选单元格，使用跨度”按钮▭，将这几行表格进行合并。然后在表格的第1行输入“会员登录”4个字，在第2行第1列中输入文字说明“用户名”，在第2行第2列中执行菜单栏“插入”→“表单”→“文本”命令，插入一个单行文本域表单对象，并定义文本域名为“username”，文本域属性设置如图7-22所示。

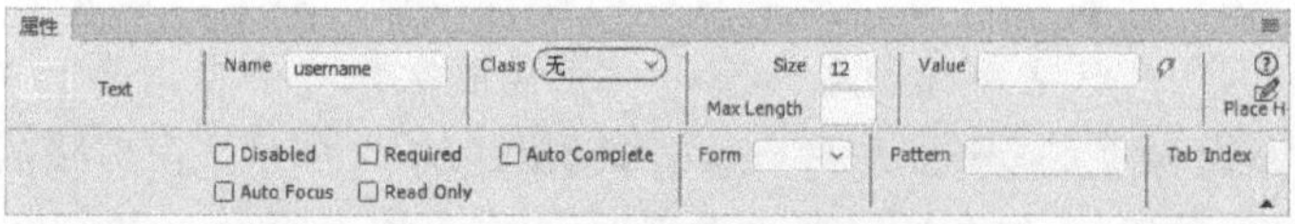

图 7-22　username 文本域属性的设置

文本域的属性说明如下。

Name：在“Name”文本框中为文本域指定一个名称，每个文本域都必须有一个唯一名称。表单对象名称不能包含空格或特殊字符。可以使用字母、数字和下画线的任意组合。请注意，为文本域指定的标签是存储该域的值（输入的数据）的变量名，这是发送给服务器进行处理的值。

Size：“字符宽度”，设置域中最多可显示的字符数。

Max Length：“最多字符数”，指定在域中最多可输入的字符数，如果保留为空白，则输入不受限制。“字符宽度”可以小于“最多字符数”，但大于“字符宽度”的输入则不显示。

Value：“初始值”，指定在首次载入表单时，域中显示的值。例如，通过包含说明或示例值，可以指示用户在域中输入信息。

Class：“类”，可以将 CSS 规则应用于对象。

(13) 在第 3 行第 1 列表格中输入文字说明“密码”，在第 3 行表格的第 2 列中执行菜单栏“插入”→“表单”→“文本”命令，插入密码文本域表单对象，定义“文本域”名为 password。“文本域”属性设置及此时的效果如图 7-23 所示。

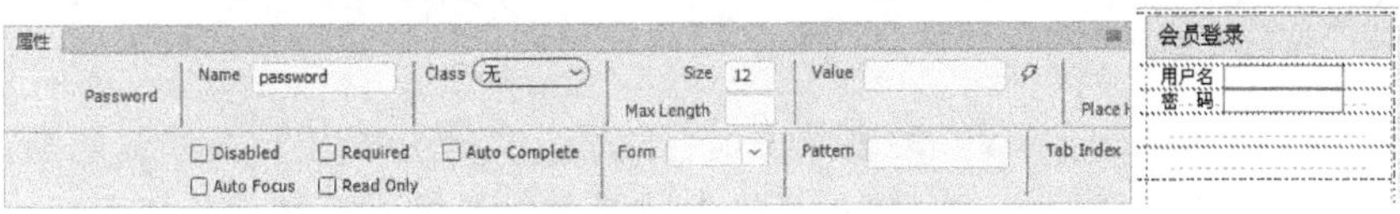

图 7-23 密码“文本域”的设置及效果

(14) 选择第 4 行单元格，执行菜单栏“插入”→“表单”→“按钮”命令两次，插入两个按钮，并分别在“属性”面板中进行属性设置，一个为登录时用的“登录”按钮，一个为“重置”按钮，“属性”的设置如图 7-24 所示。

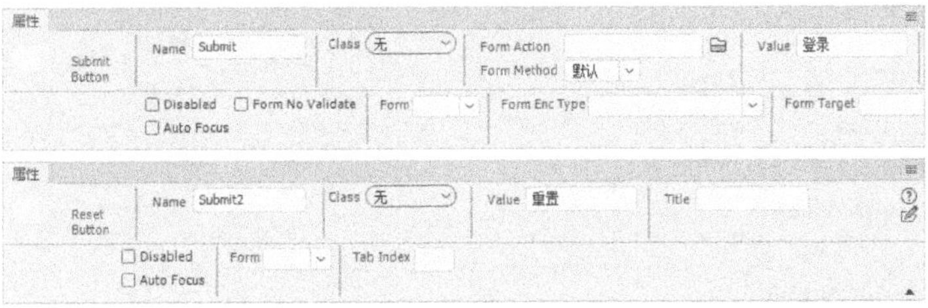

图 7-24 设置按钮属性

(15) 在第 5 行输入“注册新用户”文本，并设置一个转到用户注册页面 register. php 的链接对象，以方便用户注册，如图 7-25 所示。

图 7-25 建立“注册新用户”链接

(16) 如果已经注册的用户忘记了密码，希望以其他方式能够重新获得密码，则可以在表格的第 4 列中输入“找回密码”文本，并设置一个转到密码查询页面 lostpassword. php 的链接对象，方便用户取回密码，如图 7-26 所示。

图 7-26　设置“找回密码”链接

（17）表单编辑完成后，下面来编辑该网页的动态内容，使用户可以通过该网页中表单的提交实现登录功能。表单对象对应的“属性”面板的动作属性值为 Action = " chkuser. php" , Method = "POST" , 如图 7-27 所示。它的作用就是实现表单跳转的功能。

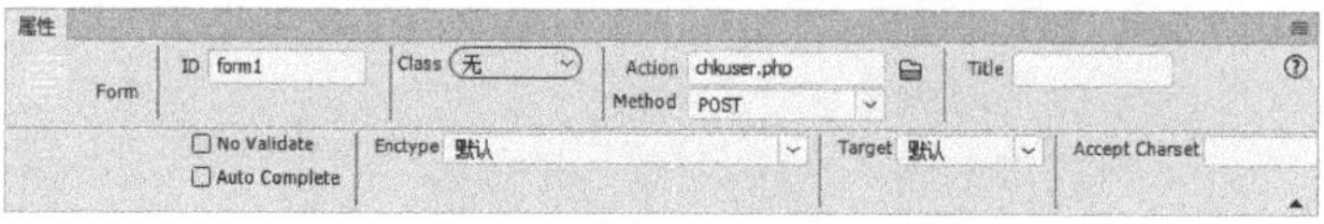

图 7-27　表单对应的“属性”设置

（18）执行菜单栏“文件”→“保存”命令，将该文档保存到本地站点中，完成网站的首页制作。

（19）表单提交到 chkuser. php 动态网页进行验证。如果登录用户名和密码都正确，就跳转到 welcome. php；如果登录失败，提示登录失败原因。具体实现的代码如下：

```
<meta http-equiv="Content-Type" content="text/html;charset=utf-8">
<?php
include("conn. php");
  $username=$_POST['username'];
  $userpwd=$_POST['password'];
class chkinput{
    var$name;
    var$pwd;
    function chkinput($x,$y){
      $this->name=$x;
      $this->pwd=$y;
      }
    function checkinput(){
       include("conn. php");
//判断名称和密码是否正确
      $sql=mysqli_query($conn,"select * from member where username='". $this->name. "'");
      $info=mysqli_fetch_array($sql);
      if($info==false){
             echo "<script language='javascript'>alert('不存在此用户！');history. back();</script>";
             exit;
         }
        else{
          if($info['authority']==1){
                    echo "<script language='javascript'>alert('该用户已经被冻结！');history. back
();</script>";
                  exit;
             }
```

```
                if($info['password']==$this->pwd)
                  {
                        session_start();
                  $_SESSION['username']=$info['username'];
                $_SESSION['ID']=$info['ID'];
                header("location:welcome.php");
//设置阶段变量转向 welcome.php 页面
                exit;
                  }
              else {
                  echo "<script language='javascript'>alert('密码输入错误!');</script>";
            header("location:loginfail.php");
            //登录失败,跳转至 loginfail.php 页面
                  exit;
                  }
          }
      }
  }
    $obj=new chkinput(trim($username),trim($userpwd));
    $obj->checkinput();
?>
```

7.2.2 登录成功和失败

当用户输入的登录信息不正确时，就会转到 loginfail.php 页面，显示登录失败的信息。如果用户输入的登录信息正确，就会转到 welcome.php 页面。

(1) 执行菜单栏“文件”→“新建”命令，在网站根目录下新建一个名为 loginfail.php 的网页并保存。

(2) 登录失败页面如图 7-28 所示。在文档窗口中选中“这里”文本，在其对应的“属性”面板上的“链接”文本框中输入“index.php”，将其设置为指向 index.php 页面的链接。

图 7-28 登录失败页面 loginfail.php

(3) 执行菜单栏“文件”→“保存”命令，完成 loginfail. php 页面的创建。

制作 welcome. php 页面，详细制作的步骤如下。

(1) 执行菜单栏“文件”→“新建”命令，在网站根目录下新建一个名为 welcome. php 的网页并保存。

(2) 用类似的方法制作登录成功页面的静态部分。使用阶段变量实现登录成功后显示用户名，阶段变量提供了一种对象，通过这种对象，用户信息得以存储，并使该信息在用户访问的持续时间中对应用程序的所有页都可用。阶段变量还可以提供一种超时形式的安全对象，这种对象在用户账户长时间不活动的情况下终止该用户的会话。如果用户忘记从 Web 站点注销，这种对象还会释放服务器内存和处理资源。在网页中加入 PHP 阶段变量的代码如下：

```
<?php
  $ID=@ $_SESSION[ID];
  if(@ $_SESSION['username']!='') {
  echo "用户 $_SESSION[username]欢迎您";
  }
```

如图 7-29 所示，这样，就完成了这个显示登录用户名“阶段变量”的添加工作。

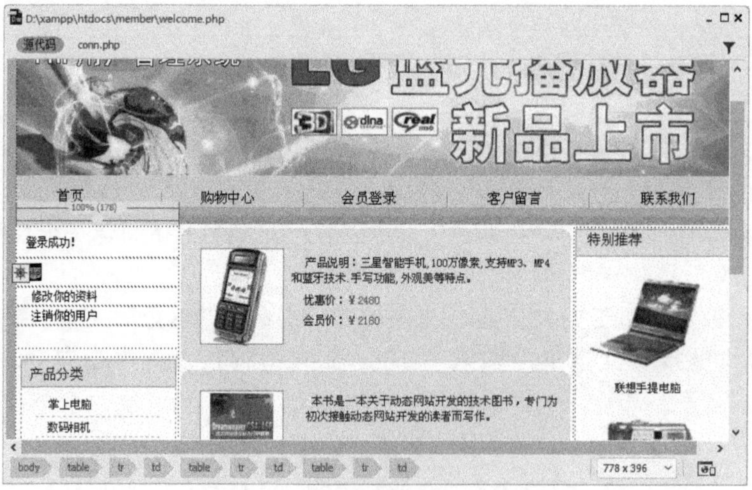

图 7-29　阶段变量插入后的效果

(3) 在文档窗口中拖动鼠标选中“注销你的用户”文本。在“注销你的用户”链接文本对应的“属性”面板中设置“链接”属性值为 logout. php，如图 7-30 所示。

图 7-30　链接属性设置

(4) logout. php 的页面设计比较简单，不做详细说明，在页面中的“这里”处指定一个链接到首页 index. php 就可以了，效果如图 7-31 所示。

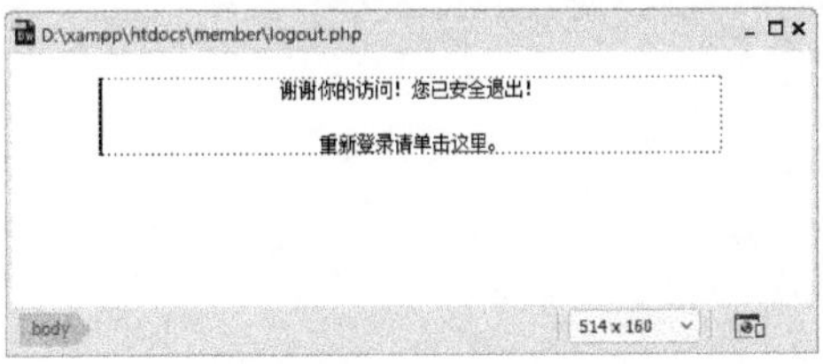

图 7-31　注销用户页面设计效果图

（5）退出登录的 PHP 命令很简单，如下：

```
<?php
session_start( );
session_destroy( );
//清空阶段变量,退出用户登录
?>
```

（6）执行菜单栏“文件”→“保存”命令，将该文档保存到本地站点中。编辑工作完成后，就可以测试该用户登录系统的执行情况了。将文档中的“修改你的资料”链接到 userupdate. php 页面，此页面将在后面的小节中进行介绍。

7.2.3 登录功能的测试

制作好一个系统后，需要测试无误，才能上传到服务器使用。下面就对登录系统进行测试，测试的步骤如下。

（1）打开 IE 浏览器，在地址栏中输入“http://127.0.0.1/member/”，打开 index. php 页面，如图 7-32 所示。

图 7-32　打开的网站首页

（2）在“用户名”和“密码”文本框中输入用户名及密码，单击“登录”按钮。

（3）如果在第（2）步中填写的登录信息是错误的，或者根本就没有输入，则浏览器就会转到登录失败页面 loginfail. php，显示登录错误信息，如图 7-33 所示。

图 7-33　登录失败页面 loginfail. php

（4）如果输入的用户名和密码都正确，则显示登录成功页面。这里输入的是前面数据库设置的用户 design，登录成功后的页面如图 7-34 所示，其中显示了用户名 design。

图 7-34　登录成功页面 welcome. php

（5）如果想注销用户，只需要单击“注销你的用户”超链接即可。注销用户后，浏览器就会转到页面 logout. php，然后单击“这里”超链接回到首页，如图 7-35 所示。至此，登录功能就测试完成了。

图 7-35 注销用户页面

Section 7.3 用户注册模块的设计

用户登录系统是为数据库中已有的老用户登录用的，一个用户管理系统还应该提供新用户注册用的页面，对于新用户来说，通过单击 index. php 页面上的“注册新用户”超链接，进入名为 register. php 的页面，在该页面可以实现新用户注册功能。

7.3.1 用户注册页面

register. php 页面主要实现用户注册的功能，用户注册的操作就是向数据库的 member 表中添加记录的操作，完成的页面如图 7-36 所示。

图 7-36 用户注册页面

(1) 执行菜单栏“文件”→“新建”命令，在网站根目录下新建一个名为 register. php 的网页并保存。

(2) 在 Dreamweaver 中使用制作静态网页的工具完成如图 7-37 所示的静态部分。这里要说明的是，注册时需要加入一个“隐藏域”并命名为 authority，设置默认值为 0，即所有的用户注册的时候默认是一般访问用户。

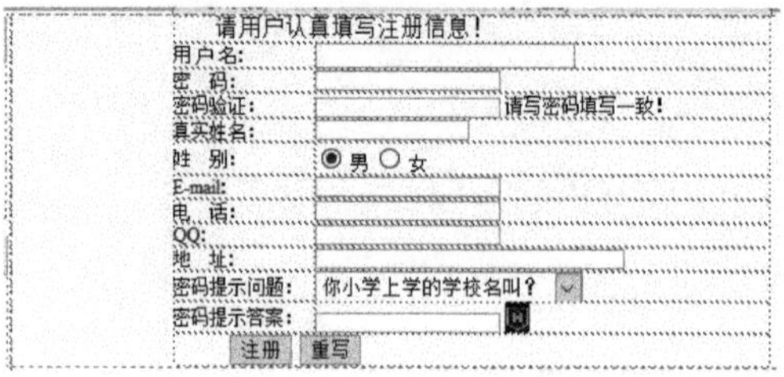

图 7-37 register. php 页面静态设计

注意：

在为表单中的文本域对象命名时，由于表单对象中的内容将被添加到 member 表中，可以将表单对象中的文本域名设置成与数据库中的相应字段名相同。这样做的目的是当该表单中的内容添加到 member 表中时会自动配对，文本“重复密码”对应的文本框命名为 password1。隐藏域是用来收集或发送信息的不可见元素。对于网页的访问者来说，隐藏域是看不见的。当表单被提交时，隐藏域就会将信息用设置时定义的名称和值发送到服务器上。

（3）还需要设置一个验证表单的动作，用来检查访问者在表单中填写的内容是否满足数据库的 member 表中字段的要求。在将用户填写的注册资料提交到服务器之前，就会对用户填写的资料进行验证。如果有不符合要求的信息，可以向访问者显示错误的原因，并让访问者重新输入。在表单提交时加入一个 onSubmit="return chkinput(this)"命令，在 body 前面加入表单验证的 JavaScript 验证，该验证基本包括了目前所有表单的验证功能，包括不能空、密码重复验证、邮箱验证等，具体的代码如下：

```
<script language="javascript">
  function chkinput(form)
  {
     if(form.username.value=="")
  {
   alert("请输入昵称!");
   form.username.select();
   return(false);
  }
 if(form.password.value=="")
  {
   alert("请输入注册密码!");
   form.password.select();
   return(false);
  }
     if(form.password1.value=="")
  {
   alert("请输入确认密码!");
   form.password1.select();
   return(false);
```

```
  }
if(form.password.value.length<6)
  {
  alert("注册密码长度应大于 6!");
  form.password.select();
  return(false);
  }
if(form.password.value!=form.password1.value)
  {
  alert("密码与重复密码不同!");
  form.password1.select();
  return(false);
  }
  if(form.truename.value=="")
 {
  alert("请输入真实姓名!");
  form.truename.select();
  return(false);
  }
if(form.sex.value=="")
 {
  alert("请选择性别!");
  form.sex.select();
  return(false);
  }

  if(form.email.value=="")
 {
  alert("请输入电子邮箱地址!");
  form.email.select();
  return(false);
  }
if(form.email.value.indexOf('@')<0)
 {
  alert("请输入正确的电子邮箱地址!");
  form.email.select();
  return(false);
  }
   if(form.tel.value=="")
 {
  alert("请输入联系电话!");
  form.tel.select();
  return(false);
  }
if(form.QQ.value=="")
 {
  alert("请输入 QQ 号!");
  form.QQ.select();
  return(false);
  }
  if(form.address.value=="")
```

```
        {
        alert("请输入家庭住址!");
        form.address.select();
        return(false);
        }
        if(form.question.value=="")
        {
        alert("请选择密码提示答案!");
        form.question.select();
        return(false);
        }
        if(form.answer.value=="")
        {
        alert("请输密码提示答案!");
        form.answer.select();
        return(false);
        }
         return(true);
        }
</script>
```

本例中，用户名是用户登录的身份标志。用户名是不能够重复的，所以在添加记录之前，一定要先在数据库中判断该用户名是否存在。如果存在，则不能进行注册。同时设置 username 文本域、password 文本域、password1 文本域、answer 文本域、truename 文本域、address 文本域为“值：必需的”“可接受：任何东西”，即这几个文本域必须填写，内容不限，但不能为空；tel 文本域和 qq 文本域设置的验证条件为“值：必需的”“可接受：数字”，表示这两个文本域必须填写数字，不能为空；E-mail 文本域的验证条件为“值：必需的”“可接受：电子邮件地址”，表示该文本域必须填写电子邮件地址，且不能为空。

(4) 完成对检查表单的验证设置之后，将<form>表单提交到 regok. php 网页进行进一步验证并写入 MySQL 数据库，代码如下：

```
<form action="regok.php" method="POST" name="form1" onSubmit="return chkinput(this)">
```

7.3.2 注册成功和失败

为了方便用户登录，应该在 regok. php 页面中设置一个转到 index. php 页面的文字链接。同时，为了方便访问者重新进行注册，应该在 regfail. php 页面设置一个转到 register. php 页面的文字链接。本小节制作显示注册成功和失败的页面信息。

(1) 执行菜单栏“文件”→“新建”命令，在网站根目录下新建一个名为 regok. php 的网页并保存。

(2) regok. php 页面如图 7-38 所示。制作比较简单，其中将文本“这里”设置为指向 index. php 页面的链接。

图 7-38 注册成功页面 regok. php

（3）表单的数据提交到 regok. php 网页时需要将数据先插入到数据库，使用 PHP 的 insert into( )函数实现，具体的代码如下：

```
<?php
include("conn. php");
  $username=$_POST['username'];
  $sql1=mysqli_query($conn,"select * from member where username='". $username. "'");
    $info1=mysqli_fetch_array($sql1);
      if($info1==true)
      {
        echo "对不起,该昵称已被占用!";
      header("location:regfail. php");
//判断用户名是否已经被注册过,如果注册过则跳转到 regfail. php 页面
      }
      else
      {
  $username=$_POST['username'];
  $password=$_POST['password'];
  $question=$_POST['question'];
  $answer=$_POST['answer'];
  $truename=$_POST['truename'];
  $sex=$_POST['sex'];
  $address=$_POST['address'];
  $tel=$_POST['tel'];
  $QQ=$_POST['QQ'];
  $email=$_POST['email'];
  $authority=0;

  mysqli_query($conn,"insert into member (username,password,question,answer,truename,sex,ad-
dress,tel,QQ,email,authority) values ('$username','$password','$question','$answer','$truename',
'$sex','$address','$tel','$QQ','$email','$authority')");
  }
//注册用户信息插入到数据库
?>
```

再执行菜单栏“文件”→“保存”命令，将该文档保存到本地站点中，完成本页的制作。

（4）如果用户输入的注册信息不正确或用户名已经存在，则应该向用户显示注册失败的信息。这里再新建一个 regfail. php 页面，该页面的设计如图 7-39 所示。其中将文本“这里”设置为指向 register. php 页面的链接。

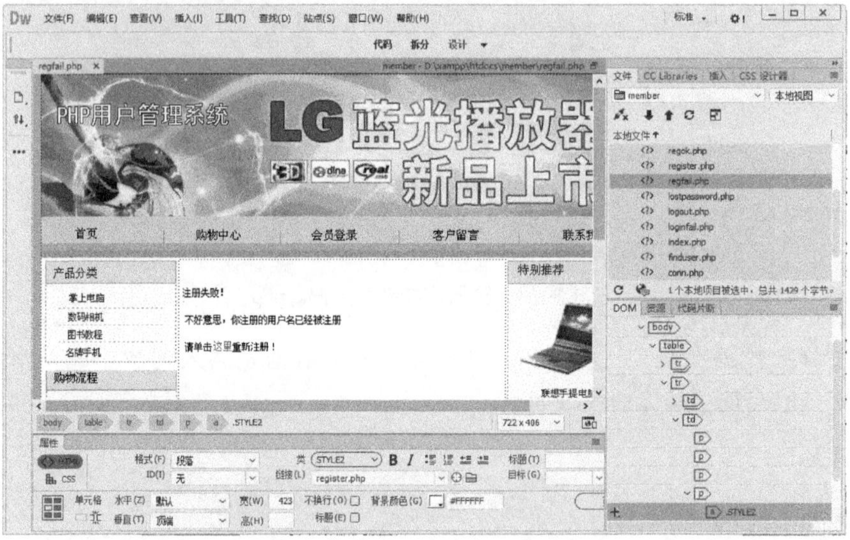

图 7-39 注册失败页面 regfail. php

7.3.3 注册功能的测试

设计完成后，就可以测试该用户注册功能的执行情况了。

（1）打开浏览器，在地址栏中输入“http://127. 0. 0. 1/member/register. php”，打开 register. php 文件，如图 7-40 所示。

图 7-40 打开的测试页面

（2）可以在该注册页面中输入一些不正确的信息，如漏填 username、password 等必填字段，或填写非法的 E-mail 地址，或在确认密码时两次输入的密码不一致，以测试网页中验证表单动作的执行情况。如果填写的信息不正确，则浏览器应该打开提示信息框，向访问者显示错误原因。图 7-41 所示是一个提示信息框示例。

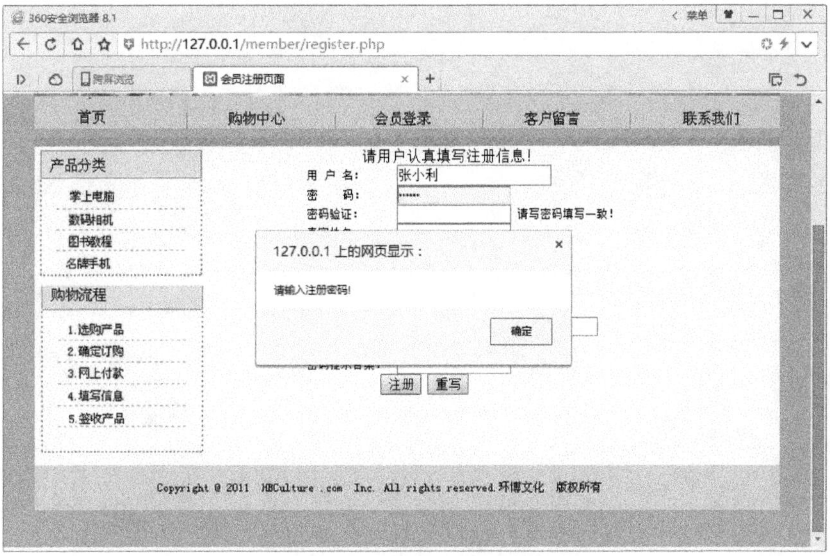

图 7-41　出错提示信息框

（3）在该注册页面中注册一个已经存在的用户名，如输入“design”，用来测试新用户服务器行为的执行情况。然后单击“确定”按钮，此时由于用户名已经存在，浏览器会自动转到 regfail. php 页面（如图 7-42 所示），告诉访问者该用户名已经存在。此时，访问者可以单击“这里”链接文本，返回 register. php 页面，以便重新进行注册。

图 7-42　注册失败页面

（4）在该注册页面中填写正确的注册信息，单击“确定”按钮，由于这些注册资料完全正确，而且这个用户名没有重复，因此浏览器会转到 regok. php 页面，向访问者显示注册成功的信息，如图 7-43 所示。此时，访问者可以单击“这里”链接文本，转到 index. php 页面，以便进行登录。

图 7-43　注册成功页面

在 MySQL 中打开用户数据库文件 member，查看其中的 member 表对象的内容。此时可以看到，在该表的最后，创建了一条新记录，其中的数据就是刚才在网页 register. php 中提交的注册用户的信息，如图 7-44 所示。

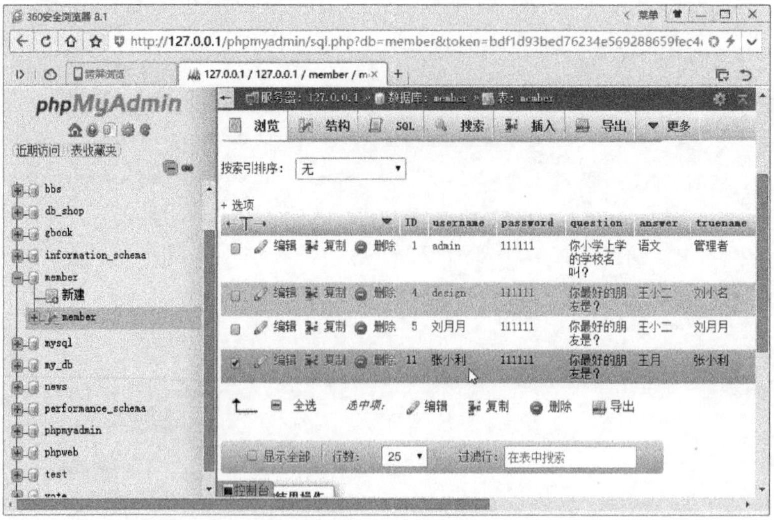

图 7-44　表 member 中添加了一条新记录

至此，基本完成了用户管理系统中注册功能的开发和测试。在制作的过程中，可以根据制作网站的需要适当加入其他更多的注册文本域，也可以给需要注册的文本域名称部分添加星号（*），提醒注册用户注意。

Section

7.4 资料修改模块的设计

修改注册用户资料的过程就是更新用户数据表中记录的过程，本节重点介绍如何在用户管理系统中实现用户资料的修改功能。

7.4.1 修改资料页面

该页面主要把用户的所有资料都列出，通过“更新记录”命令实现资料修改的功能，具体的制作步骤如下。

(1) 修改资料的页面和用户注册页面的结构十分相似，可以通过对 register. php 页面的修改来快速得到所需要的记录更新页面。打开 register. php 页面，执行菜单栏“文件”→“另存为”命令，将该文档另存为 userupdate. php，并在第一行加入如下代码：

```
<?php
  session_start();
?>
//启动 session 环境
```

(2) 执行菜单栏“窗口”→“服务器行为”命令，打开“服务器行为”面板。在“服务器行为”面板中删除全部服务器行为并修改相应的文字，该页面修改完成后如图 7-45 所示。

图 7-45 userupdate. php 静态页面

(3) 需要根据传递过来的用户身份做一个查询，并将一些已经注册的信息绑定到网页的相关字段上，查询的代码如下：

```
<?php
$ID=@ $_GET['ID'];
$sql=mysqli_query($conn,"select * from member where ID='$ID'");
```

```
    $info=mysqli_fetch_array($sql);
?>
```

（4）完成记录集字段绑定到页面相应的位置上后，插入一个隐藏域，命名为 id，设置在用户名字段的后面，如图 7-46 所示。其中，性别单选按钮的查询绑定方法如下：

```
//判断传过来的值是男,则“男”单选按钮选中;如果是女,则“女”单选按钮选中
<input type="radio" name="sex" value="男" <?php if($info['sex']=='男') echo "checked" ;?>
/>男
<input type="radio" name="sex" value="女" <?php if($info['sex']=='女') echo "checked" ;?> />
```

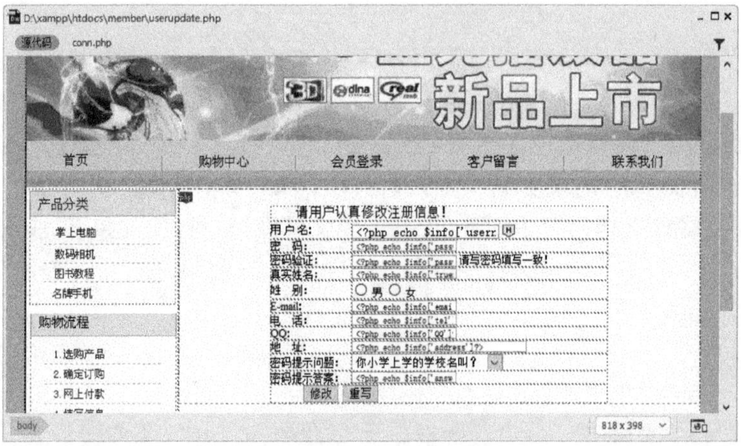

图 7-46　插入隐藏域

（5）最后将<form>表单提交到 userupdateok. php 网页，进行进一步的验证并写入 MySQL 数据库，代码如下：

```
<form action="userupdateok.php" method="POST" name="form1">
```

7.4.2 更新成功页面

用户修改注册资料成功后，就会转到 userupdateok. php，具体的制作步骤如下。

（1）执行菜单栏“文件”→“新建”命令，在网站根目录下新建一个名为 userupdateok. php 的网页并保存，在第一行加入如下代码：

```
<?php
  session_start();
?>
//启动 session 环境
<?php
  $ID=$_POST['ID'];
  $username=$_POST['username'];
  $password=$_POST['password'];
  $question=$_POST['question'];
  $answer=$_POST['answer'];
  $truename=$_POST['truename'];
```

```
$sex=$_POST['sex'];
$address=$_POST['address'];
$tel=$_POST['tel'];
$QQ=$_POST['QQ'];
$email=$_POST['email'];
$authority=0;
mysqli_query($conn,"update member set username='$username',password='$password',question='$question',truename='$truename',sex='$sex',address='$address',answer='$answer',tel='$tel',QQ='$QQ',email='$email',authority='0' where ID='".$_POST['ID']."'");
?>
```

（2）在该网页中应该向用户显示资料修改成功的信息。除此之外，还应该考虑两种情况：如果用户要继续修改资料，则为其提供一个返回到 userupdate.php 页面的超文本链接；如果用户不需要修改，则为其提供一个转到用户登录页面 index.php 的超文本链接。图 7-47 所示为更新成功的页面。

图 7-47 更新成功的页面

7.4.3 测试修改资料

编辑工作完成后，就可以测试该修改资料功能的执行情况了，测试的步骤如下。

（1）打开 IE 浏览器，在地址栏中输入“http://127.0.0.1/member/index.php”，打开 index.php 页面，在该页面中进行登录。登录成功后进入 welcome.php 页面，在页面中单击“修改你的资料”超链接，转到 userupdate.php 页面，如图 7-48 所示。

（2）在该页面中进行一些修改，然后单击“修改”按钮将修改结果发送到服务器中。当用户记录更新成功后，浏览器会转到 userupdateok.php 页面中，显示修改资料成功的信息，同时还显示了该用户修改后的资料信息，并提供转到更新成功页面和转到主页面的链接对象，这里对“真实姓名”进行了修改，单击“修改”按钮转到更新成功页面，效果如图 7-49 所示。

上述测试结果表明，用户修改资料页面已经制作成功。

图 7-48 修改 design 用户注册资料

图 7-49 更新成功页面

Section 7.5 密码查询模块的设计

用户注册页面通常会设计问题和答案文本框，它们的作用是当用户忘记密码时，可以通过这个问题和答案到服务器中找回遗失的密码。实现的方法是判断用户提供的答案和数据库中的答案是否相同，如果相同，则可以找回遗失的密码。

7.5.1 密码查询页面

本小节主要制作密码查询页面 lostpassword. php，具体的制作步骤如下。

(1) 执行菜单栏“文件”→“新建”命令，在网站根目录下新建一个名为 lostpass-

word. php 的网页并保存。lostpassword. php 页面是用来让用户提交要查询遗失密码的用户名的页面。该网页的结构比较简单，设计后的效果如图 7-50 所示。

图 7-50 lostpassword. php 页面

（2）在文档窗口中选中表单对象，然后在其对应的“属性”面板中，在“ID（表单名称）”文本框中输入“form1”，在“Action（动作）”文本框中输入“showquestion. php”来作为该表单提交的对象页面。在“Method（方法）”下拉列表框中选择 POST 作为该表单的提交方式，接下来将输入用户名的文本域命名为 username，如图 7-51 所示。

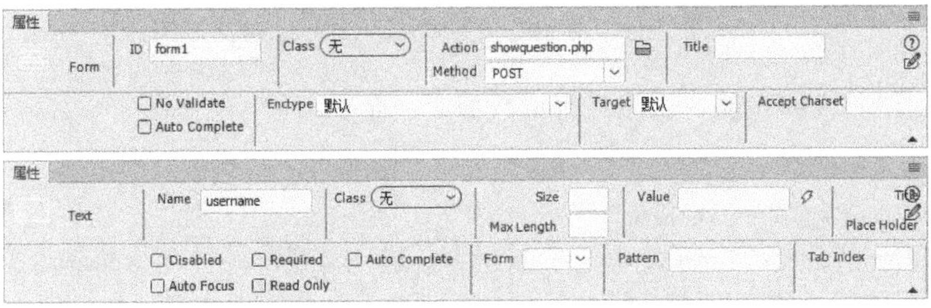

图 7-51 设置表单提交的动态属性

其中，表单属性设置面板中主要选项的作用如下。

ID：在该文本框中输入标志该表单的唯一名称，命名表单后就可以使用脚本语言引用或控制该表单。如果不命名表单，则 Dreamweaver 使用语法 form1、form2 等生成一个名称。

Method：在“Method（方法）”下拉列表框中选择将表单数据传输到服务器的方法。POST 方法将在 HTTP 请求中嵌入表单数据。GET 方法将表单数据附加到请求该页面的 URL 中，是默认设置，但其缺点是表单数据不能太长，所以本例选择 POST 方法。

Target：“Target（目标）”下拉列表框用于指定返回窗口的显示方式，各目标值含义如下。

- _blank：在未命名的新窗口中打开目标文档。
- _parent：在显示当前文档的窗口的父窗口中打开目标文档。
- _self：在提交表单所使用的窗口中打开目标文档。
- _top：在当前窗口的窗体内打开目标文档。此值可用于确保目标文档占用整个窗口，即使原始文档显示在框架中。

用户在 lostpassword. php 页面中输入用户名，并单击“提交”按钮，这时会通过表单将用户名提交到 showquestion. php 页面中。该页面的作用就是根据用户名从数据库中找到对应的提示问题并显示在 showquestion. php 页面中，使用户可以在该页面中输入问题的答案。下面就制作显示问题的页面。

（3）新建一个文档。设置好网页属性后输入网页标题“查询问题”，执行菜单栏“文件”→“保存”命令，将该文档保存为 showquestion. php。

（4）用 Dreamweaver 制作静态网页，完成的效果如图 7-52 所示。

图 7-52 静态设计页面 showquestion. php

（5）返回到“代码”窗口，输入查询数据库命令：

```
<?php
$username=$_POST['username'];
$sql=mysqli_query($conn,"select * from member where username='".$username."'");
$info=mysqli_fetch_array($sql);
    if($info==false)
      {
        echo "<script>alert('无此用户！');history.back();</script>";
          exit;
      }
      else
      {
        echo $info['question'];
      }

?>
```

（6）最后将“问题提示”的相关字段绑定到网页中，并传给下一页的隐藏字段，如图 7-53 所示。

```
//绑定隐藏字段传递给下一页用于识别身份
<input type="hidden" name="username" value="<?php echo $username;?>">
```

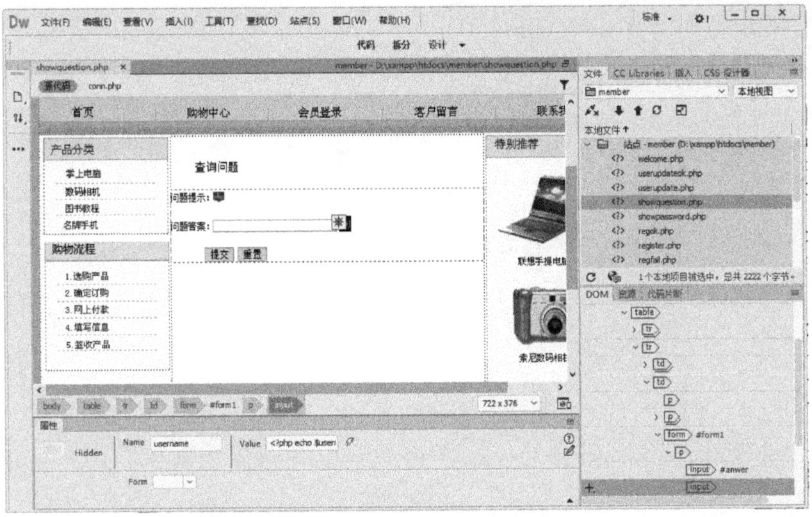

图 7-53　绑定字段

7.5.2　完善密码查询功能

当用户在 showquestion. php 页面中输入答案，单击“提交”按钮后，服务器就会把用户名和密码提示问题答案提交到 showpassword. php 页面中。

下面介绍如何设计该页面，具体制作步骤如下。

（1）执行菜单栏“文件”→“新建”命令，在网站根目录下新建一个名为 showpassword. php 的网页并保存。

（2）在 Dreamweaver 中使用制作静态网页的工具完成如图 7-54 所示的静态部分。

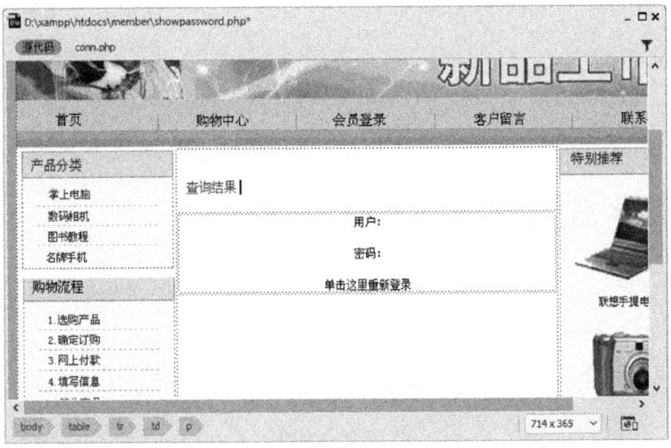

图 7-54　静态页面 showpassword. php

（3）设置记录集查询命令：

```
<?php
  include("conn. php");
```

```
    $username=$_POST['username'];
    $answer=$_POST['answer'];
//按上一页传递过来的用户名查询答案
    $sql=mysqli_query($conn,"select * from member where username='".$username."'");
    $info=mysqli_fetch_array($sql);
    if($info['answer']!=$answer)
    {
      echo "<script>alert('提示答案输入错误！');history.back();</script>";
    exit;
    }
    else
    {
?>
```

（4）将记录集中 username 和 password 两个字段分别添加到网页中，效果如图 7-55 所示。

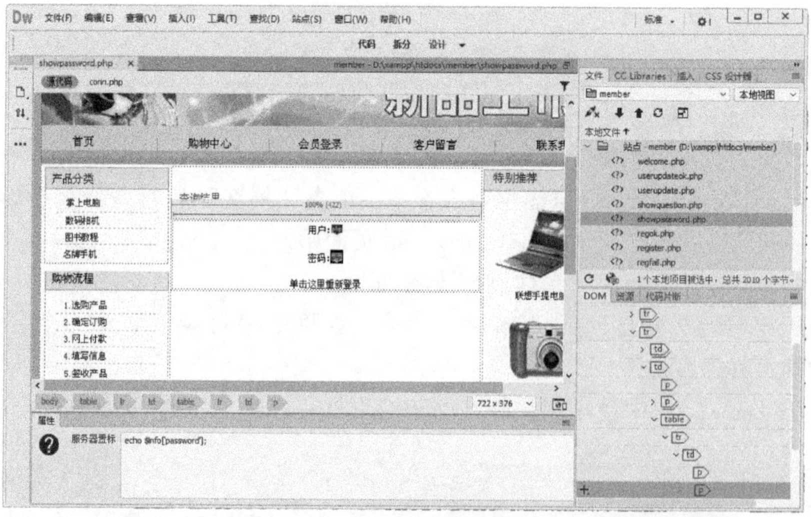

图 7-55　加入字段后的效果

7.5.3　测试密码查询功能

开发完成查询密码的功能之后，就可以测试执行的情况。测试步骤如下。

（1）启动浏览器，在地址栏中输入“http://127.0.0.1/member/index.php”，打开 index.php 页面，单击该页面中的“找回密码”超链接进入找回密码页面，如图 7-56 所示。

（2）当用户进入找回密码页面 lostpassword.php 后，输入并向服务器提交自己注册的用户名信息。若输入不存在的用户名，并单击“提交”按钮，则会显示用户名不存在的错误信息，如图 7-57 所示。

（3）如果输入一个数据库中已经存在的用户名，然后单击“提交”按钮，IE 浏览器会自动转到 showquestion.php 页面，如图 7-58 所示。下面就应该在 showquestion.php 页面中输入问题答案，测试 showquestion.php 网页的执行情况。

图 7-56 找回密码页面

图 7-57 输入的用户不存在

图 7-58 showqeustion. php 页面

（4）在这里可以先输入一个错误的答案，检查 showpassword. php 是否能够显示问题答案不正确时的错误信息，如图 7-59 所示。

图 7-59　出错信息

（5）如果在 showqeustion. php 网页中输入正确的答案，并单击“提交”按钮，则浏览器就会转到 showpassword. php 页面，并显示该用户的密码，如图 7-60 所示。

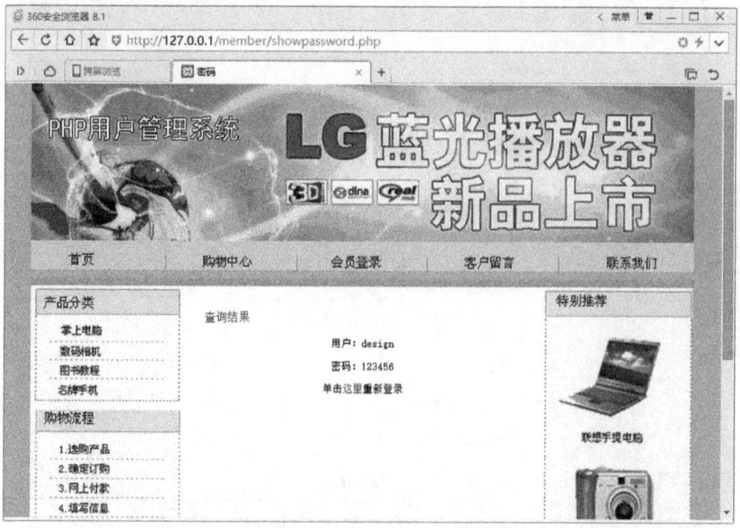

图 7-60　showpassword. php 页面

至此，用户管理系统的常用功能都已经设计并测试成功。设计者如果需要将其应用到其他的网站上，只需要与设计的页面配合，修改一些相关的文字说明及背景效果，就可以完成用户管理系统的制作。

Dw

第 8 章 新闻发布系统开发

新闻发布系统是动态网站建设中经常用到的系统，尤其是政府单位、教育单位或企业网站。新闻发布系统的作用就是在网上传播信息，通过对新闻的不断更新，让用户及时了解行业信息、企业状况。所以新闻发布系统中涉及的主要操作就是针对访问者的新闻查询功能，和系统管理员对新闻的新增、修改、删除功能。使用 PHP 实现这些功能相对比较简单。

从入门到精通

主要掌握以下知识点：

- 新闻发布系统网页结构的整体设计
- 新闻发布系统数据库的规划
- 新闻发布系统前台新闻的发布功能页面的制作
- 新闻发布系统分类功能的设计
- 新闻发布系统后台新增、修改、删除功能的实现

Section
8.1 系统的整体设计规划

网站的新闻发布系统，在技术上主要体现为如何显示新闻内容，以及对新闻及新闻分类的修改和删除。一个完整的新闻发布系统共分为两大部分，一个是访问者访问新闻的动态网页部分，另一个是管理者对新闻进行编辑的动态网页部分。新闻发布系统结构图如图 8-1 所示。

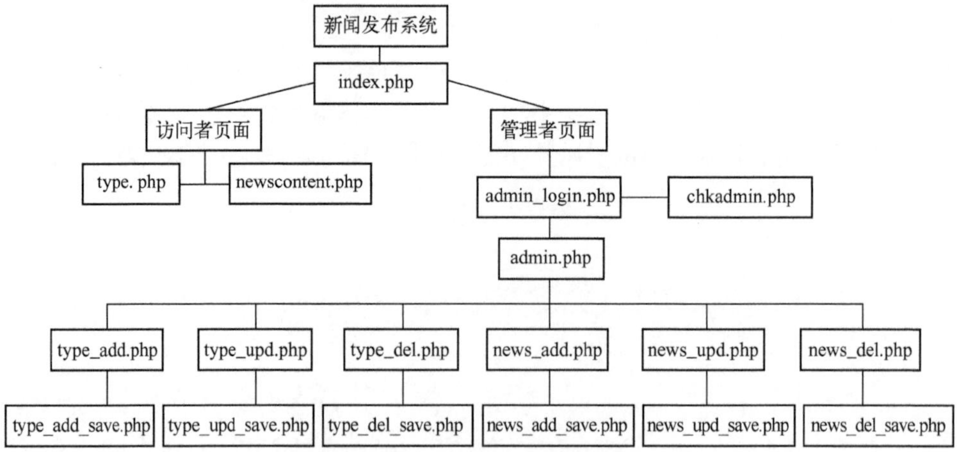

图 8-1　新闻发布系统结构图

本系统页面共有 18 个，整体系统页面的功能与文件名称如表 8-1 所示。

表 8-1　新闻管理系统网页功能

页　　面	功　　能
index. php	显示新闻分类和最新新闻页面
type. php	显示新闻分类中的新闻标题页面
newscontent. php	显示新闻内容页面
admin_login. php	管理者登录页面
admin. php	管理新闻主要页面
chkadmin. php	管理者登录验证
news_add. php	增加新闻的页面
saveadd. php	保存新闻的动态页面
news_upd. php	修改新闻的页面
saveupdate. php	保存修改新闻动态页面
news_del. php	删除新闻的页面
savedel. php	保存新闻删除动态页面
type_add. php	增加新闻分类的页面
type_add_save. php	保存分类储存动态页面
type_upd. php	修改新闻分类的页面
type_upd_save. php	保存更新新闻动态页面
type_del. php	删除新闻分类的页面
type_del_save. php	保存删除新闻动态页面

8.1.1 页面设计规划

在本地计算机上建立站点文件夹 news，将要制作的新闻发布系统文件夹和文件，如图 8-2 所示。

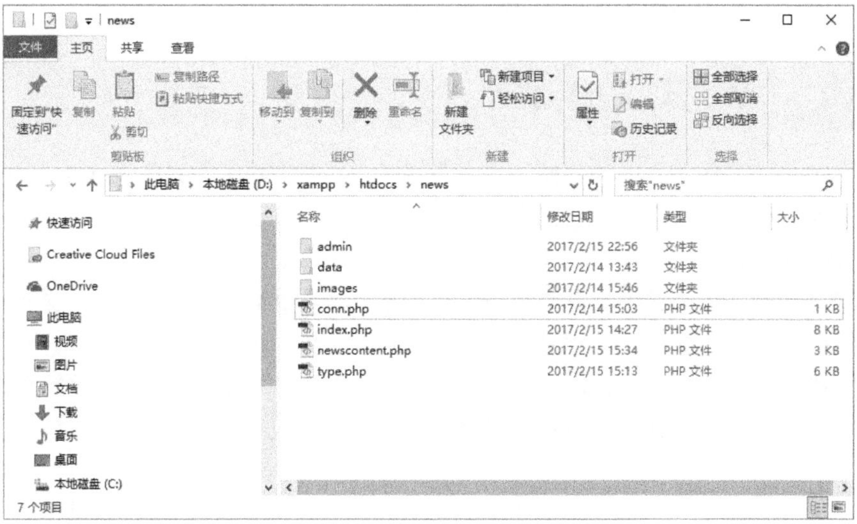

图 8-2 站点规划文件夹和文件

8.1.2 页面美工设计

本新闻发布系统实例在色调上选择蓝色作为主色调，网页的美工设计相对比较简单，完成的新闻发布系统首页 index. php 效果如图 8-3 所示。

图 8-3 首页 index. php 效果图

Section

8.2 数据库设计与连接

制作一个新闻发布系统，首先要设计一个储存新闻内容、管理员账号和密码的数据库文件，方便管理人员对新闻数据信息进行管理和完善。

8.2.1 新闻数据库设计

新闻发布系统需要一个用来存储新闻标题和新闻内容的新闻信息表 news，还要建立一个新闻分类表 newstype 和一个管理信息表 admin。

制作的步骤如下。

（1）在 phpMyAdmin 中建立数据库 news，单击 数据库 标签打开本地的“数据库”页面，在“新建数据库”文本框中输入数据库的名称 news，单击后面的数据库类型下拉按钮，在弹出的下拉列表中选择 utf8_general_ci 选项，单击“创建”按钮，返回“常规设置”页面，在数据库列表中就建立了数据库 news，如图 8-4 所示。

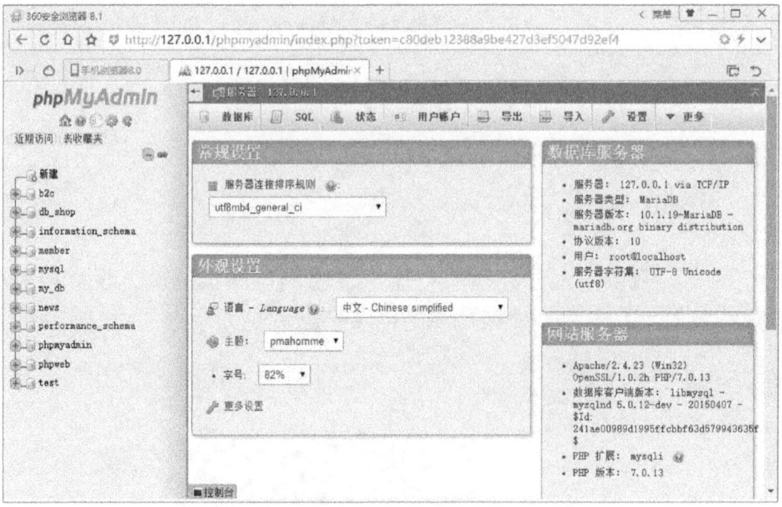

图 8-4　创建数据库 news

（2）单击左边的 news 数据库将其连接上，打开“新建数据表”页面，分别输入数据表名 news、newstype 和 admin，即创建 3 个数据表。创建的 news 数据表如图 8-5 所示。

输入数据域名以及设置数据域位的相关数据，数据表 news 的字段说明如表 8-2 所示。

表 8-2　新闻数据表 news

意　义	字段名称	数据类型	字段大小	必填字段
主题编号	news_id	INTEGER	20	是
新闻标题	news_title	VARCHAR	50	是
新闻分类编号	news_type	VARCHAR	20	是

（续）

意　　义	字段名称	数据类型	字段大小	必填字段
新闻内容	news_content	TEXT		
新闻加入时间	news_date	DATE		是
编辑者	news_author	VARCHAR	20	

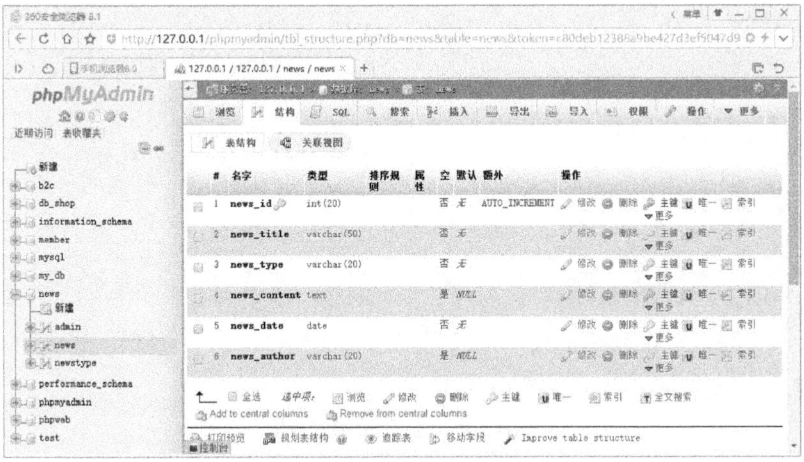

图 8-5　创建的 news 数据表

（3）创建 newstype 数据表，用于储存新闻分类，输入数据域名以及设置数据域位的相关数据，如图 8-6 所示。

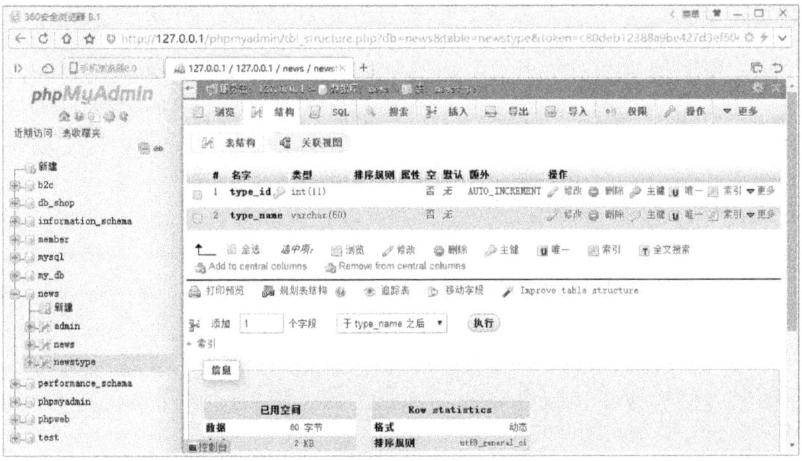

图 8-6　创建的 newstype 数据表

newstype 数据表的字段及说明如表 8-3 所示。

表 8-3　新闻分类数据表 newstype

意　　义	字段名称	数据类型	字段大小	必填字段
主题编号	type_id	INTEGER	11	是
新闻分类	type_name	VARCHAR	50	是

（4）创建 admin 数据表，用于后台管理者登录验证，输入数据域名并设置数据域位的相关数据，如图 8-7 所示。

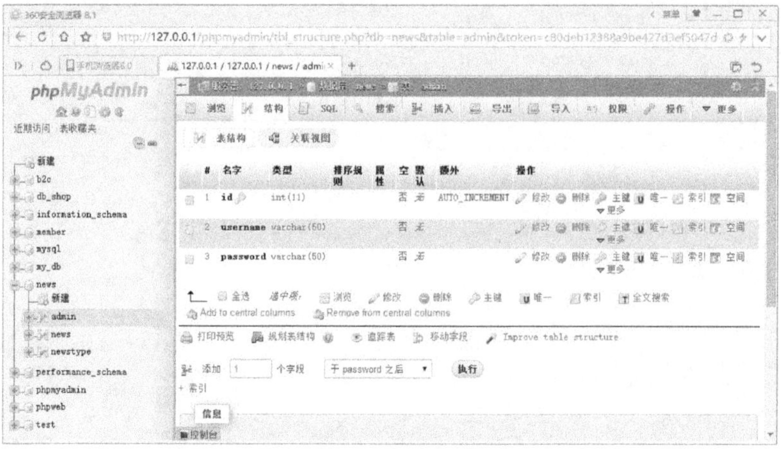

图 8-7　创建的 admin 数据表

admin 数据表的字段及说明如表 8-4 所示。

表 8-4　管理信息数据表 admin

意　　义	字 段 名 称	数 据 类 型	字 段 大 小	必 填 字 段
主题编号	id	自动编号	长整型	
用户名	username	varchar	50	是
密码	password	varchar	50	是

在创建上述的 3 个数据表时，涉及新闻保存时的时间保存问题。使用 PHP 实现获取系统默认即时时间，可以使用两种方法，一种是在网页 PHP 中用 date()和 time()函数实现，另一种是直接用 MySQL 数据库中的 now()。考虑到后期数据量大，需要减少服务器的工作量，优先采用在网页中使用 PHP 获取时间的方法，具体的实现方法在新增新闻页面的设计时会讲到。

8.2.2　定义 news 站点

在 Dreamweaver CC 2017 中创建一个“新闻发布系统”网站站点 news，由于这是 PHP 数据库网站，因此必须设置本机数据库和测试服务器，主要的设置如表 8-5 所示。

表 8-5　站点参数设置

站 点 名 称	news
本机根目录	D:\xampp\htdocs\news
测试服务器	D:\xampp\htdocs\
网站测试地址	http://127.0.0.1/news
MySQL 服务器地址	D:\xampp\mysql\data\news
管理账号/密码	root/空
数据库名称	news

创建 news 站点的具体操作步骤如下。

（1）首先在 D:\xampp\htdocs 路径下建立 news 文件夹（如图 8-8 所示），系统所有建立的网页文件都将放在该文件夹下。

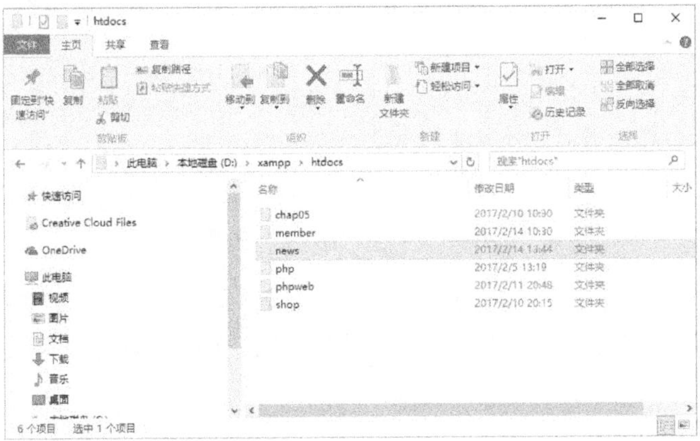

图 8-8 建立站点文件夹 news

（2）运行 Dreamweaver CC 2017，执行菜单栏中的“站点”→“管理站点”命令，打开“管理站点”对话框，如图 8-9 所示。

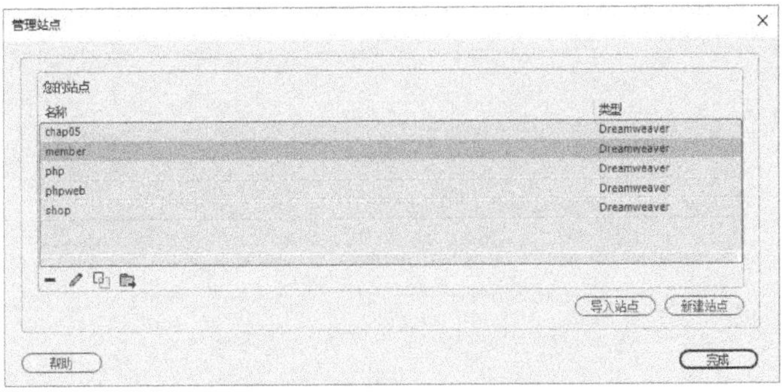

图 8-9 “管理站点”对话框

（3）对话框的上边是站点列表框，其中显示了所有已经定义的站点。单击右下角的“新建站点”按钮，打开“站点设置对象”对话框，进行如图 8-10 所示的参数设置。

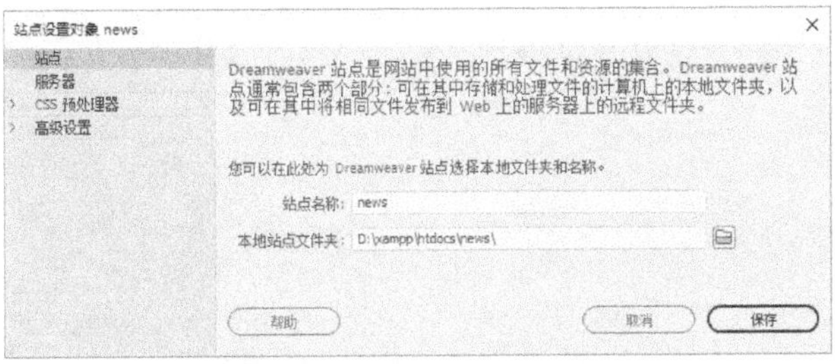

图 8-10 建立 news 新闻站点

（4）选择左侧列表框中的“服务器”选项，并单击“添加服务器”按钮[+]，打开“基本”选项卡，进行如图 8-11 所示的参数设置。

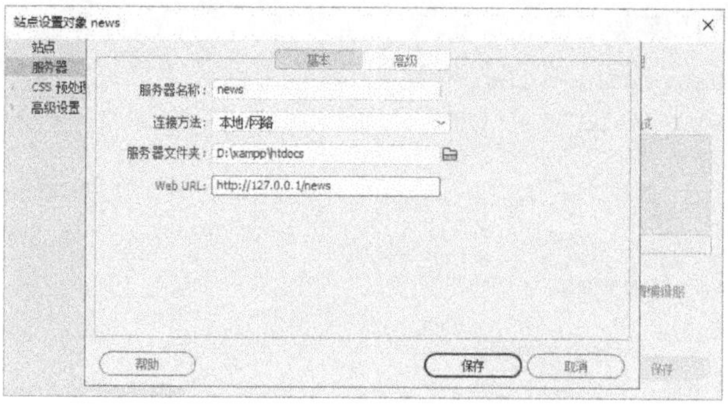

图 8-11　设置“基本”选项卡

（5）设置后再选择“高级”选项卡，选中“维护同步信息”复选框，在“服务器模型”下拉列表项中选择 PHP MySQL，表示是使用 PHP 开发的网页，其他的保持默认值，如图 8-12 所示。

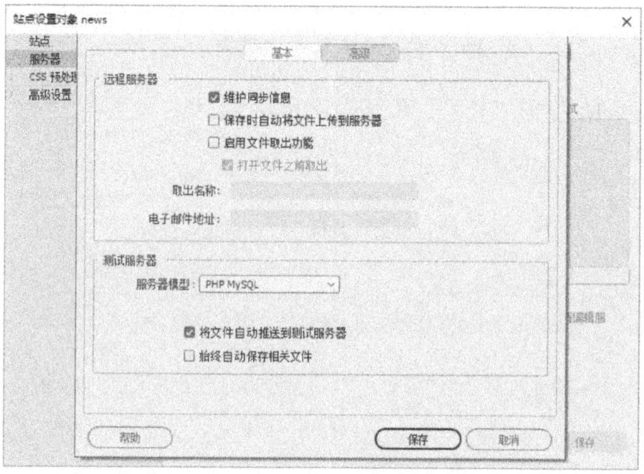

图 8-12　设置“高级”选项卡

（6）单击“保存”按钮，返回“服务器”设置界面，选中“测试”单选按钮，如图 8-13 所示。

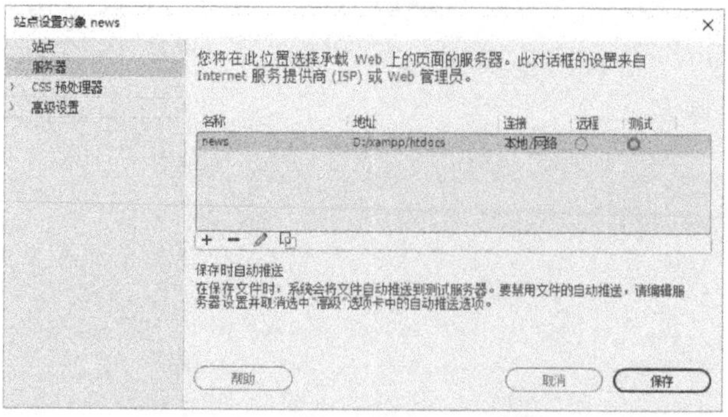

图 8-13　选择“测试”单选按钮

单击“保存”按钮，则完成站点的定义设置。在 Dreamweaver CC 2017 中就已经拥有了刚才所设置的站点 news。单击“完成”按钮，关闭“管理站点”对话框，这样就完成了

Dreamweaver CC 2017 测试新闻发布系统网页的网站环境设置。

8.2.3 设置数据库连接

建立数据库后，要在 Dreamweaver CC 2017 中连接 news 数据库，连接新闻发布系统与数据库的操作如下。

将设计的本章静态文件复制到站点文件夹下，新建立 conn. php 页面，输入连接 news 的代码，如图 8-14 所示。

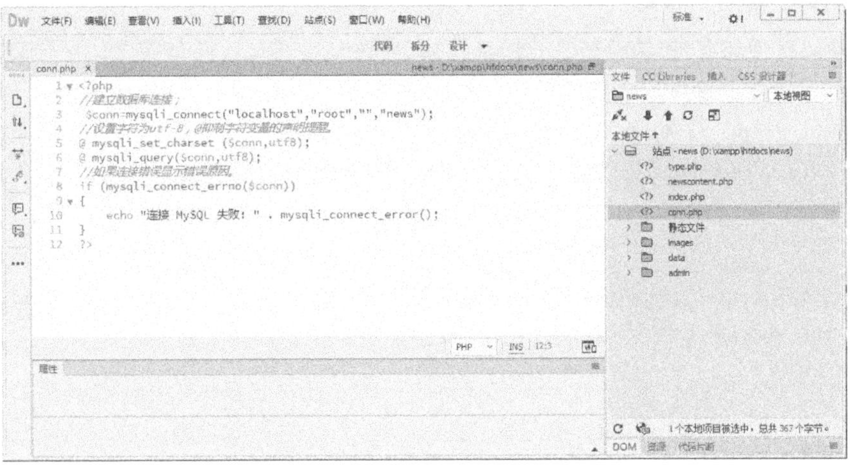

图 8-14 建立数据库 news 的连接

```
<?php
//建立数据库连接
$conn=mysqli_connect("localhost","root","","news");
//设置字符为 utf-8,@ 抑制字符变量的声明提醒
@ mysqli_set_charset($conn,utf8);
@ mysqli_query($conn,utf8);
//如果连接错误,则显示错误原因
if(mysqli_connect_errno($conn))
{
    echo "连接 MySQL 失败:" . mysqli_connect_error();
}
?>
```

从代码中可看出，“连接名称”为 news、“MySQL 服务器”名为 localhost、“用户名”为 root、密码为空。

Section 8.3 系统页面设计

新闻发布系统前台部分主要有 3 个动态页面，分别是用来访问的首页，即新闻主页面 index. php、新闻分类页面 type. php、新闻内容页面 newscontent. php。

8.3.1 新闻主页面设计

在本小节中主要介绍新闻发布系统的主页面 index. php 的制作。在 index. php 页面中主要有显示最新新闻的标题、加入时间、新闻分类、单击新闻中的分类选项进入分类子页面后的查看新闻等功能。

制作的步骤如下。

(1) 打开刚创建的 index. php 页面，输入网页标题“新闻首页”，执行菜单栏“文件”→“保存”命令将网页保存。

(2) 用鼠标单击创建表格的第 1 行单元格，输入文字“新闻分类”，接下来用“绑定”标签将网页所需要的新闻分类数据字段绑定到网页中。index. php 这个页面使用的数据表是 news 和 newstype，首先建立新闻分类的“记录集（查询）”命令。由于要在 index. php 这个页面中显示数据库中所有新闻分类的标题，因此需要查询所有 newstype 中的数据。

```
<?php
$sql2=mysqli_query($conn,"select * from newstype order by type_id asc");
//设置 newstpye 数据表按 ID 升序排序,查询所有数据
     while($info2=mysqli_fetch_array($sql2))
  //使用 mysqli_fetch_array 查询所有记录集,并定义为$info2
     {
  ?>
```

(3) 设置记录集后，将记录集的相关字段插入至 index. php 网页的适当位置。除了显示网站中所有新闻分类标题外，还要提供访问者感兴趣的新闻分类标题链接来实现详细内容的阅读，为了实现这个功能，首先要选取编辑页面中的新闻分类标题字段，然后跳转至 type. php 页面并传递 type_id 值。

```
<a href="type. php? type_id=<?php echo $info2['type_id'];?>">
<?php echo $info2['type_name'];?>
</a>
```

(4) 主页面 index. php 中新闻分类的制作已经完成，最新新闻的显示页面设计效果如图 8-15 所示。

(5) 先制作“最新新闻”的显示并分页，编写代码的方法和前面介绍的从数据库中查询并创建“记录集（查询）”选项，以及最后进行分页的命令是一样的。

```
<?php
$sql=mysqli_query($conn,"select count( * )as total from news ");
  //建立统计记录集总数查询
    $info=mysqli_fetch_array($sql);
  //使用 mysqli_fetch_array 获取所有记录集
    $total=$info['total'];
  //定义变量 $total 值为记录集的总数
    if($total==0)
    {
      echo "本系统暂无任何查询数据!";
```

```
    }
//如果记录总数为0,则显示无数据
    else
    {
    ?>
```

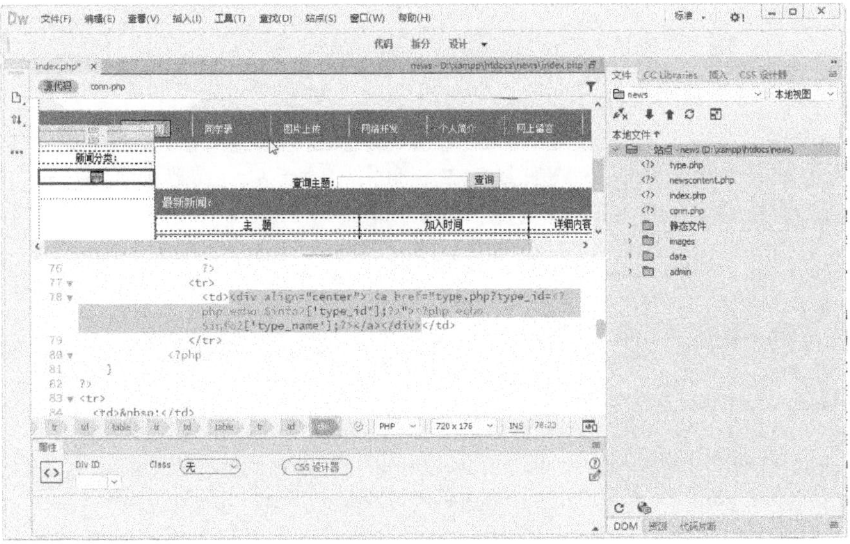

图 8-15 设计效果图

(6) 最新新闻这个功能，除了显示网站中的部分新闻，还要提供访问者感兴趣的新闻标题链接至详细内容。首先选取文字“查看”，如图 8-16 所示。

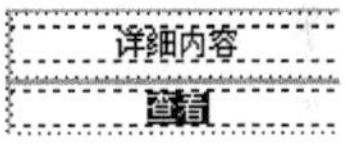

图 8-16 选择新闻分类标题“查看”

(7) 在“属性”面板中找到建立链接的部分，并单击“浏览文件”图标，在弹出的对话框中选择用来显示详细记录信息的页面 newscontent. php，如图 8-17 所示。

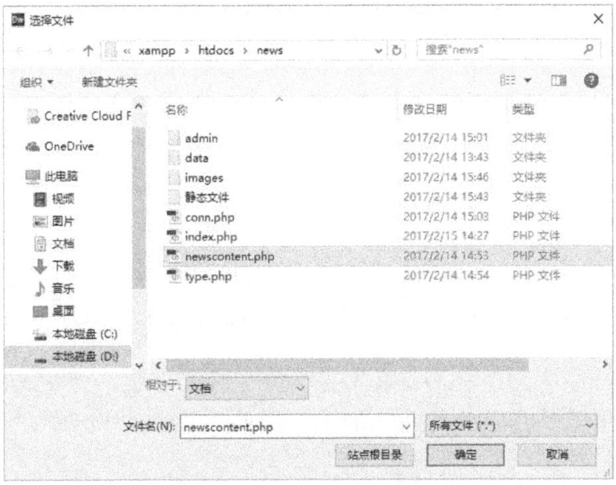

图 8-17 选择链接文件

（8）单击“确定”按钮，设置超链接要附带的 URL 参数的名称与值<a href="newscontent. php?news_id=<?php echo $info1['news_id'];?>">查看</a>，将参数命名为 news_id，如图 8-18 所示。

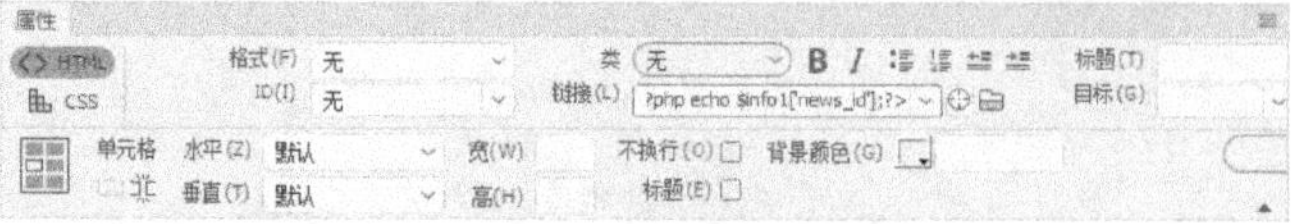

图 8-18　设置“链接”参数

（9）当记录集超过一页，就必须有“上一页”“下一页”等按钮或文字，让访问者可以实现翻页的操作，这就是“记录集分页”的功能。

```
<table width="583" border="0">
<tr>
  <td>共有数据
  <?php
echo $total;//显示总页数
?>
 条,每页显示  <?php echo $pagesize;//打印每页显示的总页码;?> 条, 
第  <?php echo $page;//显示当前页码;?> 页/共  <?php echo $pagecount;//打
印总页码数 ?> 页:
<?php
if($page>=2)
//如果页码数大于或等于 2,则执行下面程序
{
?>
<a href="index. php?page=1" title="首页"><font face="webdings"> 9 </font></a> / <a href="in-
dex. php? id=<?php echo $id;?>&amp;page=<?php echo $page-1;?>" title="前一页"><font face
="webdings"> 7 </font></a>
<?php
  }
  if($pagecount<=4){
      //如果页码数小于或等于 4,则执行下面程序
  for($i=1;$i<=$pagecount;$i++){
  ?>
<a href="index. php?page=<?php echo $i;?>"><?php echo $i;?></a>
<?php
          }
        }else{
        for($i=1;$i<=4;$i++){
      ?>
<a href="index. php?page=<?php echo $i;?>"><?php echo $i;?></a>
<?php }?>
<a href="index. php?page=<?php echo $page-1;?>" title="后一页"><font face="webdings"> 8 </
font></a> <a href="index. php? id=<?php echo $id;?>&amp;page=<?php echo $pagecount;?>" title
="尾页"><font face="webdings"> :</font></a>
<?php }?></td>
    </tr>
  </table>
```

图 8-19 查询主题设计

(10) index. php 这个页面需要加入“查询”的功能，这样新闻发布系统才不会因日后数据太多而有不易访问的情形发生，设计如图 8-19 所示。

利用表单及相关的表单组件来制作以关键词查询数据的功能，需要注意图 8-20 所示的内容都在一个表单之中，将“查询主题”后面的文本框命名为 keyword，“查询”按钮为一个提交表单按钮。

(11) 在此要将之前建立的记录集 sql 做一下更改，打开“拆分”窗口，在原有的 SQL 语法中加入一段查询功能的语法：

```
where news_title like '%". $keyword. "%'
```

那么以前的 SQL 语句将如下所示。

```
$sql = mysqli_query($conn," select count(*) as total from news where news_title like '%". $keyword. "%'");
```

注意：

其中，like 是模糊查询的运算符，%表示任意字符，而 keyword 是个变量，代表关键词。

(12) 切换到代码设计窗口，在页面的前面添加如下代码：

```
$keyword=$_POST[keyword];
```

定义 keyword 为表单中 keyword 的请求变量，如图 8-20 所示。

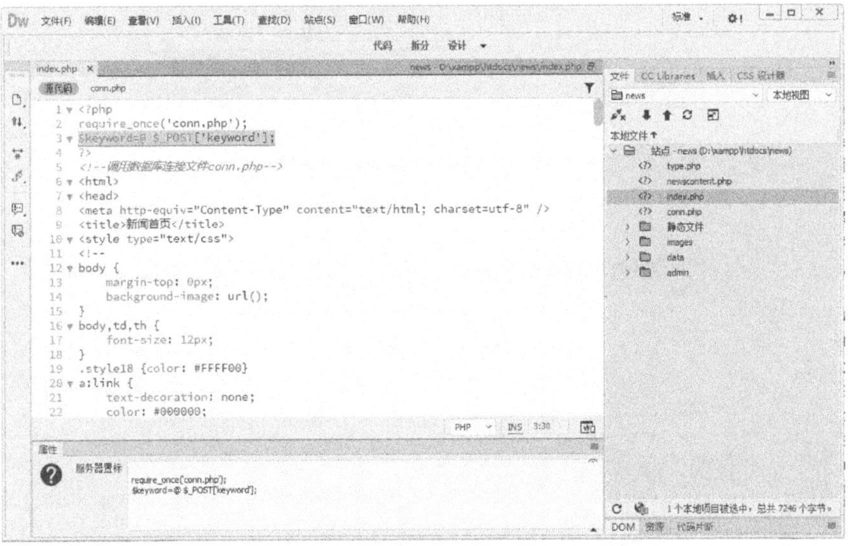

图 8-20 加入代码

(13) 以上的设置完成后，index. php 系统主页面就有查询功能了。先在数据库中加入两条新闻数据，可以按下〈F12〉键至浏览器测试一下是否能正确查询。index. php 页面会显示网站中的所有新闻分类主题和最新新闻标题，如图 8-21 所示。

(14) 在关键词中输入“新闻二”并单击“查询”按钮，在查询结果页面中只显示有关“新闻二”的最新新闻主题。这样查询功能就完成了，效果如图 8-22 所示。

图 8-21　主页面浏览效果图

图 8-22　测试查询效果图

8.3.2　新闻分类页面设计

新闻分类页面 type. php 用于显示每个新闻分类的页面，当访问者单击 index. php 页面中的任何一个新闻分类标题时就会打开相应的新闻分类页面。新闻分类页面设计效果如图 8-23 所示。

详细的操作步骤说明如下。

（1）执行菜单栏“文件”→“新建”命令创建新页面，输入网页标题“新闻分类”，执行菜单栏“文件”→“保存”命令，在站点 news 文件夹中将该文档保存为 type. php。

（2）新闻分类页面和主页面中的静态页面设计差不多，此处不做详细说明。

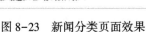

图 8-23　新闻分类页面效果

（3）type. php 这个页面主要是显示所有新闻分类标题的数据，所使用的数据表是 news，使用条件查询来显示“记录集”，创建的命令如下：

```
<?php
 $sql=mysqli_query($conn,"select count( * )as total from news where news_type=".$type_id."");
//建立统计记录集总数查询,查询条件为新闻分类的 ID,为首页传递过来的 ID 值
 $info=mysqli_fetch_array($sql);
//使用 mysqli_fetch_array 获取所有记录集
 $total=$info['total'];
//定义变量$total 值为记录集的总数
if($total==0)
   {
      echo "本系统暂无任何查询数据!";
   }
   //如果记录总数为 0,则显示无数据
   else
   {


<?php
       $pagesize=5;
   //设置每页显示 5 条记录
   if($total<=$pagesize){
   $pagecount=1;
   //定义$pagecount 初始变量为 1 页
   }
   if(($total%$pagesize)!=0){
   $pagecount=intval($total/$pagesize)+1;
   //取页面统计总数为整数
   }else{
       $pagecount=$total/$pagesize;
   }
   if((@$_GET['page'])==""){
       $page=1;
   //如果总数小于 5,则页码显示为 1 页
         }else{
```

```
        $page=intval($_GET['page']);
    //如果大于5条,则显示实际的总数
    }
    $sql1=mysqli_query($conn,"select * from news where  news_type=".$type_id." order by news_id
asc limit ".($page-1)*$pagesize.",$pagesize ");
//设置 news 数据表按 ID 升序排序,查询出首页传递过来的值
      while($info1=mysqli_fetch_array($sql1))
//使用 mysqli_fetch_array 查询所有记录集,并定义为$info1
    {
?>
```

（4）绑定记录集后，将记录集的字段插入至 type. php 网页中的适当位置，如图 8-24 所示。

图 8-24 插入至 type. php 网页中

（5）选取文字“详细内容”，在“属性”面板中找到建立链接的部分，并单击“浏览文件”图标，在弹出的对话框中选择用来显示详细记录信息的页面 newscontent. php，如图 8-25 所示。

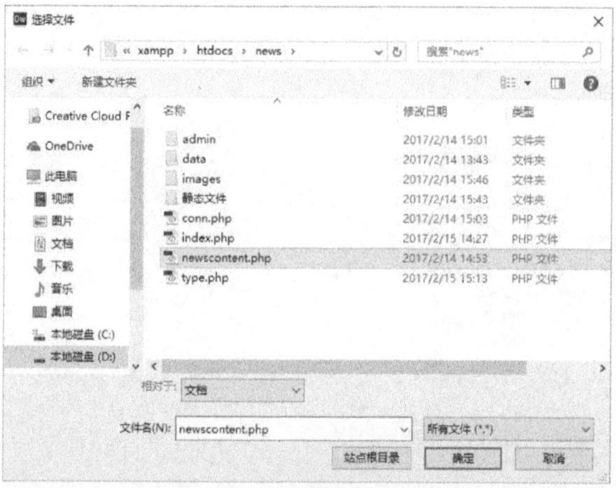

图 8-25 选择链接文件

（6）单击“确定”按钮，设置超级链接要附带的 URL 参数的名称与值<a href="news-content. php? news_id=<?php echo $info1['news_id'];?>">详细内容</a>，将参数命名为 news_id，如图 8-26 所示。

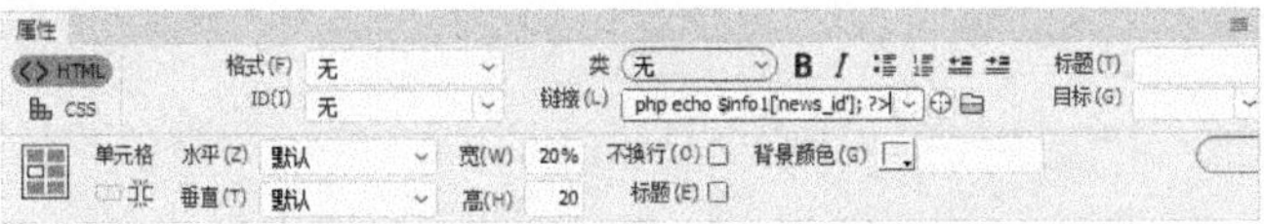

图 8-26 设置“链接”参数

（7）和首页一样加入记录集分页功能，特别注意所有指向要为本页，即 type. php 这个名称的网页，代码如下：

```
<?php
echo $total;//显示总页数
?>
 条,每页显示  <?php echo $pagesize;//打印每页显示的总页码;?> 条, 
第  <?php echo $page;//显示当前页码;?> 页/共  <?php echo $pagecount;//打
印总页码数 ?> 页:
<?php
        if($page>=2)
      //如果页码数大于或等于 2,则执行下面程序
        {
        ?>
<a href="type. php?page=1" title="首页"><font face="webdings"> 9 </font></a> / <a href=
"type. php? id=<?php echo $id;?>&amp;page=<?php echo $page-1;?>" title="前一页"><font face
="webdings"> 7 </font></a>
<?php
        }
          if($pagecount<=4){
                //如果页码数小于或等于 4,则执行下面程序
            for($i=1;$i<=$pagecount;$i++){
        ?>
<a href="type. php?page=<?php echo $i;?>"><?php echo $i;?></a>
<?php
              }
          }else{
          for($i=1;$i<=4;$i++){
        ?>
<a href="type. php?page=<?php echo $i;?>"><?php echo $i;?></a>
<?php }?>
<a href="type. php?page=<?php echo $page-1;?>" title="后一页"><font face="webdings"> 8
</font></a> <a href="type. php? id=<?php echo $id;?>&amp;page=<?php echo $pagecount;?>"
title="尾页"><font face="webdings"> :</font></a>
<?php
}
?>
```

到这里，新闻分类页面 type. php 的设计与制作就已经完成。完成设置后的分类页面如图 8-27 所示。

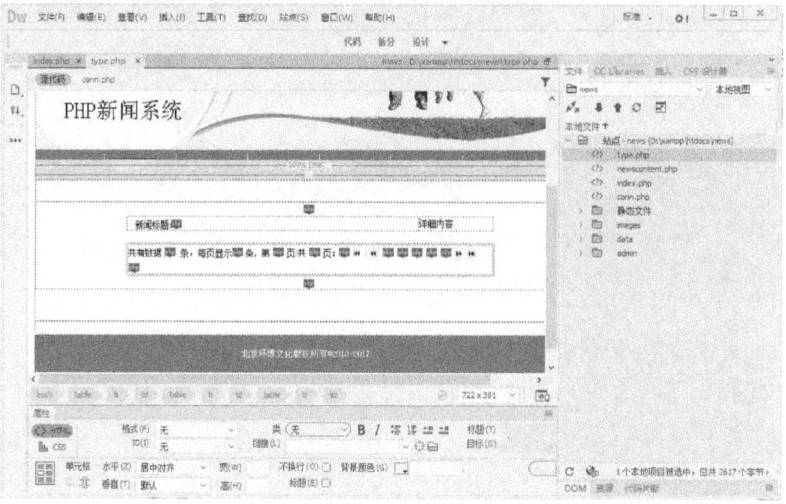

图 8-27　完成设置后的分类页面

8.3.3　新闻内容页面设计

新闻内容页面 newscontent. php 用于显示每一条新闻的详细内容，这个页面设计的重点在于如何接收 index. php 和 type. php 所传递过来的参数，并根据参数显示数据库中相应的数据。新闻内容页面的设计效果如图 8-28 所示。

图 8-28　新闻内容页面设计效果

详细操作步骤如下。

（1）执行菜单栏“文件”→“新建”命令创建新页面，执行菜单栏“文件”→“保存”命令，在站点 news 文件夹中将该文档保存为 newscontent. php。

（2）新闻内容页面设计和前面的页面设计差不多，效果如图 8-29 所示。

（3）首先创建“记录集”查询，查询的条件为 news_id：

```
<?php
require_once('conn. php');
```

```
$news_id=@$_GET['news_id'];
?>
<?php
$sql=mysqli_query($conn,"select * from news where news_id=".$news_id."");
//建立统计记录集总数查询,查询条件为新闻分类的 ID 传递过来的 ID 值
$info=mysqli_fetch_array($sql);
//使用 mysqli_fetch_array 获取所有记录集
?>
```

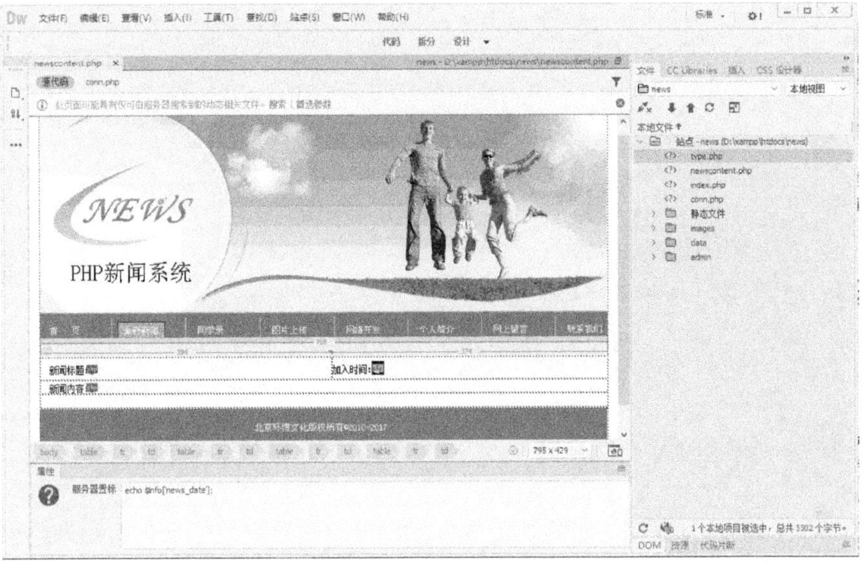

图 8-29 新闻内容页面设计

（4）创建记录集后，将记录集的字段插入至 newscontent. php 页面中的适当位置，这样就完成了新闻内容页面 newscontent. php 的设置，如图 8-30 所示。

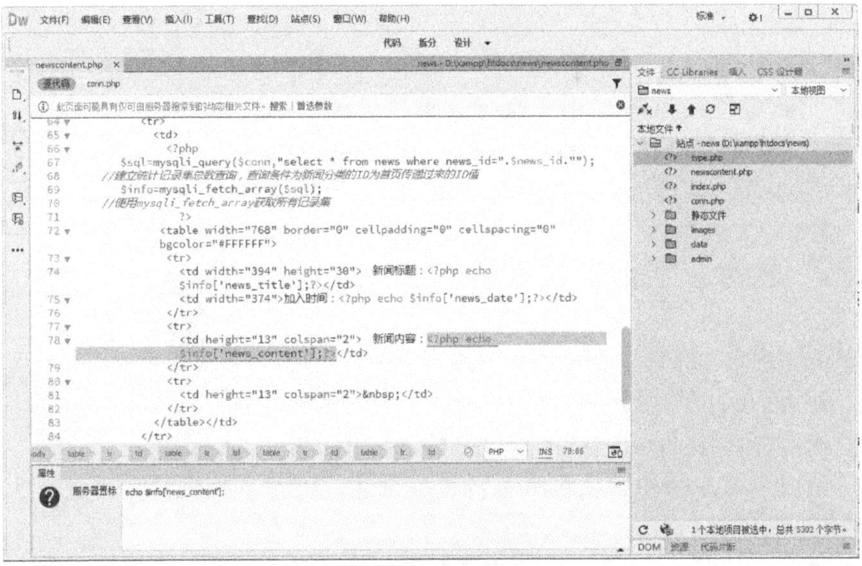

图 8-30 插入字段

Section

8.4 后台管理页面设计

新闻发布系统后台管理对于网站很重要，管理者可以通过这个后台增加、修改或删除新闻内容和新闻的类型，使网站能随时保持最新、最实时的信息。后台管理入口页面的设计效果如图 8-31 所示。

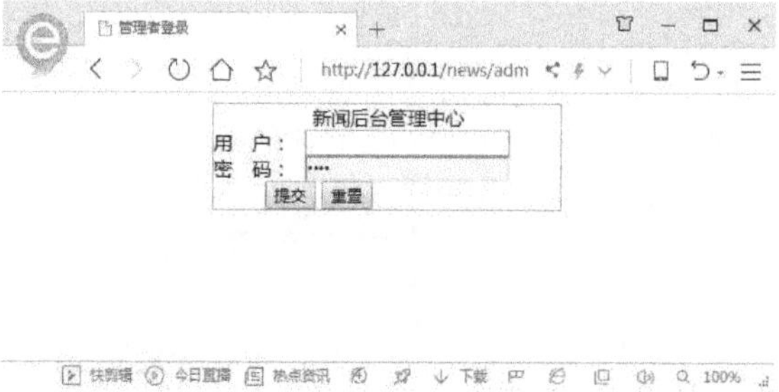

图 8-31 后台管理入口页面的设计效果

8.4.1 管理入口页面

后台管理页面必须验证用户对该页面的权限，可以利用登录账号与密码来判别是否由此用户来实现权限的设置管理。

详细操作步骤如下。

（1）执行菜单栏“文件”→“新建”命令，创建新页面，输入网页标题“管理者登录”，执行菜单“文件”→“保存”命令，在站点 news 文件夹中的 admin 文件夹中将该文档保存为 admin_login. php。

（2）执行菜单“插入”→“表单”→“表单”命令，插入一个表单。

（3）将光标定位在该表单中，执行菜单“插入”→“Table(表格)”命令，打开“Table（表格）”对话框，在“行数”文本框中输入需要插入表格的行数 4，在“列”文本框中输入需要插入表格的列数 2。在“表格宽度”文本框中输入“400”设置单位为像素，其他的选项保持默认值，如图 8-32 所示。

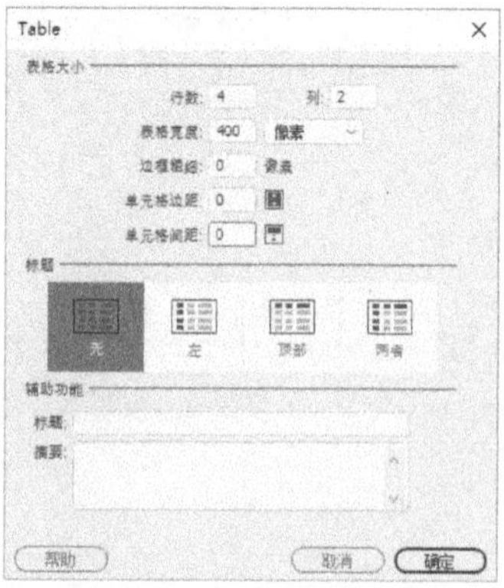

图 8-32 表格参数设置

（4）单击“确定”按钮，在该表单中插入了一个 4 行 2 列的表格。选择表格，在“属性”面板中设置“对齐方式”为“居中对齐”。拖动鼠标选中第 1 行表格的所有单元格，在“属性”面板中单击▭按钮，将第 1 行表格合并。用同样的方法将第 4 行合并。

（5）在该表单中的第 1 行中输入文字“新闻管理系统后台登录”，在表格的第 2 行第 1 个单元格中输入文字说明“用户:”，在第 2 个单元格中单击“文本域”按钮▭，插入单行文本域表单对象，定义文本域名为 username，文本域属性设置如图 8-33 所示。

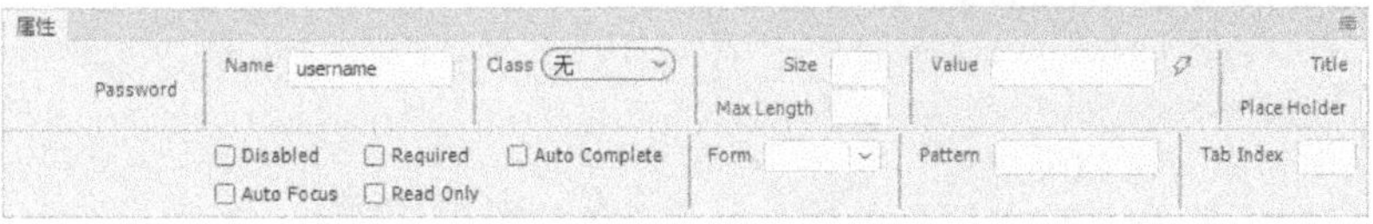

图 8-33 username 文本域的属性设置

（6）在第 3 列表格的第 1 个单元格中输入文字说明“密码:”，在第 3 行表格的第 2 个单元格中单击“文本域”按钮，插入单行文本域，定义文本域名为 password，文本域属性设置如图 8-34 所示。

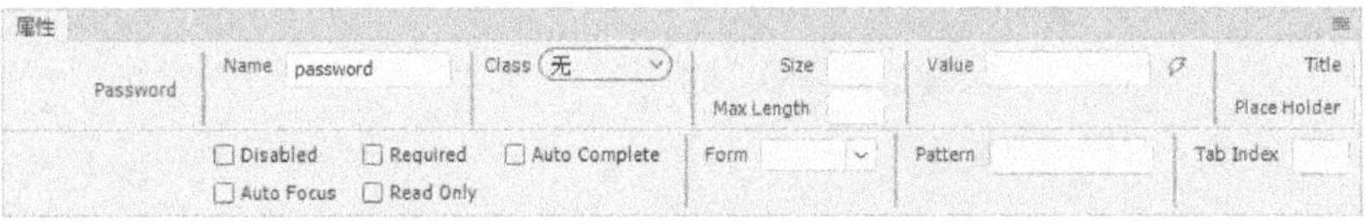

图 8-34 password 文本域的属性设置

（7）选择第 4 行单元格，执行两次菜单栏“插入”→“表单”→“按钮”命令，插入两个按钮，并分别在“属性”面板中进行属性设置，一个为登录时用的“登录”按钮，一个为“重置”按钮，“属性”的设置如图 8-35 所示。

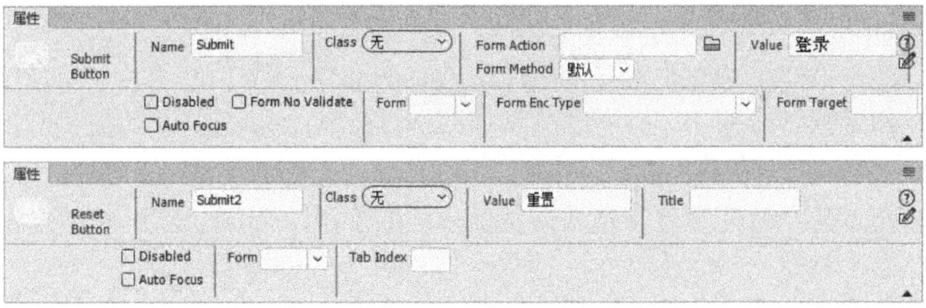

图 8-35 按钮属性设置

（8）在标签栏选择<form>标签，设置跳转到 chkadmin. php 页面进行验证，如图 8-36 所示。

（9）新建立一个 chkadmin. php 动态页面，输入验证的代码如下：

```
<meta http-equiv="Content-Type" content="text/html;charset=utf-8">
<?php
include("conn. php");
 $username=$_POST['username'];
 $userpwd=$_POST['password'];
class chkinput{
    var $name;
    var $pwd;
    function chkinput($x,$y){
        $this->name=$x;
        $this->pwd=$y;
    }
```

```
    function checkinput(){
        include("conn.php");
        $sql=mysqli_query($conn,"select * from admin where username='".$this->name."'");
        $info=mysqli_fetch_array($sql);
        if($info==false){
echo "<script language='javascript'>alert('管理员名称输入错误!');history.back();</script>";
    exit;
        }
    else{
    if($info['password']==$this->pwd)
            {
            session_start();
        $_SESSION['username']=$info['username'];
            header("location:admin.php");
            exit;
            }
        else{
            echo "<script language='javascript'>alert('密码输入错误!');history.back();
</script>";
            exit;
            }
        }
    }
}
$obj=new chkinput(trim($username),trim($userpwd));
$obj->checkinput();
?>
```

返回到编辑页面，完成后台管理入口页面 admin_login.php 的设计与制作。

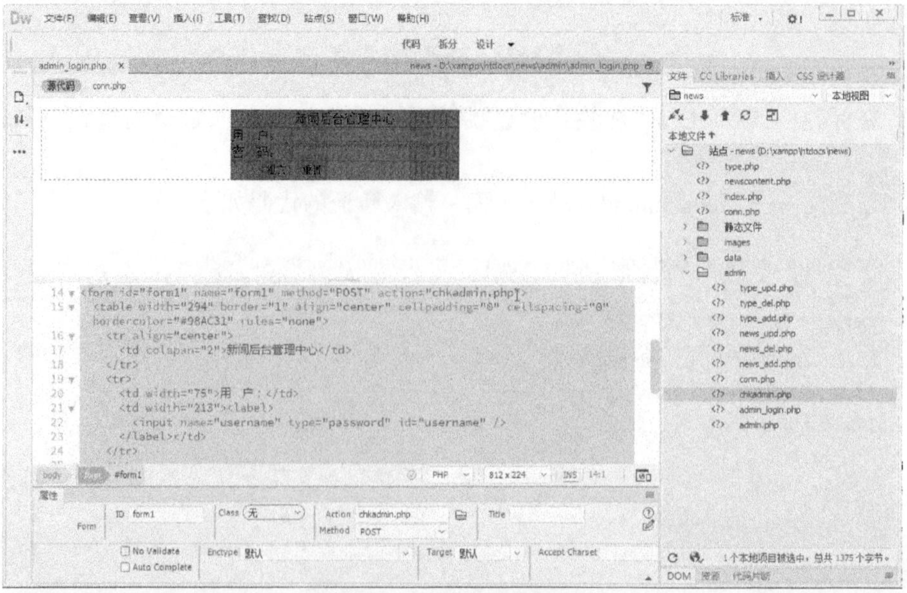

图 8-36　登录用户的设定

8.4.2 管理主页面

后台管理主页面是管理者在登录页面验证成功后所登录的页面，这个页面可以实现新增、修改或删除新闻内容和新闻分类中的内容，使网站能随时保持最新、最实时的信息，效果如图 8-37 所示。

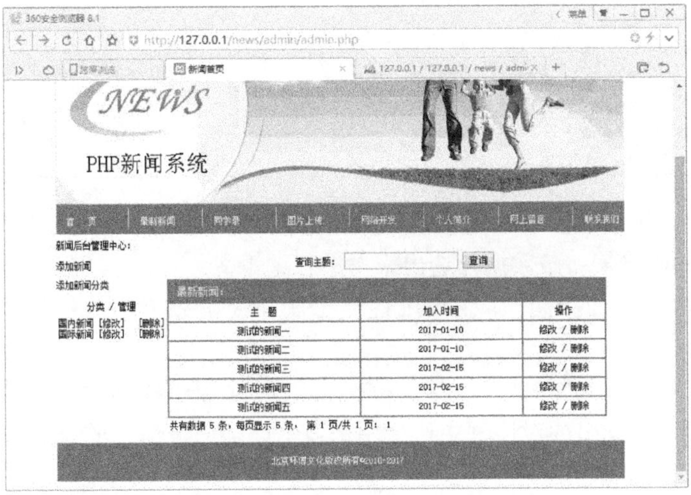

图 8-37　后台管理主页面效果

详细操作步骤如下。

（1）由于 admin. php 的大部分查询功能和 index. php 页面的功能是一样的，因此可以直接打开 index. php 页面，将其另存为 admin. php 网页，在 index. php 基础上对文字说明及单击时的链接地址进行修改即可，修改时的动态页面如图 8-38 所示。

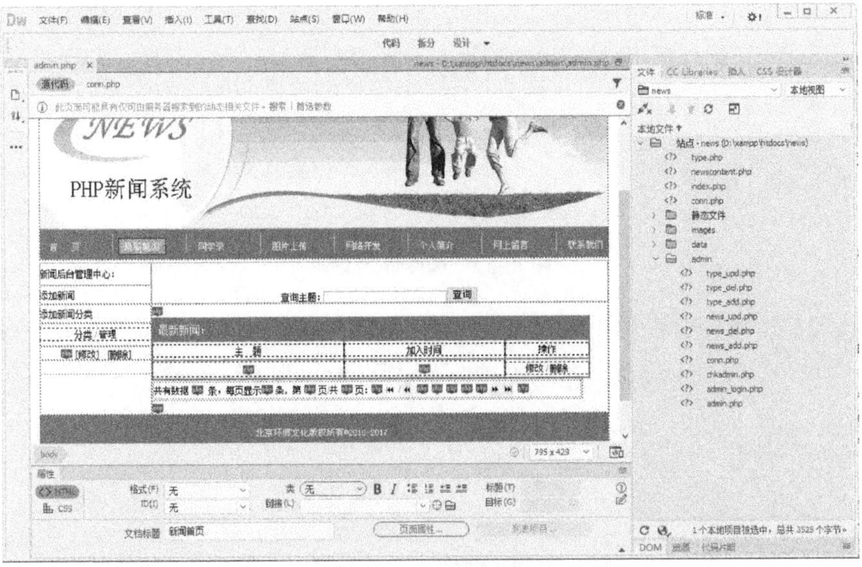

图 8-38　修改时的动态页面

（2）admin. php 可供管理者链接至新闻编辑页面，然后进行新增、修改与删除等操作，设置了 6 个链接，各连接的设置如表 8-6 所示。

表 8-6 admin. php 页面的链接设置

名 称	链 接 页 面
添加新闻分类	type_add. php
修改	type_up. php
删除	type_del. php
添加新闻	news_add. php
修改	news_upd. php
删除	news_del. php

其中，“修改”及“删除”的链接必须传递参数给转到的页面，这样转到的页面才能根据参数值从数据库中将某一条数据筛选出来再进行编辑。

（3）首先选取“添加新闻”，在“属性”面板中将它链接到 admin 文件夹中的 news_add. php 页面。

（4）选取右边栏中的“修改”文字，在“属性”面板中找到建立链接的部分，并单击“浏览文件”图标，在弹出的对话框中选择用来显示详细记录信息的页面 news_upd. php，如图 8-39 所示。

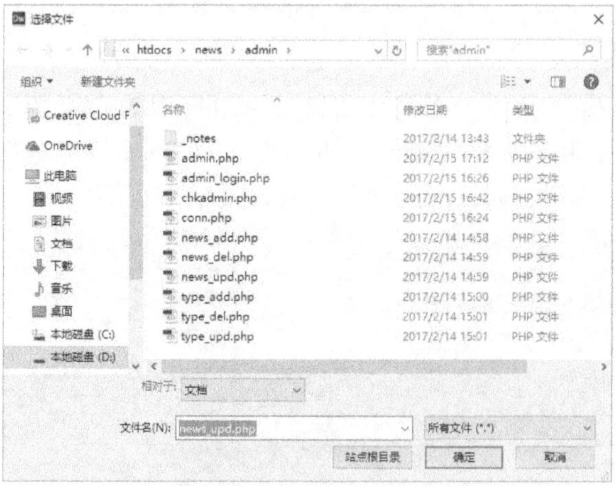

图 8-39 选择链接文件

（5）设置超链接要附带的 URL 参数的名称与值：<a href="news_upd. php? news_id=<?php echo $info1['news_id'];?>">修改</a>，如图 8-40 所示。

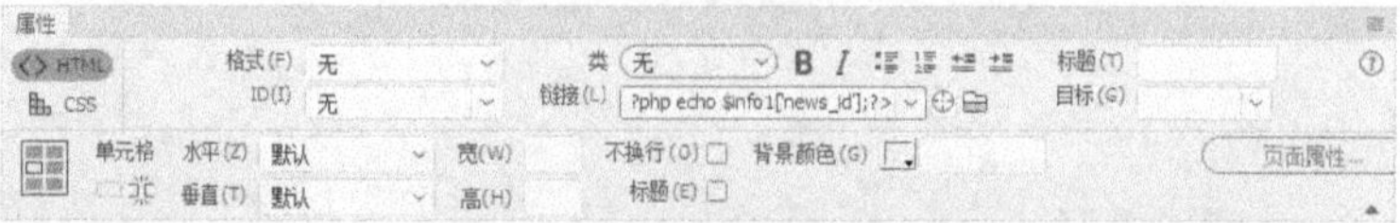

图 8-40 在“属性”面板中设置链接

（6）选取“删除”文字并重复上面的操作，将要转到的页面改为 news_del. php，并设置传递新闻标题的 ID 参数，代码为<a href = " news_del. php? news_id = <?php echo $info1['news_id'];?>" >删除</a>，如图 8-41 所示。

图 8-41　设置链接到 news_del. php

（7）选取左边栏中的“修改”文字，选择 admin 文件夹中的 type_upd. php 链接并传递 type_id 参数，代码为<a href = " type_upd. php? type_id = <?php echo $info2['type_id'];?>" >修改</a>，如图 8-42 所示。

图 8-42　设置链接到 type_upd. php

（8）选取“删除”文字并重复上面的操作，将要前往的细节页面改为 type_del. php 并传递 type_id 参数，代码为<a href = " type_del. php? type_id = <?php echo $info2['type_id'];?>" >删除</a>，如图 8-43 所示。

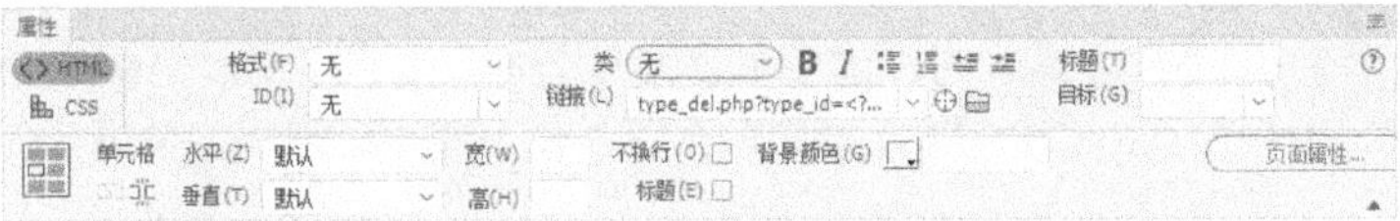

图 8-43　设置链接到 type_del. php

（9）再选取“添加新闻分类”，在“属性”面板中将它链接到 admin 文件夹中的 type_add. php 页面。

（10）后台管理是管理员在后台管理入口页面 admin_login. php 中输入正确的账号和密码才可以进入的一个页面，所以必须设置限制对本页的访问功能。这里实现的方法有很多种，最简单的就是使用 session 变量，通过判断 $_SESSION['username']是否为空来限制访问，直接登录会出现错误提示，如图 8-44 所示。实现的代码放在页面的最前面：

```
<?php
session_start();
require_once('conn. php');
 $keyword=@$_POST['keyword'];
if(@$_SESSION['username'] =="")
   {
      echo "<script>alert('您还没有登录,请先登录!');history. back();</script>";
      exit;
   }
?>
```

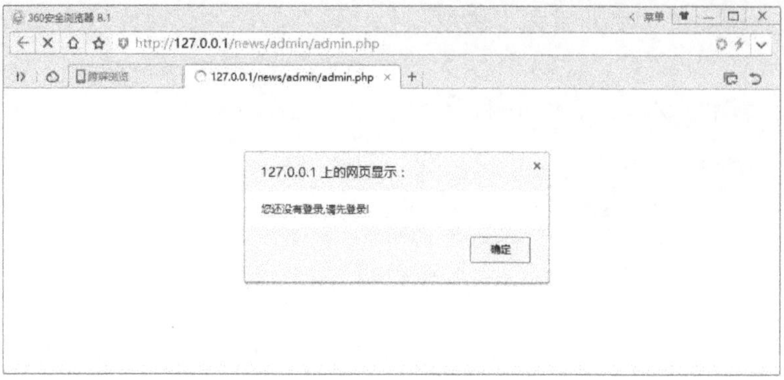

图 8-44　直接登录出现的错误提示

单击“确定”按钮，就完成了后台管理主页面 admin. php 的制作。

8.4.3　新增新闻页面

新增新闻页面 news_add. php 的页面设计如图 8-45 所示，实现了插入新闻的功能。

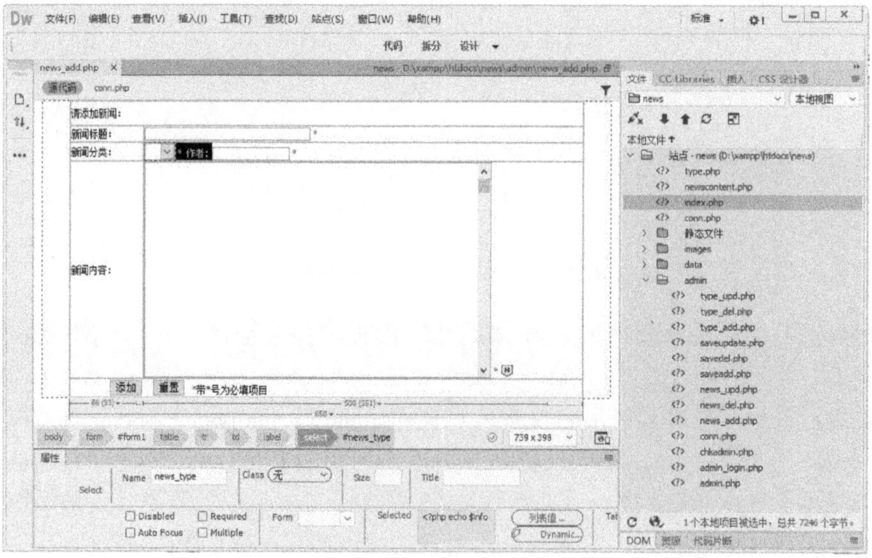

图 8-45　新增新闻页面设计

详细操作步骤如下。

(1) 创建 news_add. php 页面，本页制作有 3 个核心技术：其一是下拉列表如何从 MySQL 数据库中查询出新闻的分类并显示到下拉列表框中，其二是提交时自动获得系统的时间，其三是单击“添加”按钮时需要对提交的表单进行验证。首先看一下验证的实现方法：

```
<script language="javascript">
  function chkinput(form)
    {
```

```
            if( form. news_title. value = = "" )
          {
            alert( "请输入新闻标题!" );
            form. news_title. select( );
            return( false );
          }
            if( form. news_author. value = = "" )
          {
            alert( "请输入作者!" );
            form. news_author. select( );
            return( false );
          }
            if( form. news_content. value = = "" )
          {
            alert( "请输入年龄!" );
            form. news_content. select( );
            return( false );
          }
          return( true );
          }
    </script>
```

（2）绑定记录集后，单击“新闻分类”下拉按钮能显示分类，实现的办法是循环设置<option>的 value 值，代码如下：

```
<label>
          <select name="news_type"  id="news_type">
             <?php
          $sql=mysqli_query($conn,"select * from newstype");
          while($info=mysqli_fetch_array($sql))
          {
        ?>
        <option    value="<?php echo $info['type_id'];?>">//获取分类的 ID 编号
         <?php echo $info['type_name'];?>//显示分类名称
          </option>
             <?php
          }
           ?>
          </select>
          </label>
```

加入代码后的运行效果如图 8-46 所示。

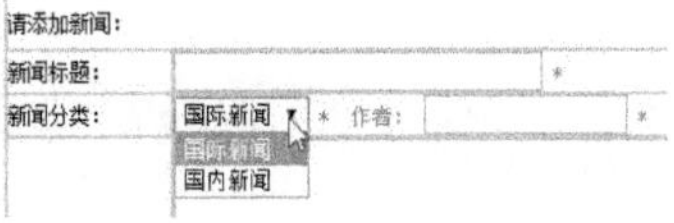

图 8-46　运行效果

（3）本章中的一个技术重点就是要使用 PHP 实现自动获取系统的默认时间，当插入新闻时能自动生成当时的时间。方法是绑定一个隐藏字段并命名为 news_date，切换到代码行将值设置如下，单击“确定”按钮。

```
<input name="news_date"  type="hidden"  id="news_date"  value="<?php
echo date("Y-m-d");
```

```
?>">
//设置时间格式并显示当时时间
```

(4) 在 news_add. php 编辑页面，单击“添加”按钮能提交到 saveadd. php 页面进行“插入记录”的操作，如图 8-47 所示。插入代码如下：

```
<meta http-equiv="Content-Type" content="text/html;charset=utf-8">
<?php
  include("conn. php");
  $news_title=$_POST['news_title'];
  $news_type=$_POST['news_type'];
  $news_author=$_POST['news_author'];
  $news_content=$_POST['news_content'];
  $news_date=$_POST['news_date'];
  mysqli_query($conn,"insert into news(news_title,news_type,news_content,news_author,
news_date) values('$news_title','$news_type','$news_author','$news_content',
'$news_date')");
echo "<script>alert('添加成功！');history. back();</script>";
?>
```

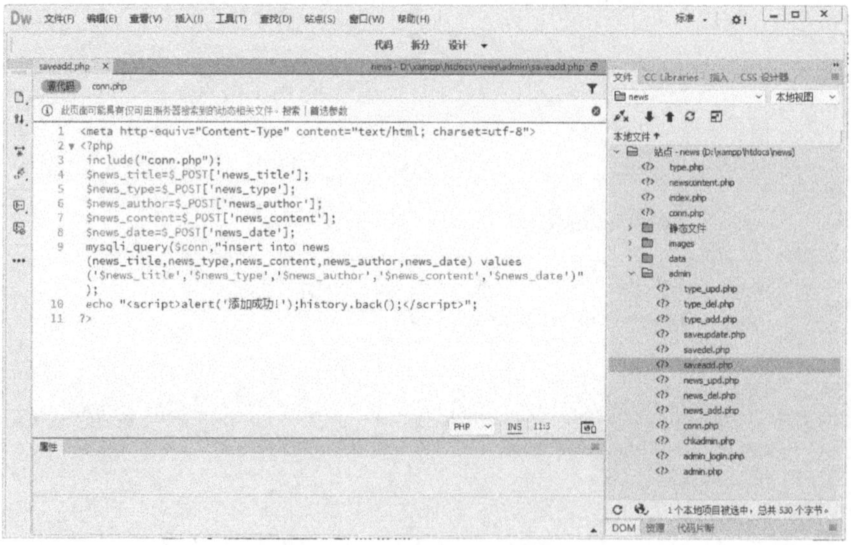

图 8-47 “插入记录”命令

返回到编辑页面，就完成 news_add. php 页面的设计了。

8.4.4 修改新闻页面

修改新闻页面 news_upd. php 的主要功能是将数据表中的数据送到页面的表单中进行修改，修改数据后再将数据更新到数据表中，页面设计如图 8-48 所示。

详细操作步骤如下。

(1) 打开 news_upd. php 页面，该页面与新增新闻页面中的分类调用方法是一样的，但在该页显示的是单击“更新”按钮传递过来的 news_id 值调用的相应新闻，然后更新到

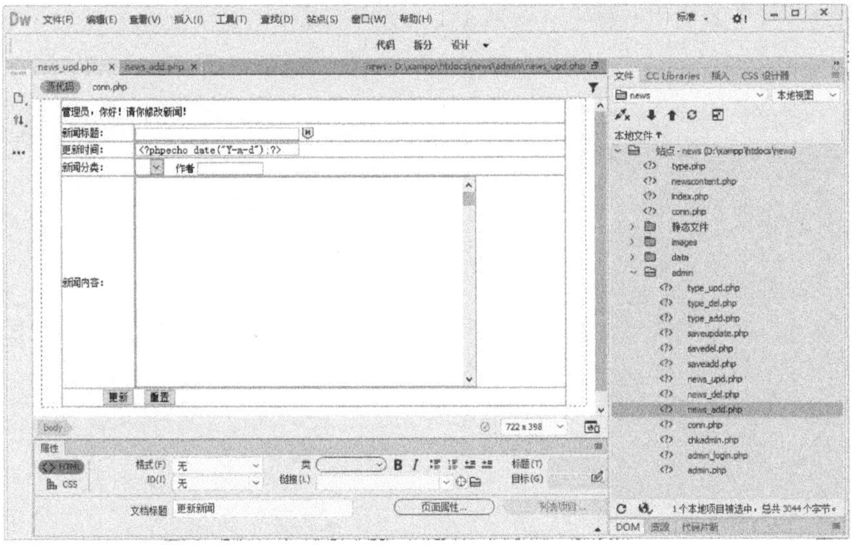

图 8-48 修改新闻页面设计

数据库中。

(2) 由于代码差不多，这里只列出查询记录集不一样的地方。使用 where 条件查询 news_id='$news_id'，代码如下：

```
<?php
  $news_id=$_GET['news_id'];
  $sql=mysqli_query($conn,"select * from news where news_id='$news_id'");
    $info=mysqli_fetch_array($sql);
?>
```

(3) 传递到 saveupdate. php 的更新代码如下：

```
<meta http-equiv="Content-Type" content="text/html;charset=utf-8">
  <?php
    $news_id=$_POST['news_id'];
    $news_title=$_POST['news_title'];
    $news_date=$_POST['news_date'];
    $news_type=$_POST['news_type'];
    $news_content=$_POST['news_content'];
    $news_author=$_POST['news_author'];
    include("conn.php");
    mysqli_query($conn,"update news set news_title='$news_title',news_date='$news_date',
news_type='$news_type',news_content='$news_content',news_author='$news_author' where news_id=
'$news_id'");
  echo "<script>alert('修改成功！');history.back();</script>";
?>
```

这里一定要注意，更新时所有字段要一一对应，即可完成修改新闻页面的设计。

8.4.5 删除新闻页面

删除新闻页面 news_del. php 和修改的页面差不多，可以直接将上面制作的修改新闻页面另存，再修改一下说明文字即可，如图 8-49 所示。其作用是将表单中的数据从站点的数据表中删除。

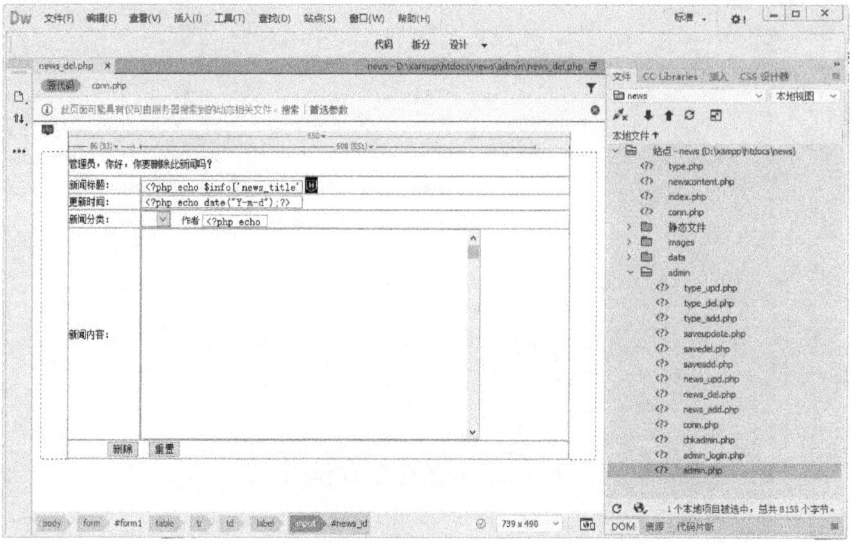

图 8-49　删除新闻页面设计

单击“删除”按钮提交到 savedel. php 动态页面进行处理，代码如下：

```
<meta http-equiv="Content-Type" content="text/html;charset=utf-8">
<?php
  include("conn. php");
  $news_id=$_POST['news_id'];
  mysqli_query($conn,"delete from news where news_id='$news_id'");
//根据传递过来的 ID 来删除新闻
  echo "<script>alert('删除成功！');</script>";
//删除成功,跳转到 admin. php 页面
header("location:admin. php");
?>
```

此时完成删除新闻页面的设计。

8.4.6　新增新闻分类页面

新增新闻分类页面 type_add. php 的功能是将页面的表单数据新增到 newstype 数据表中，页面设计如图 8-50 所示。

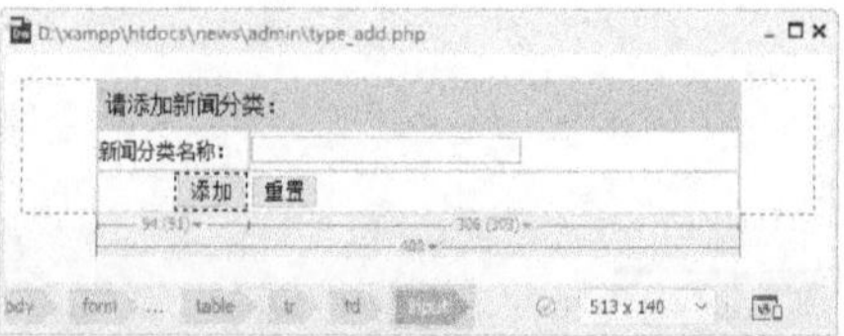

图 8-50　新增新闻分类页面设计

单击 type_add. php 页面中的“添加”按钮时，跳转到 type_add_save. php，实现增加分类的功能，具体的代码如下：

```
<meta http-equiv="Content-Type" content="text/html;charset=utf-8">
<?php
  include("conn. php");
  $type_name=$_POST['type_name'];
  mysqli_query($conn,"insert into newstype(type_name)values('$type_name')");
  echo "<script>alert('添加成功！');history. back();</script>";
?>
```

这就完成了 type_add. php 页面设计。

8.4.7 修改新闻分类页面

修改新闻分类页面 type_upd. php 的功能是将数据表的数据送到页面的表单中进行修改，修改数据后再更新至数据表中，页面设计如图 8-51 所示。

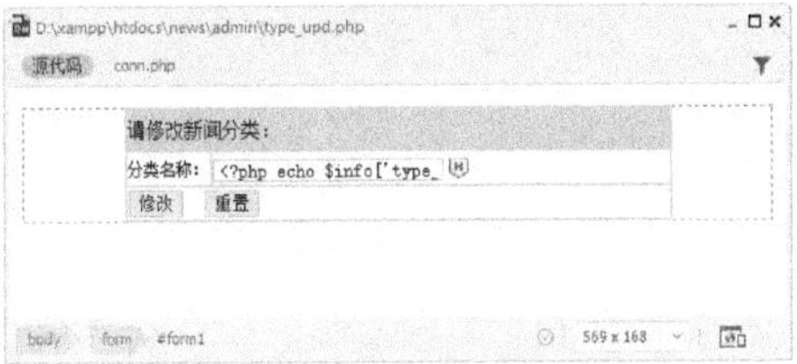

图 8-51 修改新闻分类页面设计

（1）设置记录集查询功能，并绑定分类名称和隐藏分类主字段，方便传递并更改，核心的代码如下：

```
<?php
    $type_id=$_GET['type_id'];
//从上一页接收 type_id 表单变量
    $sql=mysqli_query($conn,"select * from newstype where type_id='$type_id'");
    $info=mysqli_fetch_array($sql);
    ?>
```

（2）单击 type_upd. php 页面中的“修改”按钮时，跳转到 type_upd_save. php，实现修改分类的功能，具体的代码如下：

```
<meta http-equiv="Content-Type" content="text/html;charset=utf-8">
<?php
  include("conn. php");
  $type_name=$_POST['type_name'];
  $type_id=$_POST['type_id'];
  mysqli_query($conn,"update newstype set type_name='$type_name'where type_id='$type_id'");
  echo "<script>alert('更新成功！');</script>";
header("location:admin. php");
?>
```

这就完成了修改新闻分类页面的设计。

8.4.8 删除新闻分类页面

删除新闻分类页面 type_del. php 的功能是将表单中的数据从站点的数据表 newstype 中删除。详细操作步骤如下。

(1) 打开 type_del. php 页面，该页面和修改的页面是一模一样的。绑定记录集后，将记录集的字段插入至 type_del. php 网页中的适当位置，如图 8-52 所示。其中绑定一个隐藏字段为 type_id。

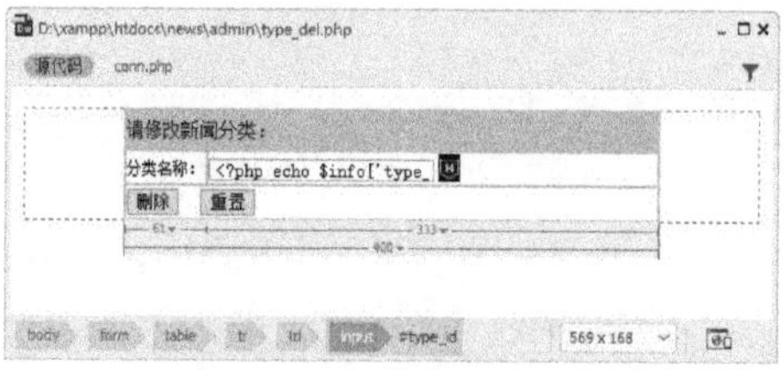

图 8-52 字段的插入

(2) 单击“删除”按钮，提交到 type_del_save. php 网页中进行删除处理，代码如下：

```
<meta http-equiv="Content-Type" content="text/html;charset=utf-8">
<?php
  include("conn.php");
  $type_id=$_POST['type_id'];
  mysqli_query($conn,"delete from newstype where type_id='$type_id'");
  echo "<script>alert('删除分类成功！');</script>";
header("location:admin.php");
?>
```

至此，一个功能完善、实用的网站——新闻发布系统就开发完毕，读者可以将本章开发新闻发布系统的方法应用到实际的大型网站建设中。

Dw

第 9 章　留言板管理系统建设

留言板可以实现网站与访问者之间的沟通，收集用户意见和信息，也是网站建设必不可少的一个重要系统。利用留言板，可以为访问人员提供发言的机会，让他们及时、准确地发表自己的观点。这些观点保存在服务器上的数据库中，而且可以被任何一个访问站点的人所看到。本章将利用 PHP 的插入和查询记录集命令，轻松实现 PHP 留言系统的留言和查询留言的动态管理功能，同时读者会初步掌握通过手写代码来实现部分简单的功能。

从入门到精通

主要掌握以下知识点：

- 留言板管理系统的结构搭建
- 创建数据库和数据库表
- 建立数据源连接
- 掌握创建各种页面及页面之间传递信息的技巧和方法
- 留言板管理系统常用功能的设计与实现

Section

9.1 系统的整体设计规划

留言板在功能上主要表现为如何显示留言，如何对留言进行回复、修改和删除，所以一个完整的留言板管理系统分为访问者留言模块和管理者登录模块两部分。

本章要制作的留言板管理系统的网页及网页结构，如图 9-1 所示。

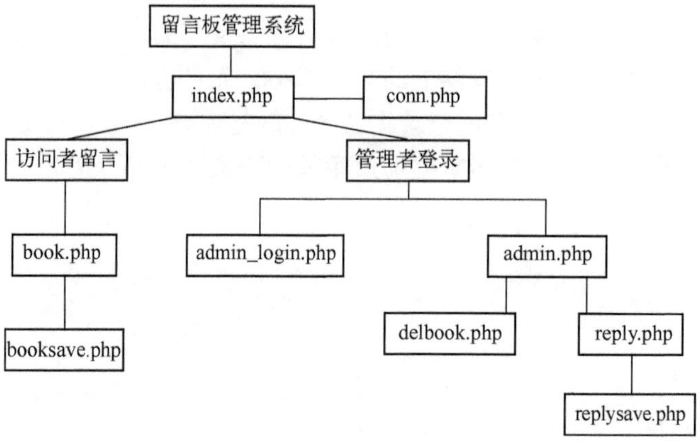

图 9-1　系统结构图

本系统共有 10 个页面，各页面的功能与对应的文件名称如表 9-1 所示。

表 9-1　系统页面说明表

页面名称	功　能
index. php	显示留言内容和管理者回复内容
conn. php	数据库连接文件
book. php	提供用户发表留言的页面
booksave. php	保存留言的动态页面
admin_login. php	管理者登录留言板管理系统的入口页面
chkadmin. php	实现管理者登录判断的动态页面
admin. php	管理者对留言内容进行管理的页面
reply. php	管理者对留言内容进行回复的页面
replysave. php	实现回复保存的动态页面
delbook. php	管理者对一些非法留言进行删除的页面

9.1.1 页面设计规划

在本地计算机中建立站点文件夹 gbook，将要制作的留言板系统文件夹及文件如图 9-2 所示。

图 9-2　站点规划文件

9.1.2　页面美工设计

在网页美工方面，主要设计了首页和次级页面，采用的是标准的左右布局结构，留言页面效果如图 9-3 所示。

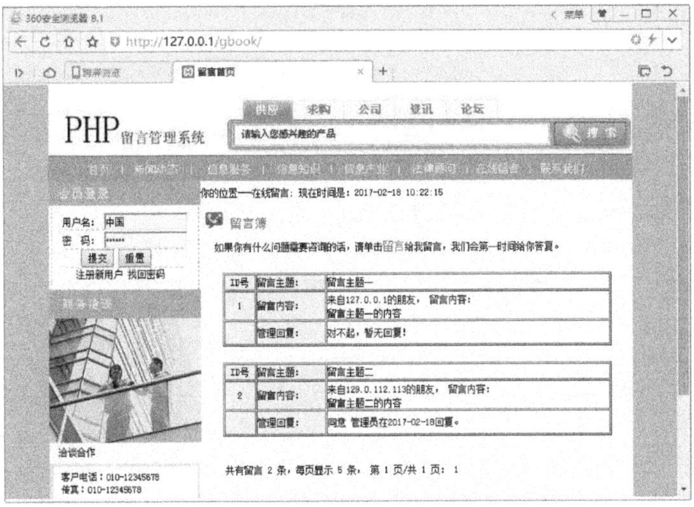

图 9-3　留言板管理系统页面效果

Section 9.2　数据库设计与连接

制作留言板管理系统，首先要设计一个存储访问者留言内容、管理员对留言信息的回复，以及管理员账号、密码的数据库文件，以方便管理和使用。

9.2.1　数据库设计

本数据库主要包括“留言信息意见表”和“管理信息表”两个数据表，“留言信息意见表”命名为 gbook，“管理信息表”命名为 admin。

制作的步骤如下。

（1）在 phpMyAdmin 中建立数据库 gbook，单击 数据库 标签打开本地的“数据库”页面，在“新建数据库”文本框中输入数据库的名称“gbook”，单击后面的数据库类型下拉按钮，在弹出的下拉列表中选择“utf8_general_ci”选项，如图 9-4 所示，单击“创建”按钮。返回“常规设置”页面，在数据库列表中就已经建立了 gbook 的数据库。

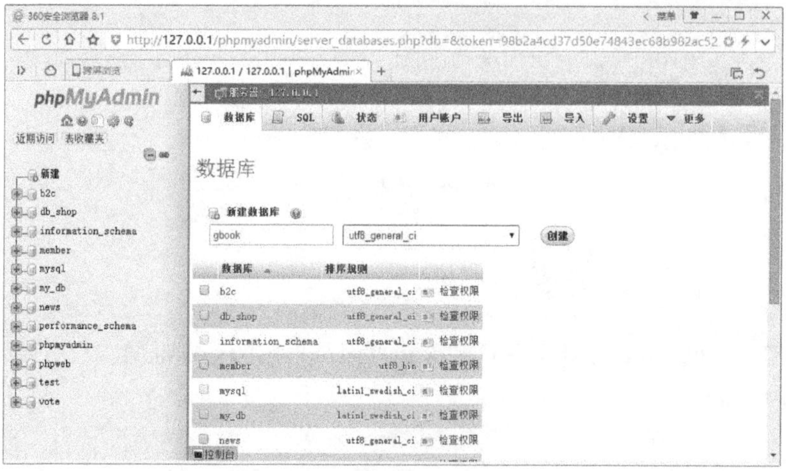

图 9-4 开始创建数据表

（2）单击左边的 gbook 数据库将其连接上，打开“新建数据表”页面，分别输入数据表名“gbook”和“admin”（即创建两个数据表），gbook 的字段说明如表 9-2 所示。输入字段名并设置数据类型的相关数据，如图 9-5 所示。

表 9-2 留言信息意见表 gbook

字段名称	数据类型	字段大小	必填字段
ID	INTEGER	11	是（自动编号）
subject	VARCHAR	50	是
content	TEXT		是
reply	TEXT		
date	DATE		是
redate	DATE		
IP	VARCHAR	50	是
passid	VARCHAR	20	是

（3）创建 admin 数据表，字段说明如表 9-3 所示，用于后台管理者登录验证，输入数据域名并设置数据域位的相关数据，如图 9-6 所示。

表 9-3 管理信息表 admin

字段名称	数据类型	字段大小	必填字段
ID	INTEGER	长整型	
username	VARCHAR	50	是
password	VARCHAR	50	是

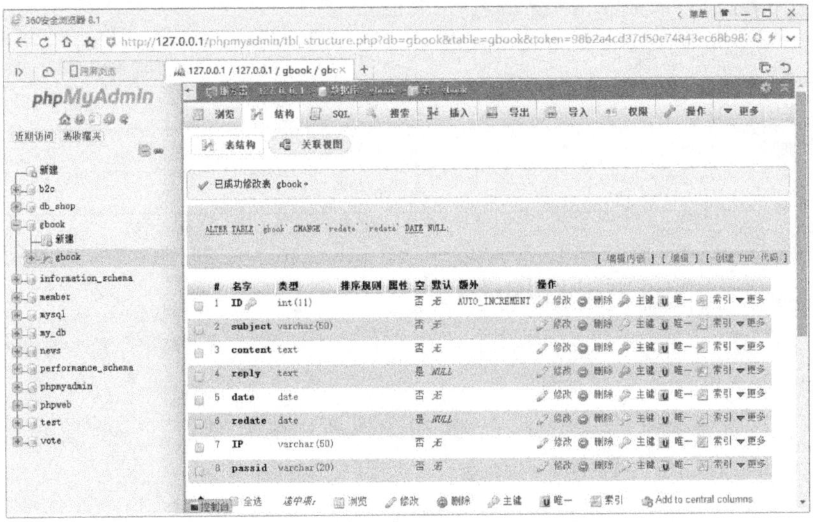

图 9-5　创建的数据表 gbook

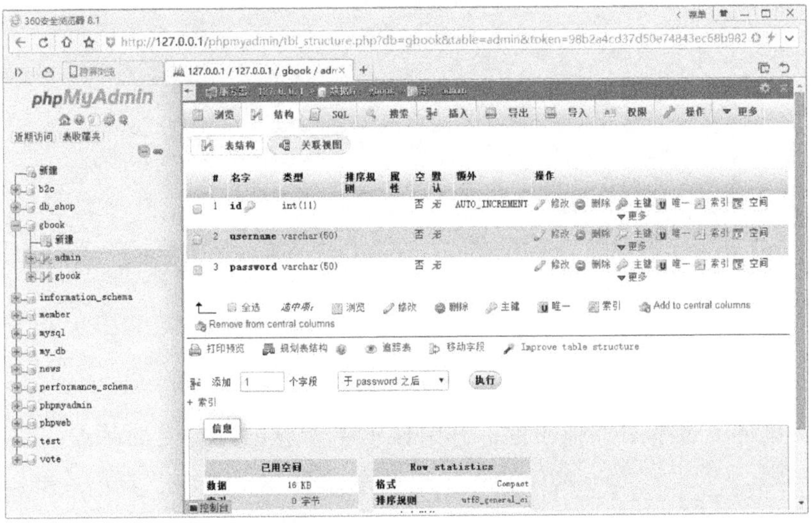

图 9-6　创建的数据表 admin

数据库创建完毕以后，对于本系统而言，下一步是如何取得访问者的 IP 地址。

9.2.2　定义 gbook 站点

在 Dreamweaver CC（2017）中创建一个“留言板管理系统”网站站点 gbook，由于这是 PHP 数据库网站，因此必须设置本机数据库和测试服务器，主要的设置如表 9-4 所示。

表 9-4　站点设置的基本参数

站点名称	gbook
本机根目录	D:\xampp\htdocs\gbook
测试服务器	D:\xampp\htdocs\

（续）

站 点 名 称	gbook
网站测试地址	http://127.0.0.1/gbook/
MySQL 服务器地址	D:\xampp\mysql\data\gbook
管理账号/密码	root/空
数据库名称	gbook

创建 gbook 站点的具体操作步骤如下。

（1）首先在 D:\xampp\htdocs 路径下建立 gbook 文件夹，本章所有建立的网页文件都将放在该文件夹下。

（2）运行 Dreamweaver CC（2017），执行菜单栏中的“站点”→“管理站点”命令，打开“管理站点”对话框，如图 9-7 所示。

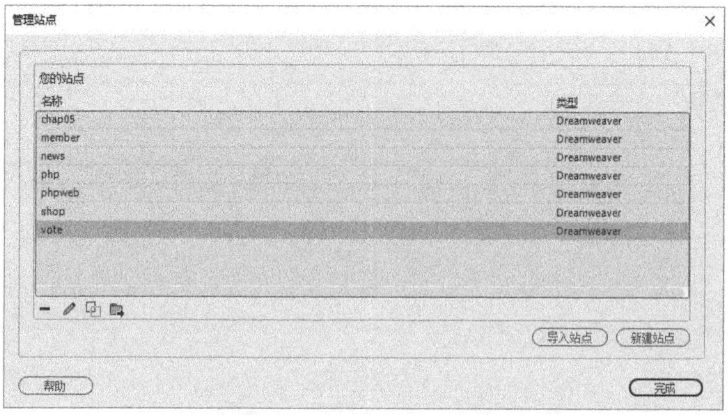

图 9-7 “管理站点”对话框

（3）对话框的上边是站点列表框，其中显示了所有已经定义的站点。单击右下角的“新建站点”按钮，打开“站点设置对象”对话框，进行如图 9-8 所示的参数设置。

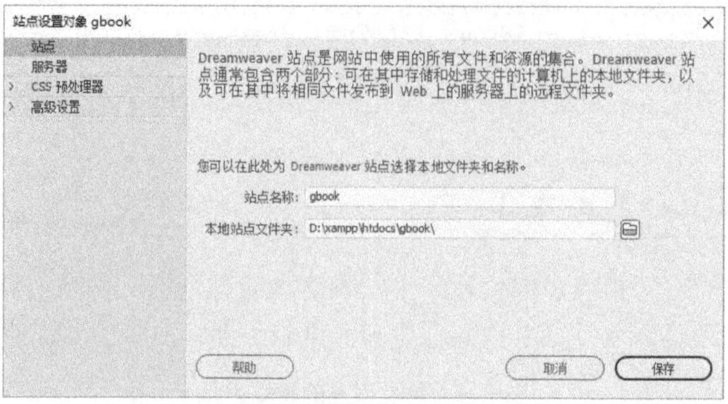

图 9-8 建立 gbook 站点

（4）选择左侧列表框中的“服务器”选项，并单击“添加服务器”按钮 [+]，打开“基本”选项卡，进行如图 9-9 所示的参数设置。

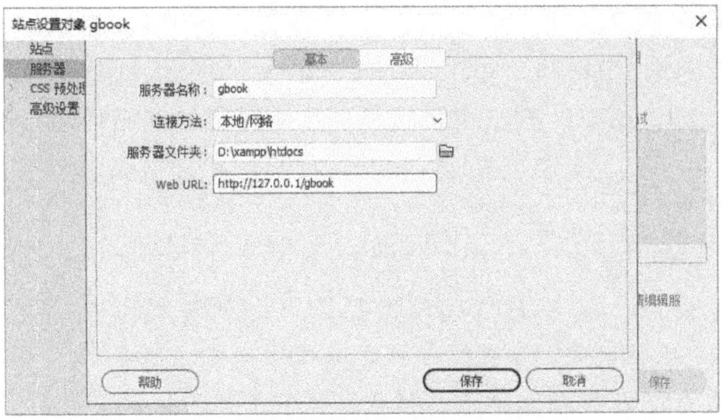

图 9-9　设置“基本”选项卡

(5) 设置后再选择“高级”选项卡，选中“维护同步信息”复选框，在“服务器模型”下拉列表框中选择 PHP MySQL 选项，表示是使用 PHP 开发的网页，其他的保持默认值，如图 9-10 所示。

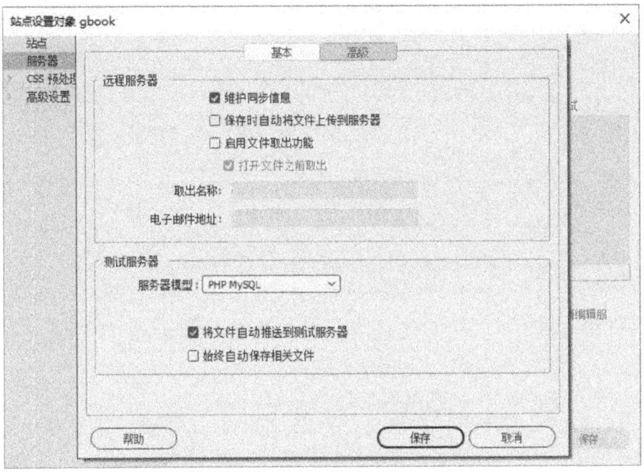

图 9-10　设置“高级”选项卡

(6) 单击“保存”按钮，返回“服务器”界面，选中“测试”单选按钮，如图 9-11 所示。

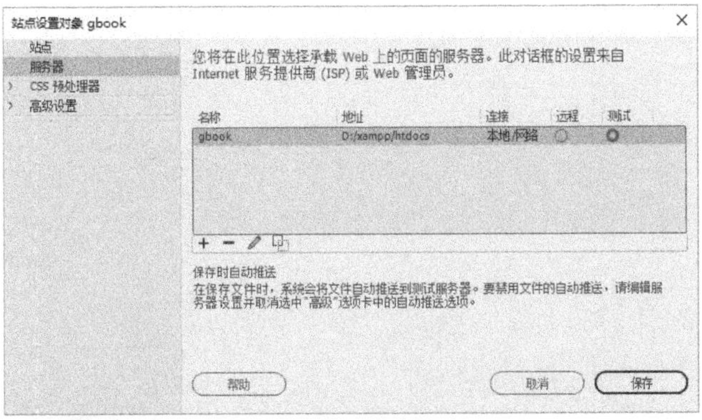

图 9-11　设置“服务器”参数

（7）单击“保存”按钮，则完成站点的定义设置，在 Dreamweaver CC（2017）中就已经拥有了刚才所设置的站点 gbook。单击“完成”按钮，关闭“管理站点”对话框，这样就完成了 Dreamweaver CC（2017）测试留言板管理系统网页的网站环境设置。

9.2.3 设置数据库连接

完成了站点的定义后，接下来就是与数据库之间的连接。网站与数据库的连接设置如下。

（1）将涉及的本章文件复制到站点文件夹下，打开 index. php 页面，如图 9-12 所示。

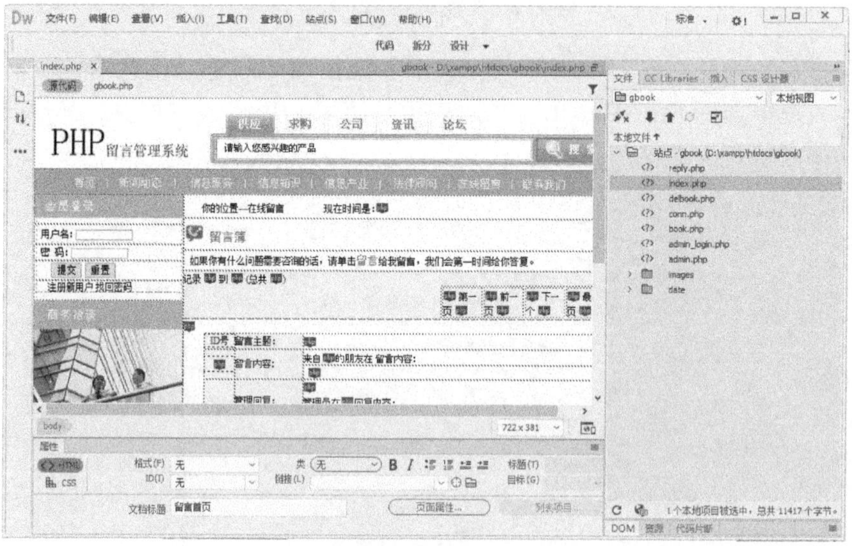

图 9-12 打开网站首页

（2）执行菜单栏中的“文件”→“新建”命令，新建 conn. php 数据库连接文件，如图 9-13 所示。conn. php 的代码如下：

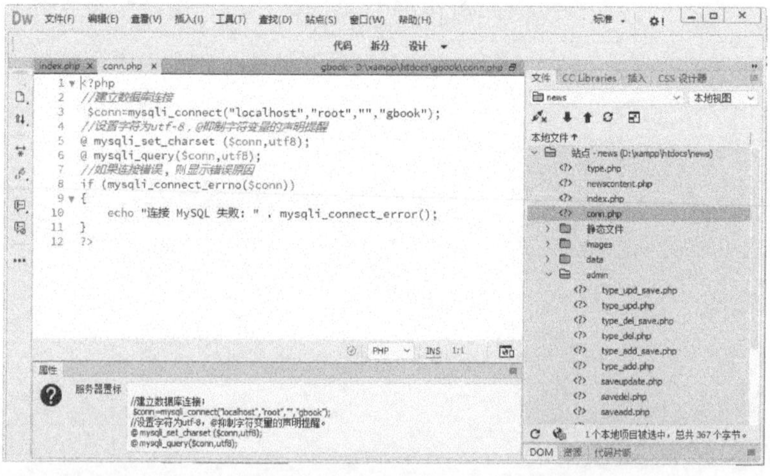

图 9-13 conn. php 动态页面

```
<?php
//建立数据库连接
$conn=mysqli_connect("localhost","root","","gbook");
//设置字符为 utf-8,@ 抑制字符变量的声明提醒。
@ mysqli_set_charset($conn,utf8);
@ mysqli_query($conn,utf8);
//如果连接错误,则显示错误原因
if(mysqli_connect_errno($conn))
{
    echo "连接 MySQL 失败:" . mysqli_connect_error();
}
?>
```

Section 9.3 留言板管理系统页面

留言板管理系统分前台和后台两部分，这里首先制作前台部分的动态网页，主要有留言板首页 index. php 和留言页面 book. php。

9.3.1 留言板主页面

在留言板首页 index. php 中，单击“留言”超链接时，打开留言页面 book. php，访问者可以在上面自由发表意见，但管理人员可以对恶性留言进行删除、修改等。

其详细制作的步骤如下。

（1）打开静态页面 index. php，在“现在时间是:”后面加一段 PHP 代码：

```
<?php
echo date("Y-m-d h:i:s");
?>
```

得到系统当前时间，在文字“留言”上做一个超链接，链接到 book. php，效果如图 9-14 所示。

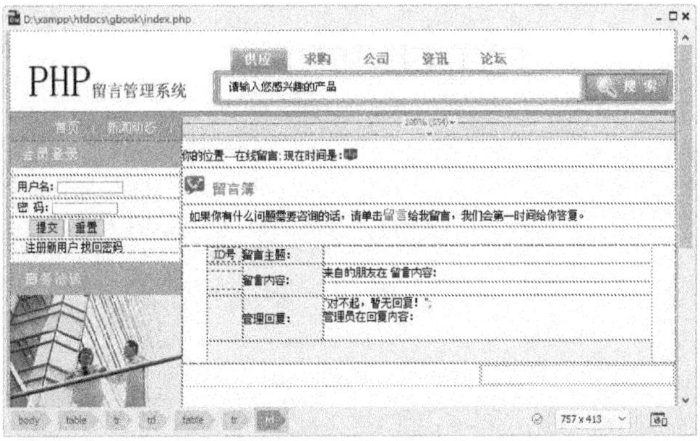

图 9-14　首页的效果图

（2）单击“代码”标签，切换到代码窗口，设置一个记录集查询：

```
<?php
        $sql=mysqli_query($conn,"select count( * )as total from gbook");
   //建立统计记录集总数查询
        $info=mysqli_fetch_array($sql);
   //使用 mysqli_fetch_array 获取所有记录集
        $total=$info['total'];
   //定义变量$total 值为记录集的总数
        if($total==0)
        {
          echo "本系统暂无任何留言!";
        }
   //如果记录总数为 0,则显示无数据
        else
        {
   ?>

        <?php
            $pagesize=5;
              //设置每页显示 5 条记录
              if($total<=$pagesize){
                  $pagecount=1;
                        //定义$pagecount 初始变量为 1 页
                  }
                  if(($total%$pagesize)!=0){
                        $pagecount=intval($total/$pagesize)+1;
                  //取页面统计总数为整数
                  }else{
                        $pagecount=$total/$pagesize;

                  }
                  if((@$_GET['page'])==""){
                        $page=1;
                  //如果总数小于 5,则页码显示为 1 页
                  }else{
                        $page=intval($_GET['page']);
                  //如果大于 5 条,则显示实际的总数
                  }

    $sql1=mysqli_query($conn,"select * from gbook where passid=0 order by ID asc limit ".($page-
1)*$pagesize.",$pagesize ");
              //设置 gbook 数据表按条件 passid 为 0 同时按 ID 升序排序,查询出所有数据
       while($info1=mysqli_fetch_array($sql1))
         //使用 mysqli_fetch_array 查询所有记录集,并定义为$info1
   {
   ?>
```

当此 SQL 语句从数据表 gbook 中查询出所有的 passid 字段值为 0 的记录时，表示此留言已经通过管理员的审核，如图 9-15 所示。

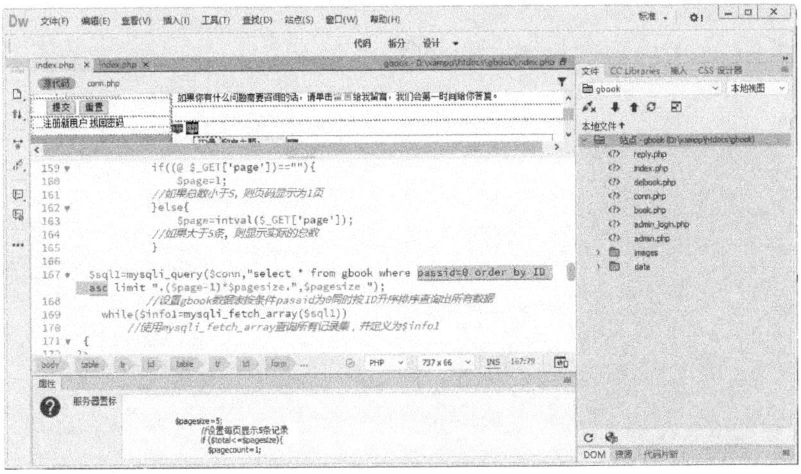

图 9-15 输入 SQL 语句

（3）完成记录集的查询，然后将此字段插入至 index. php 网页的适当位置，如图 9-16 所示。

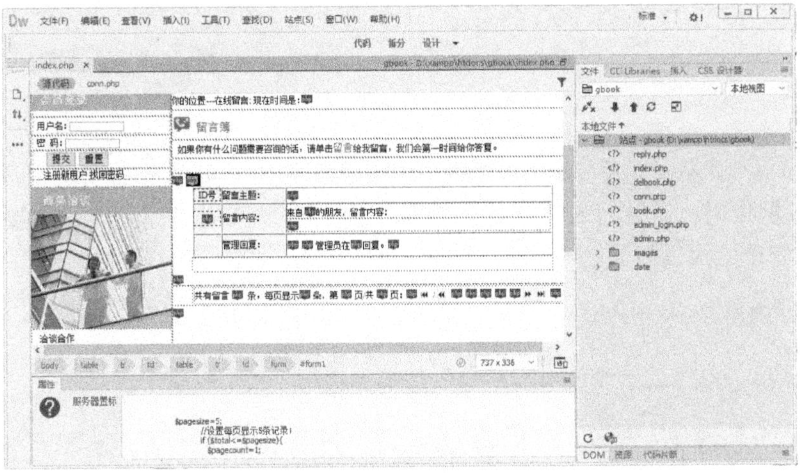

图 9-16 插入字段

（4）在“管理回复”单元格中，根据数据表中的回复字段 reply 是否为空，来判断管理者是否访问过。如果该字段为空，则显示“对不起，暂无回复!”字样信息；如果该字段不为空，就表明管理员对此留言进行了回复，同时还会显示回复的时间和内容。

（5）在代码视图上，选中“管理回复”单元格，找到“对不起，暂无回复!”字样，并加入代码，如图 9-17 所示。

```
<?php echo $info1['reply'];?>
  <?php
if($info1['reply']=empty($info1['reply'])){
  echo "对不起,暂无回复!";}//如果 reply 字段为空则显示
else{
//如果不为空则显示以下的内容
```

```
    ?>
管理员在<?php echo $info1['redate'];?>回复。
        <?php
}
?>
```

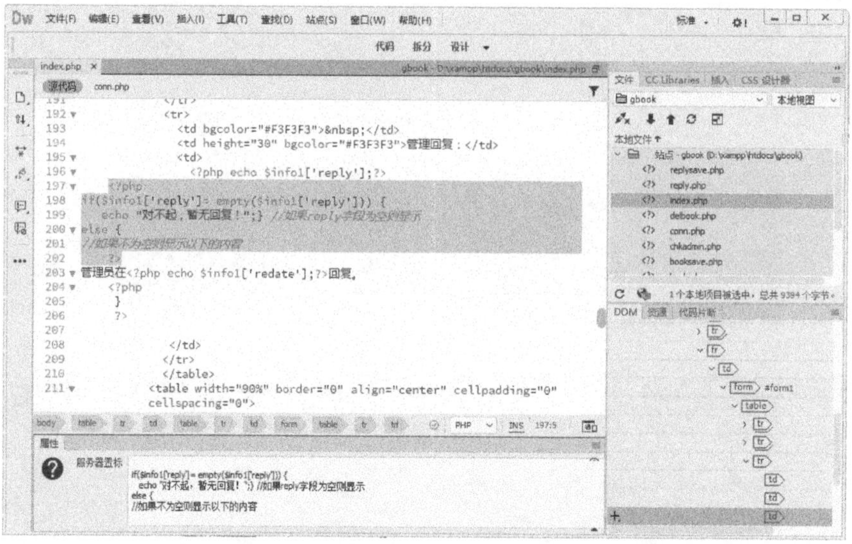

图 9-17 加入代码

（6）由于 index. php 页面显示的是数据库中的部分记录，而目前的设定则只会显示数据库的第一条数据，因此需要加入“服务器行为”中“重复区域”的设定，并要加入“记录集导航条”，实现的代码如下：

```
<td>共有留言
<?php
echo$total;//显示总页数
?>
 条,每页显示  <?php echo$pagesize;//打印每页显示的总页码
?> 条, 第  <?php echo$page;//显示当前页码
?> 页/共  <?php echo$pagecount;//打印总页码数
?> 页：
<?php
    if($page>=2)
    //如果页码数大于或等于 2,则执行下面程序
    {
    ?>
<a href="index. php?page=1"title="首页"><font face="webdings">9</font></a>/<a href="index. php?id=<?php echo$id;?>&amp;page=<?php echo$page-1;?>"title="前一页"><font face="webdings">7</font></a>
<?php
    }
        if($pagecount<=4){
            //如果页码数小于或等于 4,则执行下面程序
        for($i=1;$i<=$pagecount;$i++){
```

```
        ?>
    <a href="index. php?page=<?php echo$i;?>"><?php echo$i;?></a>
    <?php
            }
        }else{
        for($i=1;$i<=4;$i++){
      ?>
    <a href="index. php?page=<?php echo$i;?>"><?php echo$i;?></a>
    <?php }?>
    <a href="index. php?page=<?php echo$page-1;?>"title="后一页"><font face="webdings">8
    </font></a><a href="index. php?id=<?php echo$id;?>&amp;page=<?php echo$pagecount;?>"
    title="尾页"><font face="webdings">:</font></a>
    <?php }?>
    </td>
```

（7）此时，留言的首页 index. php 设计完成。打开浏览器，在地址栏中输入“http://127. 0. 0. 1/gbook/ index. php”，对首页进行测试，由于现在的数据库中没有数据，所以测试效果如图 9-18 所示。

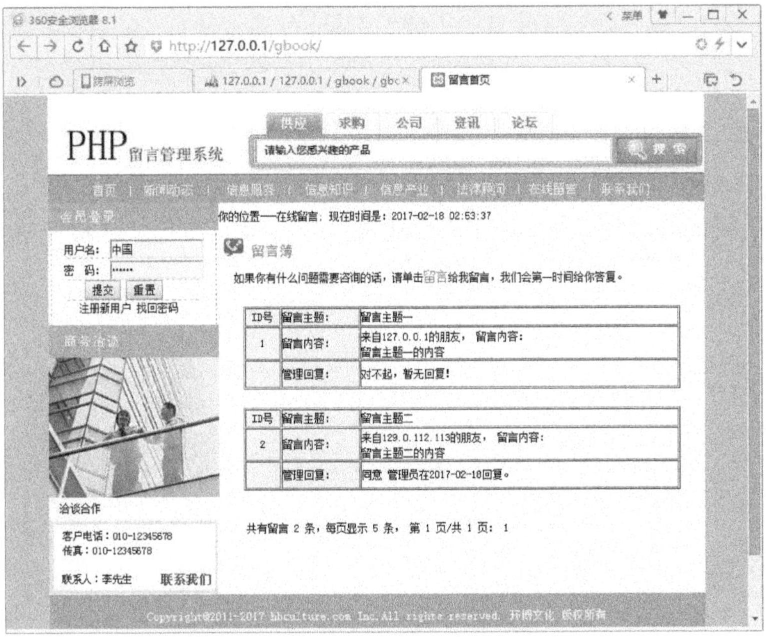

图 9-18　留言板管理系统主页测试效果

9. 3. 2　访问者留言页面

本小节将要实现访问者在线留言功能，通过 insert into 命令实现“插入记录”功能，即将访问者填写的内容插入到数据表 gbook 中。

制作步骤如下。

（1）执行菜单栏“文件”→“新建”命令，打开“新建文档”对话框，创建新页面。执行菜单栏“文件”→“另存为”命令，将新建文件在根目录下保存为 book. php。

（2）供访问者留言的静态页面 book. php 与主页面 index. php 大体一致，页面效果如图 9-19 所示。

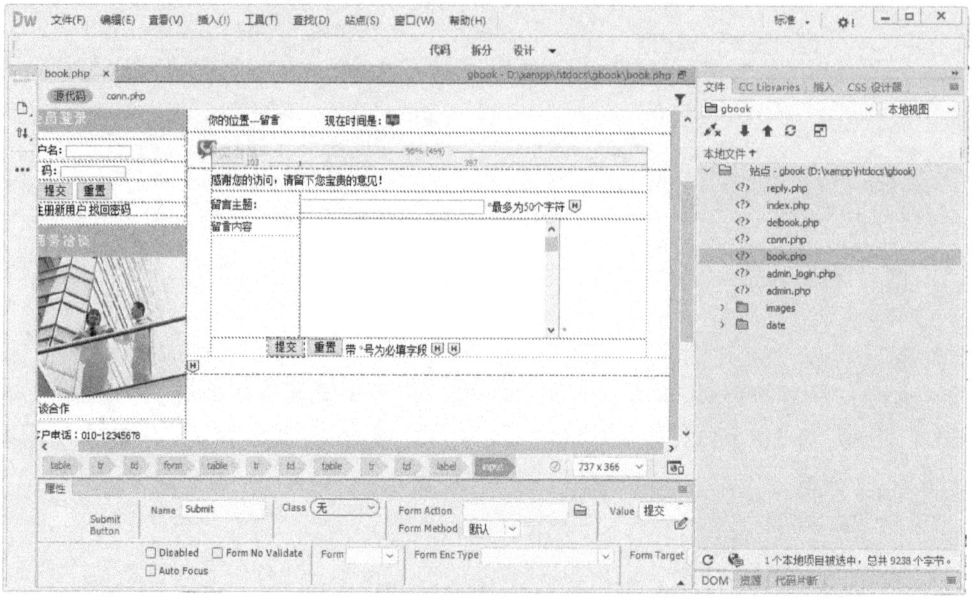

图 9-19　访问者留言页面效果

（3）在留言板表单内部，分别执行 3 次“插入记录”→“表单”→“隐藏区域”命令，插入 3 个隐藏区域，选中其中一个隐藏区域，将其命名为 IP，并在“属性”面板中对其赋值，如图 9-20 所示。

```
<input name="IP" type="hidden" id="IP" value="<?php echo$_SERVER['REMOTE_ADDR'];?
>"/>
//自动取得用户的 IP 地址
```

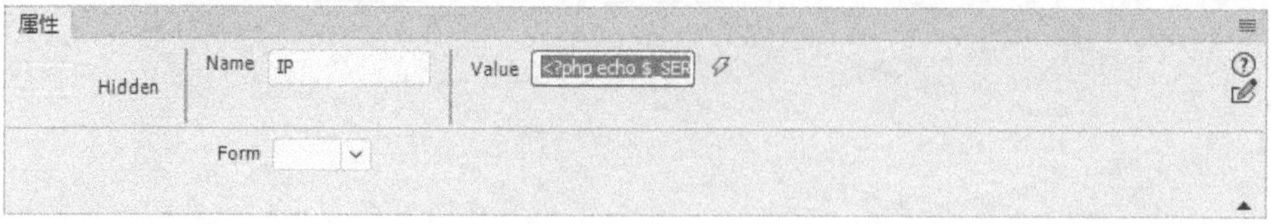

图 9-20　设定 IP 值

（4）再选择另外一个隐藏区域，命名为 date，并在“Value”文本框中输入获取系统时间的代码，如图 9-21 所示。

```
<input name="date" type="hidden" id="date" value="<?php
echo date("Y-m-d");
?>">
//获取系统即时时间
```

（5）同样，设置第 3 个隐藏区域的字段名称为 passid、“Value”为 0，表示任何留言者在留言时生成的 passid 值为 0，管理者可以根据这个值进行判断，方便后面的管理，如图 9-22 所示。

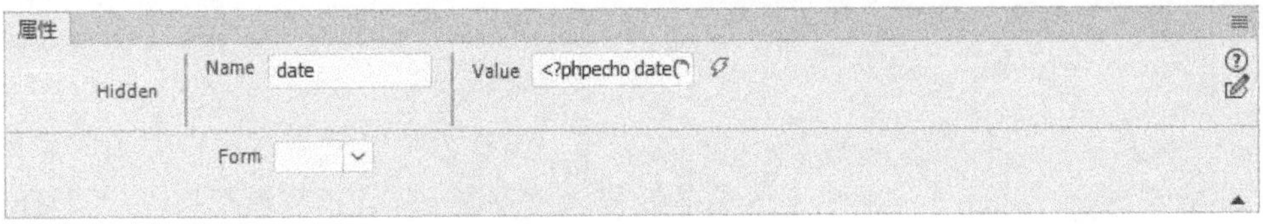

图 9-21　设置时间

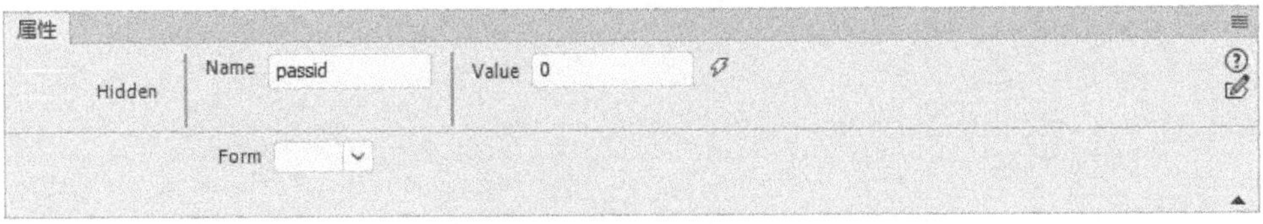

图 9-22　设置 passid 值为 0

（6）选择 < form > 标签，跳转到 booksave. php 页面进行“插入记录”的操作，booksave. php 的代码如下：

```
<meta http-equiv="Content-Type" content="text/html;charset=utf-8">
<?php
include("conn. php");
 $subject=$_POST['subject'];
 $content=$_POST['content'];
 $date=$_POST['date'];
 $IP=$_POST['IP'];
 $passid=$_POST['passid'];
mysqli_query($conn,"insert into gbook(subject,content,date,IP,passid) values('$subject','$content',
'$date','$IP','$passid')");
echo"<script>alert('添加留言成功！');history. back();</script>";
?>
```

完成后的设置如图 9-23 所示。

图 9-23　插入记录

（7）回到网页设计编辑页面，就完成在页面 book. php 中插入记录的设置。

（8）有些访问者进入留言页面 book. php 后，不填任何数据就直接把表单送出，这样数据库中就会自动生成一条空白数据。为了阻止这种现象发生，必须加入“检查表单”的行为。具体操作是在 book. php 的标签检测区中单击<form1>这个标签，加入 JavaScript 验证功能。

```
<form method="POST" action="booksave.php" name="form1" id="form1" onSubmit="return chkinput
(this)">
```

（9）“检查表单”行为会根据表单的内容来设定检查方式，留言者一定要填入标题和内容，因此将 subject、content 这两个字段的值设置为“必需的”，这样就可完成“检查表单”的行为设定了，实现的 JavaScript 语法如下：

```
<script language="javascript">
  function chkinput(form)
    {
      if(form.subject.value=="")
  {
    alert("请输入留言主题!");
    form.subject.select();
    return(false);
  }
      if(form.content.value=="")
  {
    alert("请输入留言内容!");
    form.content.select();
    return(false);
  }
  return(true);
    }
</script>
```

（10）此时完成留言页面的设计，如图 9-24 所示。

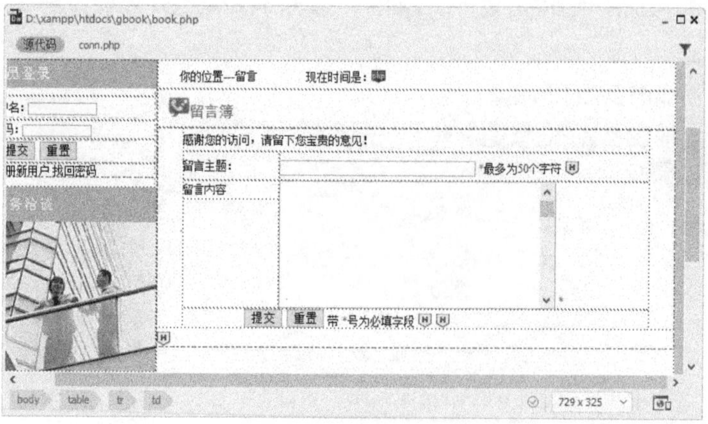

图 9-24　完成的页面设计

Section

9.4 后台管理功能的设计

留言板后台管理系统可以使系统管理员通过 admin_login.php 进行登录管理，管理者登录入口页面的设计效果如图 9-25 所示。

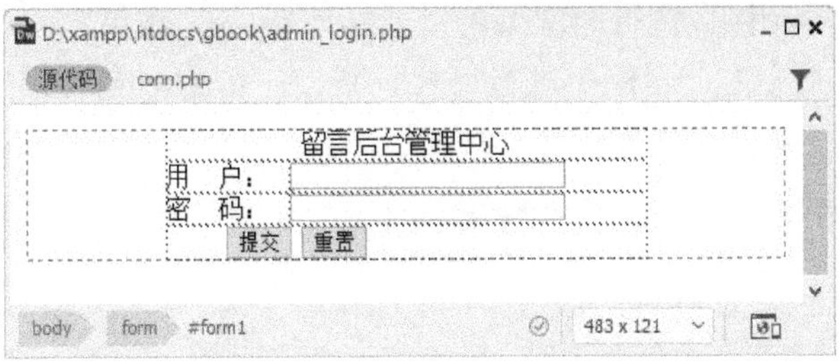

图 9-25　系统管理入口页面

9.4.1 管理者登录页面

管理页面是不允许一般网站访问者进入的，必须受到权限约束。详细操作步骤如下。

（1）执行菜单栏“文件”→“新建”命令，创建新页面，输入网页标题“管理者登录”。执行菜单“文件”→“保存”命令，在站点 news 文件夹中的 admin 文件夹中将该文档保存为 admin_login. php。

（2）执行菜单栏“插入”→“表单”→“表单”命令，插入一个表单。

（3）将光标定位在该表单中，执行菜单栏“插入”→“Table（表格）”命令，打开“表格”对话框，在“行数”文本框中输入需要插入表格的行数“4”，在“列”文本框中输入需要插入表格的列数“2”，在“表格宽度”文本框中输入“400”，设置单位为像素，其他的选项保持默认值。

（4）单击“确定”按钮，在该表单中插入了一个 4 行 2 列的表格。选择表格，在“属性”面板中设置“对齐方式”为“居中对齐”。拖动鼠标选中第 1 行表格的所有单元格，在“属性”面板中单击□按钮，将第 1 行表格合并。用同样的方法将第 4 行合并。

（5）在该表单中的第 1 行中输入文字“留言后台管理中心”，在表格的第 2 行第 1 个单元格中输入文字说明“用户：”，在第 2 行表格的第 2 个单元格中单击“文本域”按钮□，插入单行文本域表单对象，定义文本域名为 username，文本域属性设置如图 9-26 所示。

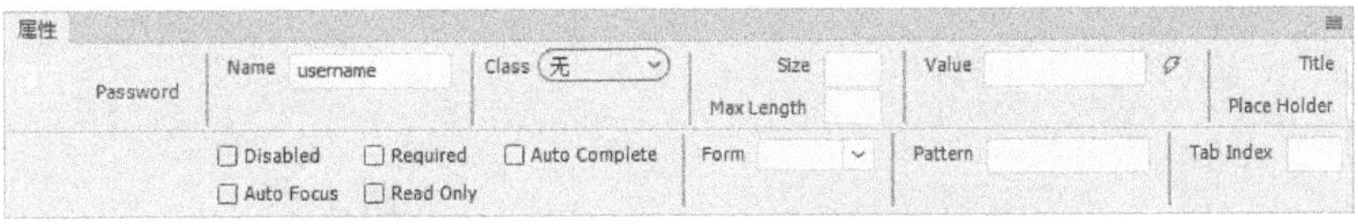

图 9-26　username 文本域的属性设置

（6）在第 3 行表格的第 1 个单元格中输入文字说明“密码：”，在第 3 行表格的第 2 个单元格中单击“文本域”按钮□，插入单行文本域，定义文本域名为 password，文本域属性设置如图 9-27 所示。

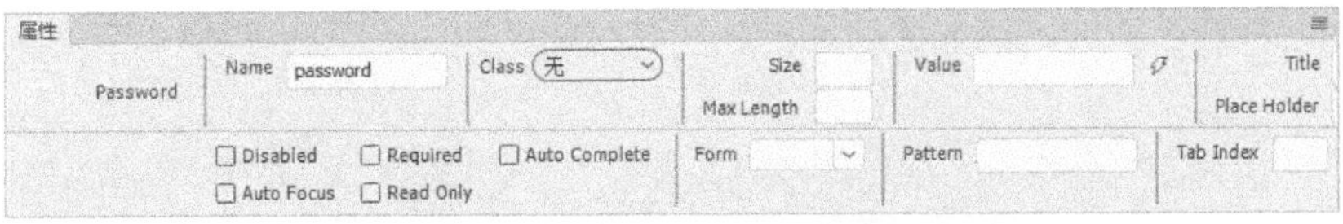

图 9-27　password 文本域的属性设置

（7）选择第 4 行单元格，执行两次菜单栏“插入”→“表单”→“按钮”命令，插入两个按钮，并分别在“属性”面板中进行属性设置，一个为登录时用的“提交”按钮，另一个为“重置”按钮，属性设置如图 9-28 所示。

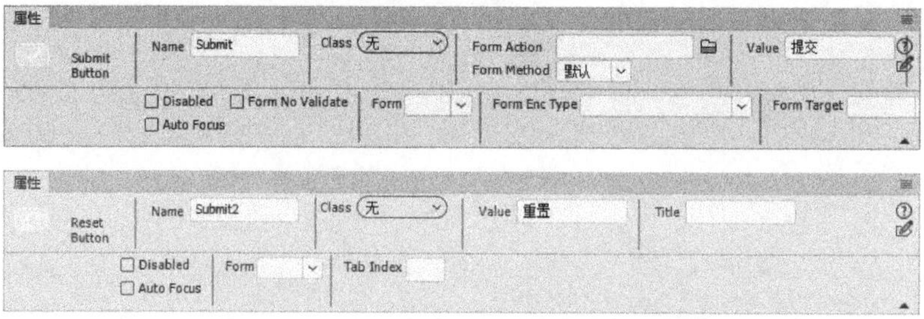

图 9-28　设置按钮的属性

（8）在标签栏选择<form>标签，设置跳转到 chkadmin. php 页面进行验证，如图 9-29 所示。

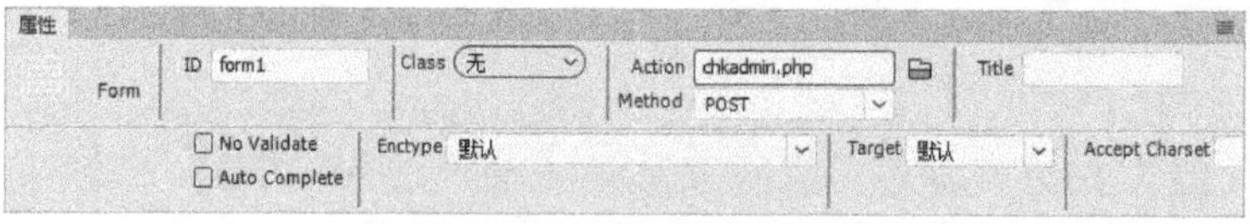

图 9-29　登录用户的设定

（9）新建一个 chkadmin. php 动态页面，输入验证的代码如下：

```
<meta http-equiv="Content-Type" content="text/html;charset=utf-8">
<?php
include("conn. php");
$username=$_POST['username'];
$userpwd=$_POST['password'];
class chkinput{
    var$name;
    var$pwd;
    function chkinput($x,$y){
        $this->name=$x;
        $this->pwd=$y;
      }
    function checkinput(){
        include("conn. php");
        $sql=mysqli_query($conn,"select * from admin where username='". $this->name. "'");
        $info=mysqli_fetch_array($sql);
        if($info==false){
    echo"<script language='javascript'>alert('管理员名称输入错误！');history. back();</script>";
        exit;
          }
      else{
      if($info['password']==$this->pwd)
              {
                  session_start();
```

```
                    $_SESSION['username'] =$info['username'];
                        header("location:admin.php");
                        exit;
                    }
                else {
                        echo"<script language='javascript'>alert('密码输入错误！');history.back();
</script>";
                    exit;
                }
            }
        }
    }
    $obj=new chkinput(trim($username),trim($userpwd));
      $obj->checkinput();
?>
```

此时完成后台管理入口页面 admin_login. php 的设计与制作。

9.4.2 后台管理主页面

后台管理页面 admin. php 是管理者由登录页面验证成功后所跳转到的页面。这个页面提供删除和编辑留言的功能，效果如图 9-30 所示。

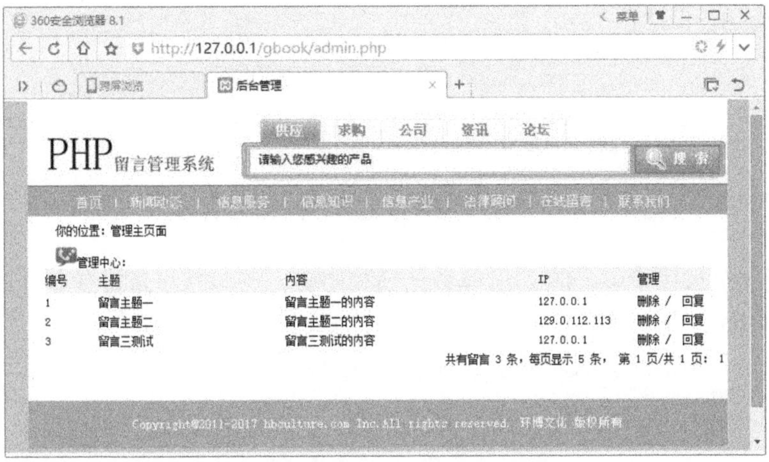

图 9-30 “管理页面”的设计效果

操作步骤如下。

（1） admin. php 页面的动态程序查询部分的功能和 index. php 是一模一样的，此处不做说明，不一样的地方是加入访问的限制和两个功能的跳转操作，制作后的页面效果如图 9-31 所示。

（2） 选择页面中的“回复”文字，在“属性”面板中找到建立链接的部分，并单击“浏览文件”图标，在弹出的对话框中选择用来显示详细记录信息的页面 reply. php，设置如图 9-32 所示。

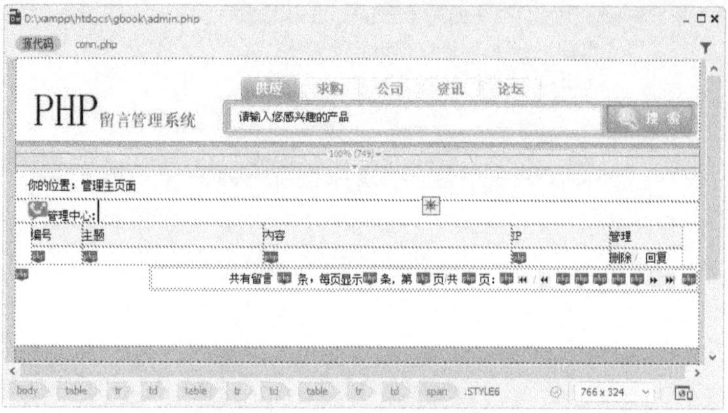

图 9-31　后台管理页面效果

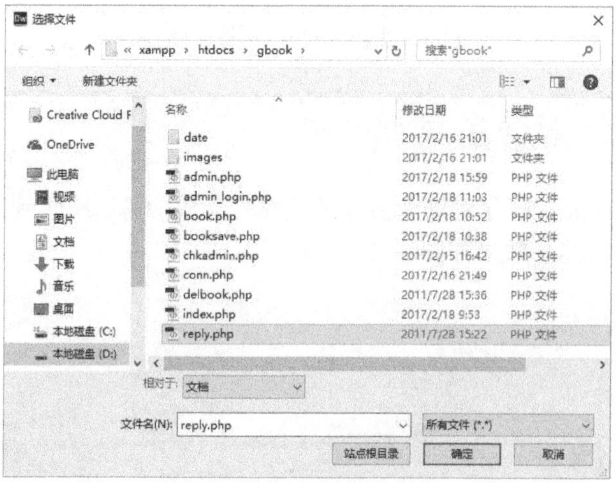

图 9-32　选择链接文件

（3）设置超级链接要附带的 URL 参数的名称与值，将参数命名为 ID，设置“链接”为 <a href="reply. php?ID=<?php echo$info1['ID'];?>">回复</a>，如图 9-33 所示。

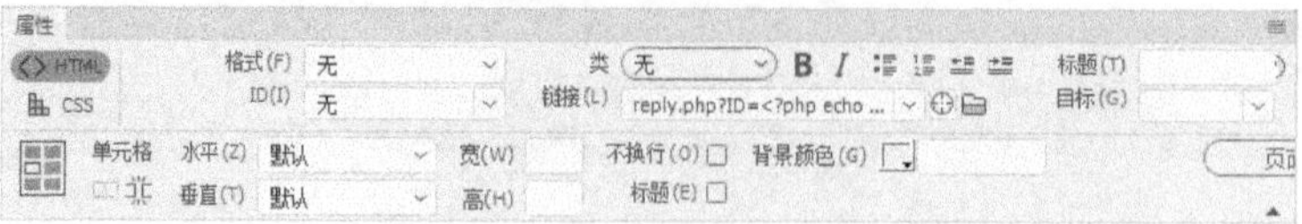

图 9-33　设置“回复”链接

（4）选取编辑页面中的“删除”两字，在“属性”面板中找到建立链接的部分，并单击“浏览文件”图标，在弹出的对话框中选择用来显示详细记录信息的页面 delbook. php，并设置传递 ID 参数，如图 9-34 所示。

（5）设置超级链接要附带的 URL 参数的名称与值，将参数命名为 ID，设置“链接”为 <a href="delbook. php?ID=<?php echo$info1['ID'];?>">删除</a>，如图 9-35 所示。

（6）回到编辑页面，增加访问的限制功能。如果访问被拒绝，则转到 admin_login. php 页面。

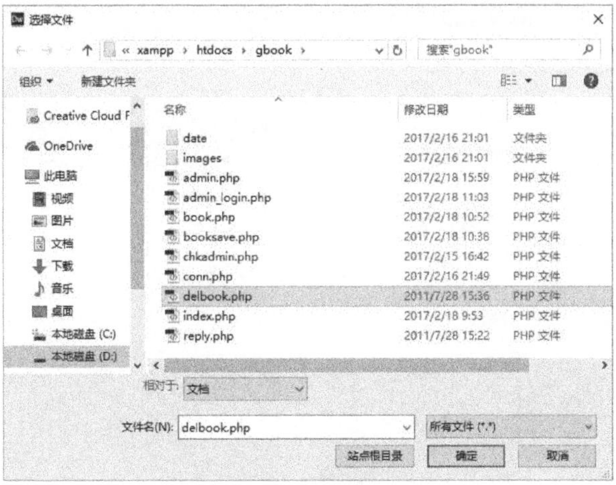

图 9-34 选择“删除”链接文件

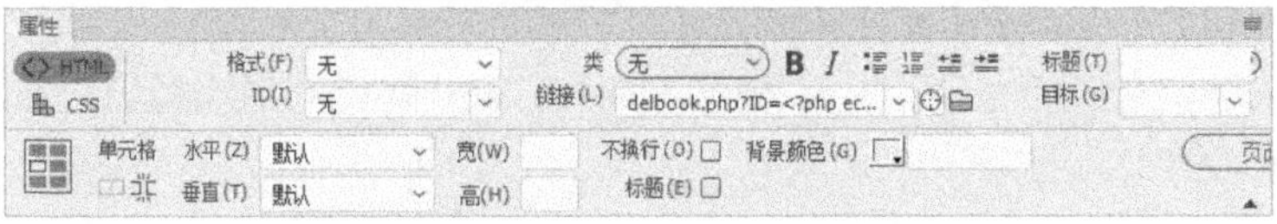

图 9-35 设置“删除”链接

```
<?php
require_once('conn. php');
session_start();
if(@$_SESSION['username'] = = "")
  {
    echo"<script>alert('您还没有登录,请先登录!');window. location. href = 'admin_login. php';
</script>";
    exit;
  }
?>
```

此时完成了后台管理页面 admin. php 的制作。

9.4.3 回复留言页面

回复留言页面的功能主要是通过 reply. php 页面对用户留言进行回复。实现的方法是将数据库的相应字段绑定到页面中，管理员在“回复内容”中填写内容，单击“回复”按钮，可以将回复内容更新到 gbook 数据表中，页面效果如图 9-36 所示。

动态功能的制作步骤如下。

(1) 创建 reply. php 页面，设置一个动态记录集查询，设置“筛选”的方法为：ID = URL 参数 ID。

```
<?php
$ID = @$_GET['ID'];
$sql = mysqli_query($conn,"select * from gbook where ID = '". $ID. "'");
```

```
  $info=mysqli_fetch_array($sql);
?>
```

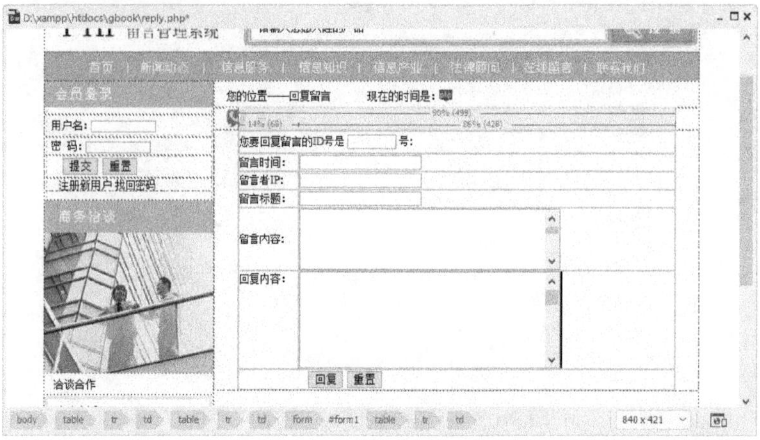

图 9-36　回复留言页面

（2）绑定记录集后，再将绑定字段插入至 reply. php 网页的适当位置，如图 9-37 所示。

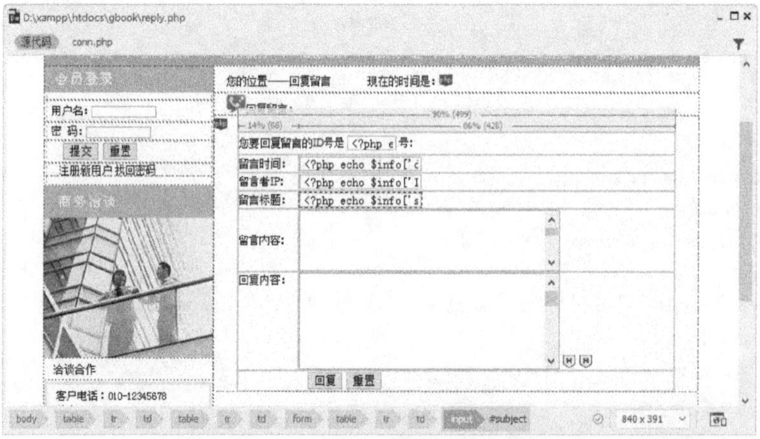

图 9-37　在页面插入绑定字段

（3）在本页面中添加两个隐藏区域：一个为 redate，用来设定回复时间，其值为<?php echo date("Y-m-d");?>；另外一个是 passid，用来决定是否具有通过审核的权限，赋值为 0 时就自动通过审核，如图 9-38 所示。

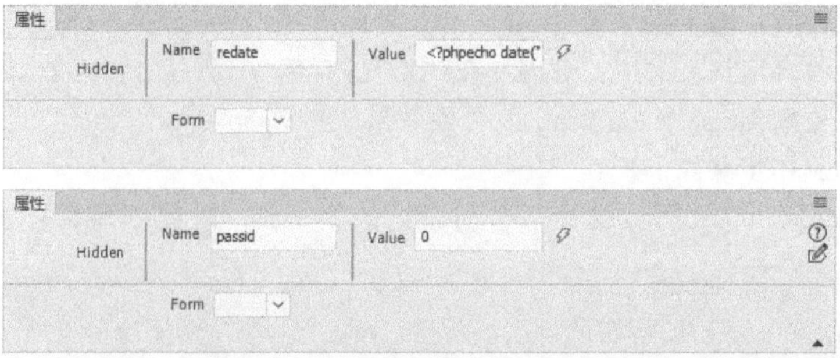

图 9-38　设置“隐藏区域”的属性

(4) 新建 replysave. php 动态页面，该页面根据留言内容对数据库中的数据进行更新。这里要特别注意的是，只更新回复的内容和时间，其他的字段保持不变，实现的代码如下：

```
<meta http-equiv="Content-Type" content="text/html;charset=utf-8">
  <?php
    include("conn.php");
   $ID=$_POST['ID'];
   $reply=$_POST['reply'];
   $redate=$_POST['redate'];
    mysqli_query($conn,"update gbook set reply='$reply',redate='$redate' where id='$ID'");
    echo"<script>alert('修改成功！');</script>";
header("location:admin.php");
?>
```

这样就完成了回复留言页面的设置。

9.4.4 删除留言页面

删除留言页面 delbook. php，其功能是将表单中的记录从相应的数据表中删除，实现的代码如下：

```
<meta http-equiv="Content-Type" content="text/html;charset=utf-8">
<?php
  session_start();
  include("conn.php");
 $ID=$_GET['ID'];
  mysqli_query($conn,"delete from gbook where ID='$ID'");
header("location:admin.php");
?>
```

这样就完成了删除留言页面的设置。

Section 9.5 管理系统功能的测试

留言板管理系统部分用到了手写代码，特别是留言的日期和回复日期，其中还涉及留言者的 IP 采集。为了检查开发系统的正确性，需要测试留言功能的执行情况。

9.5.1 前台留言测试

具体的前台测试步骤如下。

(1) 打开浏览器，在地址栏中输入“http://127.0.0.1/gbook/”，打开 index. php 文件，效果如图 9-39 所示。

(2) 单击“留言”超链接，就可以进入留言页面 book. php，如图 9-40 所示。

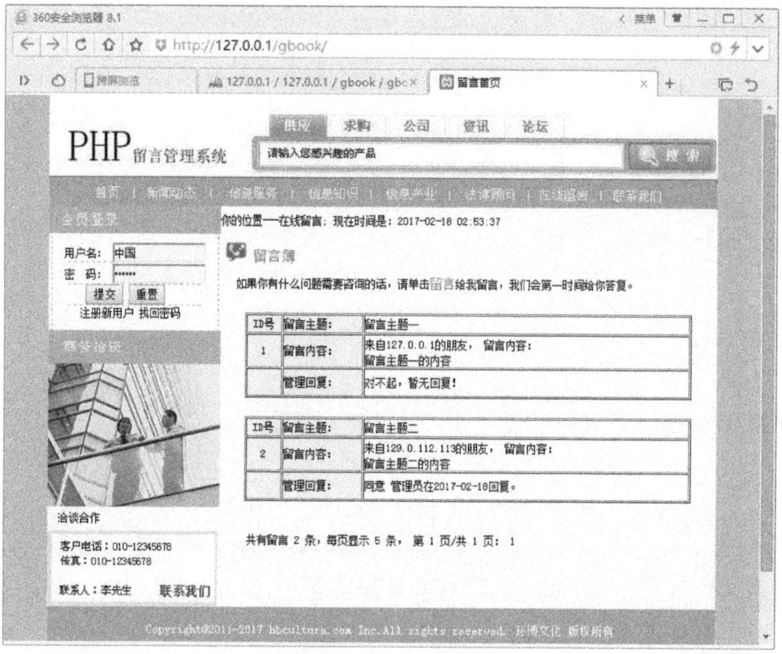

图 9-39　首页效果

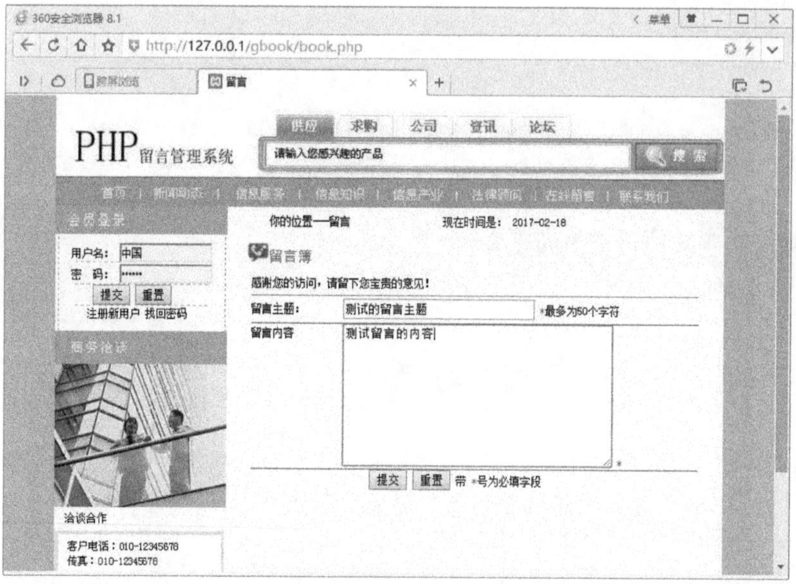

图 9-40　留言页面效果

(3) 开始检测留言板功能，在“留言主题”栏中填写“测试的留言主题”，在“留言内容”栏中填写“测试留言的内容”。填写完后，单击“提交”按钮，此时打开 index. php 页面，可以看到多了一条刚填写的数据，如图 9-41 所示。

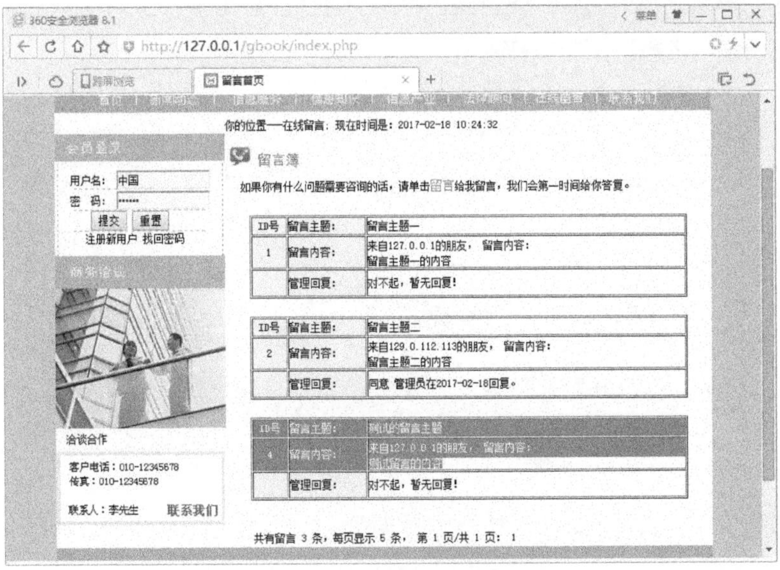

图 9-41 向数据表中添加的数据

9.5.2 后台管理测试

后台管理在留言板管理系统中起着很重要的作用，制作完成后也要进行测试，操作步骤如下。

（1）打开浏览器，在地址栏中输入“http://127.0.0.1/gbook/admin_login.php”，打开admin_login.php 文件，如图 9-42 所示。在网页的表单对象的文本框及密码框中，输入用户名及密码，输入完毕，单击“提交”按钮。

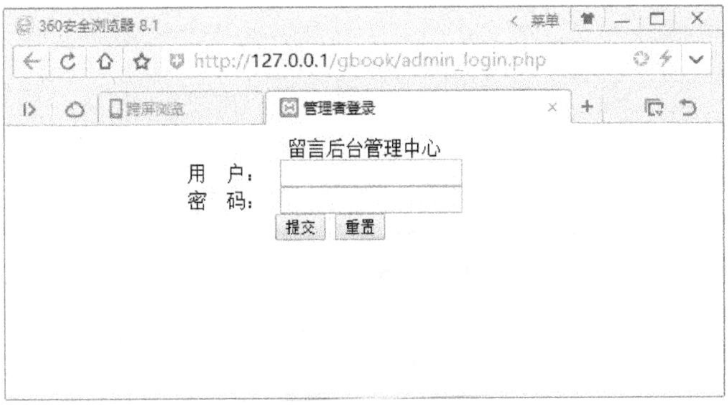

图 9-42 后台管理入口

（2）如果在上一步中填写的登录信息是错误的，则浏览器就会提示相关的错误；如果输入的用户名和密码都正确，则进入 admin.php 页面，如图 9-43 所示。

（3）单击“删除”超链接，进入删除页面 delbook.php，并自动将该留言信息删除。删除留言后返回留言管理页面 admin.php。

（4）在留言管理页面单击“回复”超链接，则进入回复页面 reply.php，如图 9-44 所示。

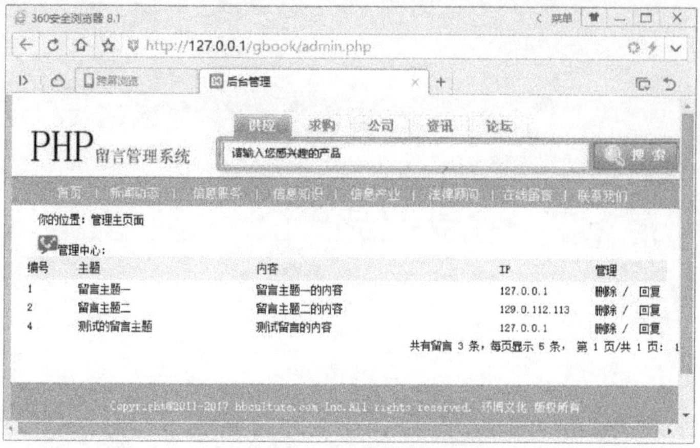

图 9-43　打开的留言管理页面

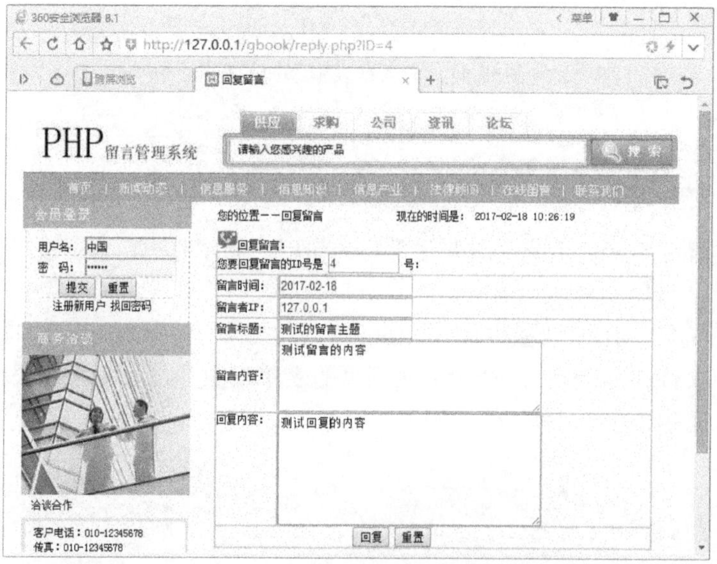

图 9-44　打开的回复页面

（5）当填写回复内容“测试回复的内容”，并单击“回复”按钮，将成功回复留言。至此，完成了网站留言板管理系统的建设，读者可以将其应用于实际网站的建设。

Dw

第10章 投票管理系统

本章主要将以手写代码的形式开发一个投票管理系统。一个投票管理系统大体可分为3个模块：选票模块、选票处理模块及结果显示模块。投票管理系统首先给出选票选择，即供投票者选择的表单对象，当投票者单击投票按钮后，选票处理模块激活，对服务器传送过来的数据做出相应的处理，先判断用户选择的是哪一项，把相应字段的值加1，然后对数据进行更新，最后将结果显示出来。本章的核心在于开始使用手写代码的形式实现PHP页面的各种功能，帮助读者真正提高程序编写的能力。

从入门到精通

主要掌握以下知识点：

- 投票管理系统站点的设计
- 投票管理系统数据库的规划
- 计算投票的方法
- 防止刷新的设置

Section 10.1 系统的整体设计规划

投票管理系统可以分为 3 个部分的页面内容，一是计算投票页面，二是显示投票结果页面，三是用来提供选择的页面。本章制作的投票管理系统共有 5 个页面，页面的功能与文件名称如表 10-1 所示。

表 10-1 投票系统网页设计表

页 面 名 称	功 能
vote. php	在线投票管理系统的首页
conn. php	数据库连接调用文件
voteadd. php	统计投票的功能
voteok. php	显示投票结果
sorry. php	投票失败页面

将要制作的投票管理系统的网页及网页结构如图 10-1 所示。

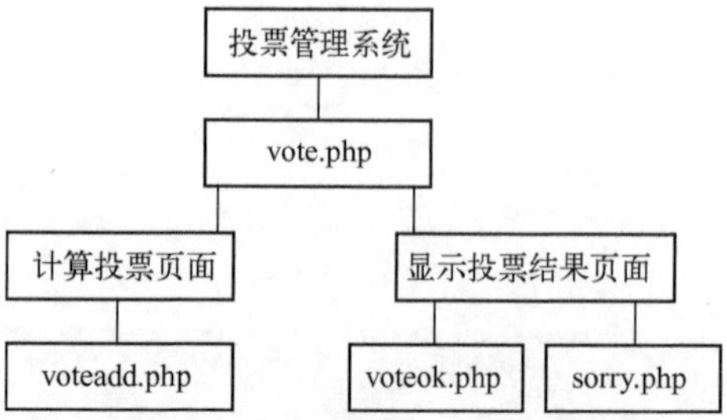

图 10-1 投票管理系统结构图

10.1.1 页面设计规划

根据介绍的投票管理系统的页面设计规划，在本地站点上建立站点文件夹 vote，将要制作的投票管理系统的文件夹和文件如图 10-2 所示。

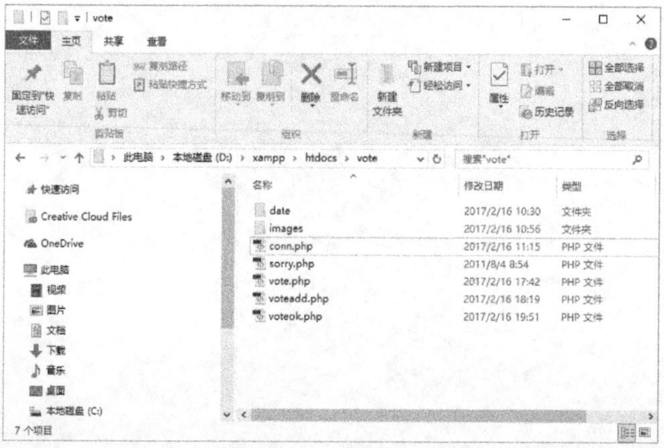

图 10-2 站点规划文件

10.1.2 投票页面设计

投票管理系统的显示页面共4个，包括开始投票页面、计算投票页面、显示投票结果页面及投票失败页面。计算投票页面 voteadd. php 的实现方法是：接收 vote. php 所传递过来的参数，然后执行累加的操作。为了保证投票的公正性，本系统根据 IP 地址的唯一性设置了防止页面刷新的功能。开始投票页面和显示投票结果页面如图 10-3 所示。

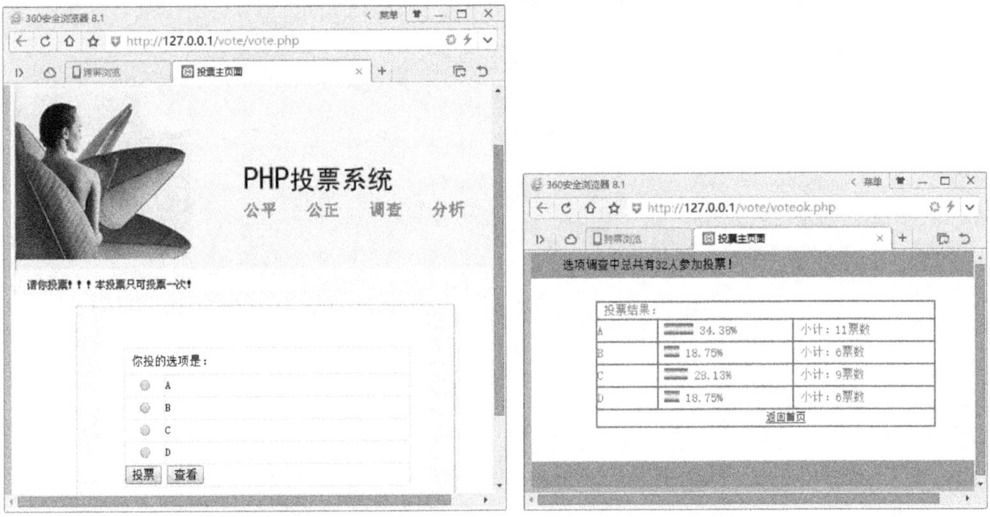

图 10-3 开始投票页面和显示投票结果页面

Section 10.2 数据库设计与连接

本实例主要介绍投票管理系统数据库的连接方法，投票管理系统的数据库主要用来存储投票选项和投票次数。

10.2.1 数据库设计

投票管理系统需要一个用来存储投票选项和投票次数的数据表 vote，以及用于存储用户 IP 地址的数据表 ip。

制作的步骤如下。

（1）在 phpMyAdmin 中建立数据库 vote，单击 数据库 标签打开本地的“数据库”页面，在“新建数据库”文本框中输入数据库的名称“vote”，单击后面的数据库类型下拉按钮，选择 utf8_general_ci 选项，单击“创建”按钮，返回“常规设置”页面，在数据库列表中就已经建立了 vote 的数据库，如图 10-4 所示。

（2）单击左边的 vote 数据库将其连接上，打开“新建数据表”页面，分别输入数据表名为“ip”和“vote”(即创建两个数据表)。创建 ip 数据表（字段结构如表 10-2 所示），用于限制重复投票，输入数据域名以及设置数据类型的相关数据，如图 10-5 所示。

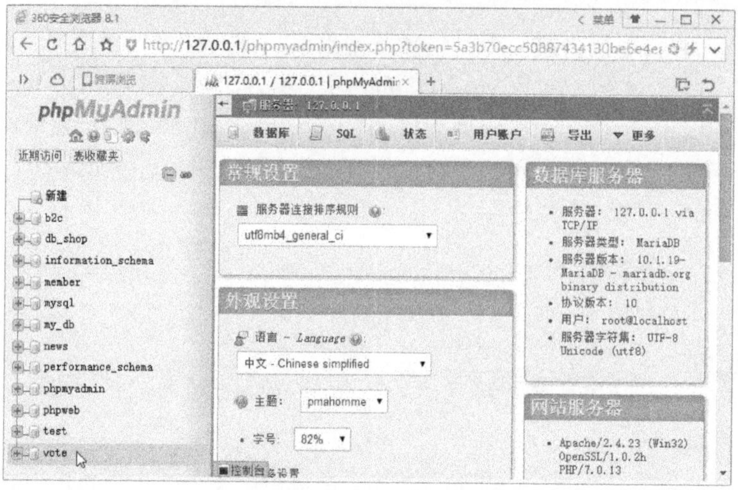

图 10-4　开始创建数据库

表 10-2　ip 数据表

意　义	字段名称	数据类型	字段大小	必填字段
主题编号	ID	INTEGER	长整型	
投票的 IP 地址	voteip	VARCHAR	255	是

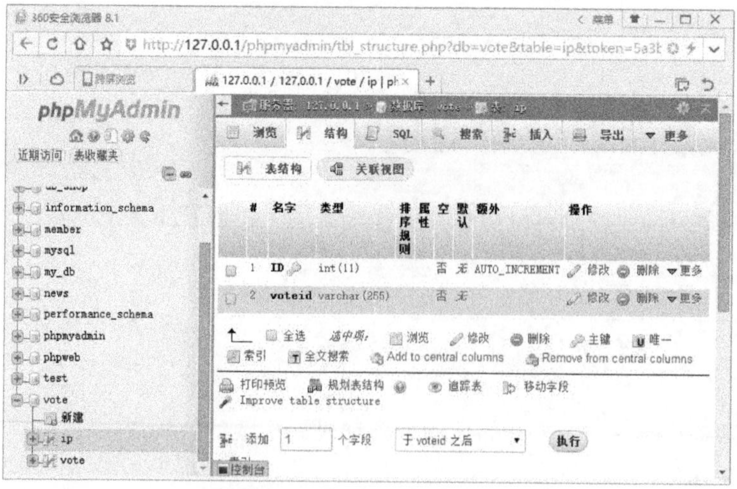

图 10-5　创建的 ip 数据表

（3）vote 数据表用于储存投票的选项和投票的数量，输入数据域名以及设置数据域位的相关数据，如图 10-6 所示，vote 的字段说明如表 10-3 所示。

（4）为了方便后面系统开发的需要，事先在 vote 数据表里加入 4 个投票的数据，选择“浏览”选项卡，在数据表中手动加入名为 A~B 的四个选择模式，如图 10-7 所示。

表 10-3 投票数据表 vote

意 义	字段名称	数据类型	字段大小	必填字段
主题编号	ID	INTEGER	11	是
投票主题	item	VARCHAR	50	是
投票数量	vote	INTEGER	20	是

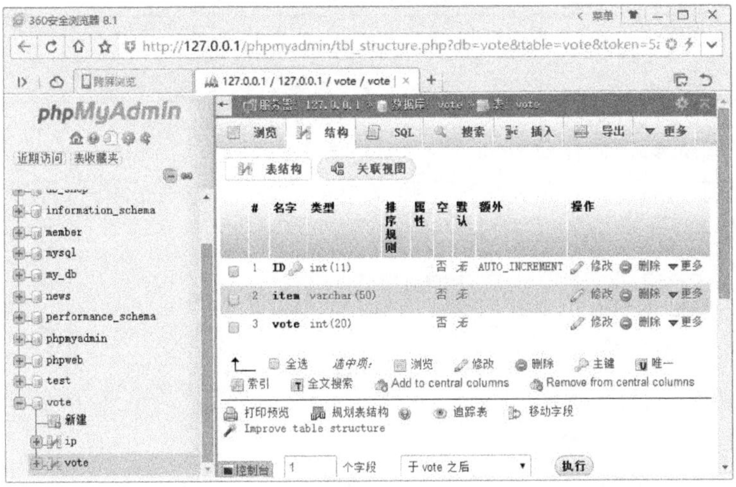

图 10-6 vote 数据表

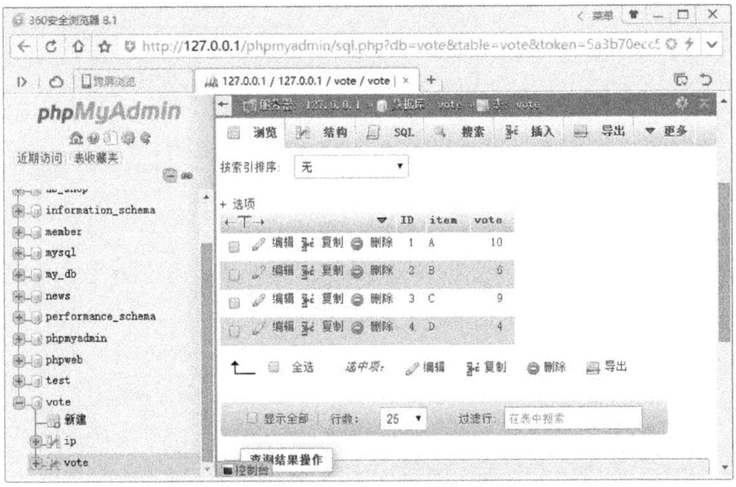

图 10-7 输入投票选择

数据库创建完毕，可以发现投票管理系统的数据库相对比较简单。

10.2.2 定义 vote 站点

在 Dreamweaver CC 2017 中创建一个“投票系统”网站站点 vote，由于这是 PHP 数据库网站，因此必须设置本机数据库和测试服务器，主要的设置如表 10-4 所示。

表 10-4 投票管理系统站点基本参数

站点名称	vote
本机根目录	D:\xampp\htdocs\vote
测试服务器	D:\xampp\htdocs\
网站测试地址	http://127.0.0.1/vote/
MySQL 服务器地址	D:\xampp\mysql\data\vote
管理账号/密码	root/空
数据库名称	vote

创建 vote 站点的具体操作步骤如下。

（1）首先在 D:\xampp\htdocs 路径下建立 vote 文件夹（如图 10-8 所示），本章所有建立的网页文件都将放在该文件夹下。

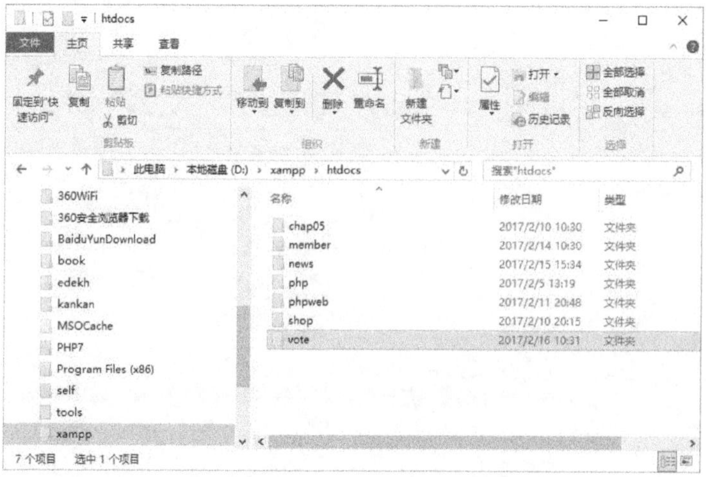

图 10-8 建立站点文件夹 vote

（2）运行 Dreamweaver CC 2017，执行菜单栏中的“站点”→“管理站点”命令，打开“管理站点”对话框，如图 10-9 所示。

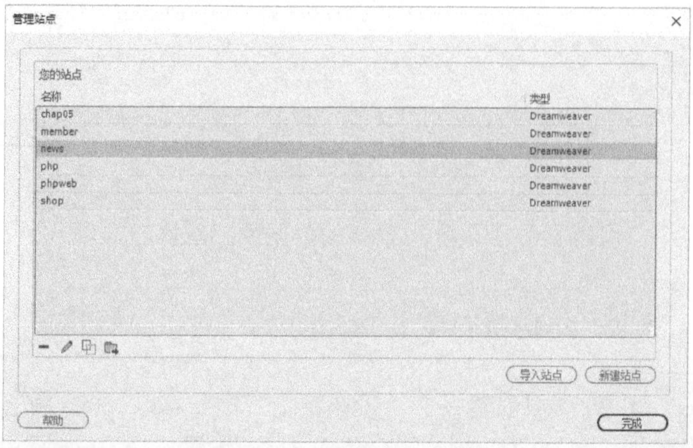

图 10-9 “管理站点”对话框

(3) 对话框的上边是站点列表框，其中显示了所有已经定义的站点。单击右下角的“新建站点”按钮，打开“站点设置对象”对话框，进行如图 10-10 所示的参数设置。

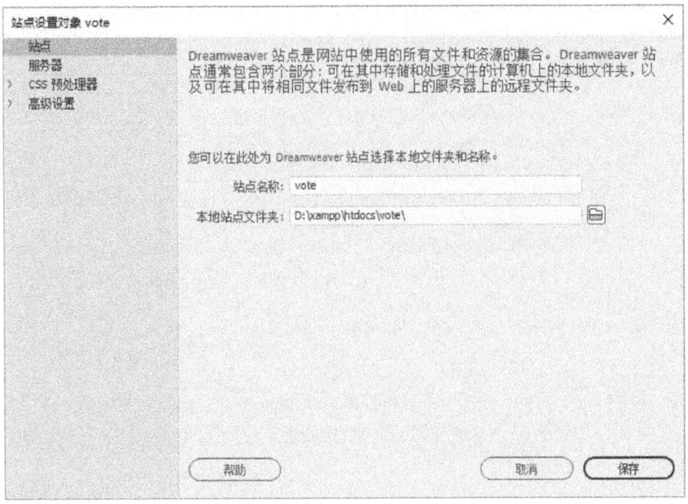

图 10-10 建立 vote 站点

(4) 单击左侧列表框中的“服务器”选项，并单击“添加服务器”按钮[+]，打开“基本”选项卡，进行如图 10-11 所示的参数设置。

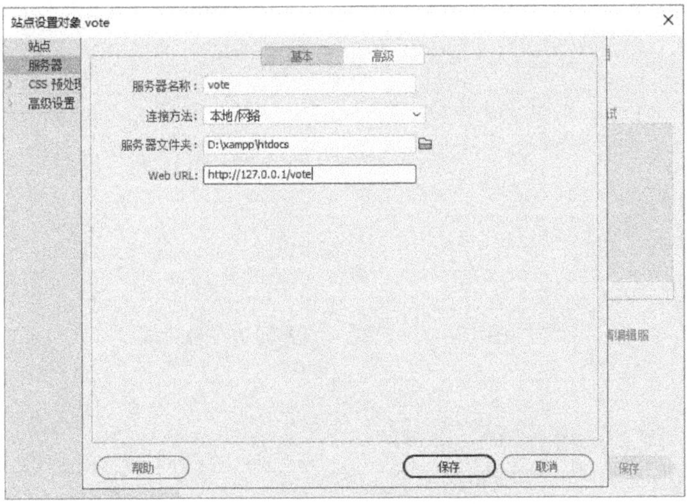

图 10-11 设置“基本”选项卡

(5) 设置后再选择“高级”选项卡，选中“维护同步信息”复选框，在“服务器模型”下拉列表框中选择 PHP MySQL（表示是使用 PHP 开发的网页），其他的保持默认值，如图 10-12 所示。

(6) 单击“保存”按钮，返回“服务器”界面，选中“测试”单选按钮，如图 10-13 所示。

(7) 单击“保存”按钮，则完成站点的定义设置，在 Dreamweaver CC 2017 中就已经拥有了刚才所设置的站点 vote。单击“完成”按钮，关闭“管理站点”对话框，这样就完成了 Dreamweaver CC 2017 测试投票管理系统网页的网站环境设置。

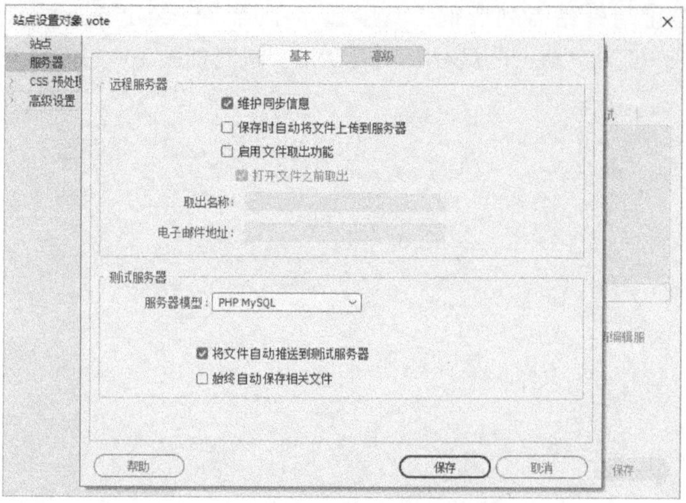

图 10-12 设置“高级”选项卡

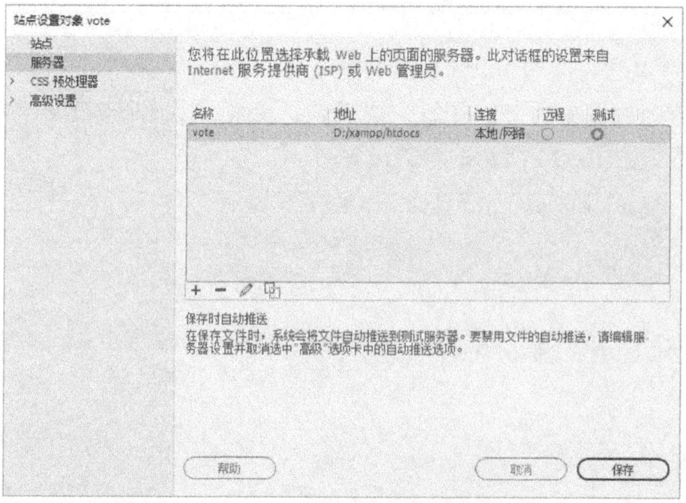

图 10-13 设置“服务器”参数

10.2.3 设置数据库连接

完成了站点的定义后，下面就是网站与数据库之间的连接，网站与数据库的连接步骤如下。

（1）将本章静态文件复制到站点文件夹下，打开 vote. php 投票首页，如图 10-14 所示。

（2）新建 conn. php 网页，输入投票管理系统的数据库连接代码：

```
<?php
//建立数据库连接
$conn=mysqli_connect("localhost","root","","vote");
//设置字符为 utf-8,@ 抑制字符变量的声明提醒
@ mysqli_set_charset($conn,utf8);
@ mysqli_query($conn,utf8);
```

```
//如果连接错误,则显示错误原因
if( mysqli_connect_errno( $conn) )
{
    echo"连接 MySQL 失败:". mysqli_connect_error( ) ;
}
?>
```

图 10-14　打开网站首页

MySQL 服务器名为 localhost，用户名为 root，密码为空。选择所要建立连接的数据库名称，选择刚建立的范例数据库 vote，设置内容如图 10-15 所示。

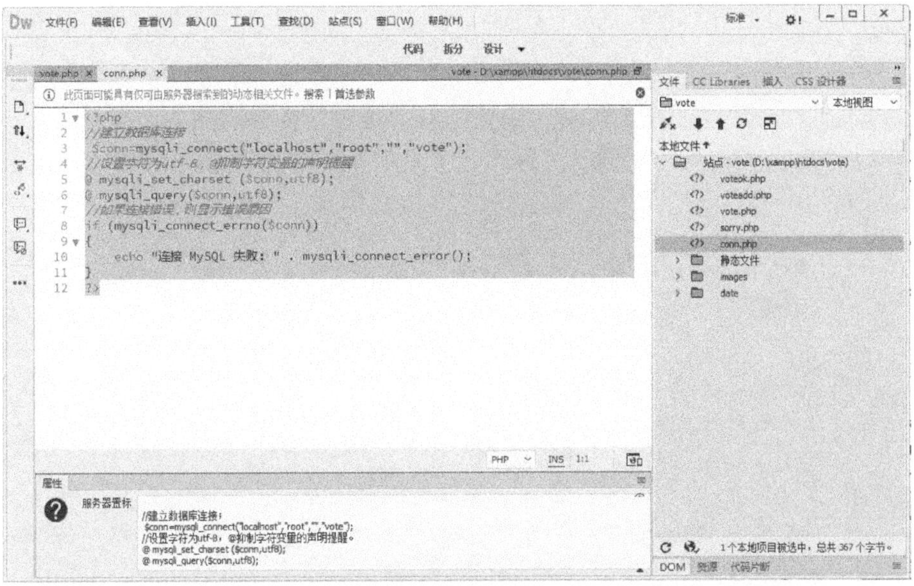

图 10-15　设置 MySQL 连接

Section
10.3 投票管理系统页面设计

对投票管理系统来说，需要重点设计的页面是开始投票页面 vote. php 和显示投票结果页面 voteok. php。计算投票页面 voteadd. php 是一个动态页面，没有相应的静态页面效果，只有累加投票次数的功能。

10.3.1 开始投票页面设计

开始投票页面 vote. php 主要是用来显示投票的主题和投票的内容，让用户进行投票，然后传递到 voteadd. php 页面进行计算。

详细的操作步骤如下。

（1）打开刚创建的 vote. php 页面，输入网页标题“开始投票页面”，执行菜单栏“文件”→“保存”命令，将网页保存。

（2）在刚创建背景图像的单元格中执行菜单栏“插入”→“表单”→“表单”命令，再执行菜单栏“插入”→“表格”命令，在表单中插入一个 3 行 2 列的表格，并在表格中执行菜单栏“插入”→“表单”→“单选按钮”命令，插入一个单选按钮，选择单选按钮并在“属性”面板中将它命名为 ID，如图 10-16 所示。

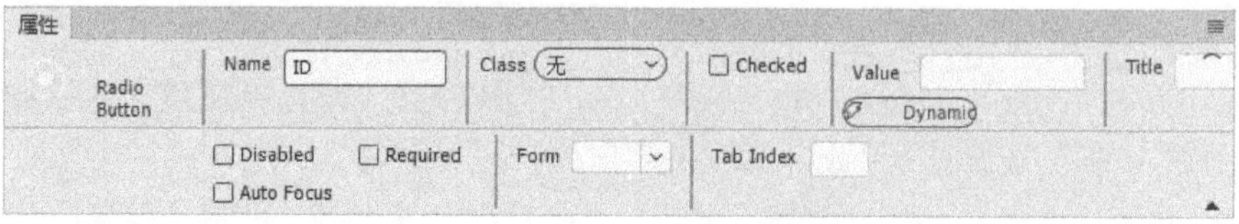

图 10-16　设置单选按钮名称

（3）执行两次菜单栏“插入”→“表单”→“按钮”命令，插入两个按钮：一个是用来提交表单的按钮，命名为“投票”；另外一个是用来查看投票结果的按钮，命名为“查看”，效果如图 10-17 所示。

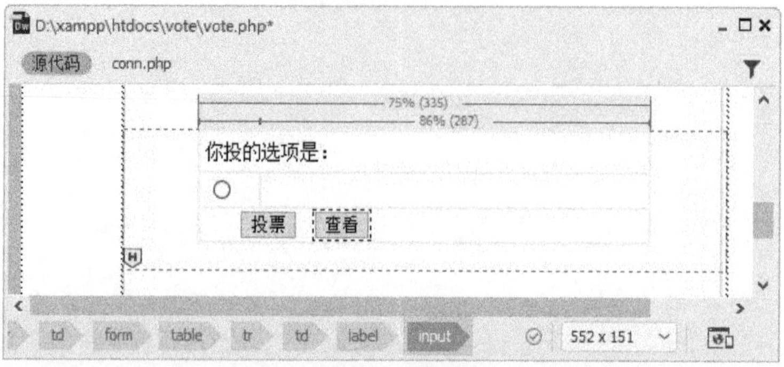

图 10-17　按钮效果

(4) 建立记录集(查询)功能,在打开的代码窗口中输入查询的代码:

```
<?php
   $sql=mysqli_query($conn," select * from vote order by ID ASC");
  while($info=mysqli_fetch_array($sql))
    {
  ?>
```

(5) 建立记录集后,将记录集中的字段插入至 vote. php 网页的适当位置,如图 10-18 所示。

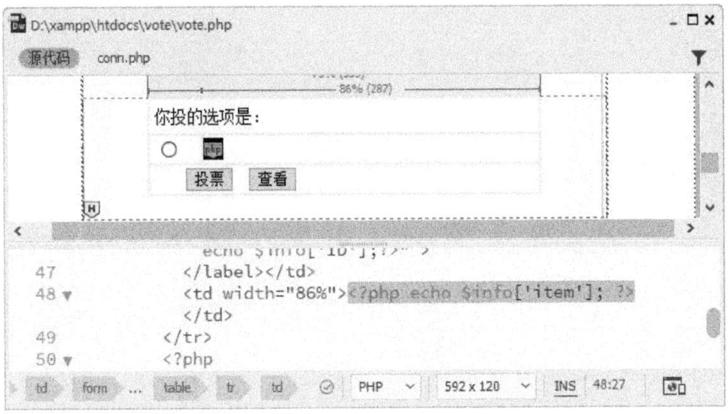

图 10-18 将字段插入至 vote. php 网页

(6) 单击"单选按钮",将字段 ID 绑定到单选按钮上,绑定后在"单选按钮"的"属性"面板中的"Value"中添加了插入 ID 字段的相应代码为<input name="ID" type="radio" value="<?php echo$info['ID'];?>">,如图 10-19 所示。

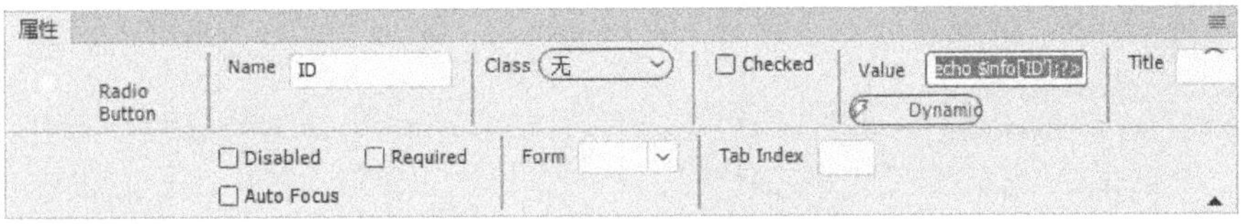

图 10-19 插入字段到单选按钮

(7) 单击页面中的"查看"按钮,需要提交并跳转到 voteok. php 网页来查看投票后的结果,在<input>标签中加入一个 JavaScript 来实现简单的判断并跳转到相关的页面:

```
<label>
<input name="Submit" type="submit" value="投票" onclick=
"javascript:this. form. action='voteadd. php'" />
<input name="Submit2" type="submit"   value="查看" onclick=
"javascript:this. form. action='voteok. php'" />
</label>
```

(8) 此时完成 vote. php 的页面制作,效果如图 10-20 所示。

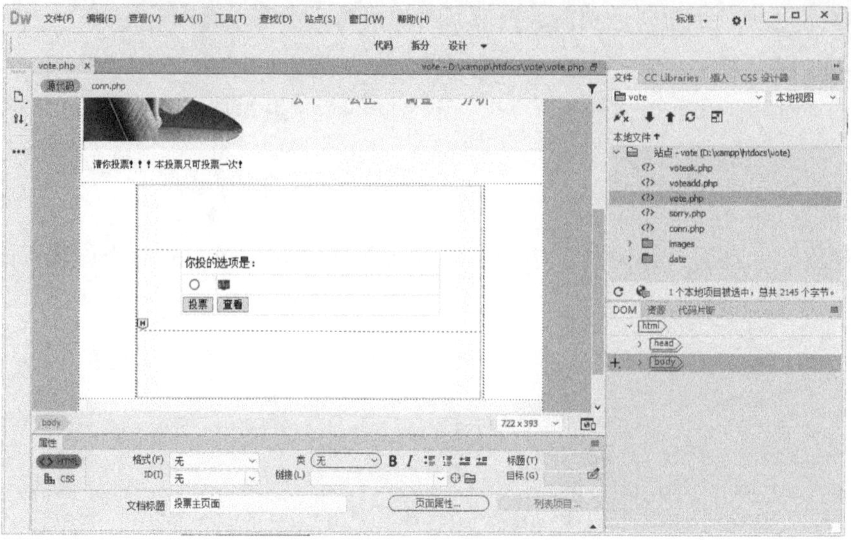

图 10-20　vote. php 网页制作完成后的效果

10. 3. 2　计算投票页面设计

计算投票页面 voteadd. php，主要作用是接收 vote. php 所传递过来的参数，然后进行累加计算。计算投票页面 voteadd. php 只用于后台计算，希望投票者在成功投票之后转到投票结果页面 voteok. php，只要加入代码 header("location:voteok. php")；到 voteadd. php 页面就可以完成对 voteadd. php 页面的制作。本小节核心代码如下：

```
<meta http-equiv="Content-Type" content="text/html;charset=utf-8"/>
<?php
require_once('conn. php');
//调用数据库连接
if(empty($_POST['ID'])){
        echo"您没选择投票的项目";
        exit(0);
    }//判断是否选择了投票的选项

 $ID=strval($_POST['ID']);
//为 ID 变量赋上一页传递过来的 ID 值
mysqli_query($conn,"UPDATE vote SET vote=vote+1 WHERE ID='$ID'");
//根据 ID 更新数表 vote,并自动加一
mysqli_close($conn);
header("location:voteok. php");
  //转到 voteok. php
}
?>
```

UPDATE 语句用于在数据库表中修改数据。

语法：

```
UPDATE table_name
SET column_name=new_value
WHERE column_name=some_value
```

为了让 PHP 执行上面的语句，必须使用 mysqli_query()函数。该函数用于向 SQL 连接发送查询和命令。

10.3.3 显示投票结果页面设计

显示投票结果页面 voteok.php 主要是用来显示投票总数结果和各投票的比例结果，静态页面设计效果如图 10-21 所示。

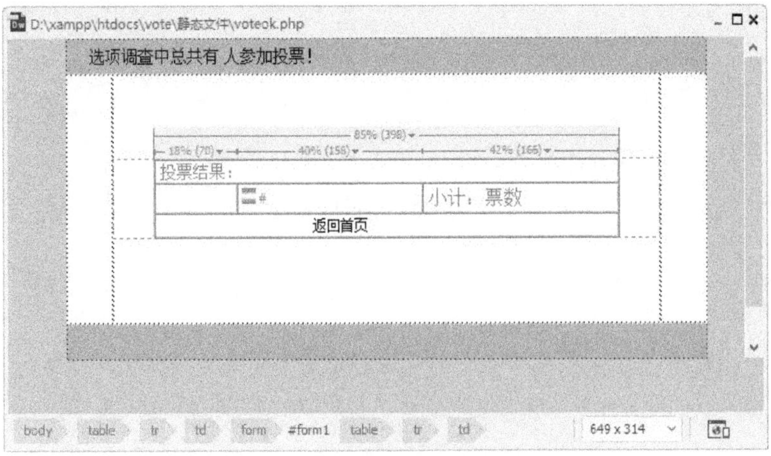

图 10-21　显示结果页面设计效果

(1) 首先制作第 1 行的“选项调查中总共有多少人参加投票!”功能。创建一个记录集，进入代码编辑窗口，加入以下代码：

```
  <?php
$sql=mysqli_query($conn,"select sum(vote)as total from vote");
$info=mysqli_fetch_array($sql);
  ?>
```

建立记录集后，将<?php echo$info['total']?>绑定到多少人的位置，如图 10-22 所示。

(2) 再建立一个记录集查询$sql1，用于显示投票的内容并统计数量：

```
<?php
  $sql1=mysqli_query($conn,"select * from vote");
        while($info1=mysqli_fetch_array($sql1))
   {
?>
```

(3) 完成记录集的设置，绑定记录集后，将记录集中的字段插入至 voteok.php 网页中的适当位置，如图 10-23 所示。

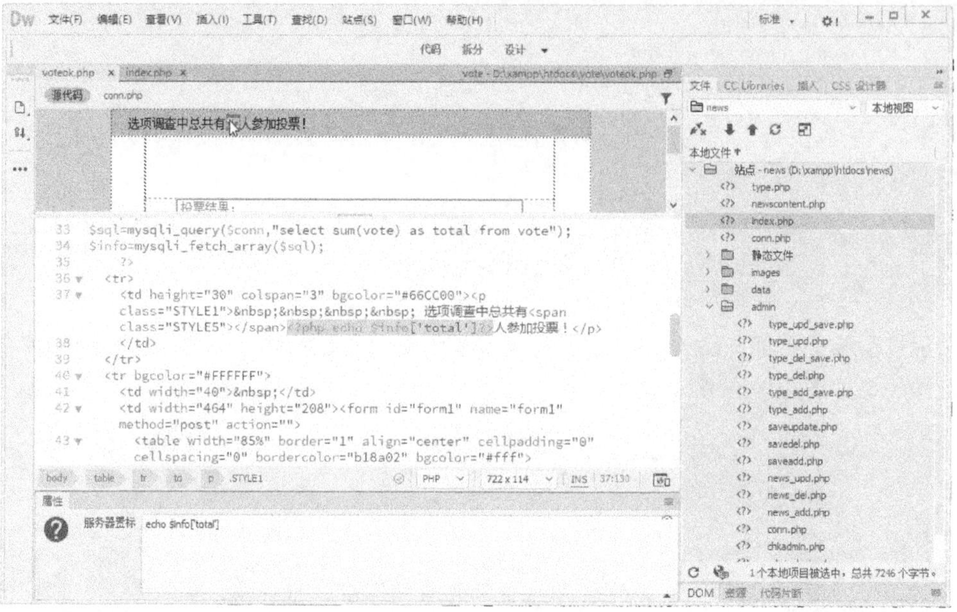

图 10-22　字段的绑定

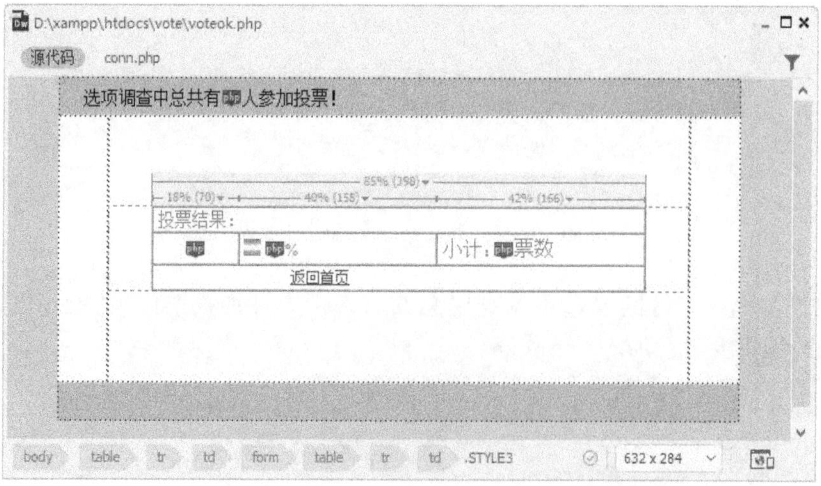

图 10-23　字段的插入

（4）单击代码按钮，进入代码视图编辑页面，在代码视图编辑页面中找到图像，加入代码如下：

```
<td width="40%"><img src="images/bar.gif" width="<?php echo round(($info1['vote']/$info
['total']),4)*100?>"height="13"/><span class="STYLE3"><?php echo round(($info1['vote']/
$info['total']),4)*100?>%</span></td>
<td width="42%" class="STYLE3">小计:<?php echo$info1['vote']?>票数</td>
```

这样，图像就可以根据比例的大小进行宽度的缩放，设置如图 10-24 所示。

（5）单击页面中的“返回”链接，转到 vote.php，如图 10-25 所示。

完成显示结果页面 voteok.php 的设置，测试浏览效果如图 10-26 所示。

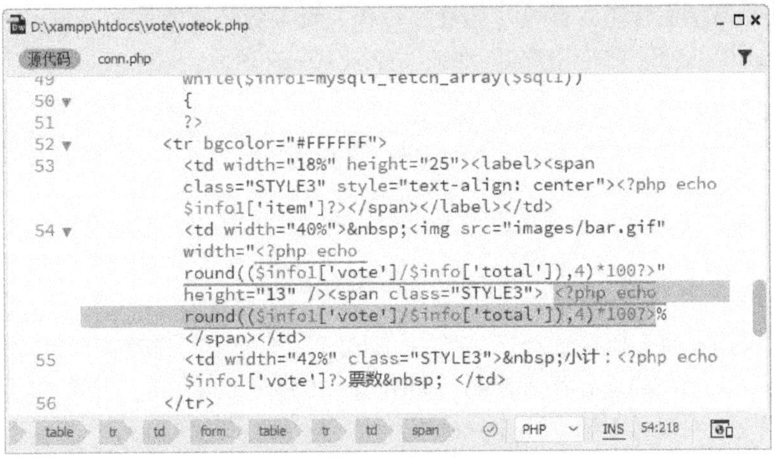

图 10-24 设置图像的缩放

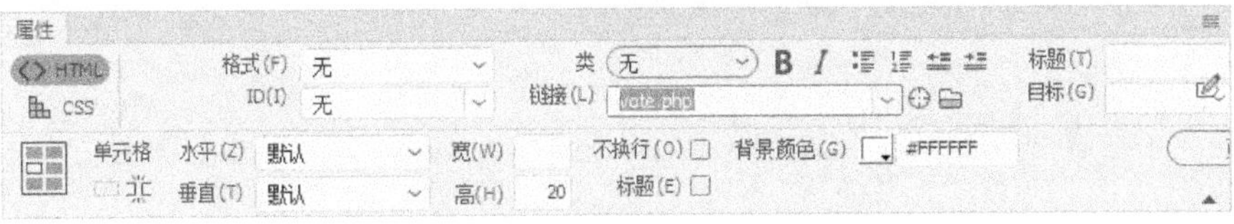

图 10-25 输入转到 URL 的文件地址

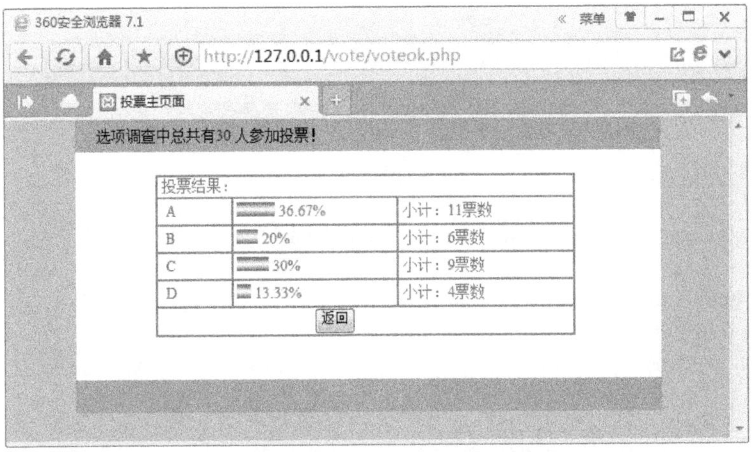

图 10-26 测试显示投票结果页面的效果

10.3.4 防止多次投票设计

一个投票管理系统要求公平、公正的投票，不允许进行多次投票，所以在设计系统时有必要加入防止多次投票的功能。

实现该功能的详细操作步骤如下。

（1）打开开始投票页面 vote.php，把光标定位在表单中，执行菜单栏“插入”→“表单”→“隐藏域”命令，插入一个隐藏字段 voteip。

（2）单击隐藏域图标，打开"属性"面板，设置隐藏域的值为<?php echo$_SERVER['REMOTE_ADDR'];?>，取得用户 IP 地址，如图 10-27 所示。

图 10-27　设置隐藏域的值

（3）将实现防止页面刷新的程序放到 voteadd. php 页面中，打开前面制作的计算投票页面 voteadd. php，在相应的位置加入代码，如图 10-28 所示。

```
D:\xampp\htdocs\vote\voteadd.php                    _ □ ×
源代码  conn.php                                          ▼
11
12    $voteip=strval($_POST['voteip']);
13    //赋值变量voteip为上一页传递过来的voteip值
14    $sql=mysqli_query($conn,"select * from ip where
      voteid='".$voteip."'");
15    //以voteid=voteip为条件查询数据表ip
16    $info=mysqli_fetch_array($sql);
17    //从结果集中取得一行作为关联数组info
18    if($info==true)
19    //如果值为真,说明数据库中有IP地址,已经投过票
20 ▼  {
21        header("location:sorry.php");
22        //转到失败页面sorry.php
23        exit;
24    }
25    else
                                    ⊘  PHP  ⌄  INS  37:21  ▣
```

图 10-28　加入防止页面刷新的代码

具体的代码分析如下：

```
<meta http-equiv=" Content-Type" content=" text/html;charset=utf-8"/>
<?php
require_once('conn. php');
//调用数据库连接
if(empty($_POST['ID'])){
        echo"您没选择投票的项目";
        exit(0);
    }//判断是否选择了投票的选项
   else
    {
 $voteip=strval($_POST['voteip']);
//赋值变量 voteip 为上一页传递过来的 voteip 值
 $sql=mysqli_query($conn," select * from ip where voteid='". $voteip. "'");
//以 voteid=voteip 为条件查询数据表 ip
 $info=mysqli_fetch_array($sql);
//从结果集中取得一行作为关联数组 info
 if($info==true)
//如果值为真,说明数据库中有 IP 地址,已经投过票
   {
    header(" location:sorry. php");
```

```
    //转到失败页面 sorry. php
        exit;
    }
    else
    {
        mysqli_query($conn,"INSERT INTO ip(voteid)VALUES('".$voteip."')");
    //如果没有,则将 IP 地址插入到 ip 数据表中
        }
 $ID=strval($_POST['ID']);
//赋值 ID 变量为上一页传递过来的 ID 值
mysqli_query($conn,"UPDATE vote SET vote=vote+1 WHERE ID='$ID'");
//根据 ID 更新数表 vote,并自动加一
mysqli_close($conn);
header("location:voteok.php");
    //转到 voteok. php
}
?>
```

（4）此时完成防止多次投票设置。当用户再次投票时，系统可以根据 IP 的唯一性进行判断。当用户再次投票时，将转到投票失败页面 sorry. php，页面设计如图 10-29 所示。

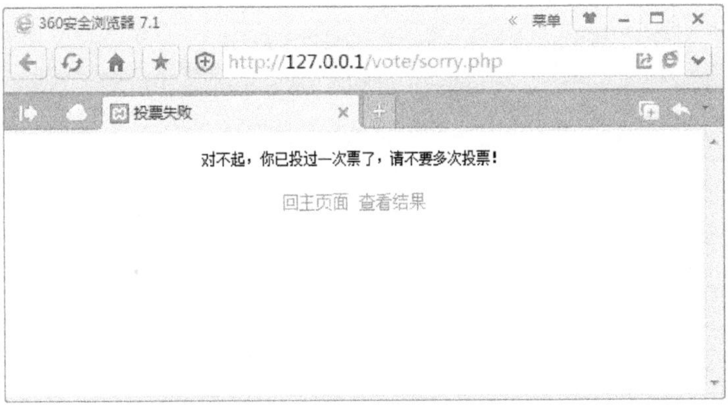

图 10-29　投票失败页面效果

在 sorry. php 页面有两个页面链接，“回主页面”链接到 vote. php，“查看结果”链接到 voteok. php。

Section 10.4 投票管理系统测试

投票管理系统设计完了以后，可以对设计的系统进行测试，按下〈F12〉键或打开浏览器输入“http://127. 0. 0. 1/vote/vote. php”，即可开始进行测试。测试步骤如下。

（1）在浏览器中打开 vote. php 文件，开始投票页面效果如图 10-30 所示。

（2）不选择任何选项，单击“投票”按钮，则提示“您没选择投票的项目”，如图 10-31 所示。

（3）选择投票项的其中一项，再单击“投票”按钮，开始投票。

图 10-30 打开的开始投票页面效果

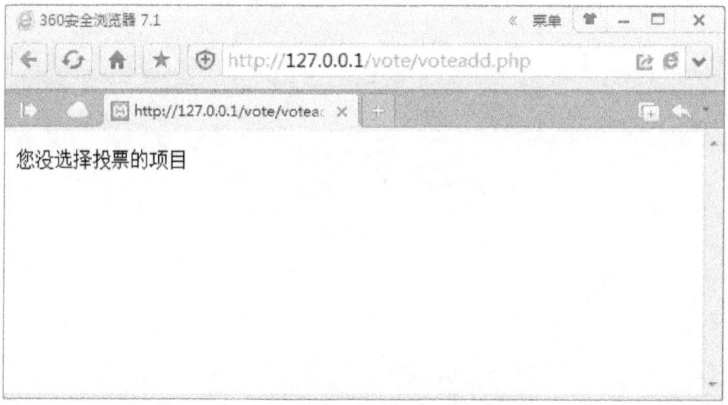

图 10-31 没选择项目时的错误提示

（4）单击“投票”按钮后，打开的页面不是 voteadd. php，因为 voteadd. php 只是计算投票数的一个统计数字页面，打开的页面是显示投票结果的页面 voteok. php，voteok. php 页面是 voteadd. php 转过来的一个页面，效果如图 10-32 所示。

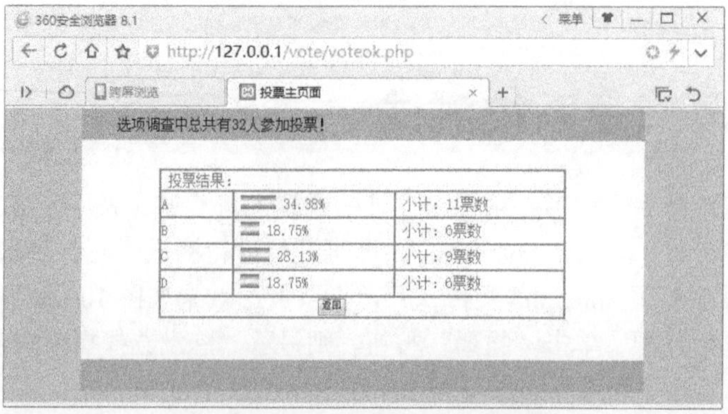

图 10-32 显示投票结果页面效果

（5）单击“返回”按钮，回到投票页面 vote. php 中。当用户再次投票时，将打开投票失败页面 sorry. php，如图 10-33 所示。

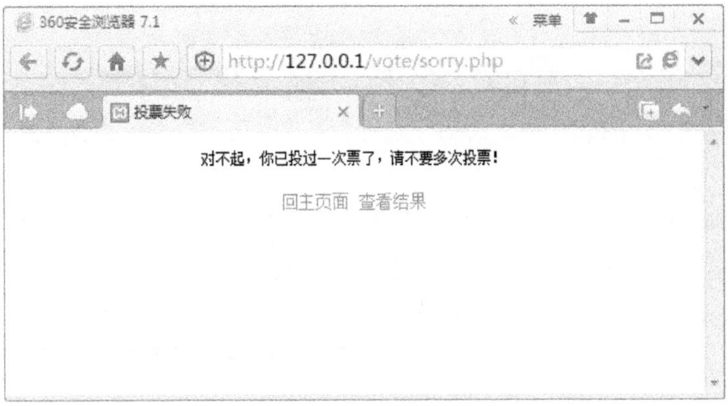

图 10-33　提示已经投票

经过上面的测试说明该投票管理系统的所有功能已经开发完毕，用户可以根据需要修改投票的选择项，经过修改后的投票管理系统可以适用于任何大型网站的开发与建设。

第 11 章 BBS论坛管理系统

BBS（Bulletin Board Service，公告牌服务）是一种基于 Internet 的信息服务系统。它提供了公共电子白板，每个用户都可以在上面发布信息或提出看法。本章将介绍使用 PHP 实现 BBS 论坛的开发方法。BBS 论坛通常按不同的主题划分为很多个版块，按照版块或者栏目的不同，可以由管理员设立不同的版主，版主可以在自己的栏目或版块中进行删除、修改或者锁定等操作。

从入门到精通

本章主要掌握以下知识点：

- 掌握 BBS 论坛管理系统的功能页面规划
- 建立 BBS 论坛管理系统的数据库
- BBS 论坛管理系统中新增主题、回复主题的方法
- BBS 论坛管理系统后台管理功能的开发

Section 11.1 系统的整体设计规划

BBS 的主要功能是通过在计算机上运行服务软件，允许用户使用终端程序，通过 Internet 来进行连接，实现用户消息之间的交互。系统的开发是比较复杂的，需要经过前期的系统规划。本章要开发的 BBS 论坛管理系统页面的功能与文件名称如表 11-1 所示。

表 11-1 BBS 论坛管理系统网页设计表

页 面 名 称	功 能
index. php	显示主题和回复情况的页面
conn. php	数据库连接文件
content. php	主要显示讨论主题的回复内容页面
bbs_add. php	增加讨论主题的页面
bbs_add_save. php	实现主题增加的动态页面
bbs_reply. php	对讨论主题进行回复的页面
admin_login. php	管理者登录入口页面
admin. php	对论坛进行管理的页面
chkadmin. php	管理者登录验证页面
del_title. php	删除讨论主题的页面
upd_title. php	修改讨论主题的页面
upd_title_save. php	保存修改主题动态页面

将要制作的 BBS 论坛管理系统的网页及网页结构如图 11-1 所示。

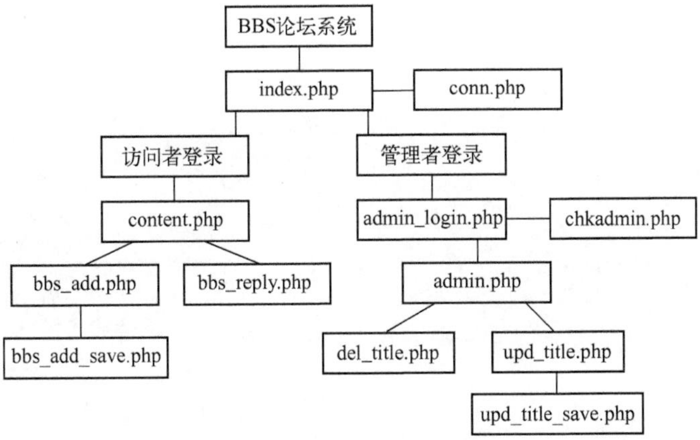

图 11-1 BBS 论坛系统结构

11.1.1 页面整体设计规划

介绍了 BBS 论坛管理系统的整体设计规划，在本地站点上建立站点文件夹 bbs，将要制作的系统文件如图 11-2 所示。

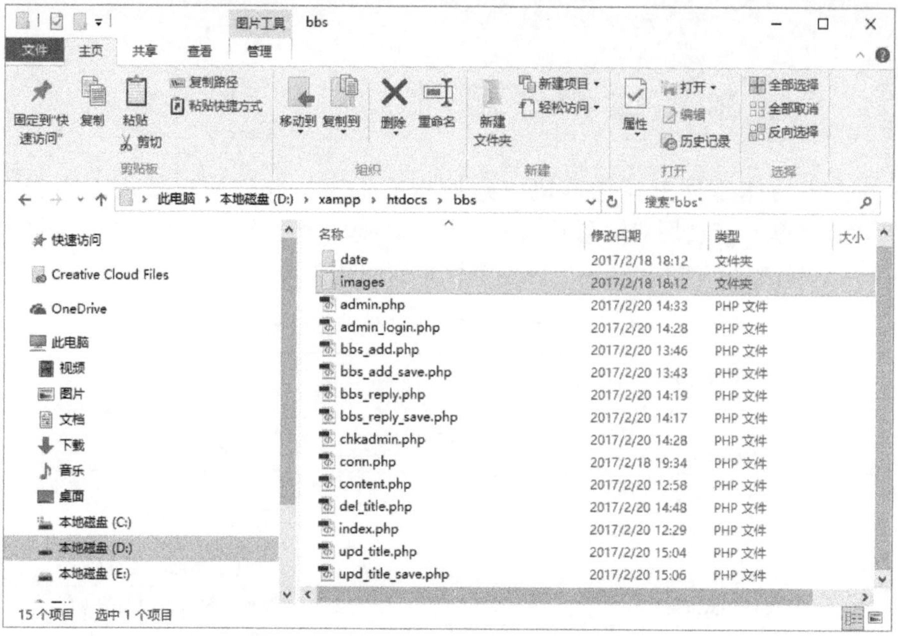

图 11-2 站点规划文件

11.1.2 页面美工设计

BBS 论坛管理系统的界面要求简洁明了，尽量不要使用过多的动画和大图片，这样可以提高 BBS 论坛的访问速度。这里要制作的首页面效果如图 11-3 所示。

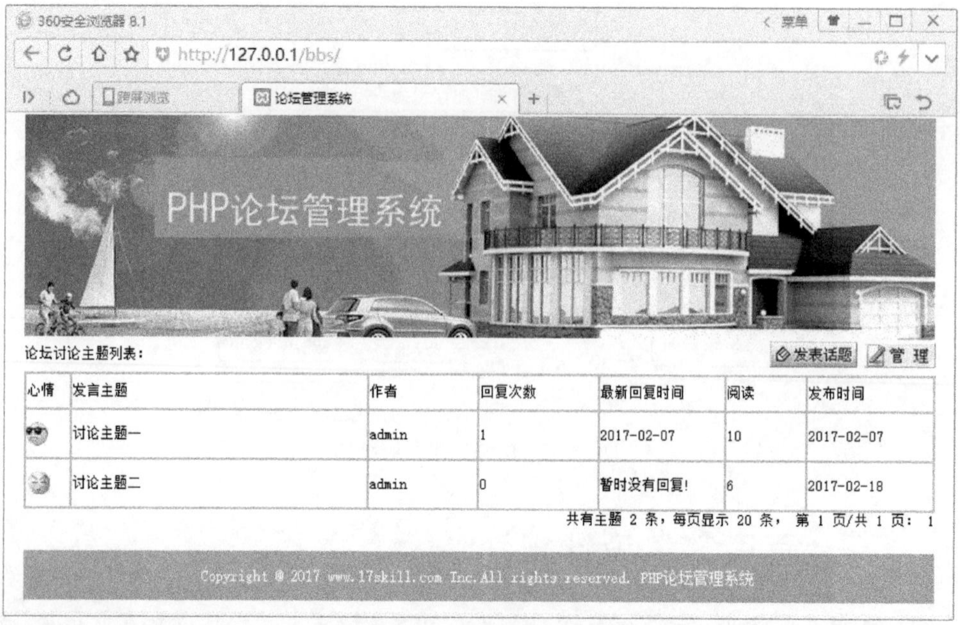

图 11-3 首页的美工效果

重点提示：初学者在设计制作过程中，可以打开光盘中的源代码，找到相关站点中的images（图片）文件夹，其中放置了已经编辑好的图片。

Section 11.2 数据库设计与连接

制作BBS论坛管理系统的数据库需要根据开发的系统大小而定，这里要设计用于讨论主题的信息表bbs_main，用于回复内容的信息表bbs_ref，最后还需要建立一个管理员进行管理的信息表admin。

11.2.1 创建数据库

首先建立一个bbs数据库，并在里面建立管理员管理信息表admin、讨论主题信息表bbs_main和回复主题信息表bbs_ref，这3个数据表作为任何数据的查询、新增、修改与删除的后端支持。

制作的步骤如下。

（1）在phpMyAdmin中建立数据库bbs，单击 数据库 标签，打开本地的“数据库”页面，在“新建数据库”文本框中输入数据库的名称“bbs”，单击后面的数据库类型下拉按钮，在弹出的下拉列表中选择“utf8_general_ci”选项，单击“创建”按钮，返回“常规设置”页面，在数据库列表中就建立了bbs的数据库，如图11-4所示。

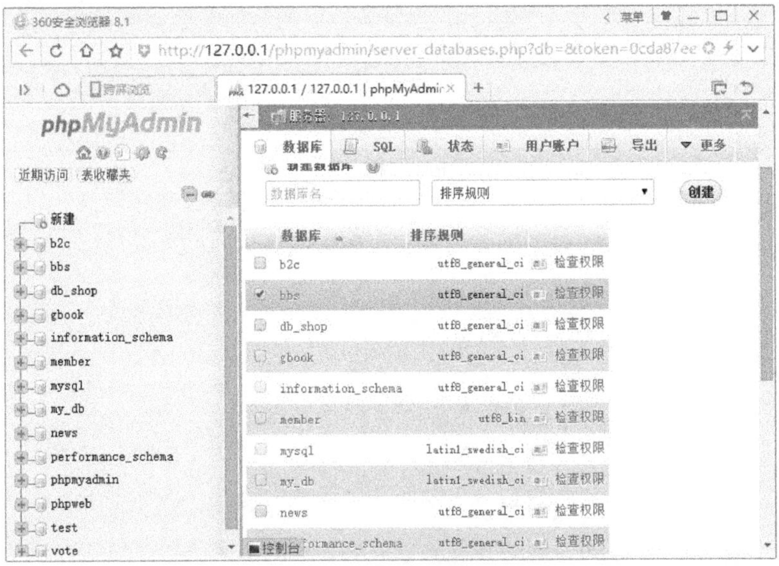

图11-4 开始创建数据库

（2）单击左边列表框中的bbs数据库将其连接上，打开“新建数据表”页面，分别输入数据表名“admin”、“bbs_main”及“bbs_ref”，即创建3个数据表，如图11-5所示。

（3）bbs_main是用于存储论坛的主题表，输入数据名并设置相关数据（如图11-6所示），对访问者的留言内容做一个全面的分析，bbs_main的字段说明如表11-2所示。

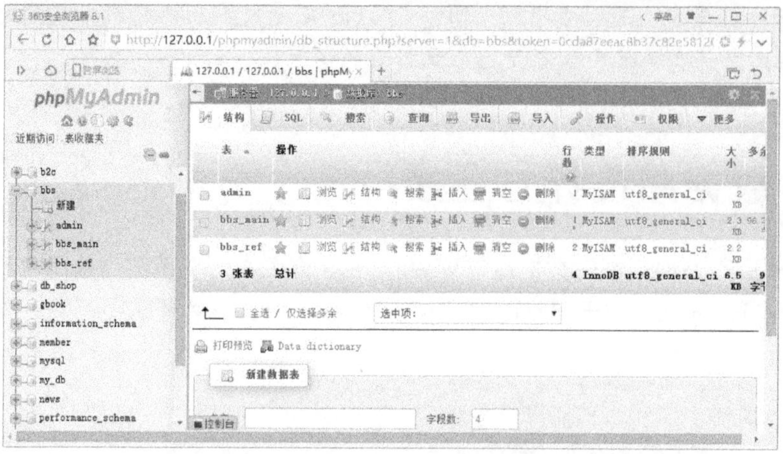

图 11-5　创建 3 个数据表

表 11-2　讨论主题信息表 bbs_main

字段名称	数据类型	字段大小
bbs_ID	INTEGER	11
bbs_title	VARCHAR	20
bbs_content	TEXT	
bbs_name	VARCHAR	20
bbs_time	VARCHAR	20
bbs_face	VARCHAR	20
bbs_sex	VARCHAR	20
bbs_email	VARCHAR	20
bbs_url	VARCHAR	20
bbs_hits	INTEGER	11

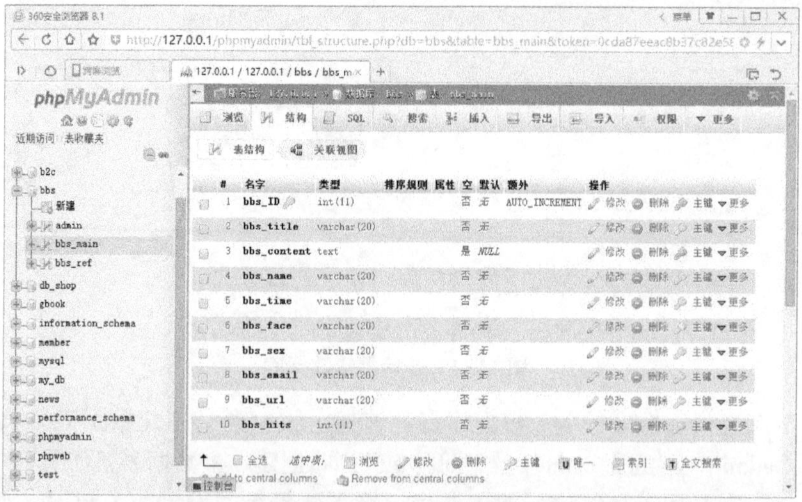

图 11-6　bbs_main 数据表

（4）回复主题信息表 bbs_ref 字段说明如表 11-3 所示，设计后的数据表如图 11-7 所示。

表 11-3 回复主题信息表 bbs_ref

字段名称	数据类型	字段大小
bbs_main_ID	INTEGER	11
bbs_ref_ID	INTEGER	自动编号
bbs_ref_name	VARCHAR	20
bbs_ref_time	VARCHAR	20
bbs_ref_content	TEXT	
bbs_ref_sex	VARCHAR	20
bbs_ref_url	VARCHAR	20
bbs_ref_email	VARCHAR	20

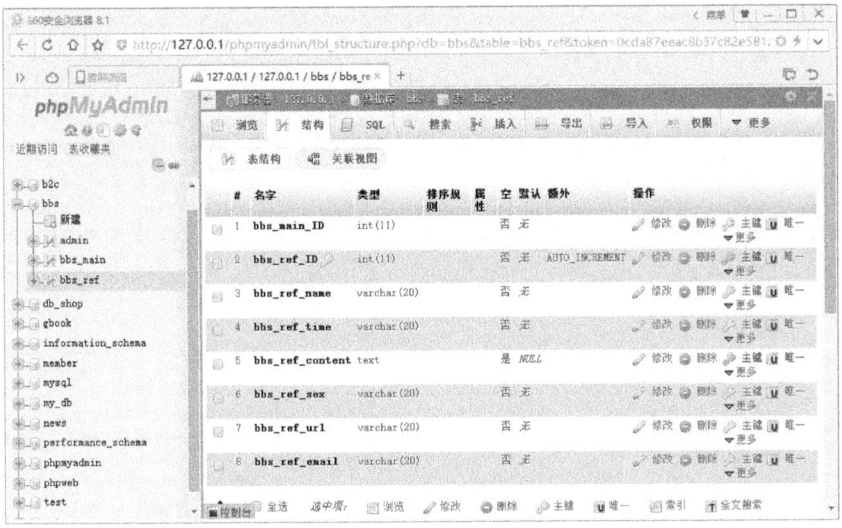

图 11-7 bbs_ref 数据表

（5）最后设计用于后台登录管理的 admin 数据表，字段说明如表 11-4 所示，设计后的数据表如图 11-8 所示。

表 11-4 管理员管理信息表 admin

字段名称	数据类型	字段大小
ID	INTEGER	11
username	VARCHAR	20
password	VARCHAR	20

数据库创建完毕，在管理员管理信息表 admin 里输入用户名和密码，方便以后登录查询使用。

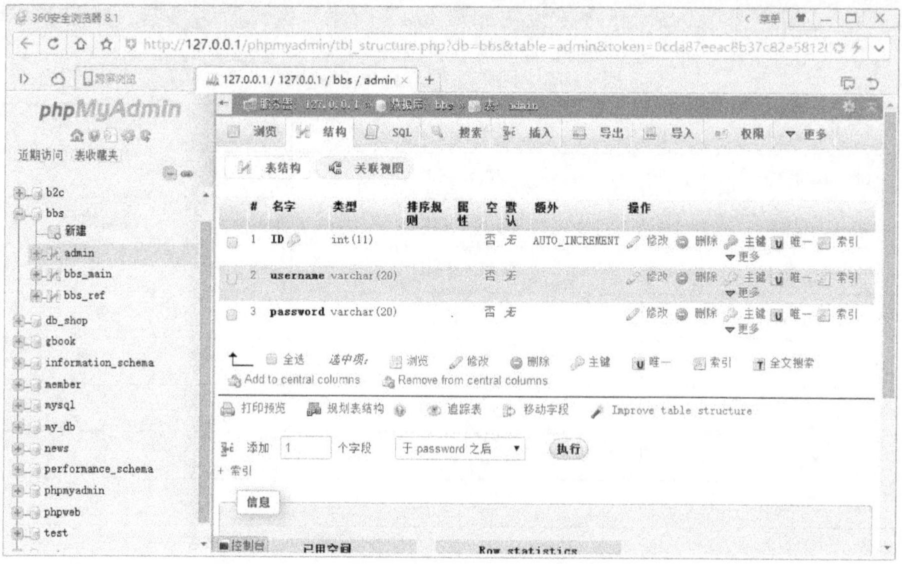

图 11-8　admin 表

11.2.2　定义 bbs 站点

在 Dreamweaver CC 2017 中创建一个“论坛管理系统”网站站点 bbs，主要的设置如表 11-5 所示。

表 11-5　站点设置的基本参数

站 点 名 称	bbs
本机根目录	D:\xampp\htdocs\bbs
测试服务器	D:\xampp\htdocs\
网站测试地址	http://127.0.0.1/bbs/
MySQL 服务器地址	D:\xampp\mysql\data\bbs
管理账号/密码	root/空
数据库名称	bbs

创建 bbs 站点的具体操作步骤如下。

(1) 首先在 D:\xampp\htdocs 路径下建立 bbs 文件夹（如图 11-9 所示），本章所有建立的网页文件都将放在该文件夹下。

(2) 运行 Dreamweaver CC 2017，执行菜单栏中的“站点”→“管理站点”命令，打开“管理站点”对话框，如图 11-10 所示。

(3) 对话框的上边是站点列表框，其中显示了所有已经定义的站点。单击右下角的“新建站点”按钮，打开“站点设置对象”对话框，进行如图 11-11 所示的参数设置。

(4) 选择左侧列表框中的“服务器”选项，并单击“添加服务器”按钮[+]，打开“基本”选项卡，进行如图 11-12 所示的参数设置。

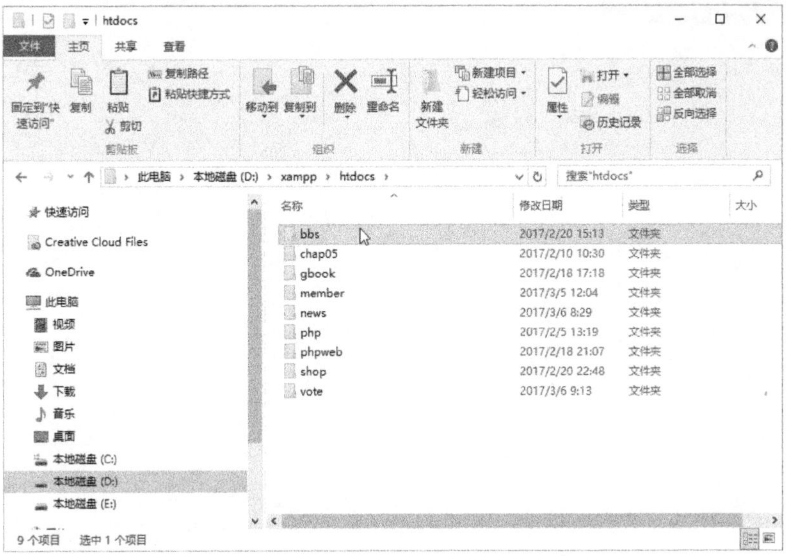

图 11-9 建立站点文件夹 bbs

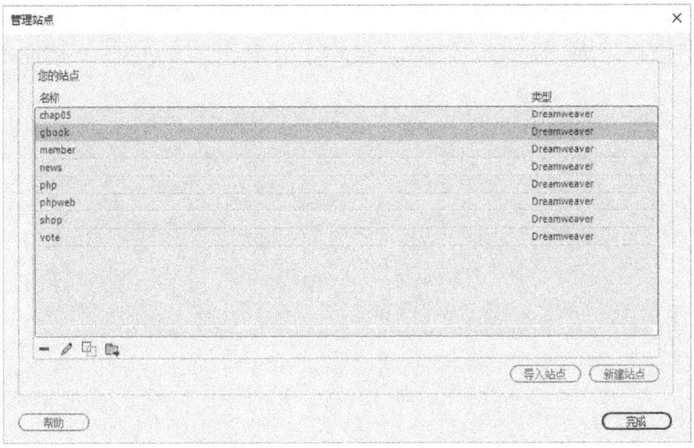

图 11-10 “管理站点”对话框

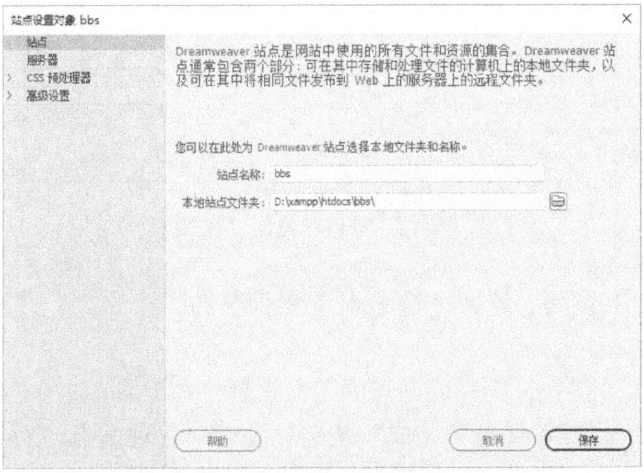

图 11-11 建立 bbs 站点

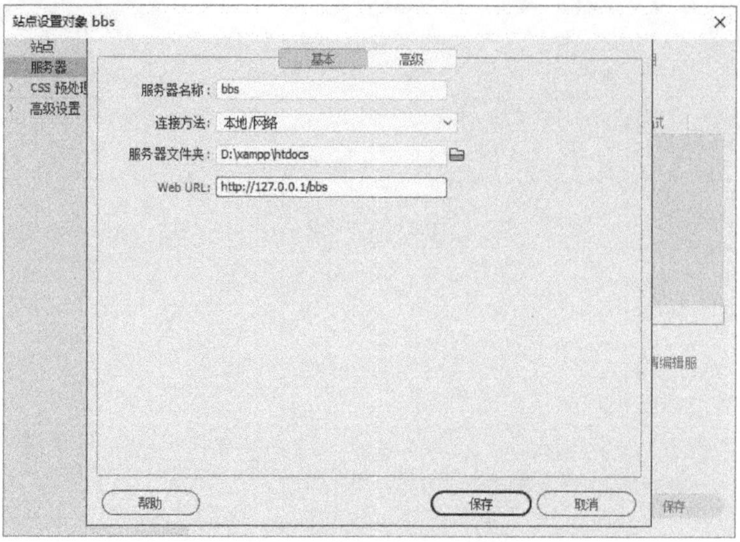

图 11-12　设置“基本”选项卡

（5）设置后再选择“高级”选项卡，选中“维护同步信息”复选框，在“服务器模型”下拉列表框中选择 PHP MySQL，表示是使用 PHP 开发的网页，其他的保持默认值，如图 11-13 所示。

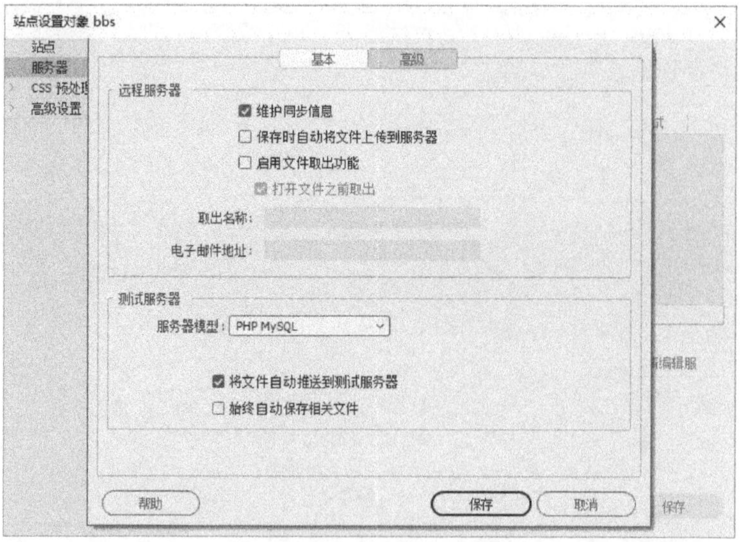

图 11-13　设置“高级”选项卡

（6）单击“保存”按钮，返回“服务器”界面，选中“测试”单选按钮，如图 11-14 所示。

（7）单击“保存”按钮，则完成站点的定义设置，在 Dreamweaver CC 2017 中就已经拥有了刚才所设置的站点 bbs。单击“完成”按钮，关闭“管理站点”对话框，这样就完成了 Dreamweaver CC 2017 测试 BBS 论坛管理系统网页的环境设置。

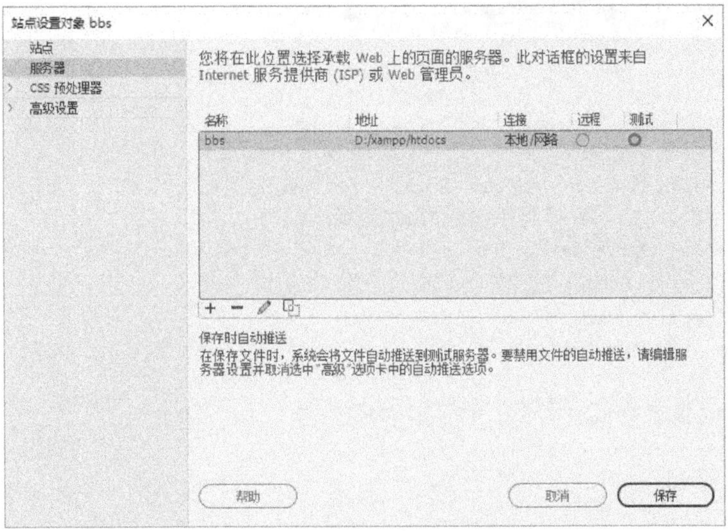

图 11-14　设置“服务器”参数

11.2.3 设置数据库连接

完成了站点的定义后，需要在网站与数据库之间设置连接，网站与数据库的连接步骤如下。

(1) 将本章文件复制到站点文件夹下，打开 BBS 论坛管理系统的首页，如图 11-15 所示。

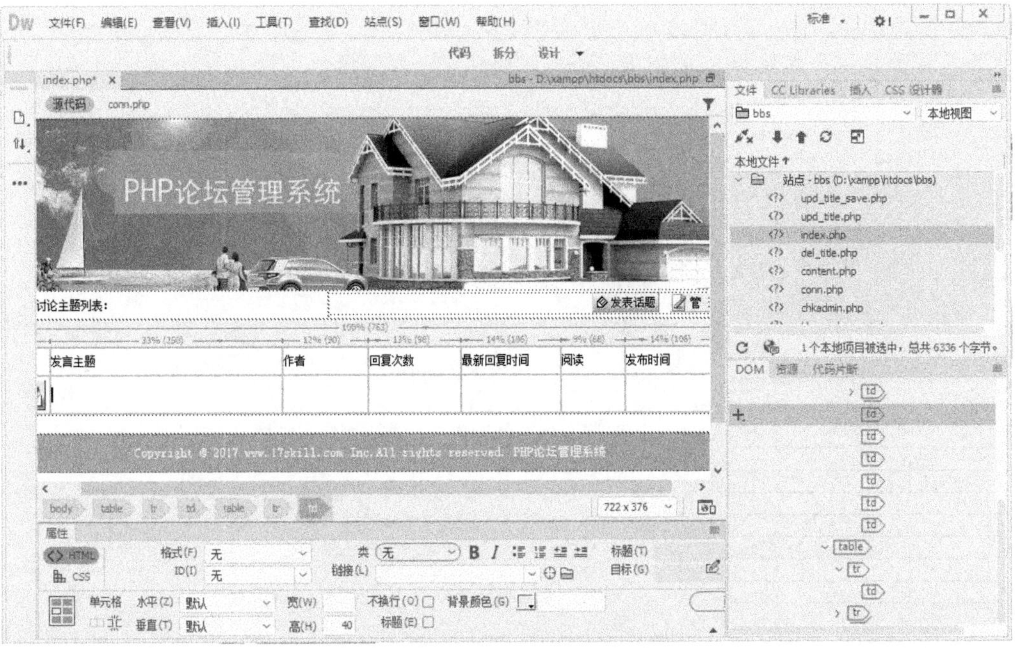

图 11-15　打开论坛首页

（2）新建 conn. php 数据库连接文件，设置“连接名称”为 bbs、“MySQL 服务器”名为 localhost、“用户名”为 root、“密码”为空。

```
<?php
//建立数据库连接
$conn=mysqli_connect("localhost","root","","bbs");
//设置字符为 utf-8,@ 抑制字符变量的声明提醒
@ mysqli_set_charset($conn,utf8);
@ mysqli_query($conn,utf8);
//如果连接错误,则显示错误原因
if(mysqli_connect_errno($conn))
{
    echo"连接 MySQL 失败:". mysqli_connect_error();
}
?>
```

Section 11.3 BBS 论坛管理系统主页面设计

供访问者使用的页面有显示主题的主页面 index. php、讨论主题页面 content. php 新增讨论主题页面 bbs_add. php 及回复讨论主题页面 bbs_reply. php，下面就开始这 4 个页面的制作。

11.3.1 BBS 论坛管理系统主页面

BBS 论坛管理系统的主页面 index. php 显示所有的讨论主题、每个主题的点击数、回复数及最新回复时间。访问者可以单击要阅读的标题链接至详细内容，管理员单击“管理”图标进入管理页面，主页面 index. php 的效果如图 11-16 所示。

图 11-16　BBS 论坛管理系统主页面效果

由本实例开始在 Dreamweaver 中要学会在代码窗口中直接编写 PHP 代码。首页的代码如下，对 PHP 代码部分的功能都进行了标注：

```
<?php require_once('conn. php');?>
<html>
<head>
<meta http-equiv="Content-Type" content="text/html;charset=utf-8"/>
<title>论坛管理系统</title>
<style type="text/css">
<!--
body {
  margin-top: 0px;
  background-color: #FFF;
}
body,td,th {
  font-family:宋体;
  font-size: 12px;
}
. style18 {color: #FFFF00}
. style25 {font-size: 18px;font-weight: bold;}
. STYLE26 {font-size: 16px}
a:link {
  text-decoration: none;
  color: #000000;
}
a:visited {
  text-decoration: none;
  color: #000000;
}
a:hover {
  text-decoration: none;
  color: #FF0000;
}
a:active {
  text-decoration: none;
  color: #000000;
}
. STYLE28 {
  font-size: 13px;
  color: #FFFFFF;
}
-->
</style></head>
<body>
<table width="764" border="0" align="center" cellpadding="0" cellspacing="0">
    <tr>
      <td width="764"><img src="images/1 副本 . gif" width="764" height="179"/></td>
    </tr>
    <tr>
      <td height="30" bgcolor="#FFFFFF"><table width="100%" border="0" cellpadding="0"
```

```
cellspacing="0">
      <tr>
    <td width="339" height="30">论坛讨论主题列表:</td>
  <td width="425"><table width="100%" border="0" cellspacing="0" cellpadding="0">
  <tr>
  <td><div align="right"><a href="bbs_add.php"><img src="images/postnew.gif" width="72"
height="21" border="0"/></a> <a href="admin_login.php"><img src="images/Editor.gif"
width="59" height="20" border="0"/></a></div></td>
  </tr>
    </table></td>
  </tr>
</table></td>
  </tr>
  <tr>
    <td>
      <?php
   $sql=mysqli_query($conn,"select count(*)as total from bbs_main");
  //建立统计记录集总数查询
   $info=mysqli_fetch_array($sql);
  //使用 mysqli_fetch_array 获取所有记录集
   $total=$info['total'];
  //定义变量$total 值为记录集的总数
    if($total==0)
    {
      echo"本系统暂无任何数据!";
    }
  //如果记录总数为0,则显示无数据
    else
    {
    ?>

    <table width="100%" border="1" cellpadding="0" cellspacing="0" bordercolor="#66CCFF" bg-
color="#FFFFFF">
      <tr>
        <td width="5%" height="29" background="../froum/images/dow3.gif">心情</td>
        <td width="33%">发言主题</td>
        <td width="12%">作者</td>
        <td width="13%">回复次数</td>
        <td width="14%">最新回复时间</td>
        <td width="9%">阅读</td>
        <td width="14%">发布时间</td>
      </tr>
      <?php
        $pagesize=20;
          if($total<=$pagesize){
              $pagecount=1;
            }
            if(($total%$pagesize)!=0){
                $pagecount=intval($total/$pagesize)+1;

            }else{
```

```
                $pagecount=$total/$pagesize;

            }
            if((@$_GET['page'])=="") {
                $page=1;
            } else {
                $page=intval($_GET['page']);
            }
  $sql1=mysqli_query($conn,"select * from bbs_main limit".($page-1)*$pagesize.",$pagesize");
              while($info1=mysqli_fetch_array($sql1))
            {
        ?>
      <tr>
  <td><img src="<?php echo$info1['bbs_face'];?>" alt="" name=""></td>
  <td height="40"><a href="content.php?bbs_id=<?php echo$info1['bbs_ID'];?>"><?php echo$
info1['bbs_title'];?></a></td>
<td><a href="content.php?bbs_id=<?php echo$info1['bbs_ID'];?>"><?php echo$info1['bbs_name'];?
></a></td>
  <?php
 $bbs_main_id=$info1['bbs_ID'];
  $sql2=mysqli_query($conn,"select count(bbs_main_id) as ReturnNum from bbs_ref where bbs_main_
id='$bbs_main_id'");
//统计出总共的回复数
 $info2=mysqli_fetch_array($sql2);
?>
<td><a href="content.php?bbs_id=<?php echo$info1['bbs_ID'];?>"><?php echo$info2['ReturnNum'];
?></a></td>
  <?php
 $bbs_main_id=$info1['bbs_ID'];
 $sql3=mysqli_query($conn,"select max(bbs_ref_time) as LatesTime from bbs_ref where bbs_main_id
='$bbs_main_id'");
//统计出最新的查询时间
 $info3=mysqli_fetch_array($sql3);
?>
<td><a href="content.php?bbs_id=<?php echo$info1['bbs_ID'];?>"><?php
if($info3['LatesTime']==0)
      {
        echo"暂时没有回复!";
      }
                else
      {
                echo$info3['LatesTime'];
      }
              ?></a></td>
          <td><a href="content.php?bbs_id=<?php echo$info1['bbs_ID'];?>"><?php echo$info1
['bbs_hits'];?></a></td>
          <td><a href="content.php?bbs_id=<?php echo$info1['bbs_ID'];?>"><?php echo$info1
['bbs_time'];?></a></td>
        </tr>
            <?php
   }
```

```
?>
        </table>
        <table width="100%" border="0" cellspacing="0" cellpadding="0">
          <tbody>
            <tr>
              <td style="text-align: right">共有主题
                <?php
            echo$total;//显示总页数
          ?>
条,每页显示  <?php echo$pagesize;//打印每页显示的总页码
?> 条, 第  <?php echo$page;//显示当前页码
?> 页/共  <?php echo$pagecount;//打印总页码数
?> 页:
<?php
          if($page>=2)
//如果页码数大于或等于 2,则执行下面程序
          {
          ?>
<a href="index.php?page=1" title="首页"><font face="webdings">9</font></a>/<a href="index.php?id=<?php echo$id;?>&amp;page=<?php echo$page-1;?>" title="前一页"><font face="webdings">7</font></a>
<?php
          }
            if($pagecount<=4){
                //如果页码数小于或等于 4,则执行下面程序
            for($i=1;$i<=$pagecount;$i++){
          ?>
<a href="index.php?page=<?php echo$i;?>"><?php echo$i;?></a>
<?php
            }
          }else{
          for($i=1;$i<=4;$i++){
        ?>
<a href="index.php?page=<?php echo$i;?>"><?php echo$i;?></a>
<?php }?>
<a href="index.php?page=<?php echo$page-1;?>" title="后一页"><font face="webdings">8</font></a><a href="index.php?id=<?php echo$id;?>&amp;page=<?php echo$pagecount;?>" title="尾页"><font face="webdings">:</font></a>
<?php }?></td>
            </tr>
          </tbody>
        </table>
        <?php
      }
        ?>
        <table width="100%" border="0" cellpadding="0" cellspacing="0" bordercolor="#66CCFF" bgcolor="#FFFFFF">
          <tr>
            <td width="100%" height="20"> </td>
          </tr>
          <tr style="text-align: center">
```

```
        <td height="40" bgcolor="#4DAFFE"><span class="STYLE28">Copyright @ 2017
www. 17skill. com Inc. All rights reserved. PHP 论坛管理系统</span></td>
          </tr>
        </table></td>
      </tr>
    </table>
    </body>
    </html>
```

在 index. php 页面中有两个按钮“管理”与“发表话题”，设定其链接网页如表 11-6 所示。

表 11-6　按钮链接的页面表

按 钮 名 称	链 接 页 面
管理	admin_login. php
发表话题	bbs_add. php

11. 3. 2　讨论主题页面

讨论主题页面 content. php 是实现讨论主题的详细内容页面。这个页面会显示讨论主题的详细内容与所有回复者的回复内容，其设计效果如图 11-17 所示。

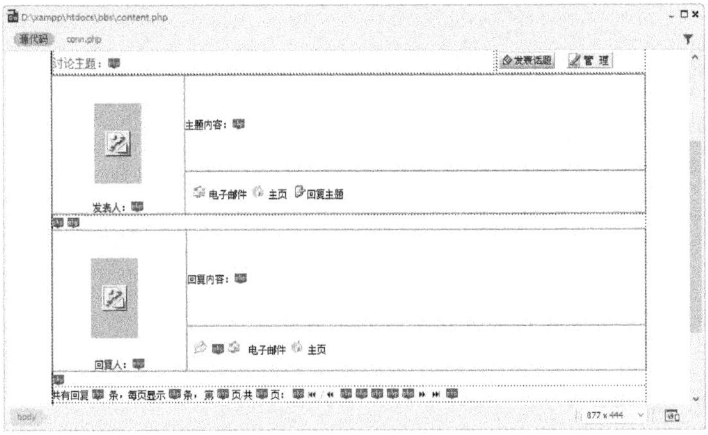

图 11-17　讨论主题页面设计效果

实现该页面的代码如下：

```
<?php require_once('conn. php');?>
<?php
$bbs_ID=strval($_GET['bbs_id']);
mysqli_query($conn,"UPDATE bbs_main SET bbs_hits=bbs_hits + 1 WHERE bbs_ID='". $bbs_ID.
"'");
//阅读时首先要将阅读数增加 1,即 bbs_hits 自动增加 1
?>
<html>
<head>
```

```
<meta http-equiv="Content-Type" content="text/html;charset=utf-8"/>
<title>论坛管理系统</title>
<style type="text/css">
<!--
body {
  margin-top: 0px;
}
body,td,th {
  font-family: Times New Roman, Times, serif;
  font-size: 12px;
}
.style18 {color: #FFFF00}
.style25 {font-size: 18px;font-weight: bold;}
a:link {
  text-decoration: none;
  color: #000000;
}
a:visited {
  text-decoration: none;
  color: #000000;
}
a:hover {
  text-decoration: none;
  color: #FF0000;
}
a:active {
  text-decoration: none;
  color: #FF0000;
}
.STYLE28 {font-size: 13px;
  color: #FFFFFF;
}
.STYLE29 {
  color: #990000;
  font-size: 14px;
}
.STYLE26 {font-size: 16px}
-->
</style></head>
<body>
<table width="764" border="0" align="center" cellpadding="0" cellspacing="0">
  <tr>
    <td width="764"><img src="images/1 副本.gif" width="764" height="179"/></td>
  </tr>

  <tr>
    <td height="30" bgcolor="#FFFFFF"><table width="100%" border="0" cellspacing="0" cell-
padding="0">
      <tr>
        <td width="572" height="30"><table width="99%" height="30" border="0" align=
"center" cellpadding="0" cellspacing="0" bgcolor="#FFFFFF">
```

```
            <tr>
              <?php
        $sql2=mysqli_query($conn,"select * from bbs_main where bbs_ID=$bbs_ID");
        $info2=mysqli_fetch_array($sql2);
              ?>
              <td valign="middle"><span class="STYLE29">

                讨论主题:<?php echo$info2['bbs_title'];?> </span></td>
              </tr>
          </table></td>
          <td width="192"> <a href="bbs_add.php"><img src="images/postnew.gif" width
="72" height="21"/></a>    <a href="admin_login.php"><img src=
"images/Editor.gif" width="59" height="20"/></a></td>
        </tr>
      </table></td>
    </tr>
    <tr>
      <td>

      <table width="100%" border="0" cellpadding="0" cellspacing="0" bgcolor="#FFFFFF">
        <tr>
          <td><table width="100%" border="1" cellpadding="0" cellspacing="0" bgcolor="#
FFFFFF">
            <tr>
              <td width="168" rowspan="2" bgcolor="#FFFFFF" valign="top"><p align="center">
 </p>
                  <p align="center"><img src="<?php echo$info2['bbs_sex'];?>" alt="" width=
"60" height="100"></p>
                  <p align="center">发表人:<?php echo$info2['bbs_name'];?></p></td>
              <td width="588" height="120" bgcolor="#FFFFFF">主题内容:<?php echo$info2
['bbs_content'];?></td>
            </tr>
            <tr>
              <td height="25" bgcolor="#FFFFFF">   <img src="images/
email.gif" width="16" height="16"/> <a href="mailto:<?php echo$info2['bbs_email'];?>">
电子邮件</a> <img src="images/home.gif" width="16" height="16"/> <a href="ht-
tp://<?php echo$info2['bbs_url'];?>">主页</a>  <img src="images/write.gif" width
="16" height="16"/><a href="bbs_reply.php?bbs_ID=<?php echo$info2['bbs_ID'];?>">回复主
题</a></td>
            </tr>
        </table></td>
        </tr>

        <tr>
          <td>
              <?php
      $sql=mysqli_query($conn,"select count(*) as total from bbs_ref where bbs_main_ID=$bbs_
ID");
//建立统计记录集总数查询
      $info=mysqli_fetch_array($sql);
//使用 mysqli_fetch_array 获取所有记录集
```

```
    $total=$info['total'];
//定义变量$total 值为记录集的总数
    if($total==0)
    {
      echo"本系统暂无任何回复!";
    }
//如果记录总数为0,则显示无数据
    else
    {
    ?>
            <?php
        $pagesize=5;
          //设置每页显示5条记录
          if($total<=$pagesize){
              $pagecount=1;
                  //定义$pagecount 初始变量为1页
              }
              if(($total%$pagesize)!  =0){
                  $pagecount=intval($total/$pagesize)+1;
              //取页面统计总数为整数
              }else{
                  $pagecount=$total/$pagesize;


              }
              if((@$_GET['page'])==""){
                  $page=1;
              //如果总数小于5,则页码显示为1页
              }else{
                  $page=intval($_GET['page']);
            //如果大于5条,则显示实际的总数
            }

  $sql1=mysqli_query($conn,"select * from bbs_ref where bbs_main_ID=$bbs_ID limit ".($page-
1)*$pagesize.",$pagesize ");
            //设置 bbs_ref 数据表按 ID 升序排序,查询出所有数据
    while($info1=mysqli_fetch_array($sql1))
        //使用 mysqli_fetch_array 查询所有记录集,并定义为$info1
  {
?>


            <table width="100%" border="1" cellpadding="0" cellspacing="0">
              <tr>
                <td width="170" rowspan="2" bgcolor="#FFFFFF" valign="top"><p align
="center"> </p>
                  <p align="center"><img src="<?php echo $info1['bbs_ref_sex']; ?>" alt
="" width="60" height="100">    </p>
                  <p align="center">回复人:<?php echo $info1['bbs_ref_name']; ?></p></
td>
                <td width="587" height="120" bgcolor="#FFFFFF">回复内容:<?php echo
```

```
$info1['bbs_ref_content']; ?></td>
                    </tr>
                    <tr>
                        <td height="25" bgcolor="#FFFFFF">   <img src="images/
11.gif" width="16" height="15" />  <?php echo $info1['bbs_ref_time']; ?> 
<img src="images/email.gif" width="16" height="16" />    <a href="mailto:
<?php echo $info1['bbs_ref_email']; ?>">电子邮件</a>  <img src="images/home.gif" width
="16" height="16" /> <a href="http://<?php echo $info1['bbs_ref_url']; ?>"> 主页</a>
</td>
                    </tr>
                  </table>
                  <?php
   }
?>
                  <table width="100%" border="0" cellspacing="0" cellpadding="0">
                    <tbody>
                      <tr>
                        <td>共有回复
                          <?php
              echo $total;//显示总页数
             ?>
 条,每页显示  <?php echo $pagesize;//打印每页显示的总页码
?> 条, 第  <?php echo $page;//显示当前页码
?> 页/共  <?php echo $pagecount;//打印总页码数
?> 页:
<?php
             if($page>=2)
                  //如果页码数大于或等于2,则执行下面程序
             {
             ?>
<a href="content.php? page=1" title="首页"><font face="webdings"> 9 </font></a> / <a href="
content.php? id=<?php echo $id;?>&amp;page=<?php echo $page-1;?>" title="前一页"><font
face="webdings"> 7 </font></a>
<?php
             }
              if($pagecount<=4){
                   //如果页码数小于或等于4,则执行下面程序
                for($i=1;$i<=$pagecount;$i++){
             ?>
<a href="content.php? page=<?php echo $i;?>"><?php echo $i;?></a>
<?php
                  }
              }else{
              for($i=1;$i<=4;$i++){
             ?>
<a href="content.php? page=<?php echo $i;?>"><?php echo $i;?></a>
<?php } ?>
<a href="content.php? page=<?php echo $page-1;?>" title="后一页"><font face="webdings"> 8
</font></a> <a href="content.php? id=<?php echo $id;?>&amp;page=<?php echo $pagecount;?
>" title="尾页"><font face="webdings"> : </font></a>
<?php } ?></td>
```

```
                        </tr>
                      </tbody>
                    </table></td>
          </tr>
        </table>
        <?php
        }
            ?>
        </td>
      </tr>
    </table>
    <table width="764" align="center" cellpadding="0" cellspacing="0" bgcolor="#FFFFFF">
      <tr>
        <td width="749" height="1"> </td>
      </tr>
      <tr>
        <td height="40" bgcolor="#4DAFFE"><p style="text-align: center"><span class="STYLE28"
    > Copyright @ 2017 www.17skill.com Inc. All rights reserved. PHP 论坛管理系统 </span></p>
        </td>
      </tr>
    </table>
    </body>
    </html>
```

说明：

（1）选择主题表格中的文字“电子邮件”，然后单击“属性”面板中的“链接”文本框后面的“浏览文件”按钮，打开“选择文件”对话框。在该对话框中选中“数据源”单选按钮，然后在“域”列表框中选择“记录集（detail）”组中的bbs_email字段，并且在“属性”面板中的URL链接前面加上“mailto:”，如图11-18所示。

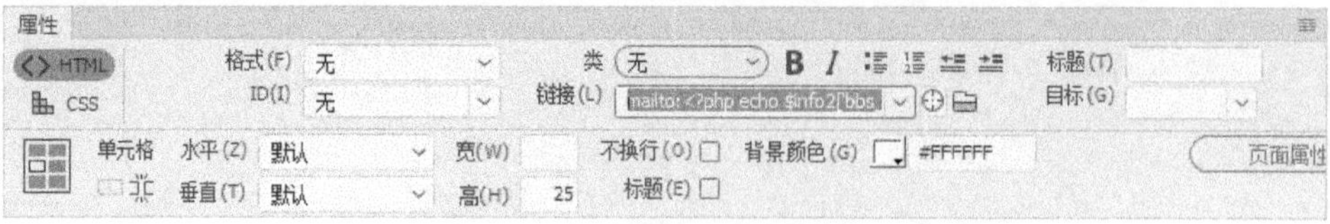

图11-18 设置email的链接

（2）选择主题表格中的文字“主页”，单击“属性”面板中的“链接”文本框后面的“浏览文件”按钮，打开“选择文件”对话框。在该对话框中选中“数据源”单选按钮，然后在“域”列表框中选择“记录集（detail）”组中的bbs_url字段，并且在“属性”面板中的URL链接前面加上“http://”，如图11-19所示。

图11-19 设置url链接

（3）在 content. php 页面中有两个按钮“管理”与“发表话题”，必须设定其链接网页，如表 11-7 所示。

表 11-7　按钮与链接页面表

按钮名称	链接页面
管理	admin_login. php
发表话题	bbs_add. php

（4）在 BBS 论坛管理系统主页面中设置了文章阅读统计功能，当访问者通过单击标题进入查看内容时，阅读统计数目就要增加一次。其主要的方法是通过更新数据表 bbs_main 里的 bbs_hits 字段来实现。实现的方法很简单，在代码中加入更新的 SQL 语句：

```
01. UPDATE bbs_main                      //更新 bbs_main 数据表
02. SET bbs_hits=bbs_hits+1              //设置 bbs_main 数据表中的 bbs_hits 中字段自动加 1
03. WHERE bbs_ID='". $bbs_ID. "'         // bbs_ID 的值等于$bbs_ID 变量中的值
```

11. 3. 3　新增讨论主题页面

新增讨论主题页面 bbs_add. php 的功能是将页面的表单数据新增到站点的 bbs_main 数据表中，页面效果如图 11-20 所示。

图 11-20　新增讨论主题页面效果

详细操作步骤如下。

（1）在 bbs_add. php 页面设计中，表单 form1 中的文本域和文本区域设置如表 11-8 所示。这里要注意，性别形象和心情的单选按钮都要在“属性”面板中定义其值。

表 11-8 表单 form1 中的文本域和文本区域设置方法表

文本（区）域/按钮名称	方法/类型
form1	POST
bbs_title	单行
bbs_name	单行
bbs_sex	单选按钮
bbs_face	单选按钮
bbs_email	单行
bbs_url	单行
bbs_content	多行
bbs_time	<?php echo date("Y-m-d");?>获取提交时的时间
bbs_hits	初始值为 0
Submit	提交表单
Submit2	重设表单

（2）创建 bbs_add_save. php 页面，具体的代码如下：

```
<meta http-equiv="Content-Type" content="text/html; charset=utf-8">
<?php
include("conn.php");
 $bbs_title=$_POST['bbs_title'];
 $bbs_name=$_POST['bbs_name'];
 $bbs_sex=$_POST['bbs_sex'];
 $bbs_face=$_POST['bbs_face'];
 $bbs_email=$_POST['bbs_email'];
 $bbs_url=$_POST['bbs_url'];
 $bbs_content=$_POST['bbs_content'];
 $bbs_time=$_POST['bbs_time'];
 $bbs_hits=$_POST['bbs_hits'];
mysqli_query($conn,"insert into bbs_main (bbs_title,bbs_name,bbs_sex,bbs_face,bbs_email,bbs_
url,bbs_content,bbs_time,bbs_hits) values ('$bbs_title','$bbs_name','$bbs_sex','$bbs_face','$bbs_
email','$bbs_url','$bbs_content','$bbs_time','$bbs_hits')");
echo "<script>alert('添加论坛主题成功！');history.back();</script>";
?>
```

（3）按下〈F12〉键在浏览器中测试一下。首先打开 bbs_add. php 页面，再填写表单，填写表单内容如图 11-21 所示。

（4）填写内容后，单击“确定提交”按钮，将此内容发送到 bbs_main 数据表中。页面将返回到 BBS 论坛管理系统主页面 index. php（如图 11-22 所示），表示发表新主题成功。

图 11-21 填写内容

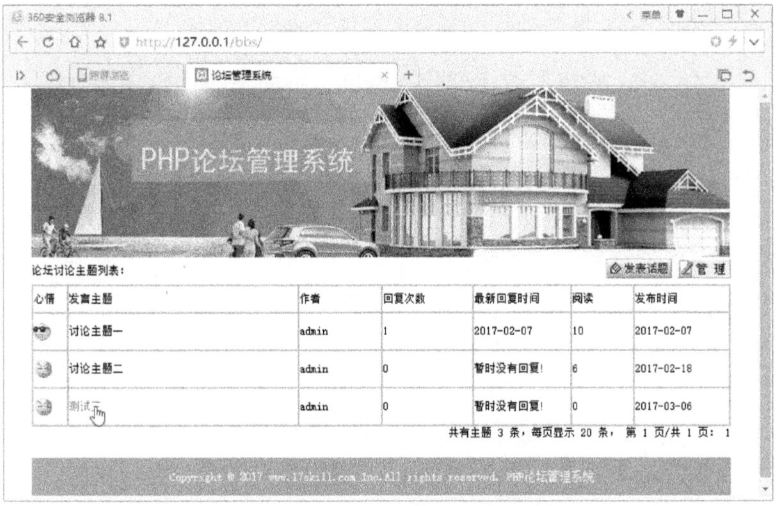

图 11-22 发表新主题成功

11.3.4 回复讨论主题页面

回复讨论主题页面 bbs_reply. php 的设计与讨论主题页面的设计相似，回复讨论主题是将表单中填写的数据插入到 bbs_ref 数据表中，页面设计效果如图 11-23 所示。

（1）由于在讨论主题页面 content. php 中，设定了传递参数 bbs_ID（主题编号）传递到这一页面，因此必须先将这个参数绑定到一个命名为 bbs_main_ID 的隐藏域中。在页面中插入一个隐藏域，并命名为 bbs_main_ID，定义其值，如图 11-24 所示。

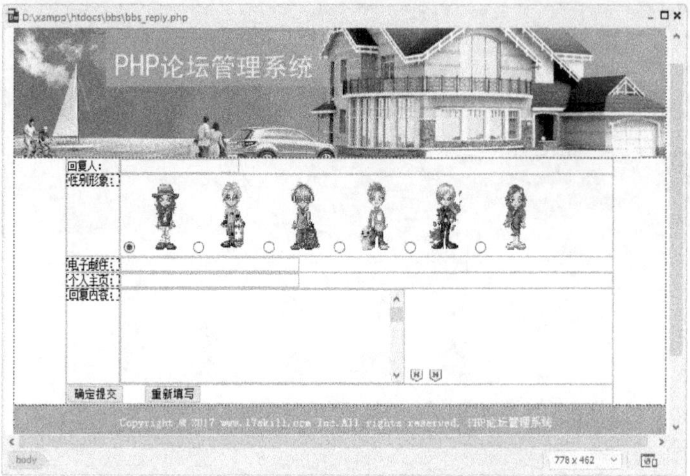

图 11-23　回复讨论主题页面效果

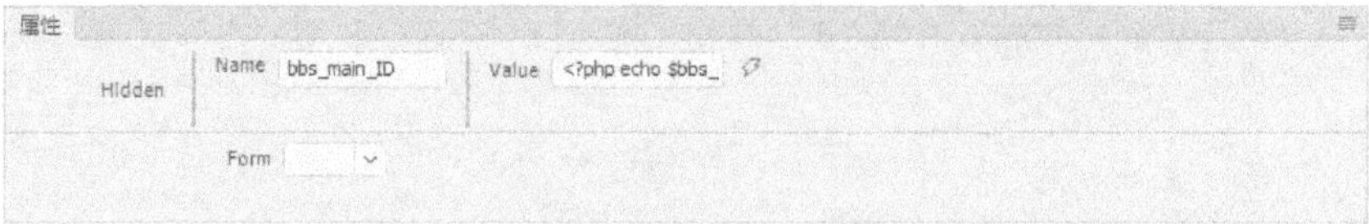

图 11-24　设置隐藏域 bbs_main_ID 的值

（2）然后再单击 代码 按钮，切换到代码窗口，将如下的代码加入到最上面：

```
<?php
$bbs_main_ID=strval($_GET['bbs_ID']);
?>
```

插入后如图 11-25 所示。

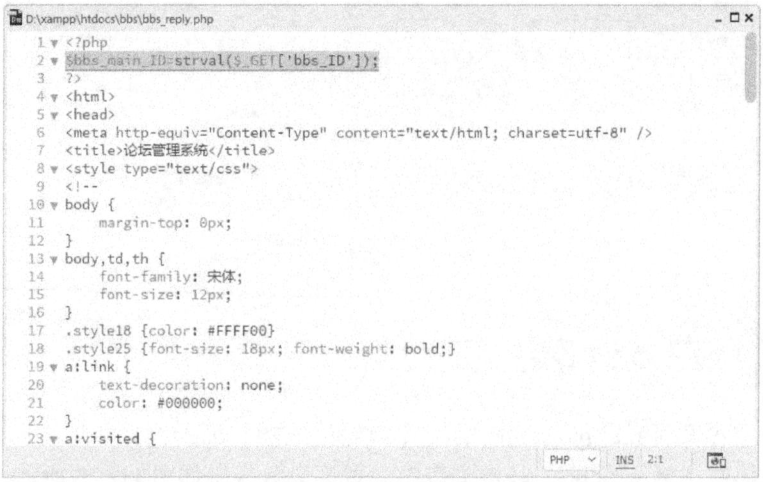
D:\xampp\htdocs\bbs\bbs_reply.php

```
<?php
$bbs_main_ID=strval($_GET['bbs_ID']);
?>
<html>
<head>
<meta http-equiv="Content-Type" content="text/html; charset=utf-8" />
<title>论坛管理系统</title>
<style type="text/css">
<!--
body {
    margin-top: 0px;
}
body,td,th {
    font-family: 宋体;
    font-size: 12px;
}
.style18 {color: #FFFF00}
.style25 {font-size: 18px; font-weight: bold;}
a:link {
    text-decoration: none;
    color: #000000;
}
a:visited {
```

PHP　INS　2:1

图 11-25　插入接收变量的代码

（3）再插入一个隐藏字段 bbs_ref_time，绑定为当时的时间：

```
<?php
echo date("Y-m-d");
?>
```

“属性”面板的设置如图 11-26 所示。

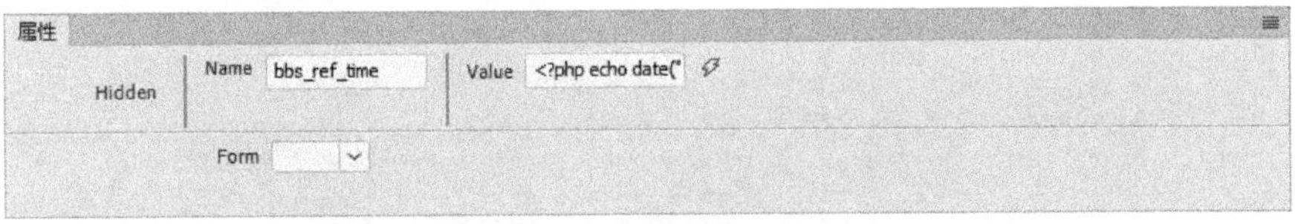

图 11-26 设置隐藏域的值

（4）创建 bbs_reply_save. php 编辑页面，编程实现 bbs_reply. php 页面插入记录的设计。

```
<meta http-equiv="Content-Type" content="text/html; charset=utf-8">
<?php
include("conn. php");
$bbs_main_ID=$_POST['bbs_main_ID'];
$bbs_ref_name=$_POST['bbs_ref_name'];
$bbs_ref_sex=$_POST['bbs_ref_sex'];
$bbs_ref_email=$_POST['bbs_ref_email'];
$bbs_ref_url=$_POST['bbs_ref_url'];
$bbs_ref_content=$_POST['bbs_ref_content'];
$bbs_ref_time=$_POST['bbs_ref_time'];
 mysqli_query($conn,"insert into bbs_ref (bbs_main_ID,bbs_ref_name,bbs_ref_sex,bbs_ref_email,
bbs_ref_url,bbs_ref_content,bbs_ref_time) values ('$bbs_main_ID','$bbs_ref_name','$bbs_ref_sex','$
bbs_ref_email','$bbs_ref_url','$bbs_ref_content','$bbs_ref_time')");
 echo "<script>alert('回复主题成功！');window. location. href='index. php';</script>";
?>
```

（5）按下〈F12〉键至浏览器测试。首先打开首页面，选择其中任一个讨论主题，进入 content. php 页面。在 content. php 页面单击“回复主题”超链接，转到回复讨论主题 bbs_reply. php 页面。在 bbs_reply. php 页面填写表单，填写表单内容如图 11-27 所示。

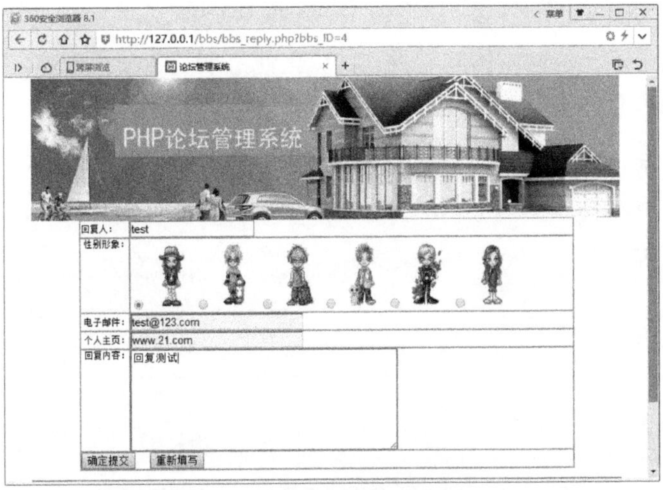

图 11-27 填写表单内容

（6）填写内容后，单击“确定提交”按钮，将此内容发送到 bbs_ref 数据表中。页面将返回到 BBS 论坛管理系统主页面 index. php，在单击主题后可以看到回复，如图 11-28 所示，表示回复主题成功。

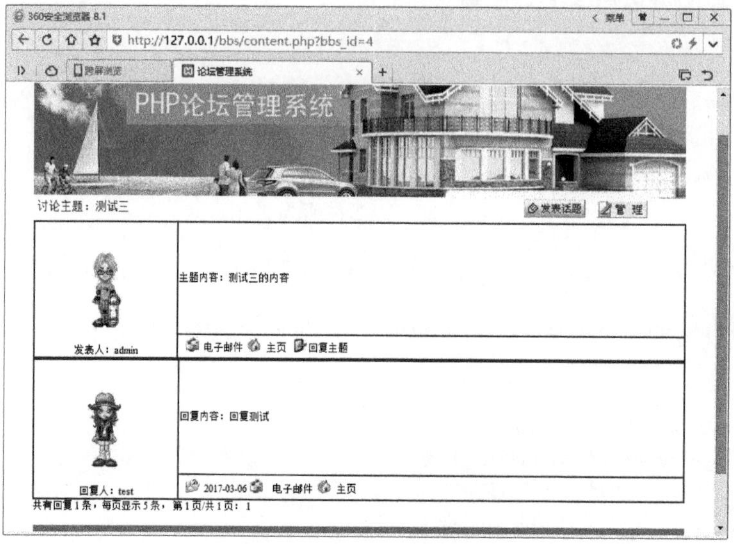

图 11-28　回复主题成功

Section

11.4 后台管理设计

BBS 论坛管理系统的后台管理比较重要，访问者在回复主题时，如果回复一些非法或者不文明的信息，则管理员可以通过后台对这些信息进行删除。

11.4.1 后台版主登录

由于管理页面是不允许网站访问者进入的，因此必须受到权限管理，可以利用管理员账号和密码来判别是否有此用户，设计如图 11-29 所示。

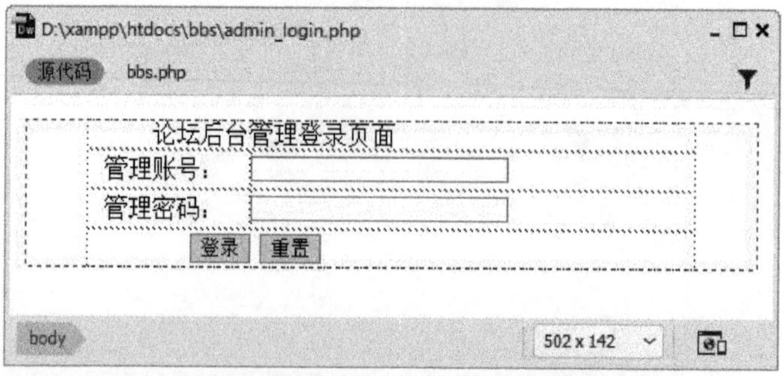

图 11-29　BBS 论坛管理系统后台登录页面设计

新建一个 chkadmin. php 动态页面，输入验证的代码如下：

```
<meta http-equiv="Content-Type" content="text/html; charset=utf-8">
<?php
include("conn.php");
$username=$_POST['username'];
$userpwd=$_POST['password'];
class chkinput{
    var $name;
    var $pwd;
    function chkinput($x,$y){
        $this->name=$x;
        $this->pwd=$y;
    }
    function checkinput(){
      include("conn.php");
      $sql=mysqli_query($conn,"select * from admin where username='".$this->name."'");
      $info=mysqli_fetch_array($sql);
      if($info==false){
    echo "<script language='javascript'>alert('管理员名称输入错误！');history.back();</script>";
        exit;
        }
      else{
        if($info['password']==$this->pwd)
                {
                    session_start();
                    $_SESSION['username']=$info['username'];
                    header("location:admin.php");
                    exit;
                }
              else {
                    echo "<script language='javascript'>alert('密码输入错误！');history.back(); </
script>";
                    exit;
                }
        }
      }
  }
  $obj=new chkinput(trim($username),trim($userpwd));
    $obj->checkinput();
?>
```

此时完成后台管理入口页面 admin_ login. php 的设计与制作。

11.4.2 后台版主管理

BBS 论坛管理系统的后台版主管理页面是版主由登录的页面验证成功后所转到的页面。这个页面主要为版主提供对数据的新增、修改、删除内容的功能。后台版主管理页面 admin. php 的内容设计与 BBS 论坛管理系统主页面 index. php 的设计大致相同，不同的是加入可以转到所编辑页面的链接，页面效果如图 11-30 所示。

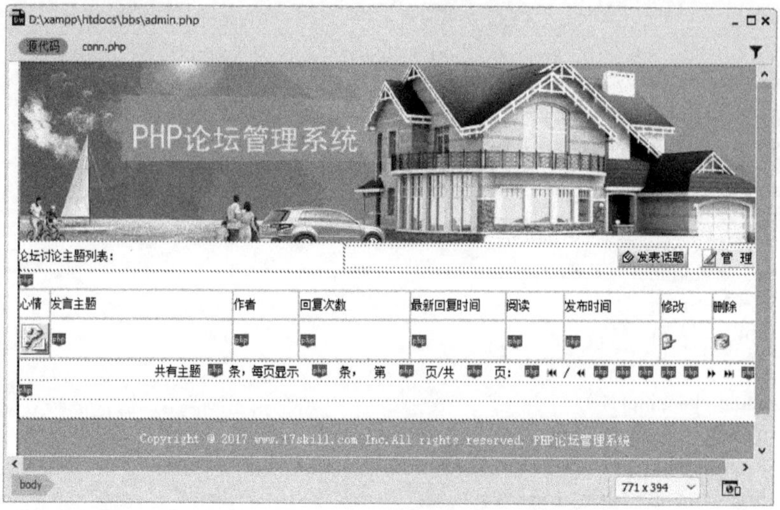

图 11-30　后台版主管理页面的效果

（1）在后台版主管理页面 admin. php 中，动态显示部分和 index. php 是一样的，所以可以直接将 index. php 另存为 admin. php 页面，然后加入“修改”和“删除”的两列表格。每个讨论主题后面都各有一个“修改”按钮和“删除”按钮，它们分别是用来修改和删除某个讨论主题的，但不是在这个页面执行，而是利用转到详细页面的方式，另外打开一个页面后再进行相应的操作。

（2）单击 admin. php 页面中的“删除”按钮，在“属性”面板中设置“链接”为 del_title. php？ bbs_ ID=<?php echo $info1 ['bbs_ ID']；?>，如图 11-31 所示。

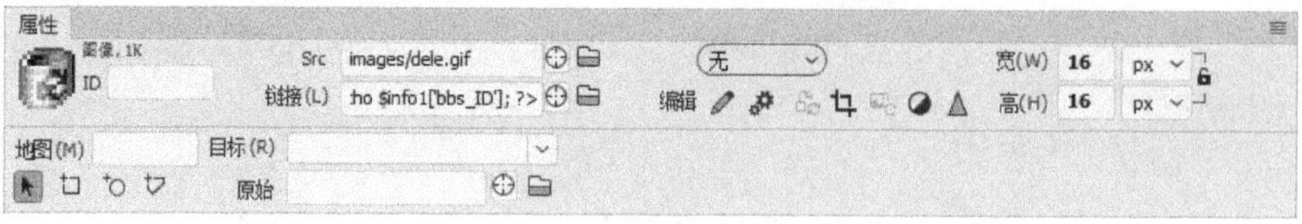

图 11-31　设置删除“链接”属性

（3）单击 admin. php 页面中的“修改”按钮，在“属性”面板中设置“链接”为 upd_title. php？ bbs_ID=<?php echo $info1['bbs_ID']；?>，如图 11-32 所示。

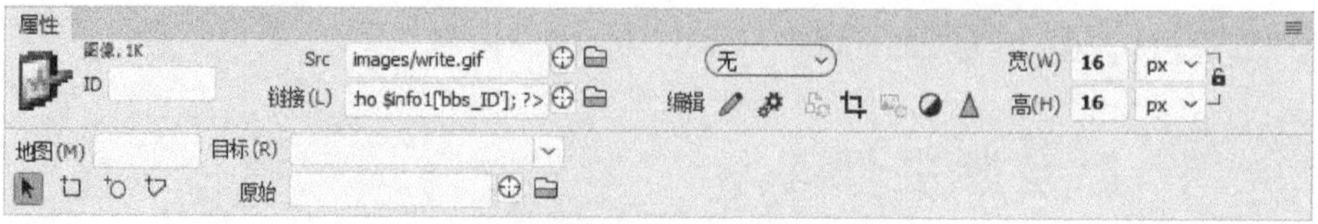

图 11-32　设置修改“链接”属性

11.4.3 删除讨论页面

删除讨论页面 del_title. php 的功能不只是要删除所指定的主题，还要将与此主题相关的回复留言从资料表 bbs_ref 中删除。

详细代码如下：

```
<?php require_once('conn. php'); ?>
<?php
//从 bbs_main 表中删除讨论主题
$bbs_ID=strval($_GET['bbs_ID']);
echo $bbs_ID;
 mysqli_query($conn,"delete from bbs_main where bbs_ID='$bbs_ID'");

//从 bbs_ref 表中删除回复主题
$bbs_main_ID=strval($_GET['bbs_ID']);
echo $bbs_main_ID;
 mysqli_query($conn,"delete from bbs_ref where bbs_main_ID='$bbs_ID'");

echo "<script>alert('删除主题成功！');window. location. href='index. php';</script>";
?>
```

此时完成删除讨论页面的设置。

11.4.4 修改讨论主题

修改讨论主题页面 upd_title. php 的功能是更新主题的标题和内容到 bbs_main 数据表中，页面设计效果如图 11-33 所示。

图 11-33 修改讨论主题页面效果

创建 upd_title_save. php 动态页面，编写程序如下：

```
<meta http-equiv="Content-Type" content="text/html; charset=utf-8">
 <?php
   include("conn.php");
   $bbs_ID=$_POST['bbs_ID'];
   $bbs_title=$_POST['bbs_title'];
   $bbs_content=$_POST['bbs_content'];
   mysqli_query($conn,"update bbs_main set bbs_title='$bbs_title',bbs_content='$bbs_content' where
bbs_ID='$bbs_ID'");
   echo "<script>alert('修改成功！');</script>";
header("location:admin.php");
?>
```

此时完成修改讨论主题页面的设置。

到这里就完成了 BBS 论坛管理系统的开发制作，读者可以凭借现在学习的知识来做一个个性化的论坛，通过加入更多的技术，可以完成更强大的 Web 程序。

第三篇
PHP 7.0+MySQL 网上商城开发篇

Dw

第 12 章 PHP网上购物系统前台

本章介绍一个使用 PHP 开发的大型电子商务型网站的建设实例。网上购物系统是由专业网络技术公司开发，拥有产品发布功能、订单处理功能、购物车功能等的复杂动态系统。它必须拥有会员系统、查询系统、购物流程、会员服务、后台管理等功能模块。从技术角度来说，主要是通过购物车实现电子商务功能。本章主要介绍使用 PHP 进行网上购物系统前台开发的方法，将系统地介绍网上购物系统的设计、数据库的规划及常用的几个功能模块前台的开发。

从入门到精通

本章的学习重点：

- 网上购物系统的功能分析与模块设计
- 网上购物系统数据库的设计搭建
- 购物车首页的设计
- 商品相关动态页面设计
- 商品结算功能设计
- 订单查询功能设计

Section

12.1 网上购物系统分析与设计

网上购物系统是一个比较庞大的系统，拥有会员系统、查询系统、购物流程、会员服务、后台管理等功能模块。为了能系统化地介绍使用 PHP 建设网上购物系统的过程，本章将以一个实用的购物网站的建设过程为例，详细介绍网站想拥有一个网上购物系统必须做的具体工作。

12.1.1 购物系统分析

商务实用型网站是在网络上建立一个虚拟的购物商场，让访问者在网络上购物。网上购物及网上商店的出现，避免了挑选商品的烦琐过程，让人们的购物过程变得轻松、快捷、方便，很适合现代人快节奏的生活；同时又能有效地控制“商场”运营的成本，开辟了一个新的销售渠道。本实例是使用 PHP+MySQL 直接通过手写程序完成的，完成的首页效果如图 12-1 所示。

图 12-1　开发设计的网上购物系统首页效果

对于该网站的功能说明如下。

（1）采取会员制以保证交易的安全性。

（2）开发了强大的搜索及高级查询功能，能够快捷地找到感兴趣的商品。

（3）会员购物流程：浏览、将商品放入购物车、去收银台。每个会员都有自己专用的购物车，可随时订购自己中意的商品、结账完成购物。购物的流程是指导购物车系统程序编写的主要依据。

（4）完善的会员中心服务功能：可随时查看账目明细、订单明细。

（5）设计会员价商品展示，能够显示企业近期所促销的一些会员价商品。

（6）人性化的会员与网站留言以及产品评价系统，可以方便会员和管理者的沟通。

（7）后台管理使用本地数据库，保证购物订单安全、及时、有效地处理。强大的统计分析功能，便于管理者及时了解财务状况、销售状况。

12.1.2 功能模块分析

通过对系统功能的分析，网站的网上购物系统主要由如下功能模块组成。

（1）前台网上销售模块。指客户在浏览器中所看到的、可直接与店主面对面的销售程序，包括浏览商品、订购商品、查询定购、购物车等功能。

（2）后台数据录入模块。前台所销售商品的所有数据，都是后台所录入的数据。

（3）后台数据处理功能模块。是相对于前台网上销售模块而言的，网上销售的数据都放在销售数据库中，对这部分的数据进行处理，是后台数据处理模块的功能。

（4）用户注册功能模块。用户当然并不一定立即就要买东西。可以先注册，任何时候都可以来买东西。用户注册的好处在于买完东西后无须再输入一大堆个人信息，只要将账号和密码输入就可以了。

（5）订单号模块。客户购买完商品后，系统自动分配一个购物号码给客户，以方便客户随时查询订单处理情况，了解现在货物的状态。

（6）会员留言模块。客户能及时反馈信息，管理员能在后台实现回复的功能，真正做到处处为顾客着想。

12.1.3 网站整体规划

在制作网站之前，首先要把设计好的网站内容放置在本地计算机的硬盘上。为了方便站点的设计及上传，设计好的网页都应存储在一个目录下，再用合理的文件夹来管理文档。首先为站点创建一个主文件夹，然后在其中再创建多个子文件夹，最后将文档分类存储到相应的文件夹下。读者可以打开光盘中的素材，看一下 shop 的站点文档结构及文件夹结构。设计完成的结构如图 12-2 所示。

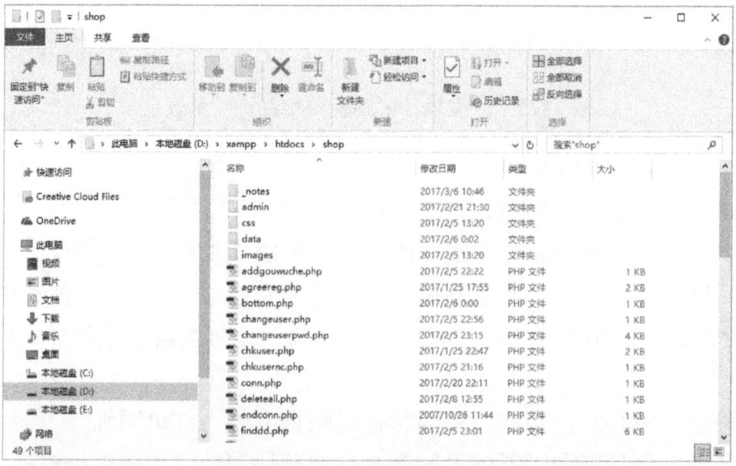

图 12-2　网站文件结构

从站点规划的文件夹及完成的页面出发，分别对需要设计的页面功能分析，如表 12-1 所示。

表 12-1　网站前台文件及主要功能

网站前台文件	主 要 功 能
addgouwuche. php	添加订购的商品到购物车 gouwuche. php 页面
agreereg. php	同意注册页面
bottom. php	网站底部版权
changeuser. php	用户注册信息更改页面
changeuserpwd. php	更改登录密码页面
chkuser. php	登录身份验证页面
chkusernc. php	检查昵称是否被用文件
conn/conn. php	conn 文件夹下的数据库连接文件
deleteall. php	删除用户处理页面
finddd. php	订单查询页面
findpwd. php	找回密码功能的页面
serchorder. php	查找到商品显示页面
function. php	系统调用的常用函数
gouwuche. php	购物车页面
gouwusuan. php	收银台结算页面
highsearch. php	高级查找页面
index. php	网站购物车首页
left. php	用户及公告系统
logout. php	用户退出页面
lookinfo. php	详细商品信息页面
openfindpwd. php	找回密码回答答案页面
reg. php	用户注册开始页面
removegwc. php	购物车移除指定商品页面
savechangeuserpwd. php	更改用户密码页面
savedd. php	保存用户订单页面
savepj. php	保存商品评价页面
savereg. php	保存用户注册信息页面
saveuserleaveword. php	保存用户留言页面
showdd. php	显示详细订单页面
showfenlei. php	商品分类显示页面
gonggao. php	显示详细公告内容页面
gonggaolist. php	公告罗列分页显示页面
showhot. php	热门商品页面
shownewpr. php	最新商品页面
showpp. php	商品销售排行页面

（续）

网站前台文件	主要功能
showpl. php	商品评论分页显示页面
showpwd. php	用户找回的密码页面
showtuijian. php	推荐商品页面
top. php	网站顶部导航条
usercenter. php	会员中心页面
userleaveword. php	发表留言页面

从上面的分析可看出，该网站前台共由 41 个页面组成，涉及动态网站建设几乎所有的功能设计。

Section 12.2 购物系统数据库设计

网上购物系统的数据库也是比较庞大的，在设计的时候需要从使用的功能模块入手，可以分别创建不同名称的数据表，命名的时候也要与使用的功能配合，方便后面相关页面设计制作时的调用。MySQL 数据库的制作方法在前面的章节中也介绍过很多次，本节将要完成的数据库命名为 db_shop，在数据库中建立 8 个数据表，如图 12-3 所示。

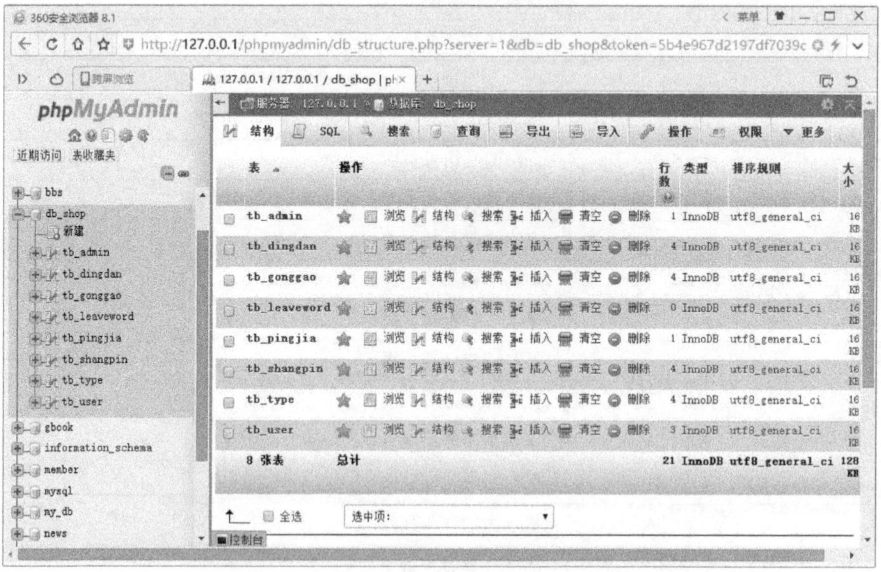

图 12-3　建立的 db_shop 数据库及数据表

12.2.1 设计数据表

在数据库 db_shop 中是根据开发的网站的几大动态功能来设计不同数据表的。本实例需要创建 8 个数据表，下面分别介绍一下这些数据表的功能及设计的字段要求。

（1）tb_admin 是用来储存后台管理员的信息表，设计的 tb_admin 数据表如图 12-4 所示。其中 name 是管理员名称，pwd 是管理员密码。

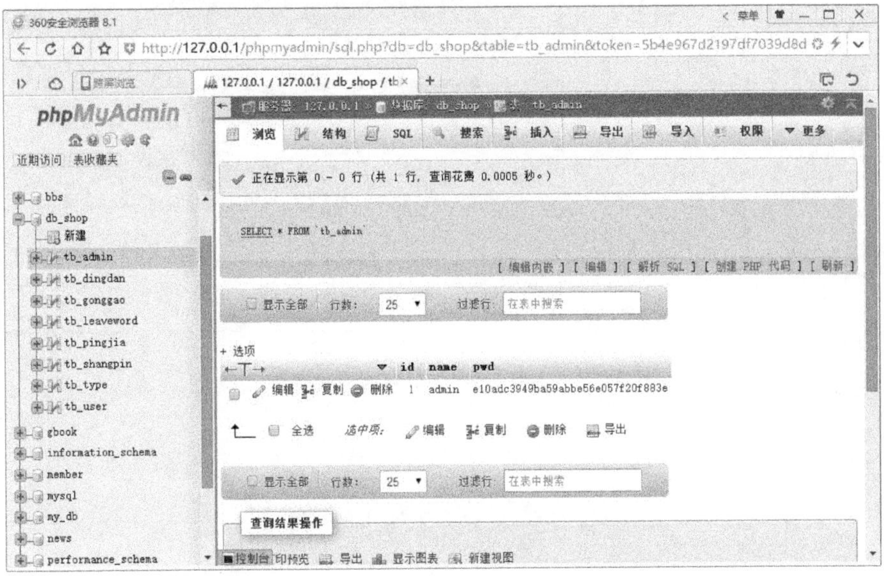

图 12-4　后台管理员表 tb_admin

（2）tb_dingdan 是用来储存会员在网上下的订单的详细内容表，设计的 tb_dingdan 数据表如图 12-5 所示。

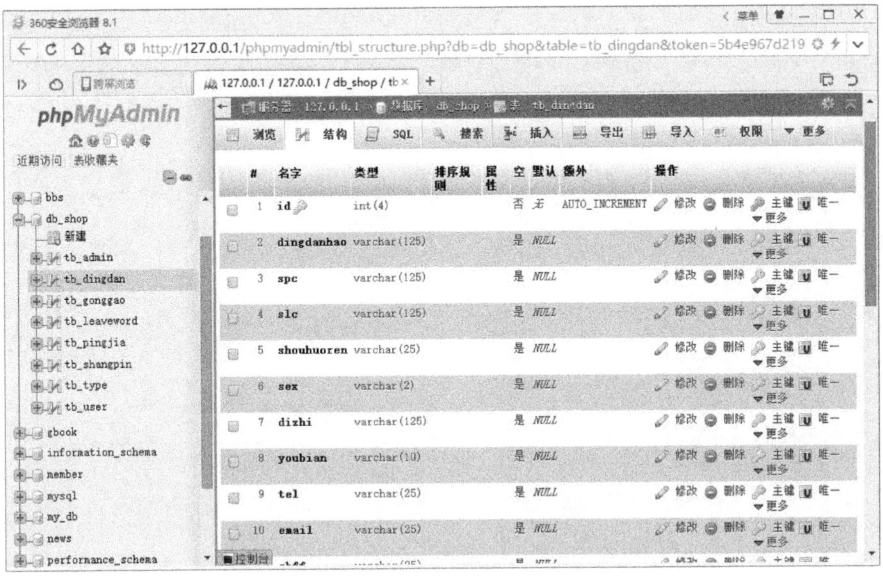

图 12-5　用户订单表 tb_dingdan

（3）tb_gonggao 是用来保存网站公告的信息表，设计的 tb_gonggao 数据表如图 12-6 所示。

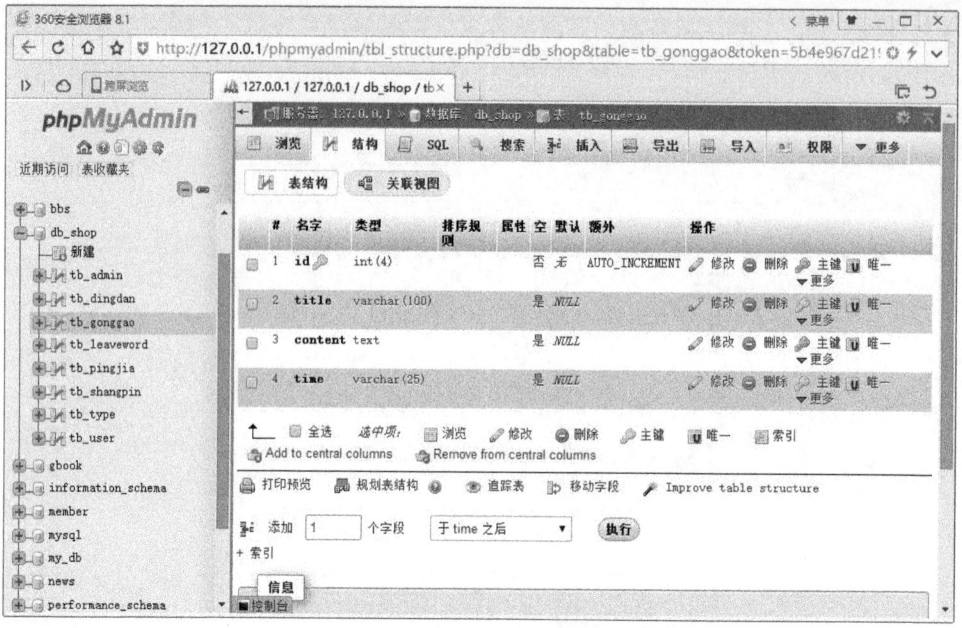

图 12-6　网站公告表 tb_gonggao

（4）tb_leaveword 是用户给网站管理者留言的数据表，设计的 tb_leaveword 数据表如图 12-7 所示。

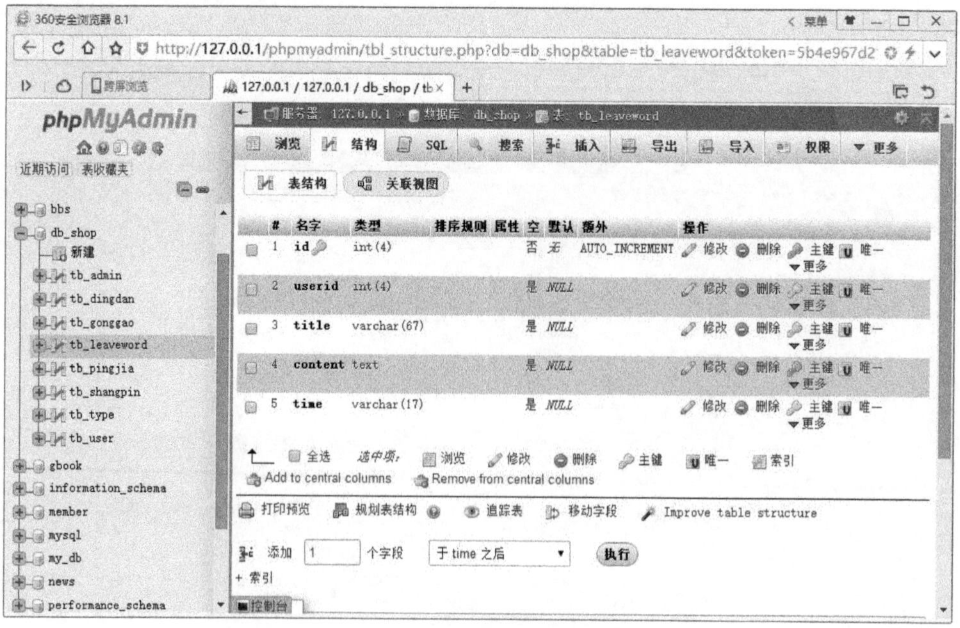

图 12-7　用户留言表 tb_leaveword

（5）tb_pingjia 是用户对网上商品的评价表，设计的 tb_pingjia 数据表如图 12-8 所示。

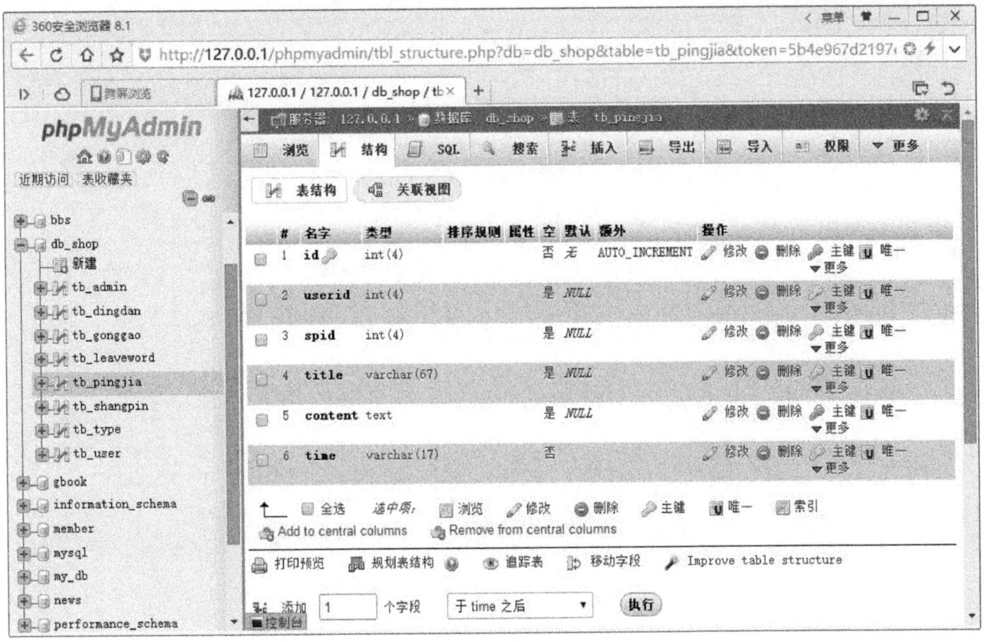

图 12-8 商品用户评价表 tb_pingjia

（6）tb_shangpin 是商品表，购物系统中核心的产品发布、订购时的结算都要调用该数据表的内容，设计的 tb_shangpin 数据表如图 12-9 所示。

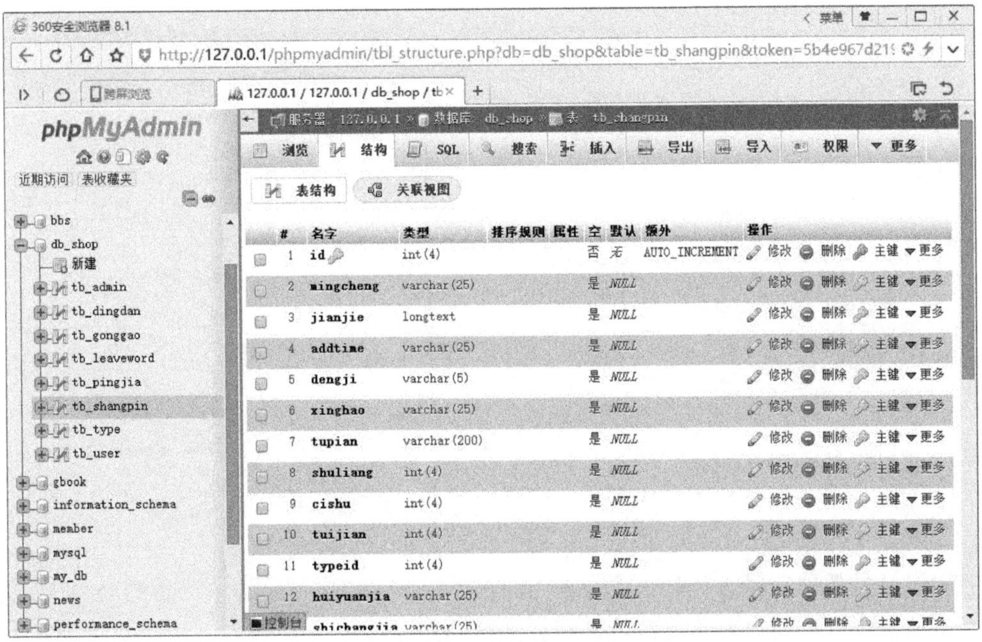

图 12-9 商品表 tb_shangpin

（7）tb_type 是商品的分类表，设计的 tb_type 数据表如图 12-10 所示。

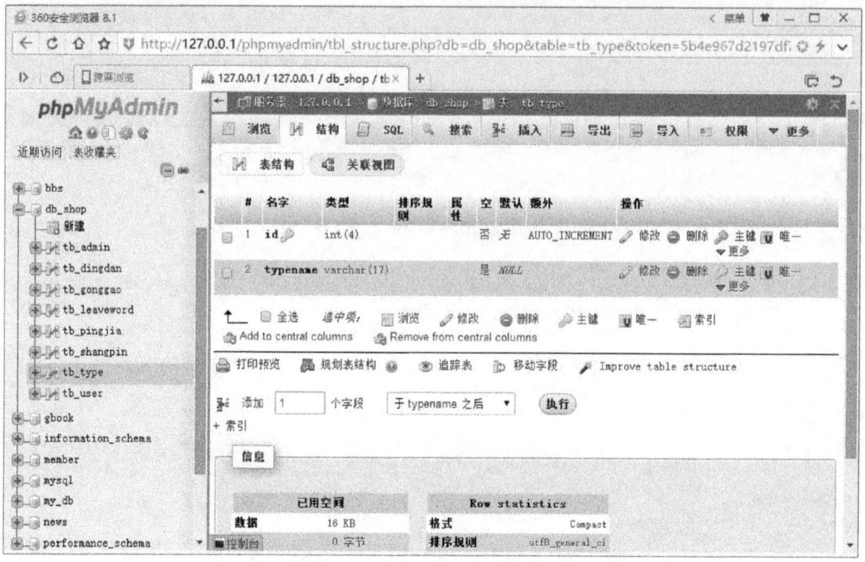

图 12-10 商品分类表 tb_type

（8）tb_user 是用来保存网站会员注册用的数据表，设计的 tb_user 数据表如图 12-11 所示。

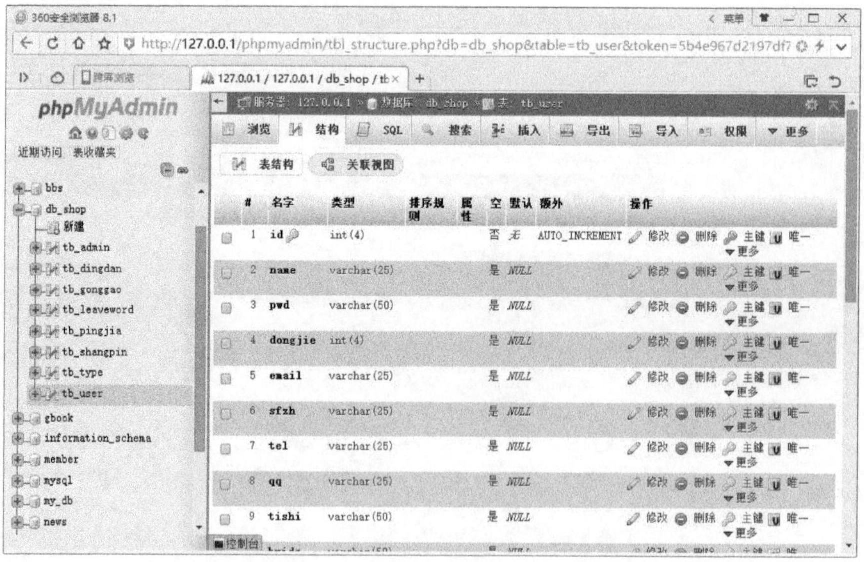

图 12-11 网站用户信息表 tb_user

上面设计的数据表属于比较复杂的数据表，数据表之间主要通过产品的类别 ID 关联，建立网站所需要的主要内容信息都能储存在数据库里面。

12.2.2 定义购物车站点

定义购物车系统站点的具体操作步骤如下。

（1）首先在 D:\xampp\htdocs 路径下建立 shop 文件夹，如图 12-12 所示，本章所有建立的 PHP 程序文件都将放在该文件夹底下。

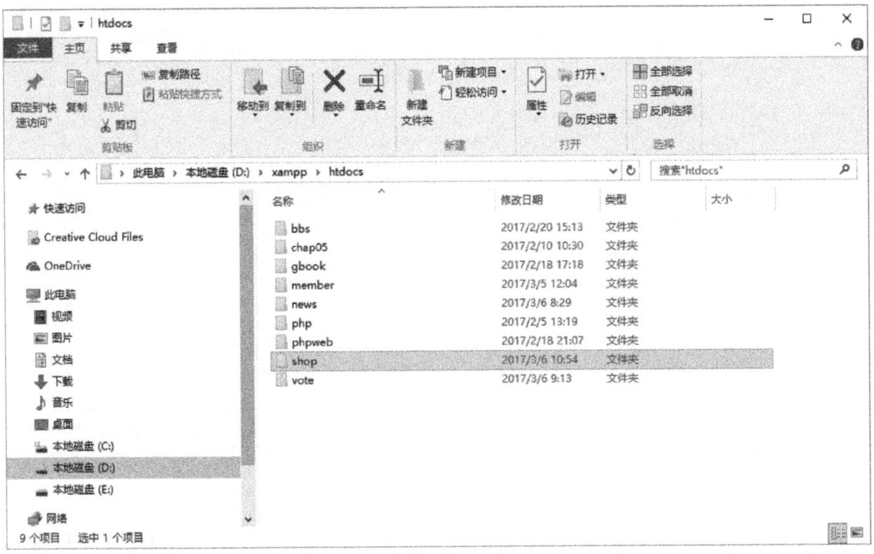

图 12-12 建立站点文件夹 shop

（2）打开 Dreamweaver CC（2017），执行菜单栏中的“站点”→“管理站点”命令，打开“管理站点”对话框，如图 12-13 所示。

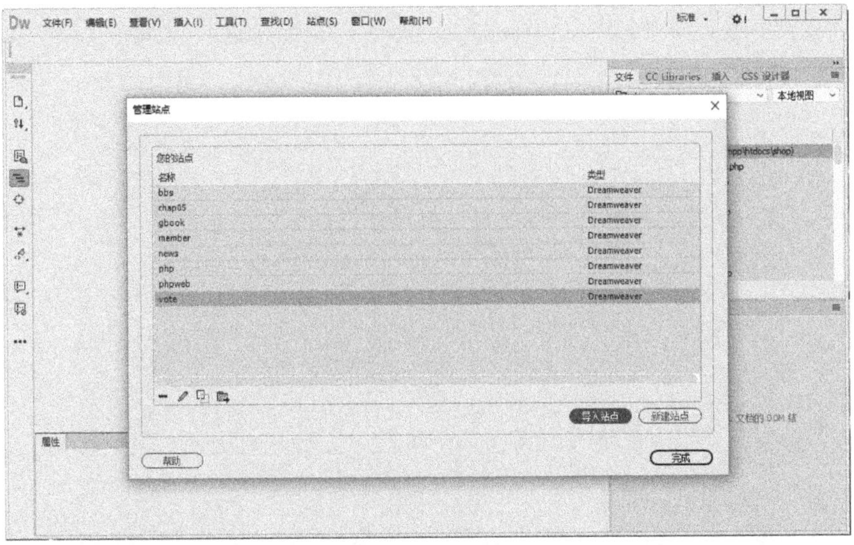

图 12-13 “管理站点”对话框

（3）单击“新建站点”按钮，打开“站点设置对象”对话框，进行如下参数设置：

“站点名称”：shop。

“本地站点文件夹”：D:\xampp\htdocs\shop\。

如图 12-14 所示。

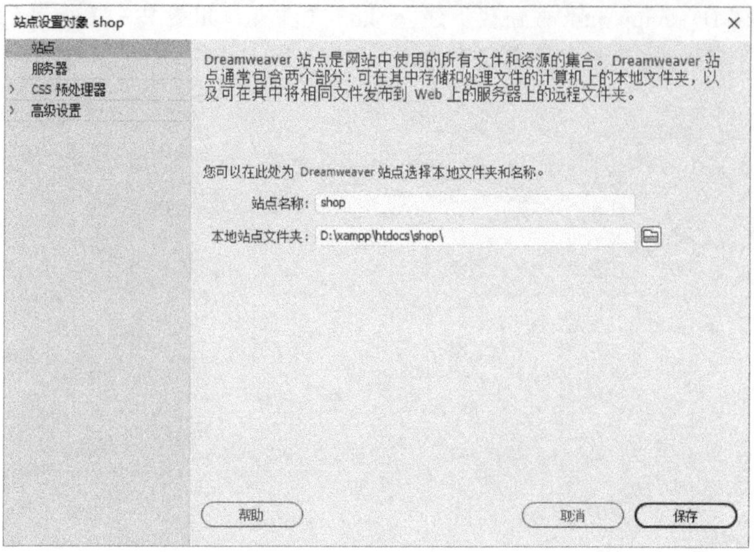

图 12-14　建立 shop 站点

（4）选择列表框中的“服务器”选项，并单击“添加服务器”按钮，打开“基本”选项卡，进行如图 12-15 所示的参数设置。

“服务器名称”：shop。

“连接方法”：本地/网络。

“服务器文件夹”：D:\xampp\htdocs。

“Web URL”：http://127.0.0.1/shop/。

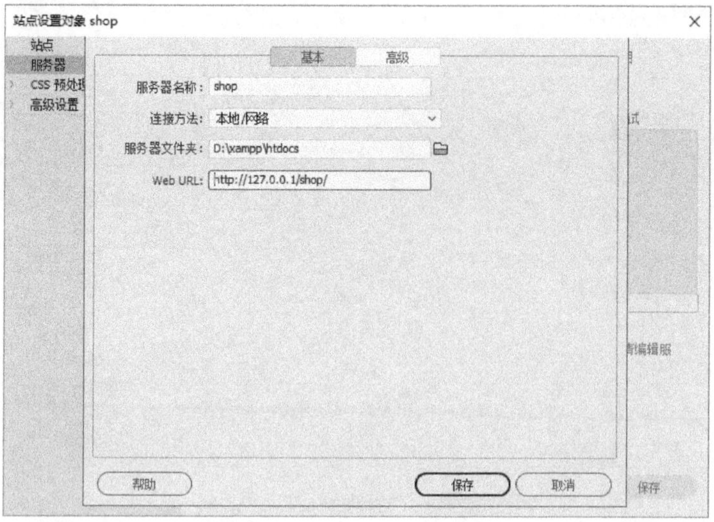

图 12-15　设置“基本”选项卡

（5）设置后再选择“高级”选项卡，选择“维护同步信息”复选框，在“服务器模型”下拉列表项中选择 PHP MySQL，表示是使用 PHP 开发的网页，其他的保持默认值，如图 12-16 所示。

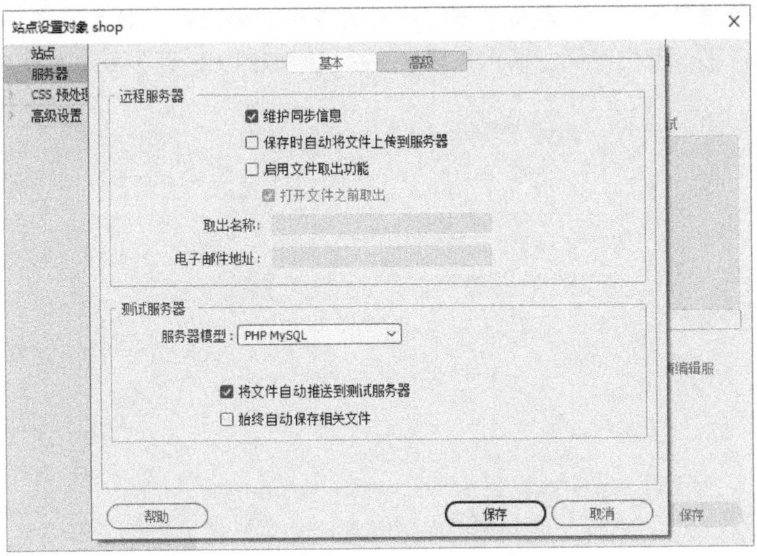

图 12-16 设置“高级”选项卡

（6）单击“保存”按钮，返回“服务器”页面，再选择“测试”单选按钮，如图 12-17 所示。

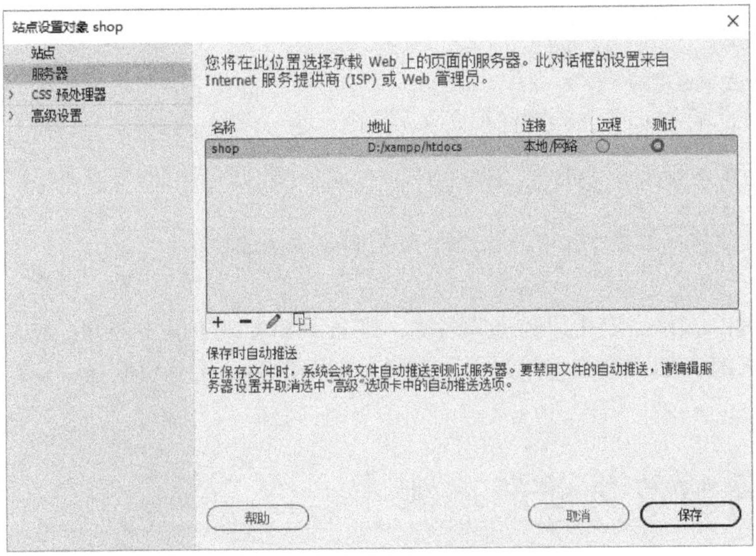

图 12-17 设置“服务器”参数

单击“保存”按钮，则完成站点的定义设置，完成 Dreamweaver CC（2017）测试 shop 网页的网站环境设置。

12.2.3 数据库连接

数据库设计之后，需要将数据库连接到网页上，这样网页才能调用数据库和储存相应的信息。用 PHP 开发的网站，一般将数据库连接的程序代码文件命名为 conn. php。在站点文件夹中创建 conn. php 空白页面，输入数据库连接代码如图 12-18 所示。

```
D:\xampp\htdocs\shop\conn.php                                    _ □ ×
1 ▼ <?php
2     $conn=mysqli_connect("localhost","root","","db_shop");
3     @ mysqli_set_charset ($conn,utf8);
4     @ mysqli_query($conn,utf8);
5     if (mysqli_connect_errno($conn))
6 ▼ {
7       echo "连接 MySQL 失败: " . mysqli_connect_error();
8     }
9     ?>
                                        ⊘    PHP ▾   INS  1:1      ⊡
```

图 12-18　数据库连接代码

对于本连接的程序说明如下：

```
<?php
    $conn = mysqli_connect("localhost","root","","db_shop");
//设置数据库连接,本地服务器,用户名为 root,密码为空
@ mysqli_set_charset ($conn,utf8);
@ mysqli_query($conn,utf8);
////设置数据库的字体为 utf8
if (mysqli_connect_errno($conn))
{
  echo "连接 MySQL 失败: " . mysqli_connect_error();
}
//连接 db_shop 数据库,如果连接错误,则调用 mysqli_error()
?>
```

读者使用时，如果需要更改数据库名称，则只需要将该页面中的 db_shop 做相应的更改即可以实现。同时，用户名和密码与在本地安装的用户名和密码要一样。

Section
12. 3
网站首页动态功能

对于一个网站系统来说，需要一个主页面供用户进行注册、搜索需要订购的商品、网上浏览商品等操作。实例首页 index. php 主要嵌套了 font. css、top. php、left_menu. php、bottom. php 页面。本节将介绍这些页面的设计。

12. 3. 1　网站的样式表

任何网站，如果让其看上去美观，都是要经过专业的网页布局设计的。实例按传统的电子商务网站布局方式进行布局，文字样式的美化设计是使用样式表来进行的，实例的样式表

保存在 css 文件夹下。

（1）运行 Dreamweaver CC（2017）软件，打开本章页面的站点文件夹。执行菜单栏“文件”→“新建”命令，打开“新建文档”对话框，选择“新建文档”选项卡中“文档类型”列表框中的 CSS，然后单击“创建”按钮创建新页面，如图 12-19 所示。在网站 css 目录下新建一个名为 font. css 的网页并保存。

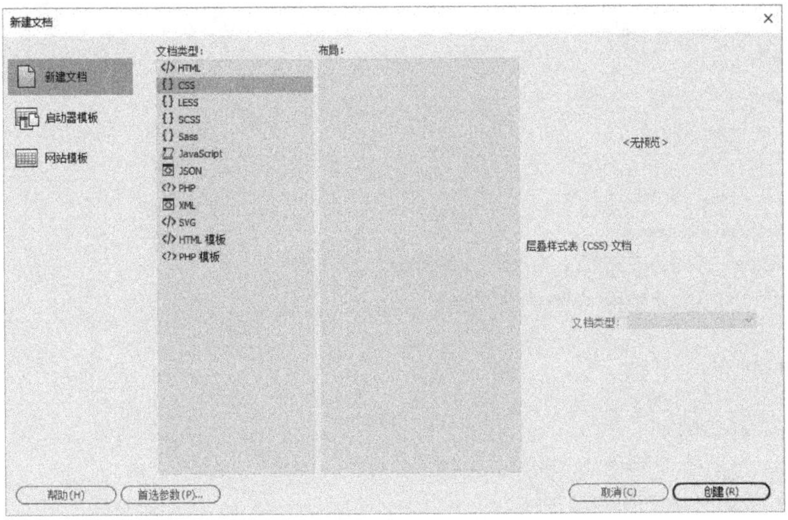

图 12-19　创建 css 文件

（2）进入代码视图窗口，将里面所有的默认代码删除，然后加入如下代码：

```
A:link {
  COLOR: #006699; TEXT-DECORATION: none
}
A:visited {
  COLOR: #006699; TEXT-DECORATION: none
}
A:active {
  COLOR: #006699; TEXT-DECORATION: none
}
A:hover {
  COLOR: #000000
}
BODY {
  margin-top: 0px;
}
TD,TH {
  FONT-SIZE:12px; COLOR: #006699;
}
//网页的链接及基础属性
.buttoncss {
    font-family: "Tahoma", "宋体";
    font-size: 9pt; color: #003399;
    border: 1px #003399 solid;
```

```
        color:006699;
        BORDER-BOTTOM: #93bee2 1px solid;
        BORDER-LEFT: #93bee2 1px solid;
        BORDER-RIGHT: #93bee2 1px solid;
        BORDER-TOP: #93bee2 1px solid;
        background-color: #e8f4ff;
        CURSOR: hand;
        font-style: normal ;
    }
    . inputcss {
        font-size: 9pt;
        color: #003399;
        font-family: "宋体";
        font-style: normal;
        border-color: #93BEE2 #93BEE2 #93BEE2 #93BEE2 ;
        border: 1px #93BEE2 solid;
    }
    . inputcssnull {
        font-size: 9pt;
        color: #003399;
        font-family: "宋体";
        font-style: normal;
        border: 0px #93BEE2 solid;
    }
    . scrollbar{
      SCROLLBAR-FACE-COLOR: #FFDD22;
      FONT-SIZE: 9pt;
      SCROLLBAR-HIGHLIGHT-COLOR: #69BC2C;
      SCROLLBAR-SHADOW-COLOR: #69BC2C;
      SCROLLBAR-3DLIGHT-COLOR: #69BC2C;
      SCROLLBAR-ARROW-COLOR: #ffffff;
      SCROLLBAR-TRACK-COLOR: #69BC2C;
      SCROLLBAR-DARKSHADOW-COLOR: #69BC2C

    }
    . scrollbar{
      SCROLLBAR-FACE-COLOR: #FFDD22;
      FONT-SIZE: 9pt;
      SCROLLBAR-HIGHLIGHT-COLOR: #69BC2C;
      SCROLLBAR-SHADOW-COLOR: #69BC2C;
      SCROLLBAR-3DLIGHT-COLOR: #69BC2C;
      SCROLLBAR-ARROW-COLOR: #ffffff;
      SCROLLBAR-TRACK-COLOR: #69BC2C;
      SCROLLBAR-DARKSHADOW-COLOR: #69BC2C

    }
    //网页表单对象的样式设置
```

通过上面样式文件的建立可以将整个网站的样式统一，起到美化整个网站的效果。

12.3.2 建立搜索导航

导航频道是网站建设中很重要的部分，通常情况下，一个网站的页面会有几十个，大型的可能会达到几千个甚至几万个，每个页面都会有导航栏。在网站后期维护或者需要更改的时候，工作量就会变得很大，所以为了方便，通常都会把导航栏开发成单独的一个页面，然后让每个页面都单独调用它。这样当需要变更的时候，只要修改导航栏这一个页面，其他的页面自动就全部更新了。本实例创建的带搜索功能的导航频道如图 12-20 所示。

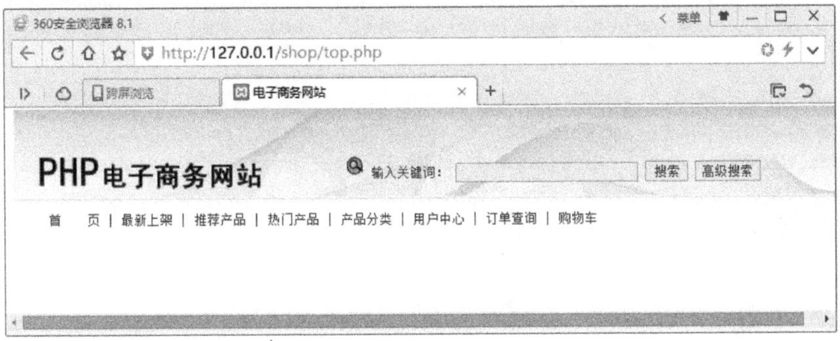

图 12-20　搜索导航频道

这里制作的步骤如下。

（1）在 Dreamweaver CC（2017）中执行菜单“文件”→“新建”命令，打开“新建文档”对话框，选择“新建文档”选项卡中“文档类型”列表框中的 PHP 选项，在“布局”列表框中选择“无”选项，然后单击“创建”按钮创建新页面，在网站根目录下新建一个名为 top. php 的网页并保存。

（2）再单击“代码”按钮，进入代码视图窗口，将里面所有的默认代码删除，然后加入如下代码：

```
<?php
    session_start();
//包含 conn. php 文件
require_once('conn. php');
?>

<html>
<head>
<meta http-equiv="Content-Type" content="text/html; charset=utf-8">
<title>电子商务网站</title>
<link rel="stylesheet" type="text/css" href="css/font. css">
</head>
<body>
<table width="766" border="0" align="center" cellpadding="0" cellspacing="0" background=
"images/bannerdi. gif">
  <tr>
    <td colspan="3" valign="bottom"><table width="766" border="0" align="center" cellpadding
```

```
="0" cellspacing="0">
        <tr>
          <td width="224" height="83"> </td>
          <td align="right"><p> </p>
            <table height="20" border="0" align="center" cellpadding="0" cellspacing="0">
<form name="form" method="post" action="serchorder.php">
<tr>
<td width="81" height="30" align="right"> </td>
<td width="500" height="30" valign="middle"><div align="left"> <span class="style4"><img src="images/biao.gif" width="16" height="21"> 输入关键词:</span>
<input type="text" name="name" size="25" class="inputcss" style="background-color:#e8f4ff" onMouseOver="this.style.backgroundColor='#ffffff'" onMouseOut="this.style.backgroundColor='#e8f4ff'">
<input type="hidden" name="jdcz" value="jdcz">
<input name="submit" type="submit" class="buttoncss" value="搜索">
<input name="button" type="button" class="buttoncss" onClick="javascript:window.location='highsearch.php';" value="高级搜索">
</div></td>
</tr>
</form>
</table></td>
        </tr>
      </table></td>
    </tr>
    <tr>
      <td width="568" height="32" bgcolor="#FFFFFF">     <a href="index.php">首 页</a> | <a href="shownewpr.php">最新上架</a> | <a href="showtuijian.php">推荐产品</a> | <a href="showhot.php">热门产品</a> | <a href="showfenlei.php">产品分类</a> | <a href="usercenter.php">用户中心</a> | <a href="finddd.php">订单查询</a> | <a href="gouwuche.php">购物车</a></td>
      <td width="121" align="center" bgcolor="#FFFFFF">
        <?php
        if(@ $_SESSION['username']!=''){
          echo "用户:$_SESSION[username]欢迎您";
        }
      ?>
      </td>
      <td width="77" bgcolor="#FFFFFF">
      <?php
      if(@ $_SESSION['username']!=""){
          echo "<a href='logout.php'>注销离开</a>";
        }
      ?>
      </td>
    </tr>
  </table>
```

上述代码中加黑部分为搜索功能的程序。

(3) 加入代码后，就会发现在编辑文档窗口中多了一个 PHP 代码占位符，具体如

图 12-21 所示。

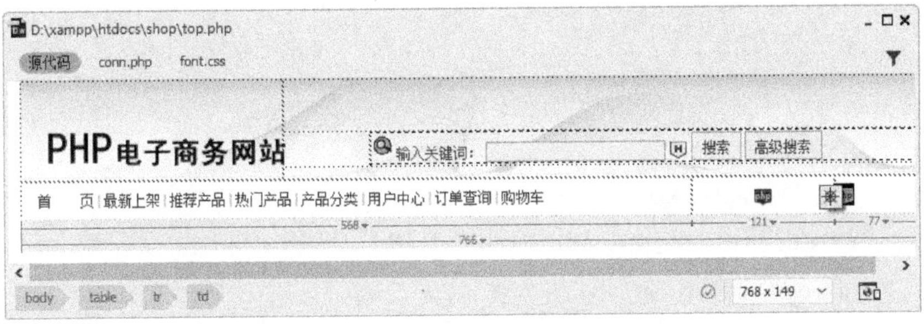

图 12-21 自动生成的代码占位符

最后保存制作的页面，按下〈F12〉键，即可在浏览器中看到和原来一样的导航效果。

12.3.3 用户和新闻显示

在 index. php 页面中的产品信息栏目里面，如果不加入动态功能，则只能显示原来设计的静态文字。要调用建立的 shop 数据库中“新闻表”里面的新闻数据，并且能够显示最新的 5 条信息，应该用 PHP 进行怎么样的连接和处理呢?

下面就详细介绍该功能的开通办法，制作步骤如下。

(1) 为了能够实现页面的调用，需要首先打开数据库 db_shop 文件，然后打开 tb_gonggao 数据表，加入一些数据，如图 12-22 所示。

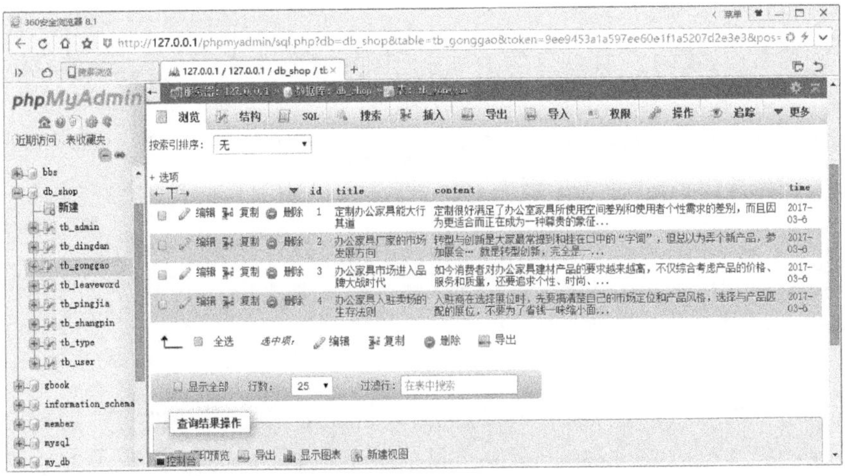

图 12-22 加入数据信息

(2) 创建 left_menu. php 页面，然后在<head>代码之前，加入调用数据库连接页面 conn. php 的命令，如下：

```
<?php include("conn. php");?>
```

加入后，简单地设计一下用户系统和新闻公告两个功能的显示效果，设计完成后编辑文档窗口，如图 12-23 所示。

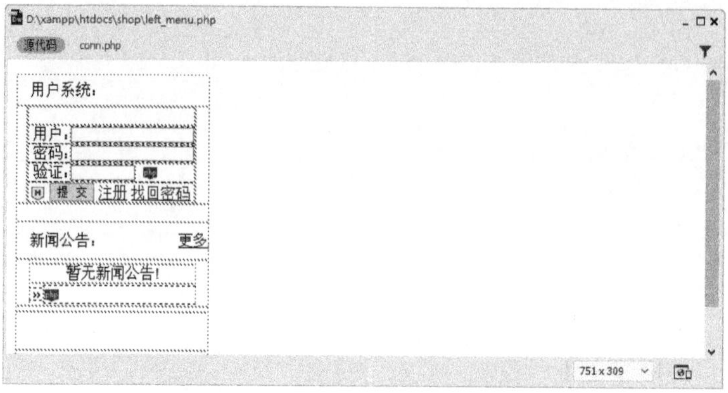

图 12-23　用户系统和新闻公告页面的效果

（3）在用户系统的显示界面上，可提供给用户登录、注册及找回密码的功能，具体的注册和找回密码的功能将在下一节介绍，这里重点介绍使用 PHP 实现验证码随机调用并显示为数字的功能，程序代码如下：

```
<?php
   $num=intval(mt_rand(1000,9999));
//使用到了 mt_rand()函数调用介于 1000~9999 的任意一个数字
   for($i=0;$i<4;$i++){
echo "<img src=images/code/". substr(strval($num),$i,1). ". gif>";
   }
//调用 images/code/文件夹下的随机字母图片,并显示成 4 位数
?>
```

该程序能够实现如图 12-24 所示的随机显示图片验证码数字的效果。

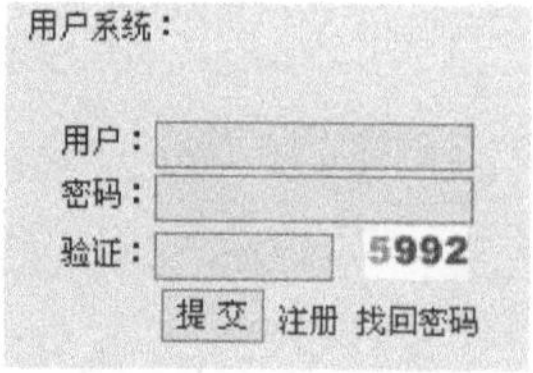

图 12-24　显示验证码效果

（4）用户输入用户名和密码，并单击“提交”按钮后，要将输入的数据传递到 chkuser. php 页面进行登录验证。

代码如下：

```
<form name="form2" method="post" action="chkuser. php" on-
Submit="return chkuserinput(this)">
```

说明：

该段代码包含了两个意思：第一个，action="chkuser. php"的意思是，转到 chkuser. php 页面进行验证；第二个，onSubmit="return chkuserinput(this)"的意思是，直接调用 JavaScript 的 chkuserinput(this)进行数据输入的验证，即通常在提交表单时验证一下输入的数据是否为空，输入的数据格式是否符合要求，调用的程序代码如下：

```
<script language="javascript">
function chkuserinput(form){
   if(form. username. value=="" ){
  alert("请输入用户名!");
  form. username. select();
```

```
        return(false);
    }//如果用户名没输入,则提示"请输入用户名!"
    if(form.userpwd.value=="") {
        alert("请输入用户密码!");
        form.userpwd.select();
        return(false);
    }//如果用户密码没输入,则提示"请输入用户密码!"
    if(form.yz.value=="") {
        alert("请输入验证码!");
        form.yz.select();
        return(false);
    }//如果用户验证码没有输入,则提示"请输入验证码!"
        return(true);
    }
    </script>
```

(5) 在主页的“新闻公告”显示的数据要实现的效果是调出新闻的标题，在单击标题时能打开新闻详细信息页面。下面将所有的代码列出。

```
<table width="180"  border="0" align="center" cellpadding="0" cellspacing="0">
 <tr>
 <td height="5"></td>
 </tr>
 <?php
  $sql=mysqli_query($conn,"SELECT * FROM tb_gonggao ORDER BY time desc limit 0,5");
  $info=mysqli_fetch_array($sql);
  if($info==false) {
  ?>
     <tr>
  <td height="20" align="center">暂无新闻公告! </td>
  </tr>
   <?php
  }
  else {
  do {
  ?>
 <tr>
  <td height="20"><div align="center">
  <table width="180"  border="0" align="center" cellpadding="0" cellspacing="0">
 <tr>
 <td width="16" height="5"><div align="center"><img src="images/circle.gif" width="11"
height="12"></div></td>
 <td width="164" height="24"><div align="left"> <a href="gonggao.php? id=<?php echo $info
['id'];?>">
        <?php
  echo substr($info['title'],0,36);
  if(strlen($info['title'])>36) {
  echo "...";
//显示标题为36字符,如果超过则显示为...
   }
   ?>
```

```
                    </a> </div></td>
                </tr>
              </table>
              </div></td>
          </tr>
          <?php
            }
  while($info=mysqli_fetch_assoc($sql));
        }
        ?>
         </table>
```

(6) 在浏览器中浏览制作的调用数据的效果，具体效果如图 12-25 所示。

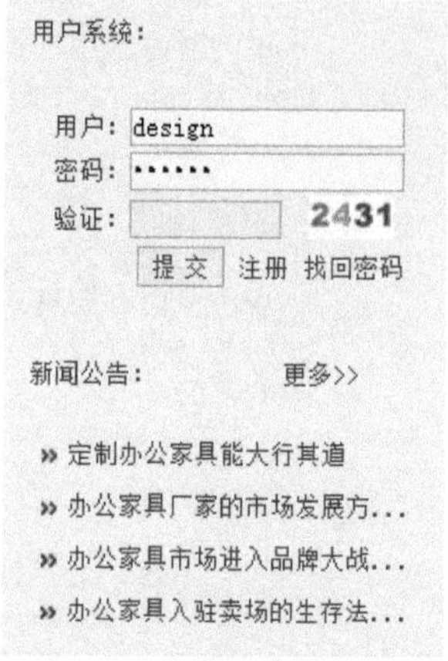

图 12-25　最新新闻的效果

说明：

如此轻易地就实现了数据库的调用、查询及显示操作，读者会发现 PHP 动态网页的开发并不是很难，只需要掌握简单的代码即可以实现。在下面的所有其他功能区域都是采用调用、条件查询、绑定显示、关闭数据库这样一个相同的操作步骤来实现的。

12.3.4 产品的动态展示

网站实现在线购物，一般都是通过用户登录、浏览、订购、结算这样的流程来实现的，所以在首页上制作产品的动态展示功能非常重要。本实例在首页上设计了“推荐产品”“最新上架”及“热门产品”3 个显示区域，下面就介绍产品展示区域的实现方法。

(1) 对于上述的 3 个显示区域，在使用程序开发之前，首先要在 Dreamweaver CC (2017) 中设计好最终的网页效果，本实例设计的 3 个展示区域如图 12-26 所示，每个区域显示最新发布的两款产品信息，将产品的图片、价格、数量全部展示出来，并加入“购买”

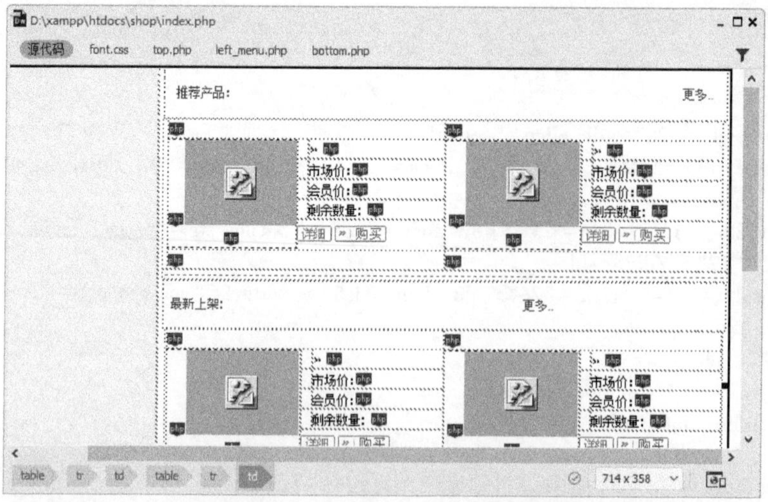

图 12-26　设计产品展示的区域效果

和“详细”按钮。

（2）3个区域的程序实现的方法是一样的，只有按条件查询出数据的结果是不一样的，这里介绍“推荐产品”区域的实现方法，代码如下：

```
<table width="550" border="00" align="center" cellpadding="0" cellspacing="0">
                  <tr>
                    <td width="555" height="110"><table width="530" height="110" border
="0" align="center" cellpadding="0" cellspacing="0">
                        <tr>
                          <td width="265">
          <?php
                          $sql=mysqli_query($conn,"select * from tb_shangpin where tuijian=
1 order by addtime desc limit 0,1");
                          $info=mysqli_fetch_array($sql);
                      if($info==false){
                          echo "本站暂无推荐商品!";
                        }
                        else{
                        ?>
                              <table width="270"  border="0" cellspacing="0" cellpadding=
"0">
                                <tr>
                                  <td width="120" rowspan="5"><div align="center">
                                      <?php
                                      if(trim($info['tupian']=="")){
                                              echo "暂无图片";
                                          }
                                          else{
                                  ?>
                                      <img src="<?php echo $info['tupian'];?>" width="110"
height="80" border="0">
                                      <?php
                                      }
                                  ?>
                                  </div></td>
                                  <td width="11" height="16"> </td>
                                  <td width="124"><font color="FF6501"><img src="images/
circle.gif" width="10" height="10"> <?php echo $info['mingcheng'];?></font></td>
                                </tr>
                                <tr>
                                  <td height="16"> </td>
                                   <td><font color="#000000">市场价:</font><font color=
"FF6501"><?php echo $info['shichangjia'];?></font></td>
                                </tr>
                                <tr>
                                  <td height="16"> </td>
                                   <td><font color="#000000">会员价:</font><font color=
"FF6501"><?php echo $info['huiyuanjia'];?></font></td>
                                </tr>
                                <tr>
```

```
                                    <td height="16"> </td>
                                    <td><font color="#000000">剩余数量:</font><font color=
"13589B">
<?php
                                    if($info['shuliang']>0)
                                    {
                                        echo $info['shuliang'];
                                    }
                                    else
                                    {
                                        echo "已售完";
                                    }
                                    ?>
</font></td>
                                  </tr>
                                  <tr>
                                    <td height="30" colspan="2"><a href="lookinfo.php? id=
<?php echo $info['id'];?>"><img src="images/b3.gif" width="34" height="15" border="0"></a
> <a href="addgouwuche.php? id=<?php echo $info['id'];?>"><img src="images/b1.gif" width="
50" height="15" border="0"></a>
      </td>
                                  </tr>
                                </table>
                                <?php
                              }
                            ?>
                            </td>
                            <td width="265">
                              <?php
                            $sql=mysqli_query($conn,"select * from tb_shangpin where tuijian=
1 order by addtime desc limit 1,1");
                            $info=mysqli_fetch_array($sql);
                            if($info==true)
                            {
                            ?>
                              <table width="270"  border="0" cellspacing="0" cellpadding=
"0">
                                <tr>
                                  <td width="130" rowspan="5"><div align="center">
                                      <?php
                                    if(trim($info['tupian']=="")){
                                          echo "暂无图片";
                                        }
                                        else{
                                  ?>
                                      <img src="<?php echo $info['tupian'];?>" width="110"
height="80" border="0">
                                      <?php
                                      }
                                  ?>
                                  </div></td>
```

```
                        <td width="11" height="16"> </td>
                        <td width="124"><font color="FF6501"><img src="images/
circle.gif" width="10" height="10"> <?php echo $info['mingcheng'];?></font></td>
                      </tr>
                      <tr>
                        <td height="16"> </td>
                         <td><font color="#000000">市场价:</font><font color=
"FF6501"><?php echo $info['shichangjia'];?></font></td>
                      </tr>
                      <tr>
                        <td height="16"> </td>
                         <td><font color="#000000">会员价:</font><font color=
"FF6501"><?php echo $info['huiyuanjia'];?></font></td>
                      </tr>
                      <tr>
                        <td height="16"> </td>
                        <td><font color="#000000">剩余数量:</font><font color=
"13589B">
                          <?php
                         if($info['shuliang']>0)
                         {
                            echo $info['shuliang'];
                         }
                         else
                         {
                            echo "已售完";
                         }
                         ?>
                        </font></td>
                      </tr>
                      <tr>
                        <td height="30" colspan="2"><a href="lookinfo.php? id=
<?php echo $info['id'];?>"><img src="images/b3.gif" width="34" height="15" border="0"></a
> <a href="addgouwuche.php? id=<?php echo $info['id'];?>"><img src="images/b1.gif" width=
"50" height="15" border="0"></a> </td>
                    </tr>
                  </table>
                  <?php
                 }
                ?>
              </td>
            </tr>
          </table></td>
        </tr>
        <tr>
          <td height="10" background="images/line1.gif"></td>
        </tr>
      </table>
```

(3) 按上述的程序实现方法，将另外两个产品展示区域的功能设计完成，最后实现的效果如图 12-27 所示。

图 12-27 首页的商品展示效果

12.3.5 底部版权页面

底部版权页面是一个静态的页面，制作非常简单，在 Dreamweaver CC（2017）中进行直接排版设计即可，完成的效果及代码如图 12-28 所示。

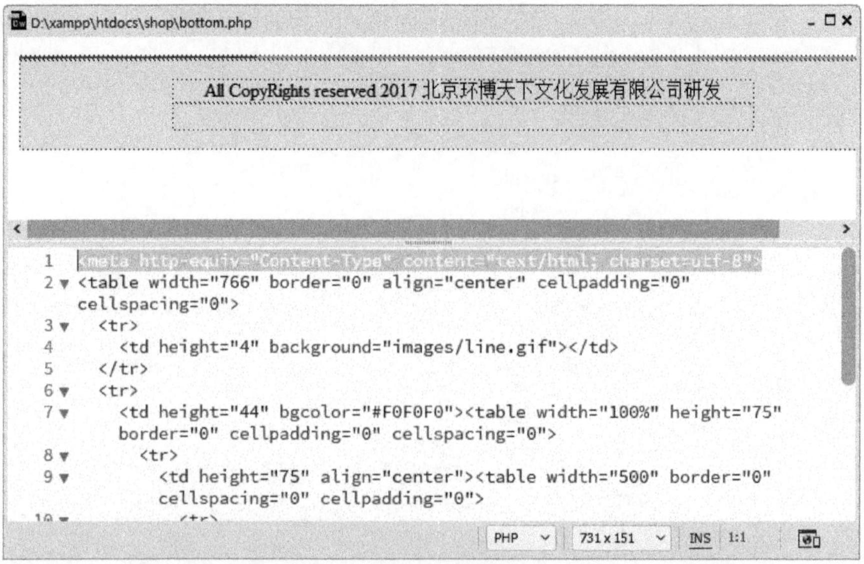

图 12-28 版权页面的设计效果及代码

此时网站的首页制作结束。如果需要快速建立首页，则可以直接参考光盘中完成的页面，查看代码，从而方便地完成自己购物系统首页的设计与制作。

Section

12.4 会员系统功能

网站的会员系统，首页只是一个让用户登录和注册的窗口。当输入用户名和密码后，单击“提交”按钮，即转到 chkuser. php 页面进行登录判断。当单击“注册”文字链接时，将会打开网站的会员注册页面 agreereg. php，从中可进行注册。单击“找回密码”文字链接，会弹出找回密码的对话框，本节就介绍会员系统的开发。

12.4.1 会员登录判断

会员在首页输入用户名和密码并单击“提交”按钮后，如果用户名、密码、验证码全部正确才可以登录成功，如果有错误就需要显示相关的错误信息，所有的功能都要用 PHP 进行分析判断，创建一个空白 PHP 页面，并命名为 chkuser. php。

在该页面中加入如下的代码：

```
<meta http-equiv="Content-Type" content="text/html; charset=utf-8">
<?php
include("conn.php");
 $username=$_POST['username'];
 $userpwd=md5($_POST['userpwd']);
 $yz=$_POST['yz'];
 $num=$_POST['num'];
if(strval($yz)!=strval($num)){
   echo "<script>alert('验证码输入错误！');history.go(-1);</script>";
   exit;
  }
class chkinput{
    var $name;
    var $pwd;

    function chkinput($x,$y){
       $this->name=$x;
       $this->pwd=$y;
      }

    function checkinput(){
       include("conn.php");
       $sql=mysqli_query($conn,"select * from tb_user where name='".$this->name."'");
       $info=mysqli_fetch_array($sql);
       if($info==false){
              echo "<script language='javascript'>alert('不存在此用户！');history.back();
</script>";
             exit;
```

```
            }
            else{
             if($info['dongjie']==1){
                       echo "<script language='javascript'>alert('该用户已经被冻结！');history.back();
</script>";
                  exit;
                  }

                 if($info['pwd']==$this->pwd)
                  {
                       session_start();
                  $_SESSION['username']=$info['name'];

                       $producelist="";

                         $quatity="";
                     header("location:index.php");
                     exit;
                  }
                 else {
                     echo "<script language='javascript'>alert('密码输入错误！');history.back();</script>";
                     exit;
                   }

            }
       }
     }

        $obj=new chkinput(trim($username),trim($userpwd));
        $obj->checkinput();
?>
```

该段程序代码，首先加入判断验证码、用户名及密码是否正确的代码。如果不正确，则显示相应的错误信息；如果全部正确，则登录成功，返回登录的首页。

12.4.2 会员注册功能

会员注册的功能并不是简单的一个网页就能实现的，它需要同意协议、判断用户是否存在、写入数据等细节的步骤，这里介绍如下。

(1) 单击“注册”文字链接时，将会打开网站的会员注册页面 agreereg.php，该页面制作的效果如图 12-29 所示。该页面的内容是必不可少的，提示一下网站管理者，为了避免日后与注册用户发生一些纠纷，需要提前将网站所提供的具体服务和约束等放到注册信息里面，这样可以有效地保护自己的利益。

(2) 单击“同意”按钮后，就打开具体的注册用户信息填写内容页。该页面制作的时候也比较简单，只需要按照数据库中 tb_user 数据表的字段名，在注册页面分别创建相应的文本框即可，如图 12-30 所示。

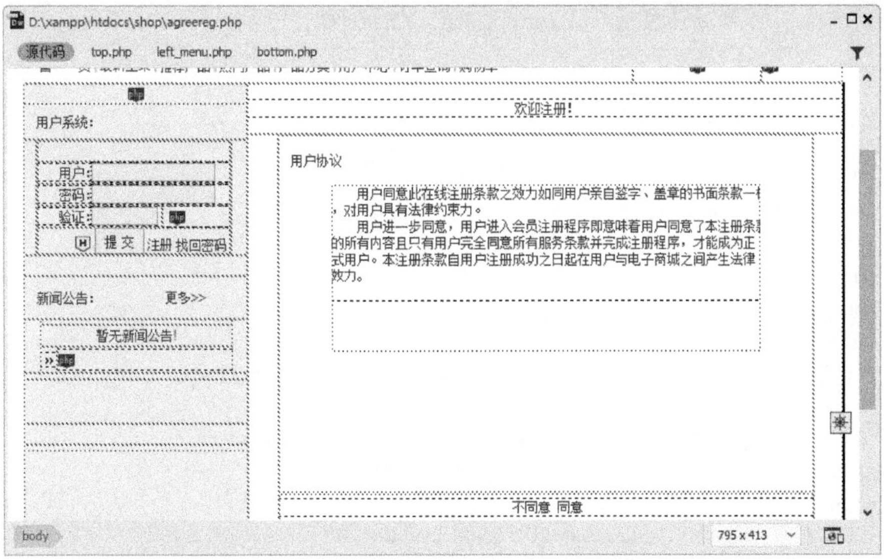

图 12-29　同意网站的服务条款页面效果

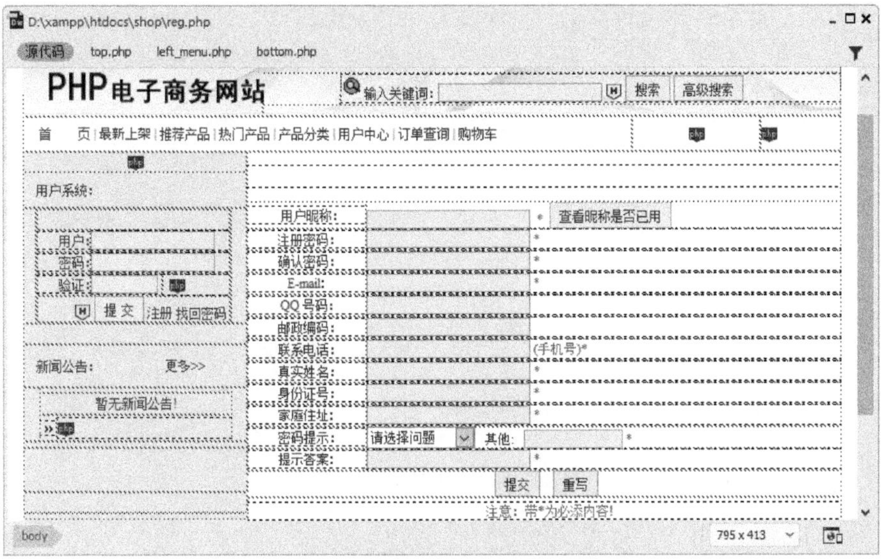

图 12-30　用户填写注册信息的页面

（3）其中的技术难点在于“查看昵称是否已用”功能。在输入用户昵称时，需要单击该按钮检查数据库中是否存在该用户昵称，实现的方法代码如下：

```
<script language="javascript">
  function chknc(nc)
  {
window.open("chkusernc.php?nc="+nc,"newframe","width=200,height=10,left=500,top=200,
menubar=no,toolbar=no,location=no,scrollbars=no,location=no");
  }//单独打开一个窗口,通过调用 chkusernc.php 页面进行判断
</script>
```

所以嵌套的实际判断页面是 chkusernc. php，该页面的代码如下：

```
<?php
  $nc=trim($_GET['nc']);
?>
<?php
 include("conn.php");
?>
<html>
<head>
<title>
昵称重用检测
</title>
<meta http-equiv="Content-Type" content="text/html; charset=utf-8">
<link rel="stylesheet" type="text/css" href="css/font.css">
</head>
<body topmargin="0" leftmargin="0" bottommargin="0">
<table width="200" height="100" border="0" align="center" cellpadding="0" cellspacing="0"
bgcolor="#eeeeee">
  <tr>
    <td height="50"><div align="center">

  <?php
      if($nc=="")
      {
        echo "请输入昵称!";

      }
      else
      {
        $sql=mysqli_query($conn,"select * from tb_user where name='".$nc."'");
          $info=mysqli_fetch_array($sql);
          if($info==true)
          {
            echo "对不起,该昵称已被占用!";
          }
          else
          {
              echo "恭喜,该昵称没被占用!";
          }
      }
    ?>
    </div></td>
  </tr>
  <tr>
    <td height="50"><div align="center"><input type="button" value="确定" class="buttoncss"
onClick="window.close()"></div></td>
  </tr>
</table>
</body>
```

（4）在单击“提交”按钮时还要实现所有的字段检查功能，调用JavaScript程序进行检查的代码如下：

```
<script language="javascript">
  function chkinput(form)
  {
    if(form.usernc.value=="")
  {
   alert("请输入昵称!");
   form.usernc.select();
   return(false);
  }
  if(form.p1.value=="")
  {
   alert("请输入注册密码!");
   form.p1.select();
   return(false);
  }
    if(form.p2.value=="")
  {
   alert("请输入确认密码!");
   form.p2.select();
   return(false);
   }
  if(form.p1.value.length<6)
   {
   alert("注册密码长度应大于6!");
   form.p1.select();
   return(false);
   }
  if(form.p1.value!=form.p2.value)
   {
   alert("密码与重复密码不同!");
   form.p1.select();
   return(false);
   }
   if(form.email.value=="")
  {
   alert("请输入电子邮箱地址!");
   form.email.select();
   return(false);
   }
  if(form.email.value.indexOf('@')<0)
  {
   alert("请输入正确的电子邮箱地址!");
   form.email.select();
   return(false);
   }
  if(form.tel.value=="")
  {
```

```
    alert("请输入联系电话!");
    form.tel.select();
    return(false);
    }
    if(form.truename.value=="")
    {
    alert("请输入真实姓名!");
    form.truename.select();
    return(false);
    }
   if(form.sfzh.value=="")
   {
    alert("请输入身份证号!");
    form.sfzh.select();
    return(false);
    }
   if(form.dizhi.value=="")
   {
    alert("请输入家庭住址!");
    form.dizhi.select();
    return(false);
    }
   if(form.tsda.value=="")
   {
    alert("请输密码提示答案!");
    form.tsda.select();
    return(false);
    }
   if((form.ts1.value==1)&&(form.ts2.value==""))
    {
    alert("请选择或输入密码提示答案!");
    form.ts2.select();
    return(false);
    }
    return(true);
   }
</script>
```

该段程序是验证表单经常用到的方法，读者可以重点浏览并掌握其功能，其他系统的开发也经常使用。

（5）在验证表单没问题后，才将表单的数据传递到 savereg.php 页面，进行数据表的插入记录操作，也就是实质上的保存用户注册信息的操作，具体的代码如下：

```
<?php
session_start();
include("conn.php");
 $name=$_POST['usernc'];
 $pwd1=$_POST['p1'];
 $pwd=md5($_POST['p1']);
 $email=$_POST['email'];
```

```
$truename=$_POST['truename'];
$sfzh=$_POST['sfzh'];
$tel=$_POST['tel'];
$qq=$_POST['qq'];
if($_POST['ts1']==1)
  {
  $tishi=$_POST['ts2'];
  }
else
 {
  $tishi=$_POST['ts1'];
 }
$huida=$_POST['tsda'];
$dizhi=$_POST['dizhi'];
$youbian=$_POST['yb'];
$regtime=date("Y-m-j");
$dongjie=0;
$sql=mysqli_query($conn,"select * from tb_user where name='".$name."'");
$info=mysqli_fetch_array($sql);
if($info==true)
 {
   echo "<script>alert('该昵称已经存在！');history.back();</script>";
   exit;
 }
 else
 {
     mysqli_query($conn,"insert into tb_user (name,pwd,dongjie,email,truename,sfzh,tel,qq,tishi,
huida,dizhi,youbian,regtime,pwd1) values ('$name','$pwd','$dongjie','$email','$truename','$sfzh','$
tel','$qq','$tishi','$huida','$dizhi','$youbian','$regtime','$pwd1')");
     $username=$name;
     $producelist="";
     $quatity="";
     echo "<script>alert('恭喜,注册成功！');window.location='index.php';</script>";
 }
?>
//插入数据后显示注册成功,并返回首页 index.php
```

通过以上几个步骤的程序编写完成了一个会员注册的功能。一般的用户注册都是这样的一个逻辑实现过程。

12.4.3 找回密码功能

会员在使用过程中忘记密码也是经常遇到的事。在实例中单击“找回密码”文字链接将打开相应的窗口以实现找回密码的功能。具体的实现步骤如下。

（1）在制作的 left_menu.php 页面中加入 JavaScript 的验证代码，实现的功能是单击“找回密码”链接时打开 openfindpwd.php 页面进行验证，代码如下：

```
<script language="javascript">
     function openfindpwd(){
```

```
window. open("openfindpwd. php","newframe","left=200,top=200,width=200,height=100,menubar
=no,toolbar=no,location=no,scrollbars=no,location=no");
  }
</script>
```

（2）使用 Dreamweaver 设计出找回密码的页面，如图 12-31 所示，只需要一个简单的对话框，输入昵称并进行判断即可。

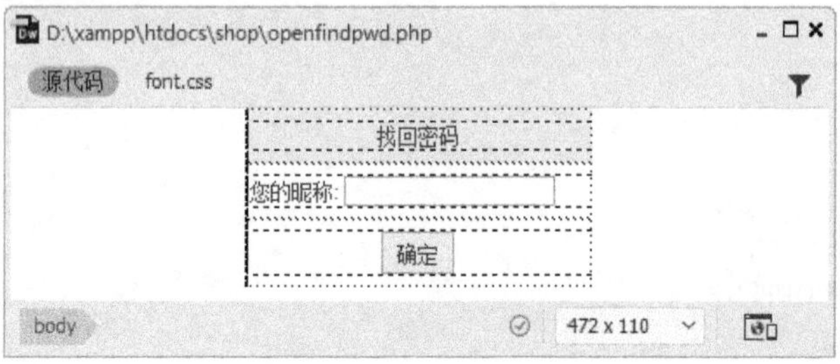

图 12-31　找回密码的页面

（3）在输入需要找回密码的昵称之后，单击“确定”按钮，需要进行表单验证，判断是否为空。如果不为空，则指向 findpwd. php 页面显示“密码提示”，输入提示的答案，如图 12-32 所示。

```
<script language="javascript">
 function chkinput(form)
 {
   if(form. nc. value=="")
   {
     alert("请输入您的昵称!");
 form. nc. select();
 return(false);

   }
  return(true);
 }
</script
```

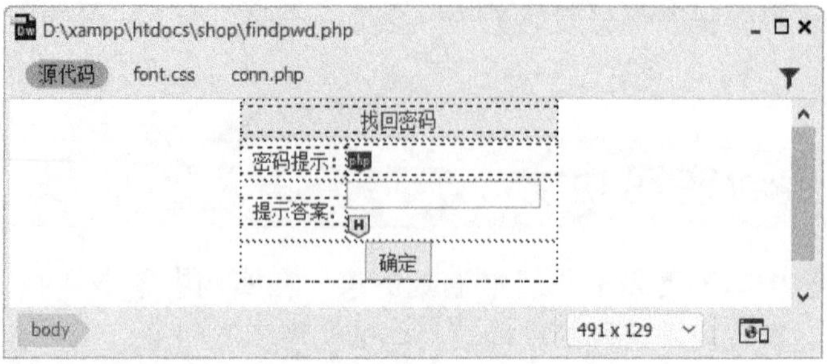

图 12-32　密码提示页面

（4）输入提示答案之后，单击“确定”按钮，也要进行表单验证，并转向最终显示密码的页面 showpwd. php，验证的代码如下：

```
<script language="javascript">
   function chkinput(form)
   {
     if(form.da.value=="")
   {
    alert('请输入密码提示答案！');
    form.da.select();
    return(false);
   }
    return(true);
    }
 </script>
  <form name="form2" method="post" action="showpwd.php" onSubmit="return chkinput(this)">
```

（5）showpwd.php 的页面比较简单，只需要查询数据库，显示符合条件的数据，即把昵称和密码显示在页面上即可，如图 12-33 所示。

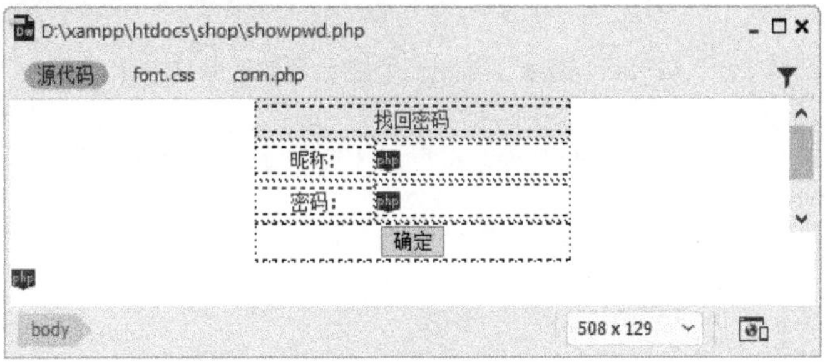

图 12-33　最终的显示密码页面

Section 12.5 新闻公告系统

网站的“新闻公告”在首页及各个页面显示了标题，当单击相应的标题时，要打开详细的显示内容页面 gonggao.php。网站的新闻信息相关的页面，一共只有两个，gonggao.php 用于显示具体的信息内容，另一个是单击首页的“更多>>”文字链接时，用于打开信息标题列表显示页面 gonggaolist.php。

12.5.1 信息标题列表

信息标题列表显示页面 gonggaolist.php 的制作效果如图 12-34 所示。

该页面的部分代码如下：

```
<table width="766" height="438" border="0" align="center" cellpadding="0" cellspacing="0">
  <tr>
    <td width="209"  height="438" valign="top" bgcolor="#F0F0F0"><?php include("left_
menu.php");?></td>
    <td width="557" align="center" valign="top" bgcolor="#FFFFFF">      <table width=
```

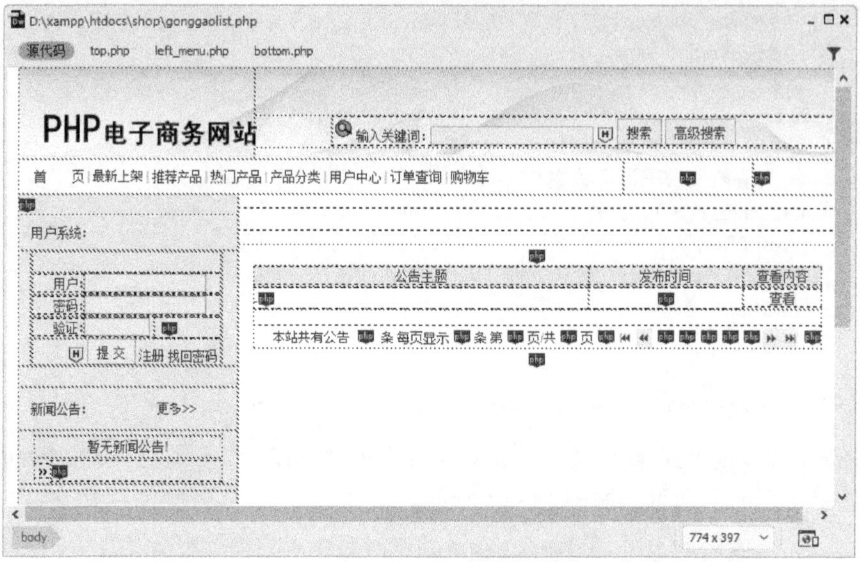

图 12-34　信息、标题列表显示页面的制作效果

```
"557" border="0" align="center" cellpadding="0" cellspacing="0">
          <tr>
            <td width="557" height="46" background="images/gg.gif"><div align="left"></div>
</td>
          </tr>
         </table>
         <?php
        $sql=mysqli_query($conn,"select count(*) as total from tb_gonggao");
        $info=mysqli_fetch_array($sql);
        $total=$info['total'];
        if($total==0)
        {
          echo "本站暂无公告!";
        }
        else
        {
        ?>
          <table width="530" border="0" align="center" cellpadding="0" cellspacing="0">
          <tr bgcolor="#EEEEEE">
            <td width="296" height="20"><div align="center">公告主题</div></td>
            <td width="136"><div align="center">发布时间</div></td>
            <td width="68"><div align="center">查看内容</div></td>
          </tr>
          <?php


          $pagesize=20;
             if ($total<=$pagesize){
               $pagecount=1;
               }
```

```
                if(($total%$pagesize)!=0){
                    $pagecount=intval($total/$pagesize)+1;

                }else{
                    $pagecount=$total/$pagesize;

                }
                if((@ $_GET['page'])=="" ){
                      $page=1;

                }else{
                      $page=intval($_GET['page']);

                }

               $sql1=mysqli_query($conn,"select * from tb_gonggao order by time desc limit ".
($page-1) * $pagesize. ",$pagesize ");
              while($info1=mysqli_fetch_array($sql1))
              {
              ?>
            <tr>
              <td height="20"><div align="left">-<?php echo $info1['title'];?></div></td>
              <td height="20"><div align="center"><?php echo $info1['time'];?></div></td>
              <td height="20"><div align="center"><a href="gonggao.php? id=<?php echo $info1
['id'];?>">查看</a></div></td>
            </tr>
            <?php
        }


            ?>
            <tr>
              <td height="20" colspan="3">  
                  <div align="right">本站共有公告  
                        <?php
               echo $total;
              ?>
 条  每页显示  <?php echo $pagesize;?> 条  第  <?php echo
$page;?> 页/共  <?php echo $pagecount; ?> 页
            <?php
              if($page>=2)
              {
              ?>
            <a href="gonggaolist.php? page=1" title="首页"><font face="webdings"> 9 </font></a>
<a href="gonggaolist.php? id=<?php echo $id;?>&amp;page=<?php echo $page-1;?>" title="前
一页"><font face="webdings"> 7 </font></a>
            <?php
              }
               if($pagecount<=4){
                 for($i=1;$i<=$pagecount;$i++){
              ?>
            <a href="gonggaolist.php? page=<?php echo $i;?>"><?php echo $i;?></a>
```

```
<?php
    }
   } else {
   for( $i=1;$i<=4;$i++) {
  ?>
<a href="gonggaolist.php? page=<?php echo $i;?>"><?php echo $i;?></a>
<?php } ?>
<a href="gonggaolist.php? page=<?php echo $page-1;?>" title="后一页"><font face=
"webdings"> 8 </font></a> <a href="gonggaolist.php? id=<?php echo $id;?>&amp;page=<?php
echo $pagecount;?>" title="尾页"><font face="webdings"> : </font></a>
<?php } ?>
    </div></td>
</tr>
</table>
<?php
   }
   ?></td>
</tr>
</table>
```

该页面的技术难点在于新闻标题的分页显示功能，在显示的标题太多时，一般都要使用上述的分页显示功能实现按页显示记录。

12.5.2 显示详细内容

信息量显示页面，通常包括显示所显示信息的标题、时间及出处，制作的具体效果如图 12-35 所示。

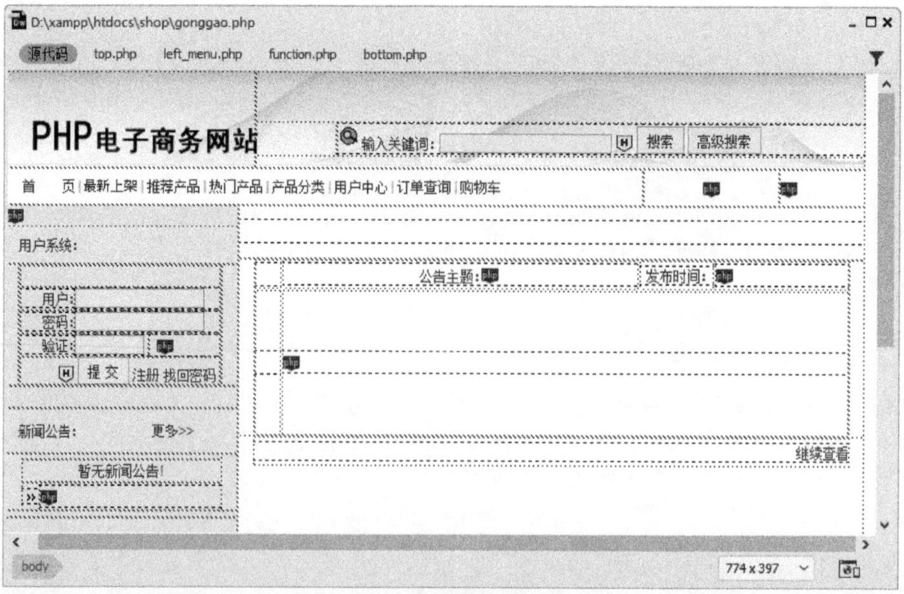

图 12-35 详细新闻页面

该页面的部分编写程序如下：

```
<table width="530"  border="0" align="center" cellpadding="0" cellspacing="1">
 <?php
   $id=$_GET['id'];
   $sql=mysqli_query($conn,"select * from tb_gonggao where id='".$id."'");
   $info=mysqli_fetch_array($sql);
  include("function.php");
?>
  <tr>
  <td width="24" height="25" bgcolor="#FFFFFF"><div align="center"></div></td>
  <td width="315" bgcolor="#FFFFFF"><div align="center">公告主题:<?php echo unhtml($info
['title']);?></div></td>
   <td width="66" bgcolor="#FFFFFF"><div align="center">发布时间:</div></td>
     <td width="120" bgcolor="#FFFFFF"><div align="left"><?php echo $info['time'];?></div>
</td>
 </tr>
 <tr>
 <td height="125" bgcolor="#FFFFFF"><div align="center"></div></td>
 <td height="125" colspan="3" bgcolor="#FFFFFF"><div align="left"><?php echo unhtml($info
['content']);?></div></td>
  </tr>
  </table>
```

通过上述两个页面的设计，新闻公告系统的前台部分即开发完成。

Section 12.6 产品的订购功能

购物车系统主要由网上产品订购与后台结算这两个功能组成。本实例中与购物车相关的页面主要用于产品展示，只包括一个“购买”按钮，主要包括 index. php、用于显示产品详细信息的页面 lookinfo. php、“最新上架”频道页面 shownewpr. php、“推荐产品”频道页面 showtuijian. php、“热门产品”频道页面 showhot. php、“产品分类”频道页面 showfenlei. php、产品搜索结果页面 serchorder. php。下面分别介绍除了首页以外的页面实现的功能。

12.6.1 产品介绍页面

产品介绍页面 lookinfo. php 是用来显示商品细节的页面。细节页面要能显示商品所有的详细信息，包括商品价格、商品产地、商品单位及商品图片等，同时要有显示剩余产品数量及放入购物车等功能，本实例还加入了“商品评价”。

(1) 由需要的功能出发，可以建立如图 12-36 所示的动态页面。在页面中，PHP 代码图标表示通过加入动态命令实现该功能。

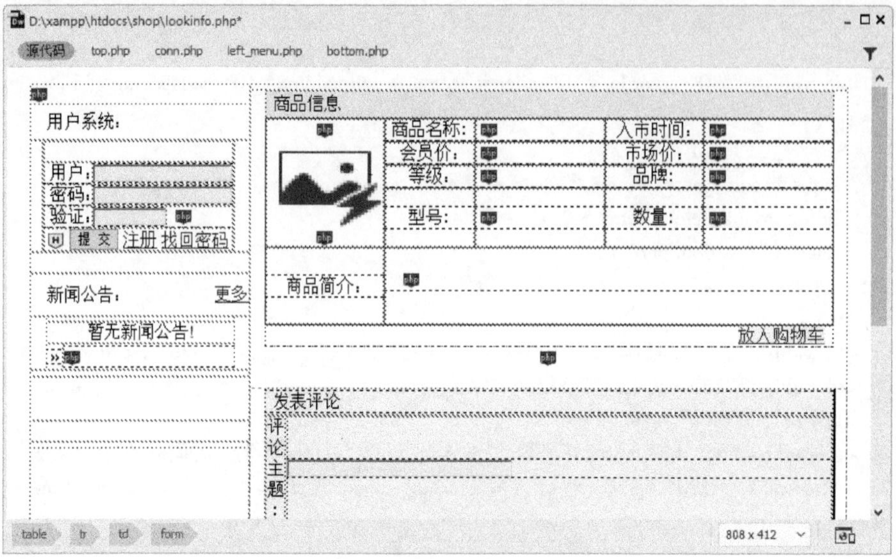

图 12-36 产品介绍页面

（2）该模块的程序如下，其中，对购物车的订购代码进行了加粗说明：

```
<?php
include("top.php");
include("conn.php");
?>
<style type="text/css">
<!--
.style1 {color:#000000}
-->
</style>

<table width="766" border="0" align="center" cellpadding="0" cellspacing="0">
  <tr>
    <td width="209" valign="top" bgcolor="#FFFFFF"><?php
include("left_menu.php");
?></td>
    <td width="581" align="center" valign="top" bgcolor="#FFFFFF"><table width="557" height
="6" border="0" cellpadding="0" cellspacing="0">
      <tr>
        <td></td>
      </tr>
    </table>
      <table width="530" height="20" border="0" align="center" cellpadding="0" cellspacing=
"0">
        <tr>
          <td height="25" bgcolor="#EEEEEE">  商品信息</td>
        </tr>
      </table>
        <table width="530" border="0" align="center" cellpadding="0" cellspacing="0">
          <tr>
```

```
<td bgcolor="#666666">
  <table width="530" border="0" align="center" cellpadding="0" cellspacing="1">
    <?php
$sql=mysqli_query($conn,"select * from tb_shangpin where id=".$_GET['id']."");
$info=mysqli_fetch_object($sql);
?>
    <tr>
      <td width="89" height="80" rowspan="4" align="center" valign="middle"
bgcolor="#FFFFFF"><div align="center">
        <?php
      if($info->tupian==""){
        echo"暂无图片";
    }
    else
    {
  ?>
        <a href="<?php echo $info->tupian;?>" target="_blank"><img src="<?php
echo $info->tupian;?>" alt="查看大图" width="110" height="80" border="0"></a>
          <?php
  }
?>
      </div></td>
      <td width="92" height="20" align="left" bgcolor="#FFFFFF"><div align=
"center">商品名称:</div></td>
      <td width="134" bgcolor="#FFFFFF"><div align="left"> <?php echo $
info->mingcheng;?></div></td>
      <td width="100" bgcolor="#FFFFFF"><div align="center">入市时间:</div>
</td>
      <td width="129" bgcolor="#FFFFFF"><div align="left"> <?php echo $
info->addtime;?></div></td>
    </tr>
    <tr>
      <td height="20" align="left" bgcolor="#FFFFFF"><div align="center">会员
价:</div></td>
      <td width="134" bgcolor="#FFFFFF"><div align="left"> <?php echo $
info->huiyuanjia;?></div></td>
      <td width="100" bgcolor="#FFFFFF"><div align="center">市场价:</div>
</td>
      <td width="129" bgcolor="#FFFFFF"><div align="left"> <?php echo $
info->shichangjia;?></div></td>
    </tr>
    <tr>
      <td height="20" align="left" bgcolor="#FFFFFF"><div align="center">等级:
</div></td>
      <td width="134" bgcolor="#FFFFFF"><div align="left"> <?php echo $
info->dengji;?></div></td>
      <td width="100" bgcolor="#FFFFFF"><div align="center">品牌:</div></td>
      <td width="129" bgcolor="#FFFFFF"><div align="left"> <?php echo $
info->pinpai;?></div></td>
    </tr>
    <tr>
      <td height="20" align="left" bgcolor="#FFFFFF"><div align="center">型号:
```

```
</div></td>
                    <td width="134" bgcolor="#FFFFFF"><div align="left"> <?php echo $
info->xinghao;?></div></td>
                    <td width="100" bgcolor="#FFFFFF"><div align="center">数量:</div></td>
                    <td width="129" bgcolor="#FFFFFF"><div align="left"> <?php echo $
info->shuliang;?></div></td>
                  </tr>
                  <tr>
                    <td width="89" height="69" bgcolor="#FFFFFF"><div align="center">商品
简介:</div></td>
                    <td height="69" colspan="4" bgcolor="#FFFFFF" valign="top"><div align=
"left"><br>
    <?php echo $info->jianjie;?></div></td>
                  </tr>
              </table></td>
            </tr>
          </table>
          <table width="530" height="20" border="0" align="center" cellpadding="0" cellspacing=
"0">
            <tr>
              <td><div align="right"><a href="addgouwuche.php? id=<?php echo $info->id;?>">
放入购物车</a>  </div></td>
            </tr>
          </table>
          <?php
  if(@ $_SESSION['username']!="")
  {
  ?>
  <form name="form1" method="post" action="savepj.php? id=<?php echo $info->id;?>" onSubmit
="return chkinput(this)">
  <table width="530" border="0" align="center" cellpadding="0" cellspacing="0">
              <tr>
                  <td height="25" bgcolor="#EEEEEE"><div align="center" style="color:#
FFFFFF">
                    <div align="left">  <span style="color:#000000">发表评论
</span></div>
                </div></td>
              </tr>
              <tr>
                <td height="150" bgcolor="#999999"><table width="530" border="0" align="cen-
ter" cellpadding="0" cellspacing="1">
                  <script language="javascript">
                function chkinput(form)
              {
                  if(form.title.value=="")
              {
                    alert("请输入评论主题!");
                      form.title.select();
                      return(false);
                  }
                  if(form.content.value=="")
```

```
                {
                    alert("请输入评论内容!");
                    form.content.select();
                    return(false);
                }
                return(true);
            }
        </script>
        <tr>
                    <td width="80" height="25" bgcolor="#FFFFFF"><div align="center">评
论主题:</div></td>
                    <td width="467" bgcolor="#FFFFFF"><div align="left">
                        <input type="text" name="title" size="30" class="inputcss" style=
"background-color:#e8f4ff" onMouseOver="this.style.backgroundColor='#ffffff'" onMouseOut="this.
style.backgroundColor='#e8f4ff'">
                    </div></td>
                </tr>
                <tr>
                    <td height="125" bgcolor="#FFFFFF"><div align="center">评论内容:
</div></td>
                    <td height="125" bgcolor="#FFFFFF"><div align="left">
                        <textarea name="content" cols="70" rows="10" class="inputcss" style
="background-color:#e8f4ff" onMouseOver="this.style.backgroundColor='#ffffff'" onMouseOut="this.
style.backgroundColor='#e8f4ff'"></textarea>
                    </div></td>
                </tr>
            </table></td>
        </tr>
    </table>
        <table width="530" height="25" border="0" align="center" cellpadding="0" cellspacing
="0">
        <tr>
            <td><div align="center">
                <input name="submit2" type="submit" class="buttoncss" value="发表">
   <a href="showpl.php?id=<?php echo @$_GET['id'];?>">查看该商品评论
</a></div></td>
        </tr>
        </table>
    </form>
    <?php
  }

  ?></td></tr>
</table>
<?php
include("bottom.php");
?>
```

(3) 在上面的代码中，产品的展示只是数据的查询并显示的功能，核心在于“发表评论”，在单击“发表”按钮时，评论是传递到 savepj.php 页面进行保存的，其页面的代码如下：

```
<meta http-equiv="Content-Type" content="text/html;charset=utf-8">
<?php
include("conn.php");
 $title=$_POST['title'];
 $content=$_POST['content'];
 $spid=$_GET['id'];
 $time=date("Y-m-j");
session_start();
 $sql=mysqli_query($conn,"select * from tb_user where name='".$_SESSION['username']."'");
 $info=mysqli_fetch_array($sql);
 $userid=$info['id'];
mysqli_query($conn,"insert into tb_pingjia (userid,spid,title,content,time) values ('$userid','$spid',
'$title','$content','$time')");
echo"<script>alert('评论发表成功！');history.back();</script>";
?>
```

12.6.2 最新上架频道

该页面为单击导航条中的“最新上架”链接到的页面 shownewpr.php，主要是显示数据库中最新上架的商品。

(1) 首先完成静态页面的设计，该页面完成的效果如图 12-37 所示。

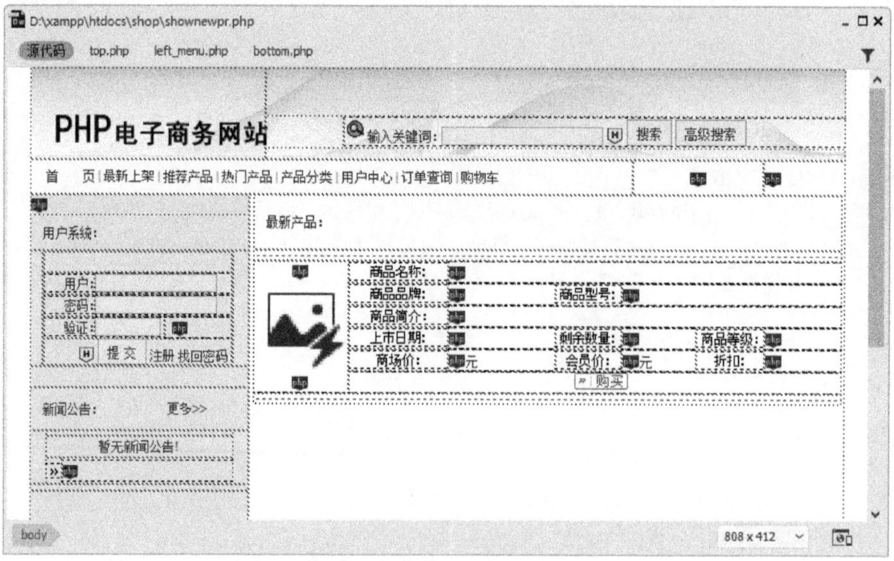

图 12-37　最新上架的页面

(2) 代码的主要核心部分如下：

```
<table width="550" height="70" border="0" align="center" cellpadding="0" cellspacing="0">
        <?php
```

```
$sql=mysqli_query($conn,"select * from tb_shangpin order by addtime desc limit 0,4");
  $info=mysqli_fetch_array($sql);
  if($info==false){
    echo"本站暂无最新产品!";
  }
 else{
    do{
?>
  <tr>
    <td width="89"  rowspan="6"><div align="center">
      <?php
        if($info['tupian']==""){
          echo"暂无图片!";
        }
        else{
        ?>
        <a href="lookinfo.php?id=<?php echo $info[id];?>"><img border="0" src="<?php
echo $info['tupian'];?          >"width="80"height="80"></a>
          <?php
            }
            ?>
      </div></td>
      <td width="93"height="20"><div align="center" style="color:#000000">商品名称:
</div></td>
      <td colspan="5"><div align="left"><a href="lookinfo.php?id=<?php echo $info['id'];
?>"><?php echo $info['mingcheng'];?></a></div></td>
    </tr>
    <tr>
      <td width="93"height="20"><div align="center" style="color:#000000">商品品牌:
</div></td>
      <td width="101"height="20"><div align="left"><?php echo $info['pinpai'];?></div>
</td>
      <td width="62"><div align="center" style="color:#000000">商品型号:</div></td>
      <td colspan="3"><div align="left"><?php echo $info['xinghao'];?></div></td>
    </tr>
    <tr>
      <td width="93"height="20"><div align="center" style="color:#000000">商品简介:
</div></td>
      <td height="20" colspan="5"><div align="left"><?php echo $info['jianjie'];?></div>
</td>
    </tr>
    <tr>
      <td height="20"><div align="center" style="color:#000000">上市日期:</div></td>
      <td height="20"><div align="left"><?php echo $info['addtime'];?></div></td>
      <td height="20"><div align="center" style="color:#000000">剩余数量:</div></td>
      <td width="69"height="20"><div align="left"><?php echo $info['shuliang'];?></div>
</td>
      <td width="63"><div align="center" style="color:#000000">商品等级:</div></td>
      <td width="73"><div align="left"><?php echo $info['dengji'];?></div></td>
    </tr>
    <tr>
```

```
        <td height="20"><div align="center" style="color:#000000">商场价:</div></td>
        <td height="20"><div align="left"><?php echo $info['shichangjia'];?>元</div></td>
        <td height="20"><div align="center" style="color:#000000">会员价:</div></td>
        <td height="20"><div align="left"><?php echo $info['huiyuanjia'];?>元</div></td>
        <td height="20"><div align="center" style="color:#000000">折扣:</div></td>
        <td height="20"><div align="left"><?php echo (@ceil(($info['huiyuanjia']/$info['shichangjia'])*100))."%";?></div></td>
      </tr>
      <tr>
        <td height="20" colspan="6" width="461"><div align="center">    <a href="addgouwuche.php? id=<?php echo $info['id'];?>"><img src="images/b1.gif" width="50" height="15" border="0" style="cursor:hand"></a></div></td>
      </tr>
      <tr>
        <td height="10" colspan="7" background="images/line1.gif"></td>
      </tr>
      <?php
      }while($info=mysqli_fetch_array($sql));
       }
       ?>
    </table>
```

12.6.3 推荐产品频道

该页面为单击导航条中的“推荐产品”链接到的页面 showtuijian.php，主要是显示数据库中推荐的商品。

（1）首先完成静态页面的设计，该页面完成的效果如图 12-38 所示。

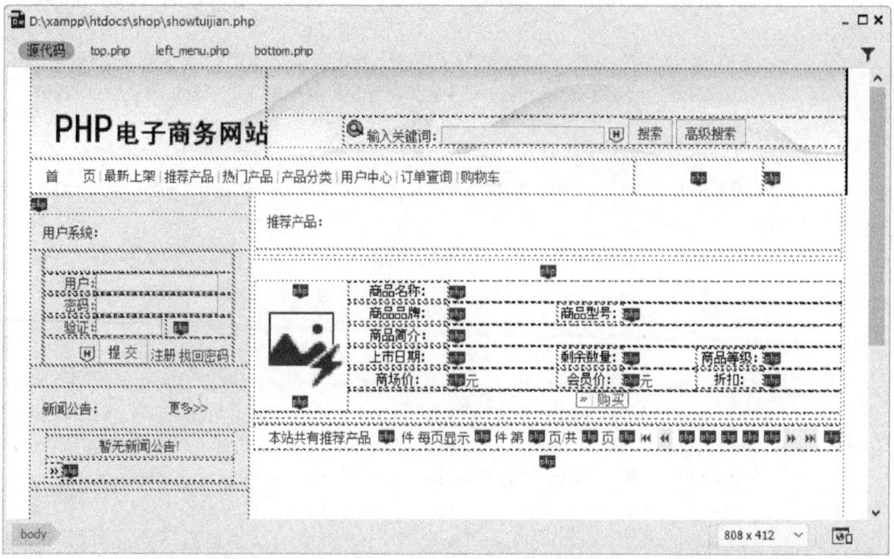

图 12-38 推荐产品的页面

（2）推荐产品的功能和最新上架频道功能基本上一样，不同的地方就在于推荐时查询数据库的代码不一样，核心的不同部分如下：

```
<?php
  $sql=mysqli_query($conn,"select count( * ) as total from tb_shangpin where tuijian=1");
  $info=mysqli_fetch_array($sql);
  $total=$info['total'];
  if($total==0)
  {
    echo"本站暂无推荐产品!";
  }
  else
  {

 ?>
```

12.6.4 热门产品频道

该页面为单击导航条中的“热门产品”链接到的页面 showhot. php，主要是显示数据库中热门的商品。

（1）首先完成静态页面的设计，该页面完成的效果如图 12-39 所示。

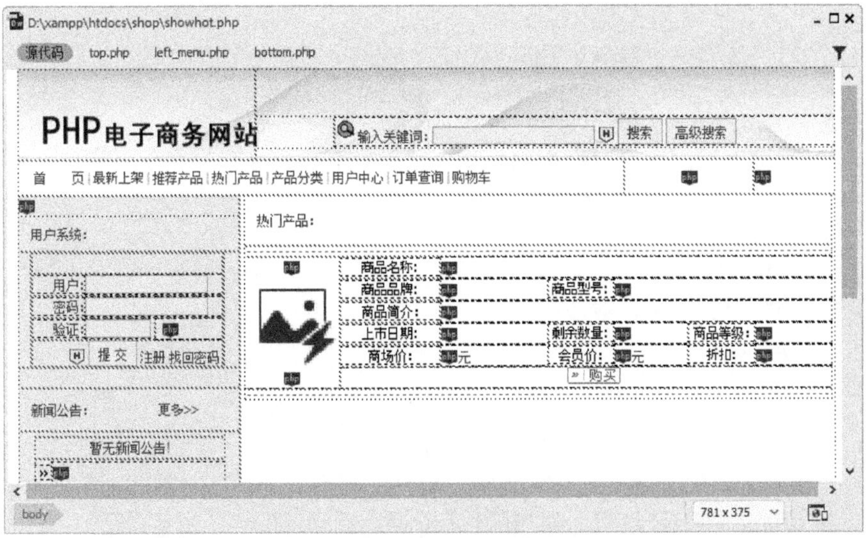

图 12-39 热门产品的页面

（2）热门产品功能与最新上架功能的代码不同部分如下：

```
<?php
 $sql=mysqli_query($conn,"select * from tb_shangpin order by cishu desc limit 0,10");
 $info=mysqli_fetch_array($sql);
if($info==false)
```

```
{
echo"本站暂无热门产品!";
   }
else
{
do
   {
      ?>
```

12.6.5 产品分类频道

该页面为单击导航条中的“热门产品”链接到的页面 showfenlei. php，按商品的分类显示不同的商品。

（1）首先完成静态页面的设计，该页面完成的效果如图 12-40 所示。

图 12-40 分类的页面

（2）分类功能的代码与最新上架功能代码的不同部分如下：

```
<?php

            $sql=mysqli_query($conn,"select * from tb_type order by id desc");
            $info=mysqli_fetch_object($sql);
               if($info==false)
               {
                  echo"本站暂无商品!";
               }
```

```
        else
              {
                 do
                 {
                    echo"<a href='showfenlei.php? id=".$info->id."'>".$info->typename." 
</a>";

                    } while($info=mysqli_fetch_object($sql));
              }
           ?>
        </div></td>
      </tr>
    </table>
      <?php
    if(@ $_GET['id']=="")
{
       $sql=mysqli_query($conn,"select * from tb_type order by id desc limit 0,1");
          $info=mysqli_fetch_array($sql);
          $id=$info['id'];
    }
    else
    {
              $id=$_GET['id'];
       }
       $sql1=mysqli_query($conn,"select * from tb_type where id=".$id."");
        $info1=mysqli_fetch_array($sql1);

    $sql=mysqli_query($conn,"select count(*) as total from tb_shangpin where typeid='".$id."
' order by addtime desc");
    $info=mysqli_fetch_array($sql);
    $total=$info['total'];
    if($total==0)
    {
          echo"<div align='center'>本站暂无该类产品！</div>";
       }
       else
       {
      ?>
```

12.6.6 产品搜索结果

一般的大型网站都有搜索功能，在首页中要设置商品搜索功能。通过输入搜索的商品，单击“搜索”按钮后，要打开的页面就是这个商品搜索结果页面 serchorder.php。

（1）由上面的功能分析出发，设计好的商品搜索结果页面如图 12-41 所示。

（2）相关的程序代码如下：

```
<?php
            $jdcz=@$_POST['jdcz'];
```

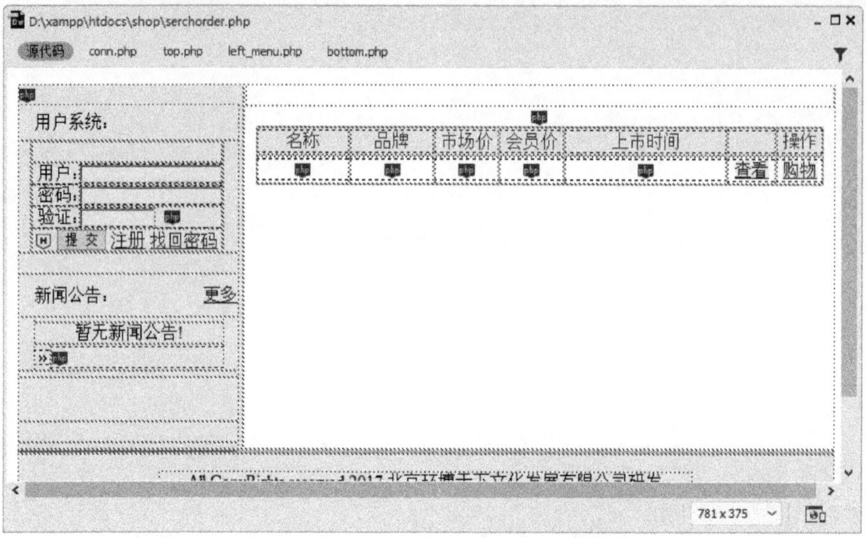

图 12-41　产品搜索结果页面

```
$name=$_POST['name'];
$mh=@$_POST['mh'];
$dx=@$_POST['dx'];
   if($dx=="1"){
        $dx=">";
      }
     elseif($dx=="-1"){
        $dx="<";
      }
   else{
        $dx="=";
      }
$jg=@intval($_POST['jg']);

$lb=@$_POST['lb'];
  if($jdcz!=""){
$sql=mysqli_query($conn,"select * from tb_shangpin where mingcheng like '%".$name."%
' order by addtime desc");
  }
  else
  {
   if($mh=="1"){
        $sql=mysqli_query($conn,"select * from tb_shangpin where huiyuanjia $dx".$jg.
"and typeid='".$lb."' and mingcheng like '%".$name."%'");

      }
  else{
        $sql=mysqli_query($conn,"select * from tb_shangpin where huiyuanjia $dx".$jg.
"and typeid='".$lb."' and mingcheng='".$name."'");
      }
  }
```

```
        $info=mysqli_fetch_array($sql);
        if($info==false){
            echo"<script language='javascript'>alert('本站暂无类似产品！');history.go(-1);
</script>";
        }
        else{
    ?>
<table width="530" border="0" align="center" cellpadding="0" cellspacing="1" bgcolor="#
CCCCCC">
<tr bgcolor="#F0F0F0">
<td width="92" height="25"><div align="center" style="color:#990000">名称</div></td>
<td width="83"><div align="center" style="color:#990000">品牌</div></td>
<td width="62"><div align="center" style="color:#990000">市场价</div></td>
<td width="62"><div align="center" style="color:#990000">会员价</div></td>
<td width="161"><div align="center" style="color:#990000">上市时间</div></td>
<td width="48"><div align="center" style="color:#FFFFFF"><span class="style1"></span>
</div></td>
<td width="42"><div align="center" style="color:#990000">操作</div></td>
</tr>
<?php
do{
?>
<tr bgcolor="#FFFFFF">
<td height="25"><div align="center"><?php echo $info[mingcheng];?></div></td>
<td height="25"><div align="center"><?php echo $info[pinpai];?></div></td>
<td height="25"><div align="center"><?php echo $info[shichangjia];?></div></td>
<td height="25"><div align="center"><?php echo $info[huiyuanjia];?></div></td>
<td height="25"><div align="center"><?php echo $info[addtime];?></div></td>
<td height="25"><div align="center"><a href="lookinfo.php? id=<?php echo $info['id'];?>">
查看</a></div></td>
<td height="25"><div align="center"><a href="addgouwuche.php? id=<?php echo $info['id'];?
>">购物</a></div></td>
</tr>
<?php
}
while($info=mysqli_fetch_array($sql));
}
?>
</table></td>
</tr>
</table>
```

到这里，就完成了商品相关动态页面的设计，可以实现网站产品的前台展示和订购的功能。

Section 12.7 网站的结算功能

网站的核心技术，就在于产品的展示与网上订购、结算功能，在网站建设中，这块知识统称为“购物车系统”。购物车最实用的就是如何进行产品结算，通过这个功能，用户在选择了自己喜欢的产品后，可以通过网站确认所需要的产品，输入联系信息，提交后写入数据库，方便网站管理者进行售后服务，这也就是购物车的主要功能。

12.7.1 订单统计

addgouwuche.php 页面在前面的代码中经常用到，就是单击“购买”按钮后需要调用的页面，主要是实现统计订单数量的功能页面。该页面完全是 PHP 代码，如图 12-42 所示。

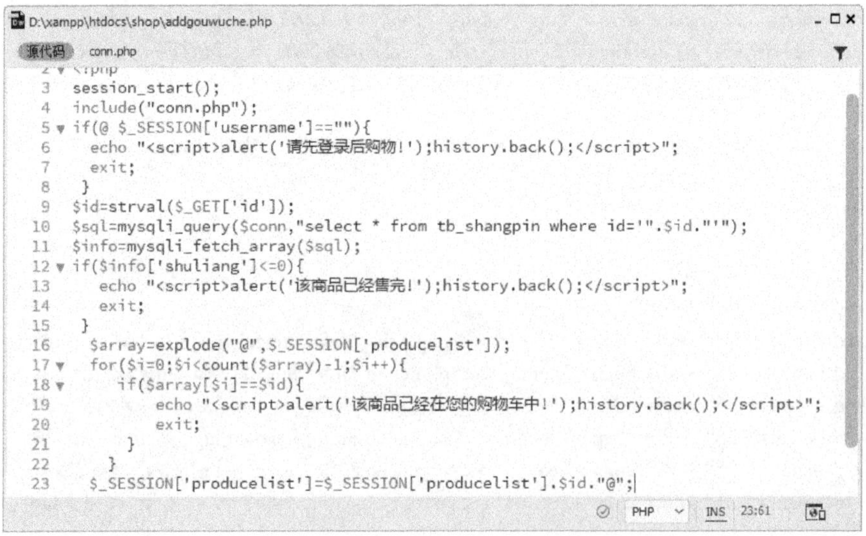

图 12-42 addgouwuche.php 页面的代码

代码如下：

```
<meta http-equiv="Content-Type" content="text/html;charset=utf-8">
<?php
session_start();
include("conn.php");
if(@$_SESSION['username']==""){
   echo"<script>alert('请先登录后购物！');history.back();</script>";
   exit;
}
$id=strval($_GET['id']);
$sql=mysqli_query($conn,"select * from tb_shangpin where id='".$id."'");
$info=mysqli_fetch_array($sql);
if($info['shuliang']<=0){
    echo"<script>alert('该商品已经售完！');history.back();</script>";
    exit;
}
  $array=explode("@",$_SESSION['producelist']);
  for($i=0;$i<count($array)-1;$i++){
if($array[$i]==$id){
```

```
        echo"<script>alert('该商品已经在您的购物车中！');history.back();</script>";
    exit;
        }
    }
      $_SESSION['producelist']=$_SESSION['producelist'].$id."@";
      $_SESSION['quatity']=$_SESSION['quatity']."1@";
      header("location:gouwuche.php");
    ?>
    //实现统计累加的功能并进行转向
```

说明：

session 在 PHP 编程技术中占有非常重要的分量。由于网页是一种无状态的链接程序，因此无法得知用户的浏览状态，必须通过 session 变量记录用户的有关信息，以便在用户再次以此身份对服务器提出要求时确认用户信息。

12.7.2 清空订单

在购物车订购过程中，通过单击“删除”和“清空购物车”文字链接，能够调用 removegwc.php 页面，通过里面的命令清空购物车中的数据统计，页面效果如图 12-43 所示。

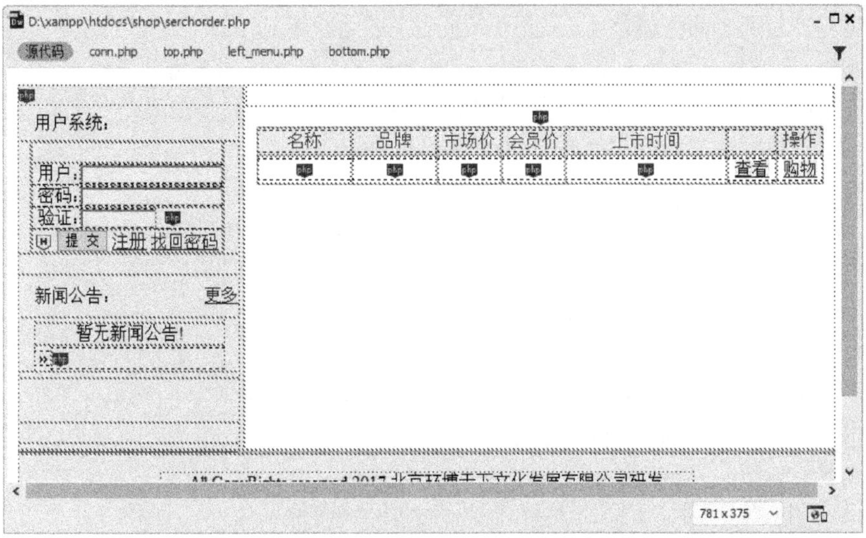

图 12-43　removegwc.php 页面

清除订单的代码如下：

```
<?php
session_start();
 $id=$_GET[id];
 $arraysp=explode("@",$_SESSION[producelist]);
 $arraysl=explode("@",$_SESSION[quatity]);
for($i=0;$i<count($arraysp);$i++){
```

```
    if($arraysp[$i] = =$id) {
   $arraysp[$i] = "";
   $arraysl[$i] = "";
  }
  }
 $_SESSION[producelist] = implode("@",$arraysp);
 $_SESSION[quatity] = implode("@",$arraysl);
header("location:gouwuche.php");
?>
```

通过上面的命令可以清空购物车里的订单，并返回 gouwuche. php 重新进行订购。

12.7.3 购物车信息

用户登录后选择商品，放入购物车，单击首页上的“去收银台”文字链接，则打开订单用户信息确认页面 gouwusuan. php，在该页面中需要填写收货人的详细信息，设置的效果如图 12-44 所示。

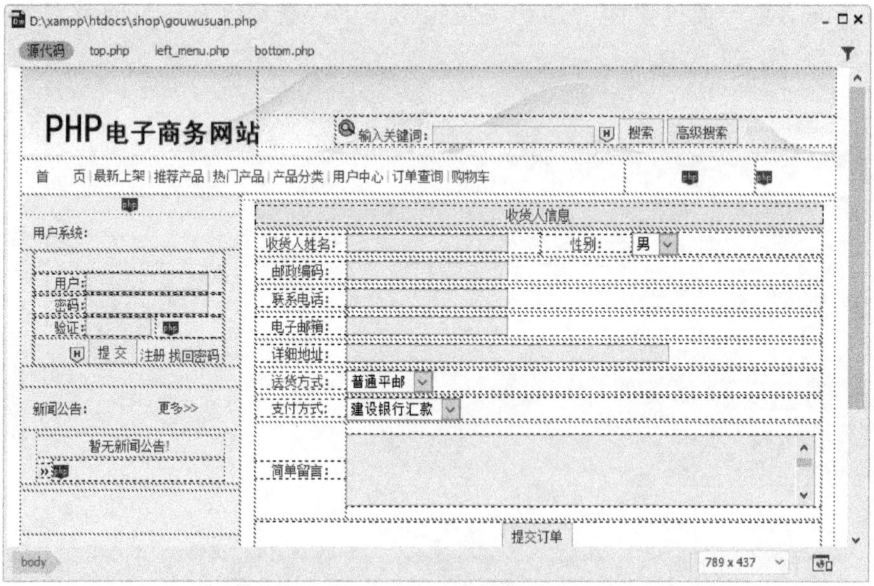

图 12-44　订单确认页面效果

12.7.4 生成订单

单击“提交订单”按钮后，调用 savedd. php 页面，该页面的功能是把订单写入数据库后返回 gouwusuan. php 页面，具体代码如下：

```
<meta http-equiv="Content-Type" content="text/html;charset=utf-8">
<?php
```

```
session_start();
include("conn.php");
$sql=mysqli_query($conn,"select * from tb_user where name='".$_SESSION['username']."'");
$info=mysqli_fetch_array($sql);
$dingdanhao=date("YmjHis").$info['id'];
$spc=$_SESSION['producelist'];
$slc=$_SESSION['quatity'];
$shouhuoren=$_POST['name2'];
$sex=$_POST['sex'];
$dizhi=$_POST['dz'];
$youbian=$_POST['yb'];
$tel=$_POST['tel'];
$email=$_POST['email'];
$shff=$_POST['shff'];
$zfff=$_POST['zfff'];
if(trim($_POST['ly'])==""){
    $leaveword="";
}
else{
    $leaveword=$_POST['ly'];
}
$xiadanren=$_SESSION['username'];
$time=date("Y-m-j H:i:s");
$zt="未作任何处理";
$total=$_SESSION['total'];
mysqli_query($conn,"insert into tb_dingdan(dingdanhao,spc,slc,shouhuoren,sex,dizhi,youbian,tel,
email,shff,zfff,leaveword,time,xiadanren,zt,total) values ('$dingdanhao','$spc','$slc','$shouhuoren','$
sex','$dizhi','$youbian','$tel','$email','$shff','$zfff','$leaveword','$time','$xiadanren','$zt','$total')");
header("location:gouwusuan.php? dingdanhao=$dingdanhao");
?>
```

12.7.5 订单查询

用户在购物的时候，还需要知道自己在近期一共购买了多少商品。单击导航条上的“订单查询”命令，打开查询输入的页面 finddd.php，在查询文本域中输入客户的订单编号或下订单人的姓名，都可以查到订单的处理情况，方便与网站管理者的沟通。订单查询功能和首页上的商品搜索功能设计方法是一样的，需要在输入的查询页面设置好数据库的连接，设置查询输入文本域，建立查询命令，具体的设计分析与前面的搜索功能模块设计相同。

至此，整个购物系统网站前台的动态功能的核心部分都已经介绍完，其他还有些小功能页面这里就不做具体的介绍了。读者在使用时可以根据自己的需求对网站进行一定的完善和更改，达到自己的要求。

第13章 PHP网上购物系统后台开发

一个完善的网上购物系统并不只提供给用户注册、购物的功能，它还要给网站所有者一个功能齐全的后台管理功能。网站所有者登录后台即可进行新闻公告发布、会员注册管理、回复留言、商品维护及订单的管理。本章主要介绍使用 PHP 进行网上购物系统后台开发的方法。

从入门到精通

本章主要掌握以下知识点：

- 网上购物系统后台的架构设计
- 后台登录的商品管理功能
- 后台的用户管理功能
- 后台的订单管理功能
- 后台的信息管理功能

Section

13.1 网上购物系统后台的架构设计

购物车后台管理系统是整个网站建设的难点，它包括了几乎所有的常用 PHP 处理技术。本实例的后台要实现“商品管理”“用户管理”“订单管理”及“信息管理”四大功能模块。在进行具体的功能开发之前，和网站前台的制作方法是一样的，首先要进行后台的需求整体规划。

13.1.1 后台整体规划

本实例将所有制作的后台管理页面放置在 admin 文件夹下面，和单独设计一个网站一样需要建立一些常用的文件夹，如用于连接数据库的文件夹 conn，用于放置网页样式表的文件夹 css，放置图片的文件夹 images 及用于放置上传的产品图片的文件夹 upimages。设计完成的整体文件夹及文件如图 13-1 所示。

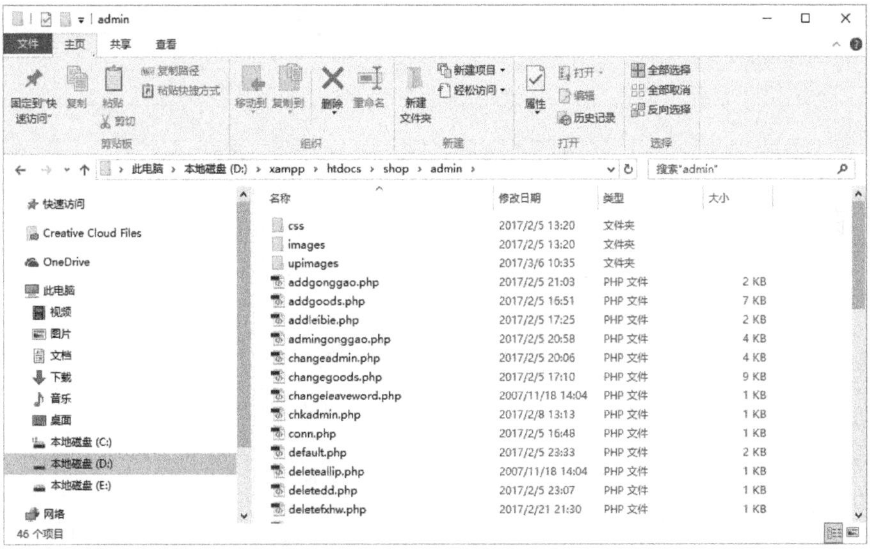

图 13-1　网站后台文件结构

对需要设计的页面功能进行分析，如表 13-1 所示。

表 13-1　网上购物系统后台页面功能分析

网站后台文件	主 要 功 能
addgonggao. php	增加新闻公告的页面
addgoods. php	增加商品信息的页面
addleibie. php	增加商品类别的页面
admingonggao. php	增加商品公告的页面
changeadmin. php	管理员信息变更页面
changegoods. php	商品信息变更页面

（续）

网站后台文件	主 要 功 能
changeleaveword. php	会员留言变更页面
chkadmin. php	管理员登录验证页面
conn/conn. php	数据库连接文件页面
default. php	后台登录后的首页
deleted. php	删除订单的页面
deletefxhw. php	删除商品信息页面
deletegonggao. php	删除公告信息页面
deletelb. php	删除商品大类页面
deleteleaveword. php	删除用户留言页面
deletepingjia. php	删除商品评论页面
deleteuser. php	删除用户信息页面
dongjieuser. php	冻结用户处理页面
editgonggao. php	编辑公告内容页面
editgoods. php	编辑商品信息页面
editleaveword. php	编辑用户留言页面
editpinglun. php	编辑用户评论页面
edituser. php	编辑用户信息页面
finddd. php	订单查询页面
function. php	调用的常用函数
index. php	后台用户登录
left. php	展开式树状导航条
lookdd. php	查看订单页面
lookleaveword. php	查看用户留言页面
lookpinglun. php	查看用户评论页面
lookuserinfo. php	查看用户信息页面
orddd. php	执行订单页面
saveaddleibie. php	保存新增商品大类页面
savechangeadmin. php	保存用户信息变更页面
savechangegoods. php	保存经修改商品信息页面
saveeditgonggao. php	保存经修改公告内容页面
savenewgonggao. php	保存新增公告信息页面
savenewgoods. php	保存新增公告信息页面
saveorder. php	保存执行订单页面
showdd. php	打印订单的功能页面
showleibie. php	商品大类显示页面
top. php	后台管理的顶部文件

从上面的分析统计可看出，该网站后台共由 42 个页面组成。从开发的难易度上说并不比前台的开发简单。

13. 1. 2 登录管理流程

后台的功能开发和网站前台的功能展示开发不大一样，前台除了功能的需求之外，还需要讲究更多的网页布局即网站的美工设计，后台的开发主要重视功能的需求开发，而网页美工可以放到其次，因为使用后台的就是网站管理者。本小节介绍一下网站后台从登录到可实现的管理具体有哪些流程，方便读者更容易了解后面的内容。

（1）网站管理者需要登录后台进行管理网上购物系统，由于涉及很多商业机密，所以需要设计登录用户确认页面，通过输入唯一的用户名和密码来登录后台进行管理。本网上购物系统为了方便使用，首先在用户系统首页中直接输入用户名为“admin”和密码为“123456”，输入登录的地址为“http://127. 0. 0. 1/shop/admin/login. php”，如图 13-2 所示。

图 13-2 后台管理登录页面

（2）单击“登录”按钮即可登录后台的首页进行全方位的管理，如图 13-3 所示。

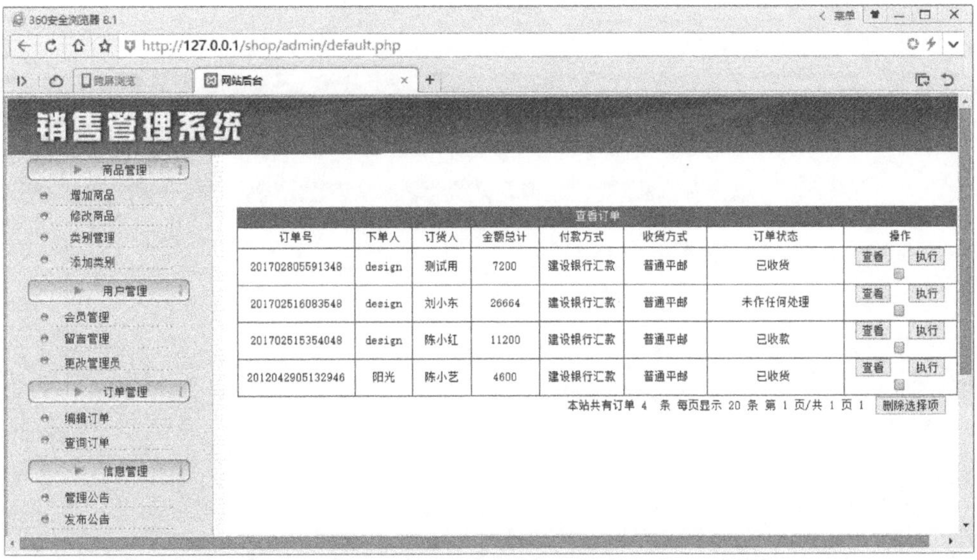

图 13-3 后台管理主界面

（3）单击左边树状的管理菜单中的“商品管理”，可以展开“增加商品”“修改商品”“类别管理”“添加类别”4 个功能菜单项。通过这 4 个功能主要实现商品的添加、修改管理。图 13-4 所示为“增加商品”页面。

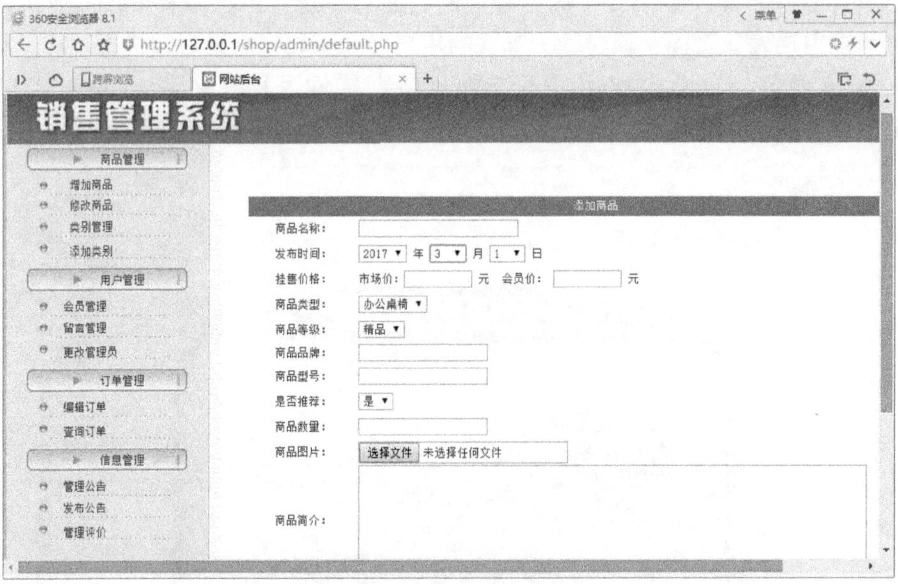

图 13-4 “增加商品”页面

（4）如果要实现对用户的管理，可以单击“用户管理”菜单展开项，里面包括了“会员管理”“留言管理”及“更改管理员”3 个菜单项。在这 3 个功能中，后台管理者不但可以实现对注册会员的删除，还可以实现相应留言的删除管理，对于后台登录的 admin 身份也可以进行变更。图 13-5 所示为“更改管理员”页面。

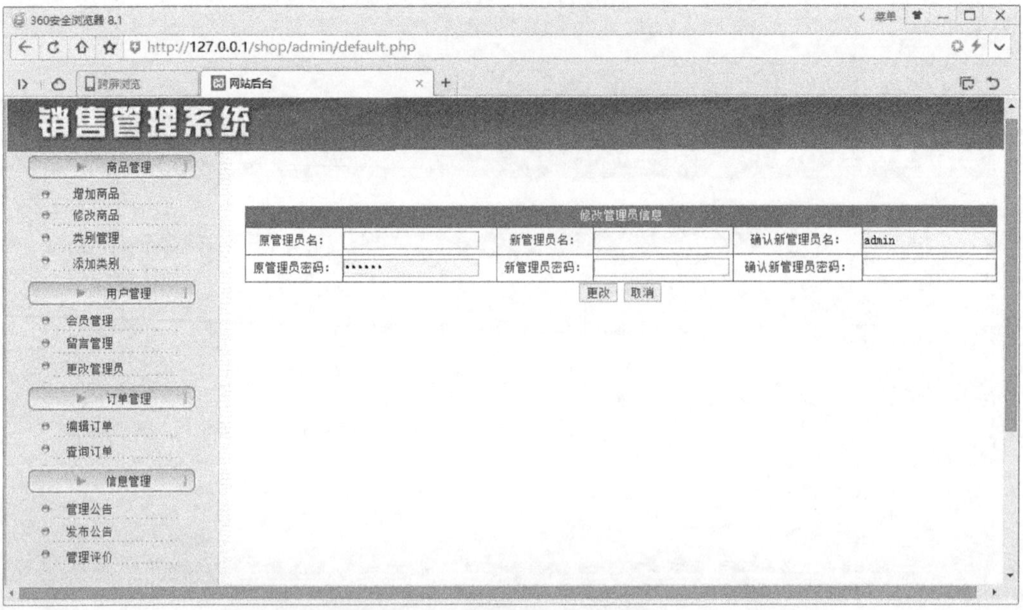

图 13-5 “更改管理员”页面

（5）订单管理是网上购物系统后台管理的核心部分，单击“订单管理”菜单展开项，可以看到“编辑订单”和“查询订单”两个功能项。其中，编辑订单就是实现前台会员下订单后与管理者的一个交互，管理者需要及时处理订单，并进行发货才可以实现购物交易的环节，“编辑订单”页面如图 13-6 所示。

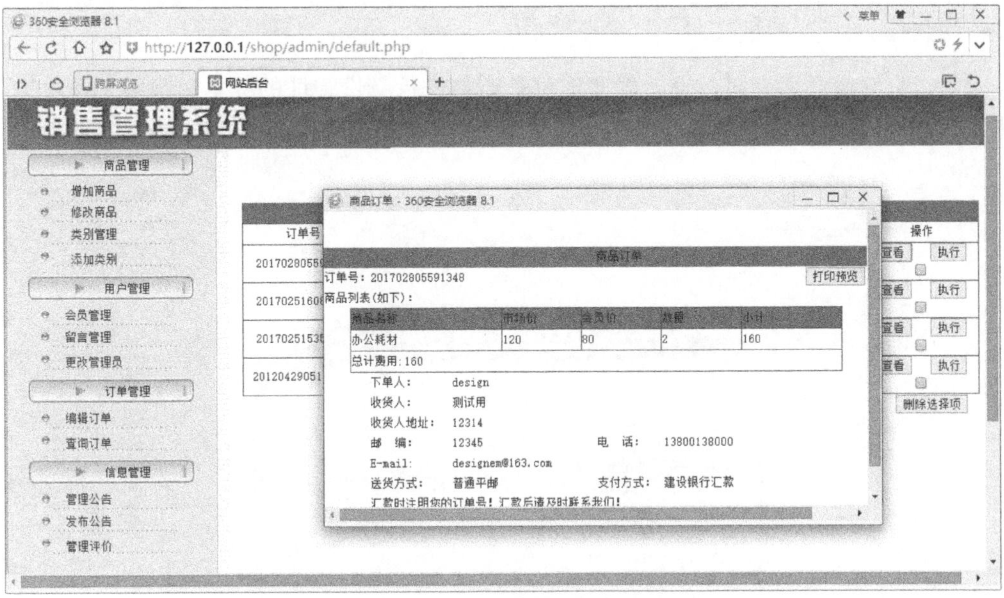

图 13-6 “编辑订单”页面

（6）单击“信息管理”菜单展开项，包括了“管理公告”“发布公告”及“管理评价”3 个功能。通过这 3 个功能能够实现整个网站的即时新闻发布、公告修改及商品评论的编辑修改，“管理公告”页面如图 13-7 所示。

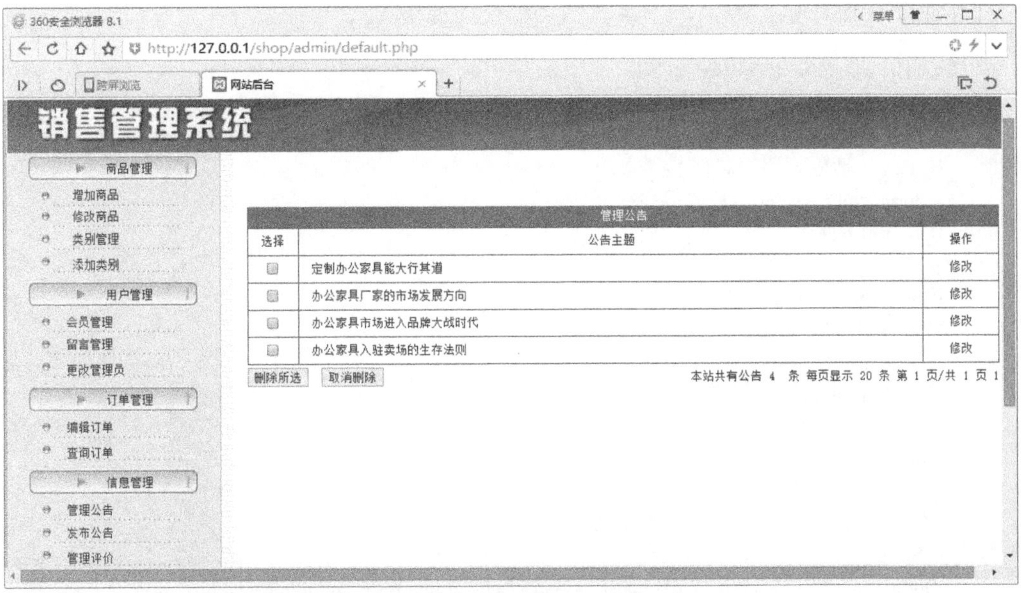

图 13-7 “管理公告”页面

从上述的后台管理者登录到各功能的管理页面来看，本实例的后台管理功能非常流畅，能够为后台管理者提供非常便利的网站管理后台。这需要网站设计者与管理者沟通到位，问清需求后才可以规划出实用的网站后台。

13.1.3 后台登录的设计

一般，后台管理者在进行后台管理时都是需要进行身份验证的，本实例用于登录的页面如图 13-8所示，在单击“登录”按钮后，判断后台登录管理身份的确认动态文件为 chkadmin. php。

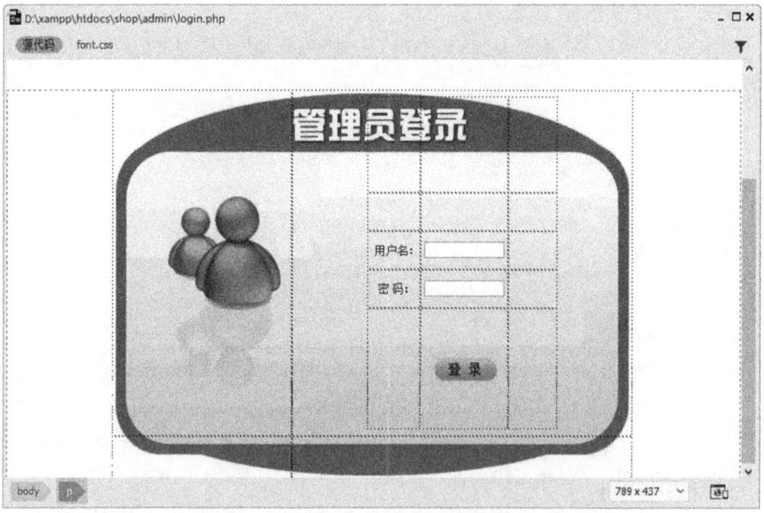

图 13-8　后台管理登录静态效果

（1）该页面制作也比较简单，主要的功能代码如下：

```
<script language="javascript">
  function chkinput(form){
    if(form.name.value==""){
  alert("请输入用户名!");
  form.name.select();
  return(false);
}
if(form.pwd.value==""){
  alert("请输入用户密码!");
  form.pwd.select();
  return(false);
}
return(true);
  }
//单击"登录"按钮进行表单的验证
</script>
<form name="form1" method="post" action="chkadmin.php" onSubmit="return chkinput(this)">
//通过验证后转到 chkadmin.php 进行判断
```

（2）chkadmin.php 是判断管理者身份是否正确的页面，使用 PHP 编写的程序如下：

```
<?php
class chkinput{
   var $name;
   var $pwd;
   function chkinput($x,$y)
     {
      $this->name=$x;
      $this->pwd=$y;
     }
   function checkinput()
   {
      include("conn.php");
 $sql=mysqli_query("select * from tb_admin where name='".$this->name."'",$conn);
//从数据表 tb_admin 调出数据
      $info=mysqli
_fetch_array($sql);
      if($info==false)
        {
            echo"<script language='javascript'>alert('不存在此管理员！');history.back();
</script>";
            exit;
        }//如果不存在,则显示为"不存在此管理员"
       else
        {
            if($info['pwd']==$this->pwd){
                  header("location:default.php");
                }
//如果正确,则登录 default.php 页面
            else
             {
                 echo"<script language='javascript'>alert('密码输入错误！');history.back();
</script>";
                 exit;
             }
        }
   }
}
     $obj=new chkinput(trim($_POST['name']),md5(trim($_POST['pwd'])));
     $obj->checkinput();
?>
```

13.1.4 树状导航菜单的设计

后台管理的导航菜单是一个树状的展开式菜单，分为二级菜单，在单击一级菜单时可以实现二级菜单的展开和合并的操作，在 Dreamweaver 中设计的样式如图 13-9 所示。

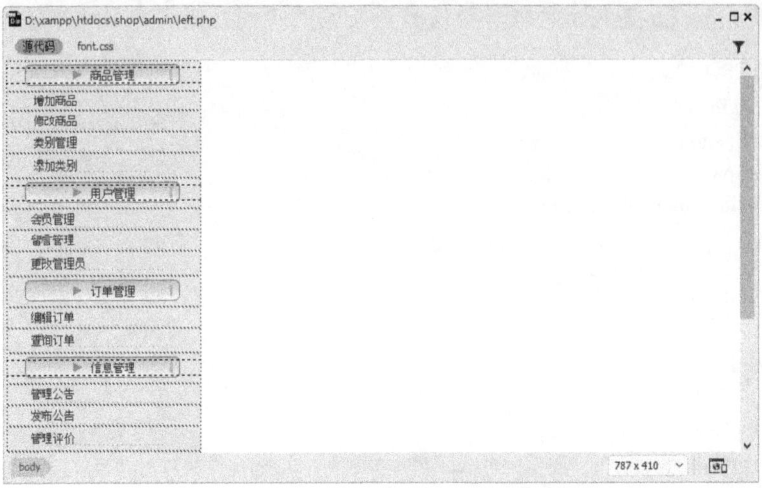

图 13-9 树状导航菜单

而动态地展开和合并是使用 JavaScript 实现的，核心的代码如下：

```
<script language="javascript">
  function openspgl(){
    if(document. all. spgl. style. display=="none"){
   document. all. spgl. style. display="";
   document. all. d1. src="images/point3. gif";
}
else{
  document. all. spgl. style. display="none";
  document. all. d1. src="images/point1. gif";
}
  }
  function openyhgl(){
    if(document. all. yhgl. style. display=="none"){
   document. all. yhgl. style. display="";
   document. all. d2. src="images/point3. gif";
}
else{
  document. all. yhgl. style. display="none";
  document. all. d2. src="images/point1. gif";
}
  }
  function openddgl(){
    if(document. all. ddgl. style. display=="none"){
   document. all. ddgl. style. display="";
   document. all. d3. src="images/point3. gif";
}
else{
  document. all. ddgl. style. display="none";
  document. all. d3. src="images/point1. gif";
}
  }
```

```
    function opengggl(){
      if(document.all.gggl.style.display=="none"){
     document.all.gggl.style.display="";
     document.all.d4.src="images/point3.gif";
  }
  else{
    document.all.gggl.style.display="none";
    document.all.d4.src="images/point1.gif";
  }
    }
  </script>
```

上述的代码经常应用于网站的动态菜单设计，读者可以将其应用于其他网站，甚至是网站的前台菜单。

Section 13.2 商品管理功能

根据需求，商品管理功能包括了“增加商品”addgoods.php、“修改商品”editgoods.php、“类别管理”showleibie.php、“添加类别”addleibie.php 这 4 个功能主页面，本节就介绍这几个商品管理功能页面的程序实现方法。

13.2.1 增加商品功能

在前台所有展示的产品都是要从后台进行商品发布的，供商品发布的字段要与数据库中保存商品的设计字段一一对应。本实例设计的增加商品 addgoods.php 页面效果如图 13-10 所示。

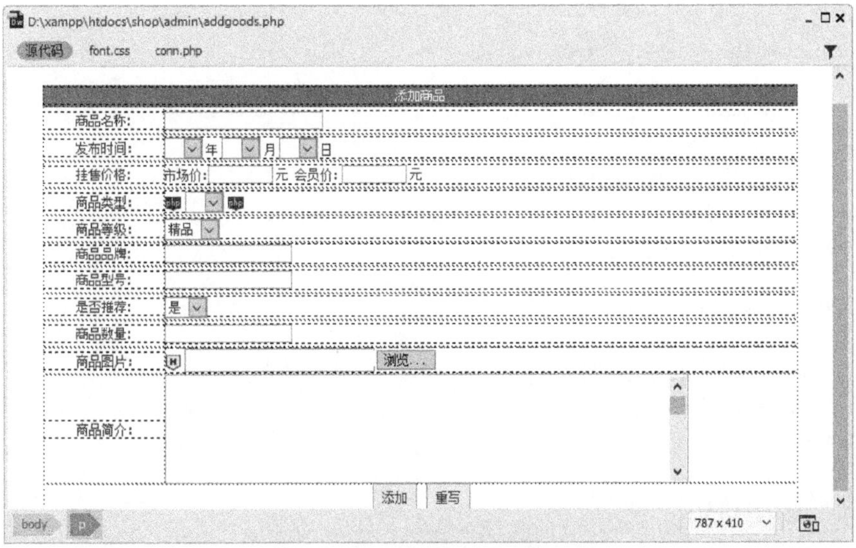

图 13-10 增加商品的页面效果

（1）程序核心代码如下：

```
<script language="javascript">
function chkinput(form)
{
   if(form.mingcheng.value=="")
    {
      alert("请输入商品名称!");
form.mingcheng.select();
return(false);
    }
   if(form.huiyuanjia.value=="")
    {
      alert("请输入商品会员价!");
form.huiyuanjia.select();
return(false);
    }
   if(form.shichangjia.value=="")
    {
      alert("请输入商品市场价!");
form.shichangjia.select();
return(false);
    }
   if(form.dengji.value=="")
    {
      alert("请输入商品等级!");
form.dengji.select();
return(false);
    }
    if(form.pinpai.value=="")
    {
      alert("请输入商品品牌!");
form.pinpai.select();
return(false);
    }
    if(form.xinghao.value=="")
    {
      alert("请输入商品型号!");
form.xinghao.select();
return(false);
    }
    if(form.shuliang.value=="")
    {
      alert("请输入商品数量!");
form.shuliang.select();
return(false);
    }
    if(form.jianjie.value=="")
    {
      alert("请输入商品简介!");
form.jianjie.select();
```

```
return(false);
    }
    return(true);
}
      </script>//进行表单验证
        <form name="form1" enctype="multipart/form-data" method="post" action="
savenewgoods.php" onSubmit="return chkinput(this)">
//验证后提交 savenewgoods.php 页面进行处理
```

（2）savenewgoods.php 是实现将发布的商品信息保存到数据库的文件，代码如下：

```
<meta http-equiv="Content-Type" content="text/html;charset=utf-8">
<?php
include("conn.php");
if(is_numeric($_POST['shichangjia'])==false || is_numeric($_POST['huiyuanjia'])==false)
{
    echo"<script>alert('价格只能为数字！');history.back();</script>";
    exit;
}
if(is_numeric($_POST['shuliang'])==false)
{
    echo"<script>alert('数量只能为数字！');history.back();</script>";
    exit;
}
$mingcheng=$_POST['mingcheng'];
$nian=$_POST['nian'];
$yue=$_POST['yue'];
$ri=$_POST['ri'];
$shichangjia=$_POST['shichangjia'];
$huiyuanjia=$_POST['huiyuanjia'];
$typeid=$_POST['typeid'];
$dengji=$_POST['dengji'];
$xinghao=$_POST['xinghao'];
$pinpai=$_POST['pinpai'];
$tuijian=$_POST['tuijian'];
$shuliang=$_POST['shuliang'];
$upfile=@$_POST['upfile'];

if(ceil(($huiyuanjia/$shichangjia)*100)<=80)
{

     $tejia=1;
}
else
{
     $tejia=0;
}


function getname($exname){
    $dir="upimages/";
```

```
    $i=1;
    if(! is_dir($dir)){
        mkdir($dir,0777);
    }

    while(true){
        if(! is_file($dir. $i. ". ". $exname)){
        $name=$i. ". ". $exname;
        break;
    }
    $i++;
}
    return $dir. $name;
}
$exname=strtolower(substr($_FILES['upfile']['name'],(strrpos($_FILES['upfile']['name'],'.')+
1)));
$uploadfile=getname($exname);

move_uploaded_file($_FILES['upfile']['tmp_name'],$uploadfile);
if(trim($_FILES['upfile']['name']!=""))
{
  $uploadfile="admin/". $uploadfile;
}
else
{
  $uploadfile="";
}

$jianjie=$_POST['jianjie'];
$addtime=$nian. "-". $yue. "-". $ri;
mysqli_query($conn,"insert into tb_shangpin(mingcheng,jianjie,addtime,dengji,xinghao,tupian,
typeid,shichangjia,huiyuanjia,pinpai,tuijian,shuliang,cishu)values('$mingcheng','$jianjie','$addtime',
'$dengji','$xinghao','$uploadfile','$typeid','$shichangjia','$huiyuanjia','$pinpai','$tuijian','$shuliang',
'0')");
echo"<script>alert('商品". $mingcheng. "添加成功!');window. location. href='addgoods. php';
</script>";
?>
//上传成功转向 addgoods. php 页面
```

在上述 PHP 的程序编写中，核心在于产品图片的上传功能。

13. 2. 2 修改商品功能

在商品发布后，如果发现发布的商品信息有错误，则可以通过“修改商品”功能来进行商品信息的调整，在后台中单击“修改商品”，打开的是 editgoods. php 页面。

（1）使用 Dreamweaver 制作的静态页面效果如图 13-11 所示。

（2）在该页面中可以选择“复选”复选框，再单击“删除选择”按钮实现商品删除，该操作链接到 deletefxhw. php 页面。deletefxhw. php 是从数据库中删除该商品信息，使用的代码如下：

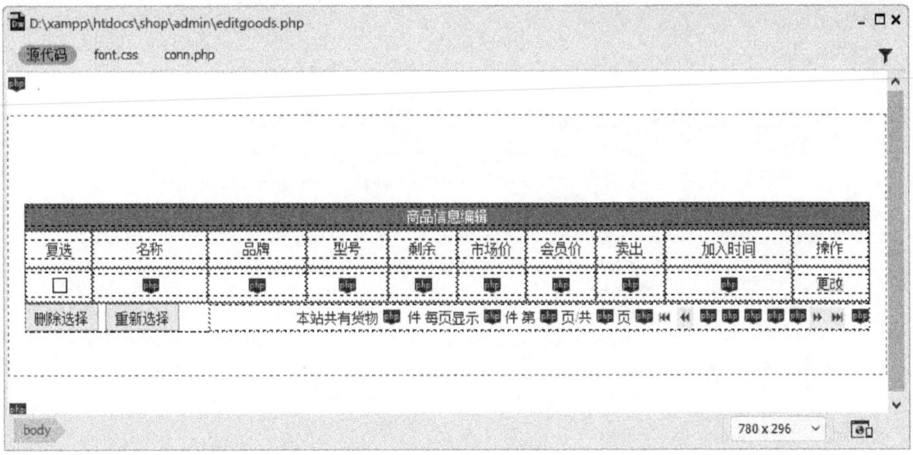

图 13-11　修改商品静态页面效果

```
<?php
include("conn.php");
while(list($name,$value)=each($_POST))
   {
        $sql=mysqli_query("select tupian from tb_shangpin where id='".$value."'",$conn);
  $info=mysqli_fetch_array($sql);
  if($info['tupian']!="")
   {
     @unlink(substr($info['tupian'],6,(strlen($info['tupian'])-6)));

   }
  $sql1=mysqli_query($conn,"select * from tb_dingdan");
  while($info1=mysqli_fetch_array($sql1))
  {  $id1=$info1['id'];
     $array=explode("@",$info1['spc']);
     for($i=0;$i<count($array);$i++){
          if($array[$i]==$value)
            {
              mysqli_query($conn,"delete from tb_dingdan where id='".$id1."'");
            }
       }
  }
      mysqli_query($conn,"delete from tb_shangpin where id='".$value."'");
    mysqli_query($conn,"delete from tb_pingjia where spid='".$value."'");
  }
header("location:editgoods.php");
?>
```

(3) 通过单击“更改”文字链接能打开 changegoods.php 页面进行商品的信息变更，该页面设计的样式和添加产品时的样式是一模一样的，如图 13-12 所示。

(4) 在编辑商品信息之后，单击“更改”按钮，提交表单到 savechangegoods.php 页面进行数据库的更新操作，核心代码如下：

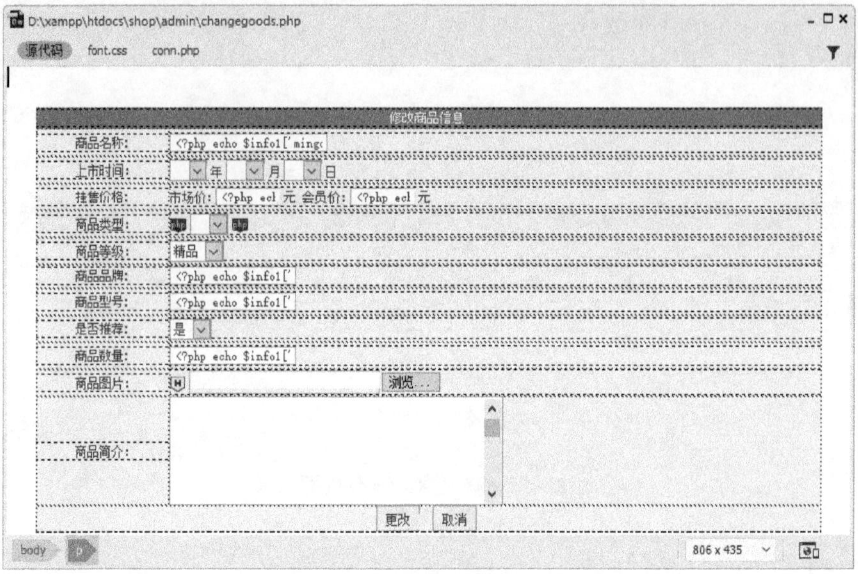

图 13-12 修改商品信息页面

```
<meta http-equiv="Content-Type" content="text/html;charset=utf-8">
<?php
include("conn.php");
 $mingcheng=$_POST['mingcheng'];
 $nian=$_POST['nian'];
 $yue=$_POST['yue'];
 $ri=$_POST['ri'];
 $shichangjia=$_POST['shichangjia'];
 $huiyuanjia=$_POST['huiyuanjia'];
 $typeid=$_POST['typeid'];
 $dengji=$_POST['dengji'];
 $xinghao=$_POST['xinghao'];
 $pinpai=$_POST['pinpai'];
 $tuijian=$_POST['tuijian'];
 $shuliang=$_POST['shuliang'];
//$upfile=$_POST[upfile];

if(ceil(($huiyuanjia/$shichangjia)*100)<=80)
{

    $tejia=1;
}
else
{
    $tejia=0;
}
if(@$upfile!="")
{
 $sql=mysqli_query($conn,"select * from tb_shangpin where id=".$_GET[id]."");
 $info=mysqli_fetch_array($sql);
```

```
@unlink(substr($info['tupian'],6,(strlen($info['tupian'])-6)));
}

function getname($exname){
   $dir="upimages/";
   $i=1;
   if(! is_dir($dir)){
       mkdir($dir,0777);
   }

   while(true){
        if(! is_file($dir. $i. ".". $exname)){
        $name=$i. ".". $exname;
        break;
   }
   $i++;
}

   return $dir. $name;
}

$exname=strtolower(substr($_FILES['upfile']['name'],(strrpos($_FILES['upfile']['name'],'.')+
1)));
$uploadfile=getname($exname);
move_uploaded_file($_FILES['upfile']['tmp_name'],$uploadfile);
$uploadfile="admin/". $uploadfile;
//列出上传目录
$jianjie=$_POST['jianjie'];
$addtime=$nian. "-". $yue. "-". $ri;
mysqli_query($conn,"update tb_shangpin set mingcheng='$mingcheng',jianjie='$jianjie',addtime='$
addtime',dengji='$dengji',xinghao='$xinghao',tupian='$uploadfile',typeid='$typeid',shichangjia='$
shichangjia',huiyuanjia='$huiyuanjia',pinpai='$pinpai',tuijian='$tuijian',shuliang='$shuliang' where id
=". $_GET['id']. "");
echo"<script>alert('商品". $mingcheng. "修改成功！');history. back();;</script>";
?>
```

更新数据库主要用到了 UPDATE 这个数据库更新的命令。

13.2.3 类别管理功能

商品的类别提供了删除功能，通过选择“操作”复选框，再单击“删除选项”按钮即可以将类别从数据库中删除，该功能首页为 showleibie. php。

（1）使用 Dreamweaver 设计的该页面的静态效果如图 13-13 所示。该页面主要实现从类别的数据表中查询出相应的数据并绑定到该页面。

（2）选择相应的类别复选框，再单击“删除选项”按钮时是提交表单到 deletelb. php 动态页面进行删除的，在删除时要把关联的商品信息也一并删除，通过商品的 ID 同时删除 tb_type 和 tb_shangpin 即可实现。实现删除类别的代码如下：

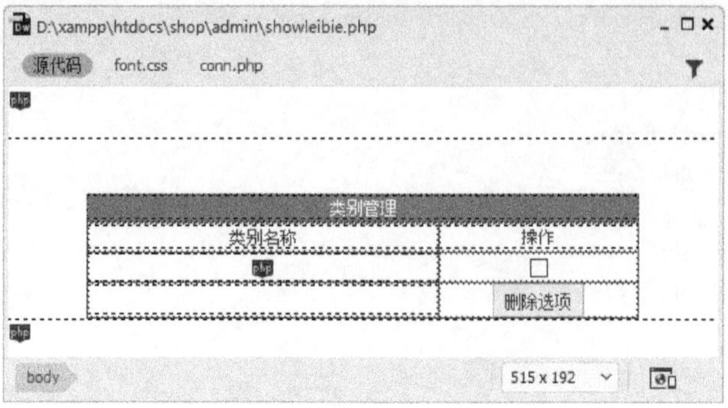

图 13-13　类别管理页面

```
<?php
include("conn. php");
while(list($name,$value)= each($_POST)){
  mysqli_query($conn,"delete from tb_type where id='". $value. "'");
  mysqli_query($conn,"delete from tb_shangpin where id='". $value. "'");
  }
  header("location:showleibie. php");
?>
//删除成功转向 showleibie. php 页面
```

13.2.4 添加类别功能

电子商务网站的商品是多种多样的，在后台要设置商品分类的功能，在实际的网站开发中经常有一级分类、二级分类甚至三级分类，这些还涉及菜单的二级联动问题。本实例只建立了一级分类，管理者可以在后台直接添加一级的分类，添加类别功能的主页面是 addleibie. php。

（1）使用 Dreamweaver 设计的 addleibie. php 页面静态效果如图 13-14 所示。

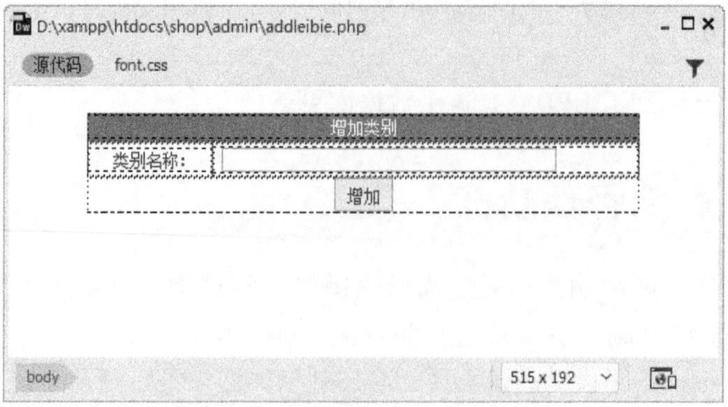

图 13-14　设计的增加类别页面效果

（2）在单击“增加”按钮的时候，要进行表单验证，并提交到 saveaddleibie. php 页面进行插入数据库的操作。该页面的代码如下：

```
<meta http-equiv="Content-Type" content="text/html;charset=utf-8">
<?php
 $leibie=$_POST['leibie'];
include("conn.php");
 $sql=mysqli_query($conn,"select * from tb_type where typename='".$leibie."'");
 $info=mysqli_fetch_array($sql);
if($info!=false){
echo"<script>alert('该类别已经存在！');window.location.href='addleibie.php';</script>";
exit;
}
mysqli_query($conn,"insert into tb_type(typename) values ('$leibie')");
echo"<script>alert('新类别添加成功！');window.location.href='addleibie.php';</script>";
?>
//添加成功指向 addleibie.php
```

在编写的时候，要充分考虑类别是否已经存在，因此要加入一个判断。

Section 13.3 用户管理功能

用户管理功能是与前台的用户注册功能互相呼应的。对于一个购物网站来说，一个完善的用户管理系统一定要有一个功能比较强大的用户管理后台。本实例制作了“会员管理”“留言管理”及“更改管理员”3个菜单项，本节就介绍这几个小功能的实现方法。

13.3.1 会员管理功能

会员的管理功能主要是指能够在后台实现会员的删除，对一些会员能够实现“冻结”的操作，保留会员的信息，但禁止其在前台进行购物及发言。会员管理功能的首页为edituser.php，制作的详细步骤如下。

（1）使用Dreamweaver设计的页面如图13-15所示。

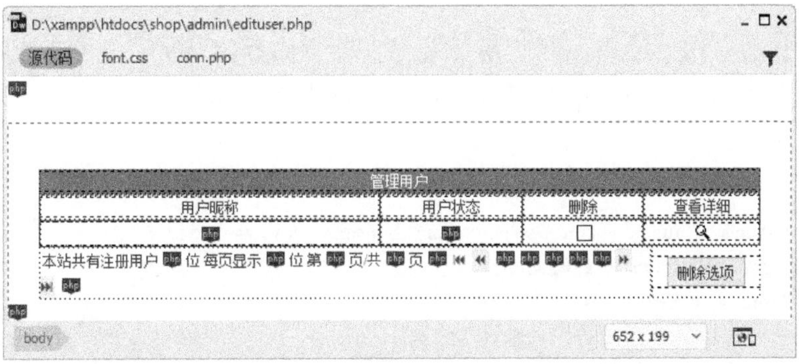

图13-15 会员管理主页 edituser.php

（2）选择“删除”复选框，再单击“删除选项”按钮时能够提交表单到deleteuser.php动态页面实现会员数据删除的操作，该页面的程序如下：

```
<meta http-equiv="Content-Type" content="text/html;charset=utf-8">
<?php
include("conn.php");
while(list($name,$value)=each($_POST))
   {
      mysqli_query($conn,"delete from tb_user where id=".$value."");
   mysqli_query($conn,"delete from tb_pingjia where userid=".$value."");
   mysqli_query($conn,"delete from tb_leaveword where userid=".$value."");
   }
header("location:edituser.php");
?>
```

注意：

在删除会员的时候同样要注意删除数据库中 tb_user、tb_pingjia、tb_leaveword 这 3 个数据表中所有关联的数据，删除成功后要返回会员管理主页面。

（3）在单击“查看详细”链接后，打开的是对用户“冻结”和“解冻”的页面 lookuserinfo. php，设计的页面如图 13-16 所示。

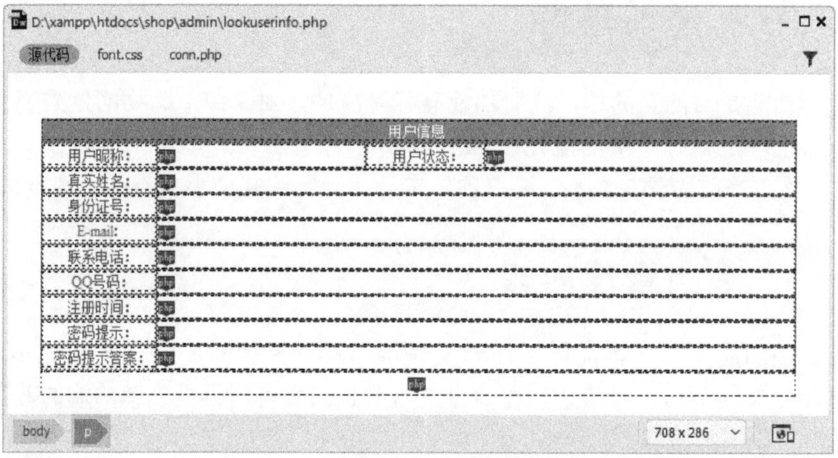

图 13-16　用户信息页面 lookuserinfo. php

在编写程序时实现“冻结”和“解冻”其实非常简单，只要赋值为 0 或者 1 来区分是否冻结即可，在查询会员信息的时候按查询是 0 或者是 1 来给会员权限。代码也很简单，如下：

```
<?php
   $sql=mysqli_query($conn,"select * from tb_user where id=".$id."");
   $info=mysqli_fetch_array($sql);
   if($info['dongjie']==0)
   {
     echo"冻结该用户";
   }
   else
   {
     echo"解除冻结";
```

```
    }
?>
```

13.3.2 留言管理功能

会员在购物时若遇到问题，则可以直接通过留言功能与管理者进行沟通。在后台，管理者要及时浏览会员的留言并进行相应的处理，对于一些没用的留言可以进行直接的删除操作。用于留言管理的主页面是 lookleaveword. php。

（1）制作的 lookleaveword. php 页面效果如图 13-17 所示。

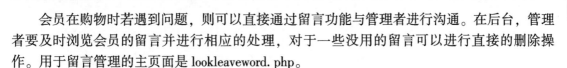

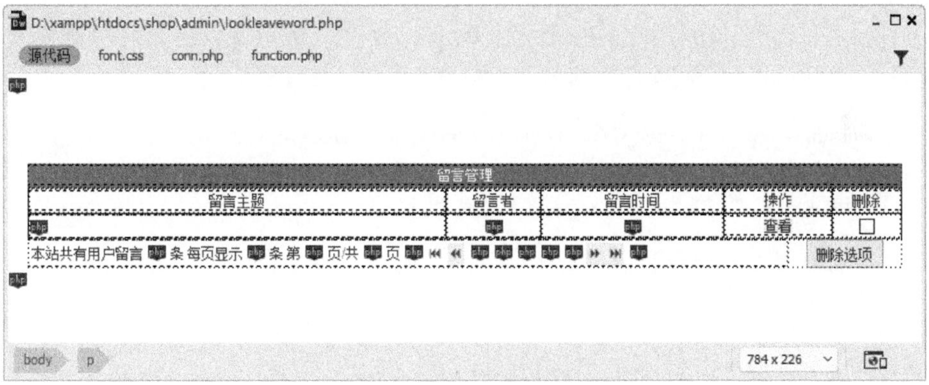

图 13-17　留言管理页面 lookleaveword. php

（2）该页面也主要是从数据库中查询所有的留言并显示在网页中，选择“删除”复选框，再单击“删除选项”按钮时提交表单信息至 deleteleaveword. php 页面进行删除数据的操作。实现删除的代码如下：

```
<?php
include("conn. php");
while(list($name,$value)=each($_POST))
{
    mysqli_query($conn,"delete from tb_leaveword where id='". $value. "'");

}
header("location:lookleaveword. php");
?>
//删除成功返回 lookleaveword. php
```

13.3.3 更改管理员功能

网站开发者在开发时一般使用的用户名和密码都是 admin，在提交给网站管理者时，为了安全起见，要能够实现后台管理者的用户名和密码的修改，实现该功能的主页面是 changeadmin. php。

（1）制作的更改管理员主页 changeadmin. php 的效果如图 13-18 所示。

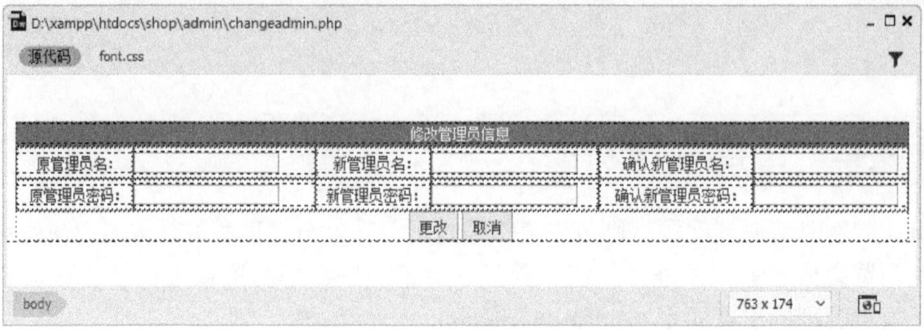

图 13-18　更改管理员页面

（2）输入新旧管理员的用户名和密码，单击“更改”按钮可以提交表单进行验证，并提交到 savechangeadmin. php 进行数据更新的操作，实现的代码如下：

```
<meta http-equiv="Content-Type" content="text/html;charset=utf-8">
<?php
 $n0=$_POST['n0'];
 $n1=$_POST['n1'];
 $p0=md5($_POST['p0']);
 $p1=trim($_POST['p1']);
include("conn. php");

  $sql=mysqli_query($conn,"select * from tb_admin where name='". $n0. "'");
  $info=mysqli_fetch_array($sql);
  if($info==false)
   {
     echo"<script>alert('不存在此用户！');history. back();</script>";
     exit;
   }
   else
   {
    if($info['pwd']==$p0)
   {
  if($n1!="")
   {

  mysqli_query($conn,"update tb_admin set name='". $n1. "'where id=". $info['id']. "");
  }
  if($p1!="")
   {
    $p1=md5($p1);
     mysqli_query($conn,"update tb_admin set pwd='". $p1. "' where id=". $info['id']. "");

     }
   }
   else
   {
   echo"<script>alert('原密码输入错误！');history. back();</script>";
        exit;
```

```
        }
    }
echo"<script>alert('更改成功！');history.back();</script>";
?>
```

该程序首先对管理员的用户名进行验证，判断正确后才更新数据，并显示更新成功。

Section 13.4 订单管理功能

订单管理功能是购物网站的重点。对于网站管理者而言，一定要及时登录后台对订单进行管理并及时发货。本实例在登录后台时把订单管理的功能作为了默认打开的页面，主要包括了“编辑订单”和“查询订单”两个小功能，下面就分别做介绍。

13.4.1 编辑订单功能

所谓的编辑订单，是指管理者在登录后台后，对会员提交的订单进行“已收款”“已发货”“已收货”验证，同时要及时打印出网上订单并提交给公司进行发货处理。编辑订单的主页是 lookdd. php。

(1) 设计的 lookdd. php 页面的效果如图 13-19 所示。该页面也只是具有简单的处理订单信息功能，只要从数据库中查询订单进行显示即可。

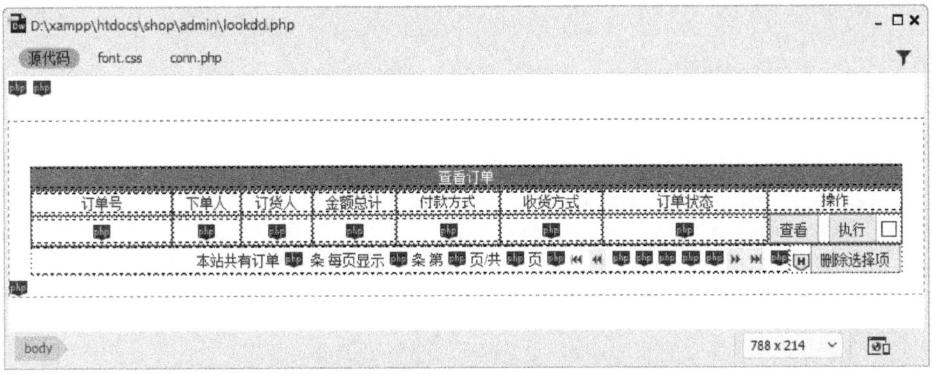

图 13-19 查看订单页面 lookdd. php

(2) 设计的第二步就是单击“查看”按钮时，能调出订单的详细内容 showdd. php 页面，并能进行打印，在网上浏览的效果如图 13-20 所示。

showdd. php 页面中通过调用函数实现打印的功能，具体的代码如下：

```
<html>
<head>
<meta http-equiv="Content-Type" content="text/html;charset=utf-8">
<title>商品订单</title>
<link rel="stylesheet" type="text/css" href="css/font. css">
<style type="text/css">
```

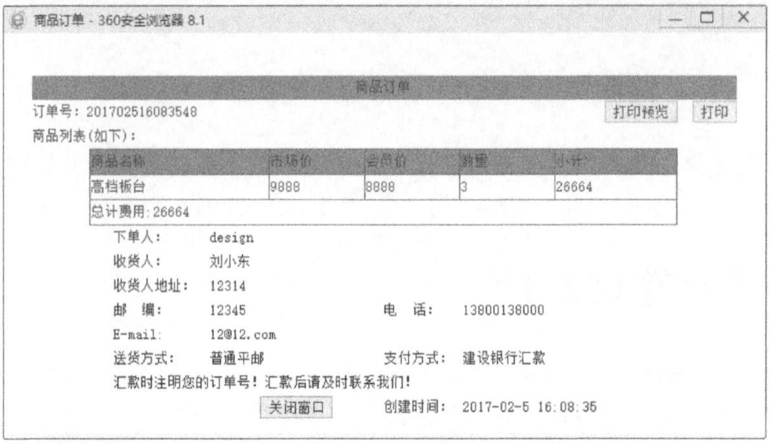

图 13-20　订单详细内容

```
<!--
@ media print{
div{display:none}
}
. style3 {color:#990000}
-->
</style>
</head>
<?php
  include("conn. php");
  $id=$_GET['id'];
  $sql=mysqli_query($conn,"select * from tb_dingdan where id='". $id. "'");
  $info=mysqli_fetch_array($sql);
  $spc=$info['spc'];
  $slc=$info['slc'];
  $arraysp=explode("@",$spc);
  $arraysl=explode("@",$slc);
?>
<body topmargin="0" leftmargin="0" bottommargin="0">
<p> </p>
<table width="600"  border="0" align="center" cellpadding="0" cellspacing="0">
  <tr align="center" bgcolor="#FFCF60">
    <td height="20" colspan="2" bgcolor="#0099FF">商品订单</td>
  </tr>
  <tr>
    <td width="448" height="20">订单号:<?php echo $info['dingdanhao'];?></td>
    <td width="152"><div align="right">
<script>
  function prn(){
  document. all. WebBrowser1. ExecWB(7,1);
  }
  </script>
  <object  ID='WebBrowser1'  WIDTH=0  HEIGHT=0  CLASSID='CLSID:8856F961-340A-11D0-A96B-00C04FD705A2'></object>
```

```
<input type="button" value="打印预览" class="buttoncss" onClick="prn()"> 
<input type="button" value="打印" class="buttoncss" onClick="window.print()"></div></td>
  </tr>
  <tr>
    <td height="20" colspan="2">商品列表(如下):</td>
  </tr>
</table>
<table width="500" height="60" border="0" align="center" cellpadding="0" cellspacing="0">
  <tr>
    <td bgcolor="#666666"><table width="500" border="0" align="center" cellpadding="0" cell-
spacing="1">
      <tr bgcolor="#0099FF">
        <td width="153" height="20">商品名称</td>
        <td width="80">市场价</td>
        <td width="80">会员价</td>
        <td width="80">数量</td>
        <td width="101">小计</td>
      </tr>
  <?php
  $total=0;
  for($i=0;$i<count($arraysp)-1;$i++){
if($arraysp[$i]!=""){
     $sql1=mysqli_query($conn,"select * from tb_shangpin where id='".$arraysp[$i]."'");
     $info1=mysqli_fetch_array($sql1);
 $total=$total+=$arraysl[$i]*$info1['huiyuanjia'];
  ?>
  <tr bgcolor="#FFFFFF">
        <td height="20"><?php echo $info1['mingcheng'];?></td>
        <td height="20"><?php echo $info1['shichangjia'];?></td>
        <td height="20"><?php echo $info1['huiyuanjia'];?></td>
        <td height="20"><?php echo $arraysl[$i];?></td>
        <td height="20"><?php echo $arraysl[$i]*$info1['huiyuanjia'];?></td>
     </tr>
<?php
     }
   }
?>
      <tr bgcolor="#FFFFFF">
        <td height="20" colspan="5">
总计费用:<?php echo $total;?>
          </td>
        </tr>
    </table></td>
  </tr>
</table>
<table width="460" border="0" align="center" cellpadding="0" cellspacing="0">
  <tr>
    <td width="81" height="20">下单人:</td>
    <td colspan="3"><?php echo $info['xiadanren'];?></td>
  </tr>
  <tr>
```

```
    <td height="20">收货人:</td>
    <td height="20" colspan="3"><?php echo $info['shouhuoren'];?></td>
  </tr>
  <tr>
    <td height="20">收货人地址:</td>
    <td height="20" colspan="3"><?php echo $info['dizhi'];?></td>
  </tr>
  <tr>
    <td height="20">邮   编:</td>
    <td width="145" height="20"><?php echo $info['youbian'];?></td>
    <td width="66">电   话:</td>
    <td width="158"><?php echo $info['tel'];?></td>
  </tr>
  <tr>
    <td height="20">E-mail:</td>
    <td height="20"><?php echo $info['email'];?></td>
    <td height="20"> </td>
    <td height="20"> </td>
  </tr>
  <tr>
    <td height="20">送货方式:</td>
    <td height="20"><?php echo $info['shff'];?></td>
    <td height="20">支付方式:</td>
    <td height="20"><?php echo $info['zfff'];?></td>
  </tr>
  <tr>
    <td height="20" colspan="4"><span class="inputcssnull">汇款时注明您的订单号!汇款后请
及时联系我们!</span></td>
  </tr>
  <tr>
    <td height="20"> </td>
    <td height="20"><div align="center"><input type="button" onClick="window.close()" value
="关闭窗口" class="buttoncss"></div></td>
    <td height="20">创建时间:</td>
    <td height="20"><?php echo $info['time'];?></td>
  </tr>
</table>
</body>
</html>
```

（3）要实现订单的网上处理，单击“执行”按钮即可以打开 orderdd.php 页面，进行订单的处理，上面包括了“已收款”“已发货”“已收货”3 个复选项，对其进行相应的处理，页面如图 13-21 所示。

（4）在 orderdd.php 中单击“修改”按钮即提交表单到 saveorder.php 进行修改数据的保存，具体的代码如下：

```
<meta http-equiv="Content-Type" content="text/html;charset=utf-8">
<?php
 $ysk=$_POST['ysk']." ";
 $yfh=$_POST['yfh']." ";
```

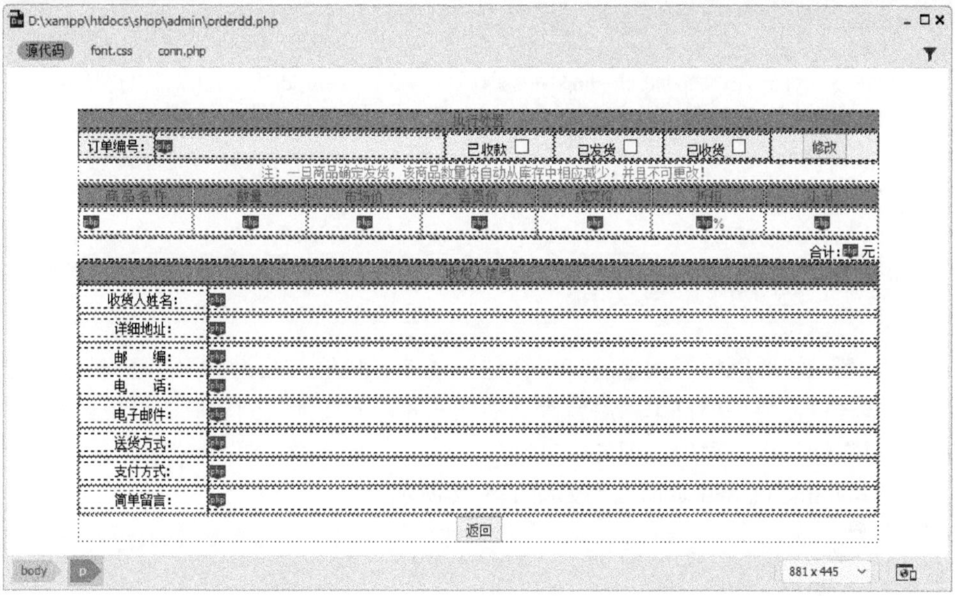

图 13-21 标记订单 orderdd. php

```
 $ysh=$_POST['ysh']." ";
 $zt="";
if($ysk!=" "){
   $zt.=$ysk;
}
if($yfh!=" "){
   $zt.=$yfh;
}
if($ysh!=" "){
   $zt.=$ysh;
}
if(($ysk==" ")&&($yfh==" ")&&($ysh==" ")){
      echo"<script>alert('请选择处理状态！');history.back();</script>";
exit;
   }
include("conn.php");
 $sql3=mysqli_query($conn,"select * from tb_dingdan where id='".$_GET['id']."'");
 $info3=mysqli_fetch_array($sql3);
if(trim($info3['zt'])=="未做任何处理"){
 $sql=mysqli_query($conn,"select * from tb_dingdan where id='".$_GET[id]."'");
 $info=mysqli_fetch_array($sql);
 $array=explode("@",$info['spc']);
 $arraysl=explode("@",$info['slc']);

for($i=0;$i<count($array);$i++){
 $id=$array[$i];
       $num=$arraysl[$i];
          mysqli_query($conn,"update tb_shangpin set cishu=cishu+'".$num."',shuliang=shuliang-'"
.$num."' where id='".$id."'");
```

```
        }
    }
mysqli_query($conn,"update tb_dingdan set zt='".$zt."'where id='".$_GET[id]."'");
header("location:lookdd.php");
?>
```

通过上述4个步骤的设计，后台的订单编辑功能即开发完成。

13.4.2 查询订单功能

在网站运营一段时间后，网上的订单会越来越多，也经常会遇到会员查询订单的情况。网站管理者同样也需要一个订单的后台查询功能，才能方便地找到相应的订单。实例查询和显示的结果是在同一个页面中，即 finddd.php。

（1）制作的 finddd.php 页面效果如图 13-22 所示。

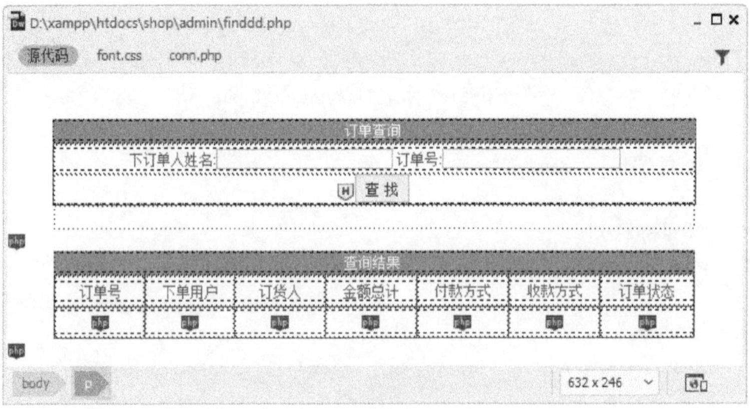

图 13-22 查询订单页面 finddd.php

（2）核心程序如下：

```
<html>
<head>
<meta http-equiv="Content-Type" content="text/html;charset=utf-8">
<title>订单查询</title>
<link rel="stylesheet" type="text/css" href="css/font.css">
</head>
<?php
  include("conn.php");
?>
<body topmargin="0" leftmargin="0" bottommargin="0">
<p> </p>
<table width="550" border="0" align="center" cellpadding="0" cellspacing="0">
        <tr>
          <td height="20" bgcolor="#0099FF"><div align="center" style="color:#FFFFFF">订单
查询</div></td>
        </tr>
        <tr>
```

```
        <td height="50" bgcolor="#555555"><table width="550" height="50" border="0" align
="center" cellpadding="0" cellspacing="1">
          <tr>
            <td bgcolor="#FFFFFF">
              <table width="550" height="50" border="0" align="center" cellpadding="0" cell-
spacing="0">
                <script language="javascript">
                  function chkinput3(form)
                    {
                      if((form.username.value=="")&&(form.ddh.value==""))
                        {
                          alert("请输入下订单人姓名或订单号");
                            form.username.select();
                            return(false);
                        }
                      return(true);

                    }
                </script>
              <form name="form3" method="post" action="finddd.php" onSubmit="return ch-
kinput3(this)">
<tr>
                <td height="25"><div align="center">下订单人姓名:<input type="text"
name="username" class="inputcss" size="25">
                订单号:<input type="text" name="ddh" size="25" class="inputcss"></div>
</td>
              </tr>
              <tr>
                <td height="25">
                  <div align="center">
    <input type="hidden" value="show_find" name="show_find">
                          <input name="button" type="submit" class="buttoncss" id="button"
value="查 找">
                  </div></td>
              </tr>
                  </form>
              </table></td>
          </tr>
        </table></td>
      </tr>
</table>
      <table width="550" height="20" border="0" align="center" cellpadding="0" cellspacing=
"0">
        <tr>
          <td> </td>
        </tr>
      </table>
  <?php
    if(@$_POST['show_find']!=""){
      $username=trim($_POST['username']);
        $ddh=trim($_POST['ddh']);
```

```
        if($username=="") {
            $sql=mysqli_query($conn,"select * from tb_dingdan where dingdanhao='".$ddh."'");
        }
        elseif($ddh=="") {
            $sql=mysqli_query($conn,"select * from tb_dingdan where xiadanren='".$username."'");
        }
        else{
            $sql=mysqli_query($conn,"select * from tb_dingdan where xiadanren='".$username."' 
and dingdanhao='".$ddh."'");
        }
        $info=mysqli_fetch_array($sql);
        if($info==false) {
          echo"<div algin='center'>对不起,没有查找到该订单！</div>";
        }
        else{
  ?>
  <table width="550" border="0" align="center" cellpadding="0" cellspacing="0">
          <tr>
            <td height="20" bgcolor="#0099FF"><div align="center" style="color:#FFFFFF">查询
结果</div></td>
          </tr>
          <tr>
            <td height="50" bgcolor="#555555"><table width="550" height="50" border="0" align
="center" cellpadding="0" cellspacing="1">
                <tr>
                  <td width="77" height="25" bgcolor="#FFFFFF"><div align="center">订单号
</div></td>
                  <td width="77" bgcolor="#FFFFFF"><div align="center">下单用户</div></td>
                  <td width="77" bgcolor="#FFFFFF"><div align="center">订货人</div></td>
                  <td width="77" bgcolor="#FFFFFF"><div align="center">金额总计</div></td>
                  <td width="77" bgcolor="#FFFFFF"><div align="center">付款方式</div></td>
                  <td width="77" bgcolor="#FFFFFF"><div align="center">收款方式</div></td>
                  <td width="77" bgcolor="#FFFFFF"><div align="center">订单状态</div></td>
              </tr>
                <?php
                  do{
                ?>
                <tr>
                  <td height="25" bgcolor="#FFFFFF"><div align="center"><?php echo $info['ding-
danhao'];?></div></td>
                  <td height="25" bgcolor="#FFFFFF"><div align="center"><?php echo $info['xia-
danren'];?></div></td>
                  <td height="25" bgcolor="#FFFFFF"><div align="center"><?php echo $info
['shouhuoren'];?></div></td>
                  <td height="25" bgcolor="#FFFFFF"><div align="center"><?php echo $info
['total'];?></div></td>
                  <td height="25" bgcolor="#FFFFFF"><div align="center"><?php echo $info
['zfff'];?></div></td>
                  <td height="25" bgcolor="#FFFFFF"><div align="center"><?php echo $info
['shff'];?></div></td>
                  <td height="25" bgcolor="#FFFFFF"><div align="center"><?php echo $info
```

```
['zt'];?></div></td>
                </tr>
            <?php
                }while($info=mysqli_fetch_array($sql));
            ?>
        </table></td>
      </tr>
    </table>
  <?php
      }
      }
      ?>
</body>
</html>
```

Section 13.5 信息管理功能

信息管理功能是指在网站后台实现新闻、用户的商品评价等相关的管理操作。本实例制作了“管理公告”“发布公告”及“管理评价”3个功能，通过这3个功能能够实现整个网站的即时公告发布、公告修改及商品评论的编辑修改。

13.5.1 管理公告功能

管理公告功能是指在后台对发布的公告可以进行修改和删除的操作，本实例管理公告的主页为 admingonggao. php。

（1）制作的 admingonggao. php 页面效果如图 13-23 所示。

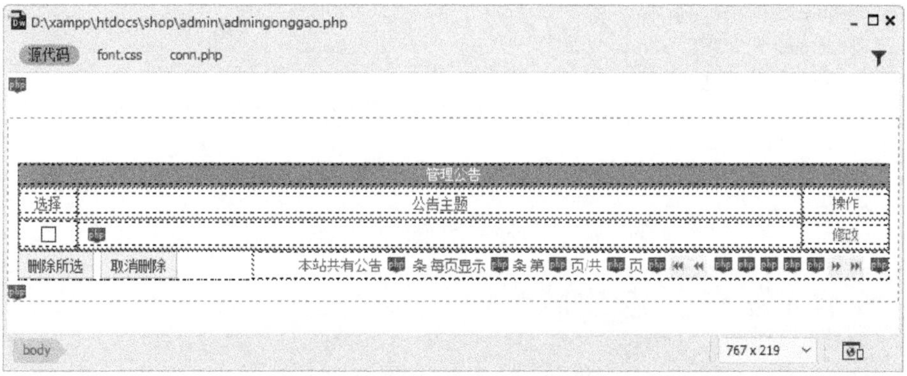

图 13-23　管理公告页面 admingonggao. php

（2）选择“选择”复选框，再单击“删除所选”按钮可以提交表单到 deletegonggao. php 进行删除公告的操作，代码如下：

```
<meta http-equiv="Content-Type" content="text/html;charset=utf-8">
<?php
  include("conn.php");
   while(list($name,$value)=each($_POST))
   {
     mysqli_query($conn,"delete from tb_gonggao where id='".$value."'");

   }
  header("location:admingonggao.php");
?>
```

（3）单击“修改”文字链接，可以打开 editgonggao. php 页面进行公告的编辑操作，该页面如图 13-24 所示。

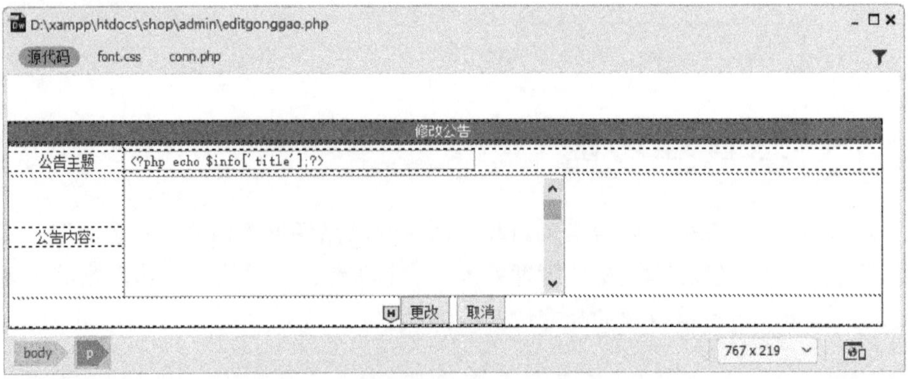

图 13-24　修改公告页面 editgonggao. php

（4）输入修改的公告主题和公告内容，再单击“更改”按钮，可以提交表单到 save-editgonggao. php 进行内容的更新操作，更新的代码如下：

```
<meta http-equiv="Content-Type" content="text/html;charset=utf-8">
  <?php
   $title=$_POST['title'];
   $content=$_POST['content'];
   include("conn.php");
   mysqli_query($conn,"update tb_gonggao set title='$title',content='$content' where id='".$_POST
['id']."'");
   echo"<script>alert('公告修改成功！');history.back();</script>";
?>
```

13.5.2 发布公告功能

用于添加新的公告的页面是 addgonggao. php，实现的方法就是采集公告的字段进行数据的插入。本小节就介绍新添加公告的具体方法。

（1）制作的采集公告的 addgonggao. php 页面如图 13-25 所示。

（2）输入完主题和内容，单击“添加”按钮可以提交表单进行验证，并提交到 savenewgonggao. php 页面进行新闻公告的保存操作，实现的代码如下：

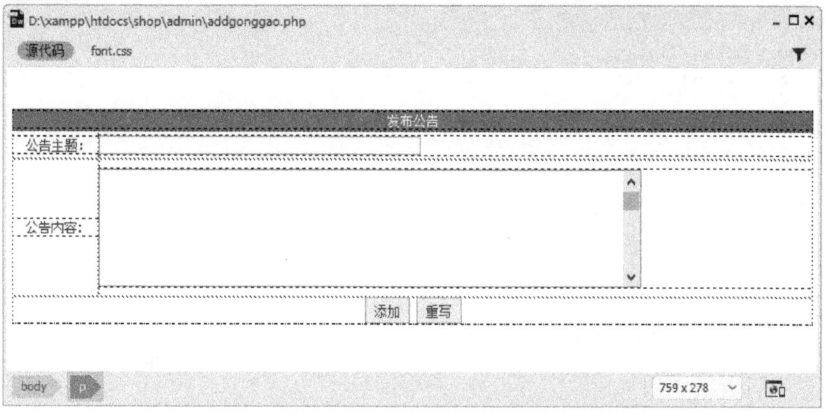

图 13-25　addgonggao. php 页面

```
<meta http-equiv="Content-Type" content="text/html;charset=utf-8">
<?php
include("conn.php");
 $title=$_POST['title'];
 $content=$_POST['content'];
 $time=date("Y-m-j");
mysqli_query($conn,"insert into tb_gonggao (title,content,time) values ('$title','$content','$time')");
echo"<script>alert('公告添加成功！');history.back();</script>";
?>
```

13.5.3 管理评价功能

后台的最后一个功能是管理评价功能，通过管理可以将商品的一些负面信息进行删除，管理评价功能的页面是 editpinglun. php，制作的方法如下。

(1) 制作的 editpinglun. php 页面效果如图 13-26 所示。

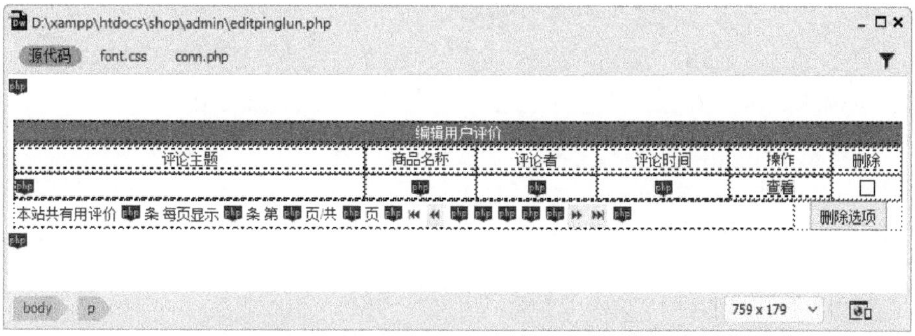

图 13-26　编辑用户评价页面 editpinglun. php

(2) 通过单击“查看”文字链接能打开窗口来显示评价的详细内容，实现的代码如下：

```
<?php
    include("conn.php");
    $sql=mysqli_query($conn ,"select count( * ) as total from tb_pingjia");
```

```
    $info=mysqli_fetch_array($sql);
    $total=$info['total'];
    if($total==0)
    {
      echo"本站暂无用户发表评论!";
    }
    else
    {

?>
   <script language="javascript">
   function openpj(id)
   {
window.open("lookpinglun.php? id="+id,"newframe","width=500,height=300,top=100,left=
200,menubar=no,toolbar=no,location=no,scrollbar=no,status=no");

   }
</script>
```

（3）选择“删除”复选框，再单击“删除选项”按钮，可以提交表单至删除评价的页面 deletepingjia. php，该页面的代码如下：

```
<?php
include("conn.php");
while(list($name,$value)=each($_POST))
{
     $id=$value;
     mysqli_query($conn,"delete from tb_pingjia where id=". $id."");

}
header("location:editpinglun.php");
?>
```

通过上述几大后台管理功能的开发，读者可以发现，使用 PHP 进行网上后台管理系统的开发其实并不难。正所谓“磨刀不误砍柴工”，在开发类似的网站时一定要进行开发前的架构设计，与需求方沟通到位，这样才能轻松地实现网站的开发工作。